DRAWDOWN
实现全球碳中和的100条路径

碳逆转

[美] 保罗·霍肯　编

叶子云　姜婧婧　主译

黄昱杰　刘静艺　王潇婷　张翌晨　译
（按姓氏音序排列）

江苏凤凰科学技术出版社 · 南京

图书在版编目（CIP）数据

　　碳逆转：实现全球碳中和的100条路径/（美）保罗·霍肯编；叶子云，姜婧婧主译. — 南京：江苏凤凰科学技术出版社，2022.11
　　ISBN 978-7-5713-2917-4

　　Ⅰ.①碳… Ⅱ.①保… ②叶… ③姜… Ⅲ.①二氧化碳—排气—方案—世界 Ⅳ.①X511

　　中国版本图书馆CIP数据核字（2022）第073064号

DRAWDOWN: The Most Comprehensive Plan Ever Proposed to Roll Back Global Warming
Copyright © 2017 by Project Drawdown
All rights reserved including the right of reproduction in whole or in part in any form.This edition published by arrangement with Penguin Books, an imprint of Penguin Publishing Group, a division of Penguin Random House LLC.

版权合同登记号：图字10-2019-396号

碳逆转：实现全球碳中和的100条路径

编　　　者	［美］保罗·霍肯
主　　　译	叶子云　姜婧婧
责 任 编 辑	赵　菁　朱　昊
助 理 编 辑	王梦青
责 任 校 对	仲　敏
责 任 监 制	周雅婷
出 版 发 行	江苏凤凰科学技术出版社
出版社地址	南京市湖南路1号A楼，邮编：210009
出版社网址	http://www.pspress.cn
印　　　刷	南京新世纪联盟印务有限公司
开　　　本	889 mm×1 194 mm　1/16
印　　　张	16
插　　　页	4
字　　　数	400 000
版　　　次	2022年11月第1版
印　　　次	2022年11月第1次印刷
标 准 书 号	ISBN 978-7-5713-2917-4
定　　　价	168.00元（精）

图书如有印装质量问题，可随时向我社印务部调换。

项目组

执行董事：乔恩·福利（Jon Foley）	研究主任：查德·弗里施曼（Chad Frischmann）
编辑、作者：保罗·霍肯（Paul Hawken）	高级研究员：瑞安·阿拉德（Ryan Allard）
高级作者：凯瑟琳·威尔金森（Katharine Wilkinson）	高级研究员：凯文·贝尤克（Kevin Bayuk）
设计：珍妮特·芒福德（Janet Mumford）	高级研究员：约翰·佩德罗·古伟亚（João Pedro Gouveia）
网站：查德·厄珀姆（Chad Upham）	高级研究员：玛姆塔·梅拉（Mamta Mehra）
文字编辑：克里斯琴·莱希（Christian Leahy）	高级研究员：埃里克·托斯米尔（Eric Toensmeier）
写作助理：奥利维娅·阿什穆尔（Olivia Ashmoore）	研究协调员：克丽丝特尔·奇泽尔（Crystal Chissell）

研究团队

扎克·阿卡迪（Zak Accuardi）	维克托·马克斯韦尔（Victor Maxwell）
瑞汗·乌丁·艾哈迈德（Raihan Uddin Ahmed）	戴维·米德（David Mead）
卡罗琳·阿尔基尔（Carolyn Alkire）	玛姆塔·梅拉（Mamta Mehra）
瑞安·阿拉德（Ryan Allard）	露丝·梅茨尔（Ruth Metzel）
凯文·贝尤克（Kevin Bayuk）	亚历克丝·迈克尔科（Alex Michalko）
雷尼尔德·贝克（Renilde Becqué）	艾达·米季奇（Ida Midzic）
埃里卡·波音（Erika Boeing）	S. 卡提克·穆卡维利（S. Karthik Mukkavilli）
乔瓦尼·卡比尼斯（Jvani Cabiness）	卡皮尔·纳鲁拉（Kapil Narula）
约翰尼·钱伯林（Johnnie Chamberlin）	德米特里奥斯·帕帕约安努（Demetrios Papaioannou）
德顿·陈（Delton Chen）	米歇尔·佩德拉萨（Michelle Pedraza）
莱昂纳多·科维斯（Leonardo Covis）	切尔茜·彼得连科（Chelsea Petrenko）
朴雅卡·德苏札（Priyanka deSouza）	努里·拉杰文西（Noorie Rajvanshi）
安娜·戈尔茨坦（Anna Goldstein）	乔治·伦道夫（George Randolph）
约翰·佩德罗·古伟亚（João Pedro Gouveia）	阿比·罗宾逊（Abby Rubinson）
阿莉莎·格雷夫斯（Alisha Graves）	阿德里安·萨拉查（Adrien Salazar）
卡兰·古普塔（Karan Gupta）	埃文·萨特-梅洛伊（Aven Satre-Meloy）
韩真（Zhen Han）	克里斯蒂娜·希勒（Christine Shearer）
齐克·汉斯法勒（Zeke Hansfather）	戴维·赛厄普（David Siap）
尤伊尔·赫伯特（Yuill Herbert）	凯莉·西曼（Kelly Siman）
阿曼达·洪（Amanda Hong）	莉娜·达格姆（Leena Tähkämö）
阿里尔·霍罗威茨（Ariel Horowitz）	埃里克·托斯米尔（Eric Toensmeier）
瑞安·霍特尔（Ryan Hottle）	梅拉妮·瓦伦西亚（Melanie Valencia）
特洛伊·霍特尔（Troy Hottle）	欧内斯托·瓦莱罗·托马斯（Ernesto Valero Thomas）
戴维·贾伯（David Jaber）	安德鲁·韦德（Andrew Wade）
达塔基兰·雅古（Dattakiran Jagu）	玛丽莲·韦特（Marilyn Waite）
丹尼尔·凯恩（Daniel Kane）	夏洛特·惠勒（Charlotte Wheeler）
贝姬·李（Becky Xilu Li）	克里斯托弗·沃利·赖特（Christopher Wally Wright）
苏梅达·马拉维亚（Sumedha Malaviya）	杨亮（Liang Emlyn Yang）
乌尔米拉·马尔瓦德卡尔（Urmila Malvadkar）	殷一（Daphne Yin）
艾莉森·梅森（Alison Mason）	肯尼思·赞姆（Kenneth Zame）
米希尔·马瑟（Mihir Mathur）	

撰写者

贾宁·本尤斯（Janine Benyus）　　马克·赫兹加德（Mark Hertsgaard）　　布伦·史密斯（Bren Smith）
安妮·贝克尔（Anne Biklé）　　戴维·蒙哥马利（David Montgomery）　　彼得·沃雷本（Peter Wohlleben）
教皇方济各（Pope Francis）　　迈克尔·波伦（Michael Pollan）　　安德烈娅·伍尔夫（Andrea Wulf）

理事会

贾宁·本尤斯（Janine Benyus）　　刘佩琪（Peggy Liu）　　劳拉·特纳·赛德尔（Laura Turner Seydel）
彼得·拜克（Peter Byck）　　马丁·奥马利（Martin O'Malley）　　约翰·威克（John Wick）
佩德罗·迪尼兹（Pedro Diniz）　　布拉德利·帕尔默（Bradley Palmer）

感谢我们的赞助者、捐赠者和支持者

雷·C. 安德森基金会（Ray C. Anderson Foundation）
汤姆凯特慈善信托基金（TomKat Charitable Trust）
佩德罗·保罗·迪尼茨（Pedro Paulo Diniz）
李尔家族基金会（Lear Family Foundation）
洛克菲勒兄弟基金会（Rockefeller Brothers Fund）
莱昂纳多·迪卡普里奥基金会（Leonardo DiCaprio Foundation）
布朗博士公司（Dr. Bronner's）
欧文布鲁克基金会（Overbrook Foundation）
卡尔德拉基金会（The Caldera Foundation）
界面环境基金会（Interface Environmental Foundation）
自然Co+op杂货商店公司（Natural Co+op Grocers）
杰米·沃尔夫（Jamie Wolf）
纽曼个人基金会（Newman's Own Foundation）
莱昂纳多·C.和米尔德丽德·F. 弗格森基金会（Leonard C. and Mildred F. Ferguson Foundation）
亨氏基金会（Heinz Endowments）
保罗·霍肯（Paul Hawken）
贾斯汀·罗森斯坦（Justin Rosenstein）
拉斯·芒塞尔和苏姬·芒塞尔夫妇（Russ and Suki Munsell）
更好明天基金会（Better Tomorrow Fund）
杰茜卡·罗尔夫和德克尔·罗尔夫夫妇（Jessica and Decker Rolph）
戈蒂埃家族（Gautier Family）
史蒂芬·米切尔和拜伦·凯蒂·米切尔夫妇（Stephen and Byron Katie Mitchell）
迈克尔·金和杰娜·金家族基金会（Michael and Jena King Family Fund）
科林·勒迪克（Colin le Duc）
欧特克公司（Autodesk）
支氏家族基金会（TSE Foundation）
贾宁·本尤斯（Janine Benyus）
有机谷公司（Organic Valley）
努媞瓦基金会（Nutiva Foundation）
莱斯莉·奥尔斯纳和杰弗里·奥尔斯纳夫妇（Leslie and Geoffrey Oelsner）
瓜亚基公司（Guayaki）

序言

当前，由人类活动导致的气候变化，已对世界各地产生深远影响。全球温度持续升高，极端天气事件发生频率和强度呈现增加之势，致使数百万人陷入水和粮食危机，并对人体健康及社会经济发展造成巨大冲击。全球各地各类气候灾害的新闻已屡见不鲜，正如在撰写序言的此刻，我与很多读者一样，置身于全球各地被热浪侵袭的新闻浪潮中，越来越深切地感受到气候变化带来的影响。

在此背景下，温室气体减排已成为全球关注的重大问题。各个国家地区、社会各界都在共同努力，推动二氧化碳排放量尽快达到历史峰值，然后由增转降，这一目标即为碳达峰；达峰后，二氧化碳排放量持续减少，二氧化碳移除手段逐步应用，最终排放量与移除量实现平衡，即为碳中和。本书提出的"碳逆转（drawdown）"概念和100种减碳路径，指的正是在大气中二氧化碳含量仍持续攀升的情况下，通过采取减排措施实现碳达峰与碳中和，从而"逆转"全球大气二氧化碳含量持续升高的趋势。

世界正进入"双碳时代"，全球经济也将从过去的资源依赖型进入未来的技术依赖型。因此，各国必须抓住机遇，迈出决定性步伐。然而，对大多数国家，尤其是发展中国家来说，实现碳达峰、碳中和目标将经历艰苦的过程。中国已于2020年明确提出力争2030年前碳达峰、2060年前碳中和的"双碳"目标，该目标的设置彰显了中国积极应对气候变化、走绿色低碳发展道路的雄心和决心。然而，中国高碳的能源结构和产业结构，以及国家持续发展伴随的城市化、工业化进程，都对"双碳"目标的实现提出了严峻挑战。

温室气体排放来源多为能源生产、工业、建筑、交通、农业、林业等行业，因此必须从源头入手提出解决办法。这一认知正是"碳逆转"项目的起源。"碳逆转"的项目团队由世界各地的科学家、公共政策制定者以及专业人士组成，这些专家共同收集并筛选出一份气候变化解决方案清单，汇编了文献综述，并对每个解决方案进行了碳减排潜力与经济性分析，最后经发起人保罗·霍肯之手，形成了这本兼具科普与专业度的气候变化著作，在国际上广受好评。

总的来说，应对全球减排挑战，实现"双碳"目标，可以通过"五碳并举"来攻克难关——即资源增效减碳、能源结构降碳、地质空间存碳、生态系统固碳和市场机制融碳。此书"食物""建筑与城市""交通运输系统""材料"等章节，分别从农业、建筑、交通、工业及废弃物等领域，强调了资源增效减碳的重要性并给出具体可行的解决方案。"能源"一章重点介绍了在当下这一历史上最伟大的能源转型期替代化石能源的技术和战略。在生态系统固碳方面，"土地利用"一章着眼于森林、湿地、沙漠等多种生态系统，通过分析改变土地用途或替换农业生产技术带来的影响，显示出生态系统在减排和固碳两方面的巨大潜力。此书成书之际，碳捕集利用和封存（CCUS）技术尚在探索阶段，因此只在"未来展望"章节中有所提及，短短五年时间，世界各国争相布局，如今CCUS技术已是气候变化解决方案里不可或缺的托底技术。上述技术都将在全球减排过程中发挥重要作用，而在发展技术的同时，我们也需要通过市场机制推动技术更合理有效地应用。此外，书中特别撰写"妇女与女童"一章，强调赋能女性、控制人口增长等社会解决方案在提高女性权利和福祉的同时，对应对全球变暖也至关重要。

实现"双碳"目标是一场广泛而深刻的经济社会变革。面对气候变化这一全球性问题，以及方方面面的重塑、重估、重构，《碳逆转：实现全球碳中和的100条路径》一书用通俗易懂的语言和丰富翔实的数据，向广泛的人群——个体、社群、商业和非商业组织、政府乃至国家——展现了气候变化的科学事实，并提供了具体的行动指导，对"我们如何克服无从下手的困惑"这一关键问题作出了创造性的回答。相信无论是气候变化领域的专业从业者，还是关心气候变化问题的普通公众，都可以在阅读此书的过程中有所收获，汲取更多践行气候行动的知识和灵感。

气候危机迫在眉睫，望广大读者从阅读此书开始，迈出气候行动的第一步。

贺克斌

中国工程院院士
清华大学环境学院教授
清华大学碳中和研究院院长
2022年10月

《碳逆转》（*Drawdown*）这本书不仅仅是在向人们传达一些基于科学论证的信息；它也证明了越来越多的人在了解我们面临的挑战有多么艰巨，并愿意为友好、安全和重生的未来奉献一生。右图这个小女孩来自肯尼亚北部的纳普莱特–戈图社区保护区（Nakuprat–Gotu Community Conservancy）的博拉纳奥罗莫族群（Borana Oromo people）。她的照片一直是我们的护身符，每天都在召唤我们去工作。

目录

前言	xi
缘起	xii
语言	xv
数值	xvi

能源

风力涡轮机	2
微电网	5
地热能	6
太阳能农场	8
屋顶太阳能	10
波浪和潮汐	12
集中式太阳能	14
生物质能	16
核能	18
热电联产	22
微型风力发电	23
亚历山大·冯·洪堡	24
沼气地	26
小水电	27
废弃物能源化	28
电网灵活性	30
储能（公用事业）	32
储能（分布式）	34
太阳能热水器	36

食物

植物性饮食	38
农田恢复	41
减少食物浪费	42
清洁炉灶	44
多层复合农林	46
改良水稻生产	48
森林牧场	50
何必费心？	52
再生农业	54
养分管理	56
树木间作	58
保护性农业	60
堆肥	62
生物炭	64
热带主食树种	66
农田灌溉	68
看不见的大自然	70
放牧管理	72

妇女与女童

女性小农	76
家庭生育计划	78
女性教育	80

建筑与城市

净零建筑	84
步行友好城市	86
自行车基础设施	88
绿色屋顶	90
LED照明	92
热泵	94
智能玻璃	96
智能恒温器	98
区域供暖	99
垃圾填埋场甲烷	100
隔热	101
改造翻新	102
供水	104
楼宇自动化	106

土地利用

森林保护	108
滨海湿地	112
热带森林	114
竹	117
阻拦沙漠之人	118
多年生生物能源作物	121
泥炭地	122
土著居民的土地管理	124
温带森林	128
树木的隐秘生活	130
造林	132

交通运输系统

公共交通	136
高速铁路	138
船舶	140
电动汽车	142
拼车	144
电动自行车	146
汽车	148
飞机	150
卡车	152
远程呈现	154
火车	156

材料

家庭回收	158
工业回收	160
替代水泥	162
制冷	164
再生纸	166
生物塑料	168
家庭节水	170

未来展望

猛犸草原复育	172
草粮间作	175
增强矿物风化	176
海洋永续农业	178
密集式混牧林业	181
人造树叶	182
自动驾驶汽车	184
固态波浪能	187
生态建筑	188
直接空气捕获	190
氢-硼聚变	192
智能高速公路	194
超回路列车	196
微生物农业	198
工业大麻	200
多年生作物	201
走在海滩上的牛	202
海洋养殖	204
智能电网	207
木质建筑	208
互惠	210

肇始	214
方法论	216
这些数字告诉我们什么？	218
解决方案按排名汇总表	220
解决方案分领域汇总表	222
我们是谁——联盟成员	224
"碳逆转"项目成员	224
"碳逆转"项目顾问	227
致谢	237
图片版权	238

在研究和撰写《碳逆转：实现全球碳中和的100条路径》（简称《碳逆转》）的过程中，我们积累了5000多条参考文献、引文和来源。虽然它们数量太多，无法在书中出版，但可以在www.drawdown.org/references上找到。

日落时分,美国北加州大苏尔(The Big Sur)海岸线的"黄金时刻"。在这里,我们可以看到运行中的气候系统——大气、海洋、陆地和生物群在持续相互作用。

前言

作为一名气候科学家，看到过去几十年发生的世界大事，我感到非常沮丧。作为气候科学家，我们一直在对地球的气候变化发出明确警告，而这些警告正在如我们预测的那样成为现实：温室气体将热量围困在地球大气中，导致气候变暖和水循环加速。

温暖的空气会留住更多的水分，加快蒸发和降水的速度。创纪录的热浪，加上严重的干旱，为大规模野火的发生提供了完美的条件。海洋变暖引发超强风暴，带来更大的降雨和风暴潮。我们可以预计，在未来几十年，极端天气事件的数量将稳步上升，可能造成无数的生命损失和重大的经济损失。

无论我们是否喜欢，无论我们是否相信科学，气候变化的现实就在我们面前。它影响着一切：不仅是气候模式、生态系统、冰盖、岛屿、海岸线和全球各地的城市，还影响着每一个活着的人以及我们子孙后代的健康、安全和保障。在全世界，我们看到了一些相关的现象，例如海洋酸化可能会破坏珊瑚礁和海洋生物，而植物的生物化学变化会影响人类的主要粮食作物。

我们很清楚为什么会这样。我们一百多年前就知道了！当我们燃烧化石燃料（煤、石油和天然气）、生产水泥、开垦土地和破坏森林时，我们将吸收热量的二氧化碳释放到空气中。我们的牲畜、稻田、垃圾填埋场和天然气作业会释放出甲烷，使地球温度上升。其他温室气体，包括一氧化二氮和氟化气体，正从我们的农用土地、工业场所、制冷系统和城市地区渗出，加剧温室效应。当我们纵观这些过程，要记住的很重要的一点是：气候变化是由能源生产、农业、林业、水泥、化工等多种来源引起的，因此，必须从这些多样的来源入手提出解决办法。

除了对地球的破坏，气候变化还可能破坏我们的社会结构和民主基础，这种影响在美国尤为明显。美国联邦政府的核心成员正在否认科学，并一直与化石燃料工业密切接触。面对这种情况，如果大多数人继续过着若无其事的日子，那些了解科学的人，就算不绝望，也会感到恐惧。气候变化的故事已经变成了一个悲观的故事，导致人们先是否认，继而愤怒，最终屈服。

有时候，我也是其中之一。

多亏了《碳逆转》，我有了不同的看法。保罗·霍肯（Paul Hawken）和他的同事研究并建立了100种最具实质性的方法来逆转全球变暖。这些方法聚焦于能源生产、农业、森林、工业、建筑、交通等领域，同时还强调了关键的社会和文化解决方案，如为女性赋能、减少人口增长以及改变饮食和消费模式。总的来说，这些方法不仅可以减缓气候变化，甚至还可以逆转气候变化。

《碳逆转》超越了传统方法中常提到的太阳能电池板和节能灯泡，它让我们认识到，解决全球变暖问题，绝不仅仅只有这些与清洁能源相关的方法，而是可以采用十分多样的、有效的手段。《碳逆转》说明了我们如何通过减少制冷剂与黑碳等特殊温室气体排放、农业一氧化二氮排放、畜牧业甲烷排放和森林砍伐产生的二氧化碳排放，来取得巨大进展。此外，《碳逆转》还展现出了通过创新土地利用方式、再生农业和农林复合来减少碳排放的潜力。

但对我来说，更重要的是《碳逆转》阐明了我们如何克服围绕气候变化的恐惧、困惑和冷漠，并告诉我们作为个人、社区、城镇、州、省、企业、投资公司和非营利组织应该如何采取行动。这本书应该成为建设气候安全世界的蓝图。通过建立实际可行的、易于理解的、已经规模化的解决方案模型，我们可以逆转全球变暖的趋势，为后代留下一个更美好的世界。

新闻和报道总是关注我们不采取行动将会发生什么，因此我们不免认为人类的气候未来形势严峻；但《碳逆转》让我们知道我们能做什么。正因为如此，我认为这是有史以来关于气候变化最重要的一本书。

《碳逆转》帮助我恢复了对未来，以及对人类解决巨大挑战的信心。我们有应对气候变化所需的所有工具，感谢保罗和他的同事们，我们现在也有了一个如何去使用它们的计划。

现在，让我们开始行动吧。

乔纳森·佛利博士
"碳逆转（Drawdown）"项目
执行董事

缘起

"碳逆转"项目的起源并非恐惧,而是好奇。2001年,我开始向气候和环境领域的专家提出一个问题:我们了解要阻止和逆转全球变暖需要做些什么吗?我认为他们应该可以提供一份行动清单。我想知道已经存在的最有效的解决方案,以及如果扩大规模可能产生的影响,还有它们的经济成本。但我联系的专家回答说,这样的清单并不存在。不过,所有人都认为这将是一份伟大的清单,尽管创建这样的清单不属于他们的专长。几年后,我不再问了,因为这也不是我的专长。

到了2013年,有几篇令人警醒的文章发表出来,人们开始听到不可思议的传言:我们完蛋了!但这是真的,又或者还有挽救的可能?我们到底走到了哪一步?就在那时,我决定创建"碳逆转"项目。在大气科学中,"drawdown"一词是指温室气体达到峰值并开始逐年减少的时间点。我决定,这个项目的目标是确定、衡量和模拟100个实质性的解决方案在三十年内能达到什么效果。

目前,还没有人提出过逆转全球变暖的详细计划。在如何减缓、限制和阻止排放方面已经有达成的协议和建议,国际社会也做出了防止全球气温上升超过工业化前2摄氏度的承诺。195个国家已经取得了出色的进展,这些国家聚集在一起,承认我们正面临着重大的文明危机,并制订了国家行动计划。联合国政府间气候变化专门委员会(The UN's Intergovernmental Panel on Climate Change,IPCC)完成了人类历史上最重要的科学研究,并持续改进和扩大、完善我们对这个最复杂的系统的了解。然而,迄今为止,除了减缓或停止排放之外,还没有提出任何行动路线图。

需要明确的是,我们的组织并不是在创造或发明一份计划。我们没有这种能力,也不能自封授权。我们只是在研究过程中发现了以人类集体智慧的形式已存在于世界上的"计划",并将其体现在普遍可用、经济可行、科学有效的实践和技术上。农民、社区、城市、公司和政府都已经表明,他们关心地球、地球上的生命和地球上每一处地方。世界各地参与其中的公民正在做着不同寻常的事情,这是他们的故事。

为了使"碳逆转"项目具有可信度,我们需要一个由研究人员和科学家组成的联盟作为基础。我们的预算很少,但目标却很大,因此我们发出呼吁,邀请世界各地的学生和学者成为研究员。我们收到了大量来自科学和公共政策领域的杰出人士的回复。今天,"碳逆转"研究员由来自22个国家的70人组成。40%是女性,近一半拥有博士学位,其他人至少拥有一个高等学位。他们供职于一些世界上受尊敬的机构,且拥有丰富的学术经验和专业经验。

我们共同收集了全面的气候解决方案清单,并筛选出最有可能减少排放或从大气中吸收碳的方案。然后,我们汇编了文献综述,并为每个解决方案设计了详细的气候和经济模型。最后,本书中的分析经历了三个阶段的评估过程:由外部专家依次评估模型的输入、来源和计算过程。我们召集了一个120人的顾问委员会——一个由地质学家、工程师、农学家、政治家、作家、气候学家、生物学家、植物学家、经济学家、金融分析师、建筑师和活动家组成的杰出而多元化的团体,他们审查和验证了文本。

几乎每一个在这里汇集和分析的解决方案都能带来可再生的经济成果,能提高安全、创造就业、改善健康、节省资金、促进流动性、消除饥饿、防止污染、恢复土壤、清洁河流等。然而,尽管这些都是实质性的解决方案,却并不意味着它们都是最好的解决方案。本书中有少数方案的溢出效应显然对人类和地球健康有害,我们试图在描述中明确这一点。除此之外,绝大多数解决方案都不会令人后悔,这些方案对于社会和环境有多重好处,不管它们对碳排放和气候的最终影响如何,我们都想要实现这些倡议。

《碳逆转》主体部分的"未来展望",介绍了二十来个刚刚出现或即将出现的解决方案。这些方案有些可能成功,而有些可能失败。尽管如此,它们还是展示出了致力于解决气候变化问题的智慧和决心。此外,你还会在书中

美国俄勒冈州北部，三周大的斑点猫头鹰幼崽站在长满苔藓的铁杉树枝上。

看到一些著名记者、作家和科学家的文章——其中有叙事文章，有历史记录，也有小品短文——它们为本书的细节提供了丰富多样的背景。

我们作为一个学习型组织，职责是收集信息、以有用的方式组织信息、将信息分发给所有人，并为所有人提供添加、修改、更正和扩展这些信息的途径。所有信息都可以在本书中以及www.drawdown.org网站上找到。技术报告和扩展模型结果可以从官网上获取。任何预测未来三十年的模型都是具有高度推测性的。然而，我们相信这些数字是大致正确的，也欢迎您进行评论与提供更多内容。

毫无疑问，从干旱、海平面上升、全球变暖到扩大的难民危机、冲突和流离失所，灾难信号在自然界和社会中持续不断地闪现。但这并非故事的全貌。我们在《碳逆转》中努力表明，许多人在这个问题上是坚定且毫不动摇的。尽管化石燃料燃烧和土地利用产生的碳排放比这些解决方案早了两个世纪，但我们仍将抓住机会。我们今天所经历的温室气体的积累是在人类缺乏认识的情况下发生的；我们的祖先对他们造成的破坏是无知的。这使我们认为全球变暖是正发生在我们身上的事情，我们是受害者，承担着前人行为的后果。如果我们改变视角，把全球变暖看作一种激励我们去改变和重塑过去所做一切的转变，我们将开启一个不同的世界。我们应该承担起100%的责任，而不是指责他人。全球变暖并不是不可避免的，它是一份让我们去建立、创新并实现改变的邀请函，是一条唤醒创造力、同情心和天才的道路。这不是自由派的议程，也不是保守派的议程，这是人类的议程。

保罗·霍肯

这是公元前196年刻在埃及罗塞塔石碑（Rosetta Stone）上的法令。相较于它的内容——对托勒密五世（King Ptolemy V）统治的肯定，碑文上独特的文字组合让其更加闻名。同样的文字用希腊语、埃及象形文字和埃及通俗语言重复刻写，而这三种文字分别是当时的皇室语言、神圣语言和普通语言。19世纪，欧洲学者利用罗塞塔石碑破解了象形文字的密码，开启了对古埃及的认知。今天，罗塞塔石碑被牛津大学埃及古物学教授理查德·帕金森（Richard Parkinson）称为"解密的象征"，也是"我们渴望了解彼此的象征"。通过语言去表达和理解是人类一切努力的核心。

语言

子曰："名不正，则言不顺。"而在气候变化中，名字有时可能是混淆的开始。气候科学有自己的专用词汇、缩略词、术语和行话。它是一种由科学家和政策制定者衍生出来的语言，简洁、具体、有用。然而，作为一种与大众交流的手段，它可能会制造距离。

我记得我的经济学教授问我格雷欣法则（Gresham's law）的定义时我是如何机械地说出答案的。尽管答案是正确的，他还是不悦地看着我说："现在向你的祖母解释一下吧。"这就困难多了。我给教授的答案对她来说是毫无意义的。这就是行话。气候和全球变暖也是如此。很少有人真正了解气候科学，但全球变暖的基本机制其实是相当简单的。

我们努力使各种背景和观点的人都能读懂《碳逆转》。我们努力选择一些易懂的词汇，采用一些比喻而避免使用一些术语来促进气候领域的沟通。我们尽量避免使用缩写词和不太为人所知的气候术语。我们通常把"carbon dioxide（二氧化碳）"拼出来而不是缩写；我们会写出"methane（甲烷）"，而不是"CH_4"。

举例来说，2016年11月，美国白宫发布了到21世纪中叶实现深度脱碳的战略。从我们的角度来看，"脱碳（decarbonization）"这个词是用来描述问题本身，而不是描述目标的：我们通过煤、天然气和石油的燃烧，森林砍伐以及糟糕的耕作方式，将碳从地球中移出，释放到大气中。当白宫使用"脱碳"这个词时，它指的是用清洁的、可再生的能源取代化石燃料；然而，这个词经常被用来作为气候行动的首要目标，它不太能激发灵感，反而更可能让人混淆。

科学家们使用的另一个术语是"负排放"。这个词在任何语言中都没有意义。就像我们无法想象一个负的房子或者负的树一样，某样东西一旦不存在了，它就什么都不是了。这个术语指的是从大气中吸收碳，我们称之为削减。它是碳正，不是碳负。这是气候用语脱离常用语和常识的又一个例子。我们的目标是用语言向最广泛的受众——从九年级学生到管道工、从研究生到农民，展示气候科学和解决方案。

我们也避免使用军事语言。许多关于气候变化的言论和文章都是激烈的：碳排放斗争，反对全球变暖的战争，反对化石燃料的前线战争。这些文章中提到削减排放就像我们拿着砍刀一样。我们理解这些术语的使用是为了传达所面临问题的严重性，以及应对全球变暖的紧迫时间窗口。然而，诸如"斗争""战斗"和"十字军"等术语暗示着气候变化是敌人，它需要被消灭。气候是地球上生物活动以及大气中物理和化学作用的结果。它是一段时间内普遍的天气状况。气候变化是因为它一直在变化，而且将来也会变化，正是气候变化产生了从季节到进化的一切。我们的目标是解决造成全球变暖的人为因素并将"碳"物归原处，从而与我们对气候的影响和谐共处。

"Drawdown"这个术语也需要解释一下。这个词通常用来形容军力、资本账户或水井中水的减少。我们用它来指大气中碳量的减少。然而，使用这个词还有一个更重要的原因："碳逆转"是迄今为止在大多数有关气候的讨论中都缺席的一个目标。解决、减缓或阻止排放是必要的，但还不够。如果走错了方向，即使放慢速度，仍然是走错了方向。对人类来说，唯一有意义的目标是逆转全球变暖，如果祖辈、科学家、年轻人、领导人和我们公民不说出这一目标，实现这一目标的机会就微乎其微。

最后一个术语是"全球变暖"。这一概念的历史可以追溯到19世纪，当时尤妮斯·富特（Eunice Foote, 1856）和约翰·廷德尔（John Tyndall, 1859）分别描述了大气层中的气体如何捕获热量，以及气体浓度的变化如何改变气候。"全球变暖"这个词最早是由地球化学家华莱士·布勒克（Wallace Broecker）在1975年《科学》期刊上发表的一篇题为《气候变化：我们是否处于明显的全球变暖的边缘？》（"Climatic Change: Are We on the Brink of a Pronounced Global Warming?"）的文章中使用的。在那篇文章之前，使用的术语是"无意造成的气候改变"。全球变暖指的是地球表面的温度变化。气候变化指的是随着温度和温室气体的增加而发生的许多变化。这就是为什么联合国气候机构被称为政府间气候变化专门委员会（IPCC），而不是政府间全球变暖专门委员会（IPGW）。它研究气候变化对所有生物系统的综合影响。我们在《碳逆转》中测量和模拟的是如何开始减少温室气体来扭转全球变暖。

保罗·霍肯

数值

每个解决方案的内容

在《碳逆转》每一个解决方案的背后，都有数百页的研究报告和一些专家开发的严瑾的数学模型。每个解决方案包括一段利用历史、科学、关键案例和最新信息做出的介绍。每个描述都有详细的技术评估支持，可在我们的网站上进一步探索。每个解决方案还包括模型输出的摘要，包括按其减排潜力进行的排名。我们列举了从大气中避免或消除了多少亿吨温室气体，以及实施该解决方案的总增量成本以及净成本（或在大多数方案中其实是节约成本）。在模型中，我们依赖同行评议的科学投入。在一些领域，例如土地使用和农业，可以查阅到大量基于个例的事实和数据，我们在计算中没有直接使用它们，而是参考了其中的一些。

在本书的最后，有一张分领域汇总表，列出了解决方案的综合影响。

解决方案的排名

有几种方法可以对解决方案进行排名：成本效益、实施速度、社会效益。这些都是有趣且实用的解释结果的方法。在这里，我们根据解决方案可能避免或从大气中消除的温室气体总量来对解决方案进行排名。排名是全球性的。一种解决方案的相对重要性可能因地理、经济条件或行业的不同而不同。

10亿吨二氧化碳减排量

二氧化碳可能是最受关注的温室气体，但它不是唯一的。我们测量的其他温室气体包括甲烷、一氧化二氮、氟化气体和水蒸气。每一种物质都对全球气温有长期的影响，这取决于它在大气中的含量、停留时间，以及在其生命周期中吸收或辐射出多少热量。基于这些因素，科学家们可以计算出它们的全球增温潜势（global warming potential），这使得温室气体的温室效应可以有共同的单位，并将任何一种给定的温室气体转化为二氧化碳当量。

《碳逆转》中的每个解决方案都通过避免排放或封存大气中的二氧化碳来减少温室气体。一个给定的解决方案对温室气体的影响程度，将被转化为2020年到2050年之间减排的数亿吨二氧化碳。读者将会在各解决方案的"减少二氧化碳排放"一栏看到具体的减排量。总的来说，它们代表了与基准参考情景（也就是世界几乎不采取行动的情景）相比，到2050年可以实现的温室气体总减排量。

但是亿吨是什么概念呢？想象一下4万个奥运会标准的游泳池，这大约是1亿吨水。再乘以360，就是1 440万个池子，360亿吨，这是2016年的二氧化碳排放量。

总净成本和运营节约

本书中每个解决方案的总成本是购买、安装设施并运行三十年所需的费用。通过与我们通常在食物、汽车燃料、家庭供暖和制冷等方面的支出进行比较，我们确定了投资给定解决方案的净成本或净节约。

我们宁可保守。这意味着将解决方案相关的成本假设在较高的水平，然后从2020年到2050年保持相对不变。由于技术正在迅速变化，而且在世界不同地区也会有所不同，所以我们预计实际成本会更低，节约的金额会更高。然而，即使采取保守的方法，这些解决方案往往也能带来压倒性的净节约。不过，对于一些解决方案来说，成本和节约是无法计算的，比如拯救一个特定的雨林或支持女性教育的成本。

我们愿意花多少钱来实现造福全人类的成果？在本书的结尾，我们总结了所有解决方案的净成本和净节约来进行比较。净节约是基于2020年至2050年实施解决方案后的运营成本。这个计算揭示了所提出的解决方案的成本效益。与效益、潜在利润和净节约的规模，以及在不采取行动的情况下所需的投资相比，成本显得微不足道。大多数解决方案的成本回收期相对较短。

探索更多

本书中的结果只是为支持我们的发现而进行的全面研究的总结。关于我们的方法和假设的更详细的概要可以在"方法论"一节中找到。我们还在www.drawdown.org网站上提供了关于我们的研究、来源和假设的额外信息。

当你读这本书的时候，你会发现这些解决方案是多么的明智和有效。《碳逆转》不是一本冗长的、只有毕生研究这些技术的专家才能理解的技术手册。相反，它的目标是让任何想知道我们作为集体和个人可以做些什么的人都能阅读。

查德·弗里施曼（Chad Frischmann）

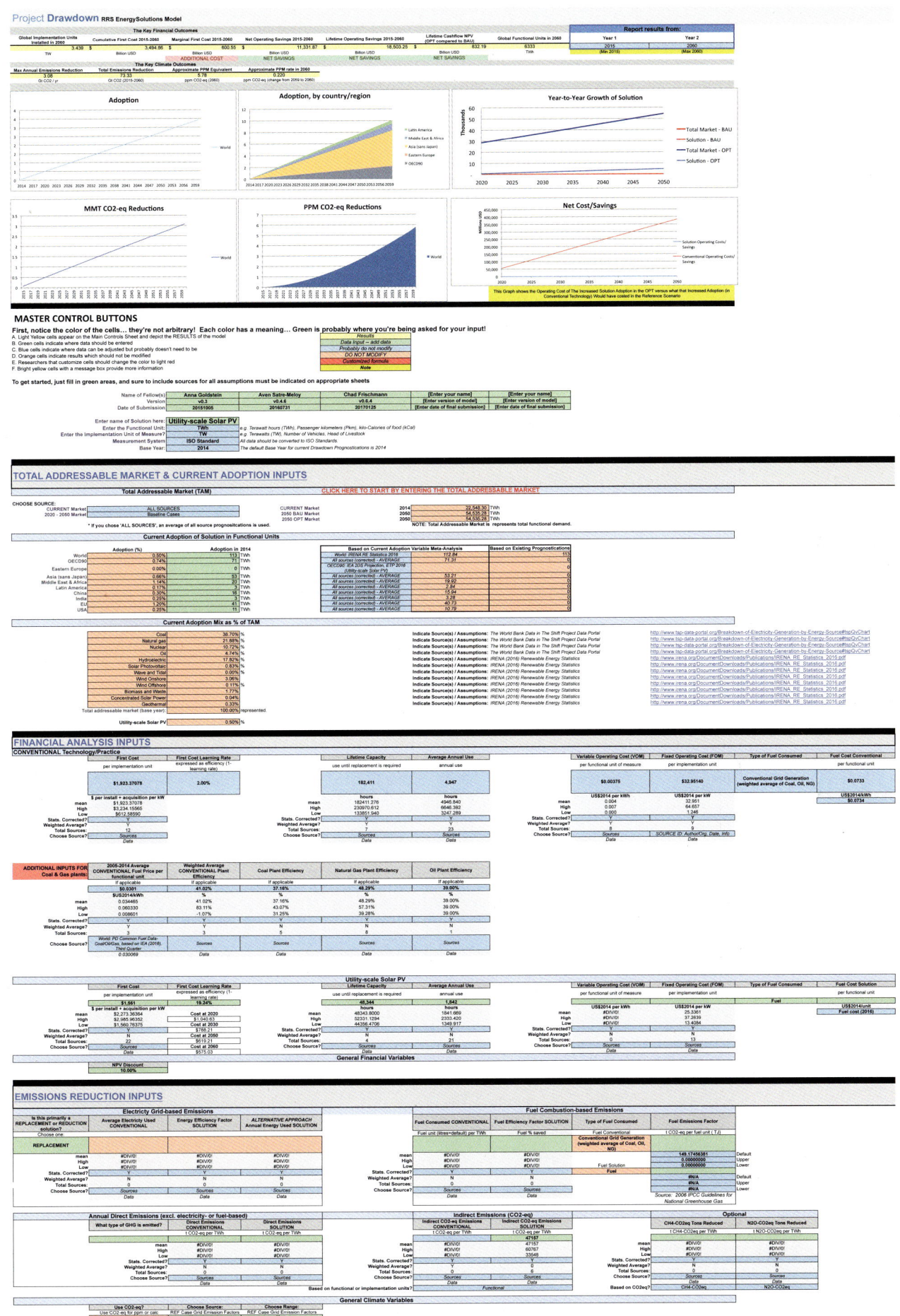

"碳逆转"项目开发的能源解决方案计算模型,图中数据展示了针对公用事业规模太阳能这一解决方案的计算过程。

能源

本章重点介绍替代化石能源的技术和战略。能源行业中过往不被看好的可再生能源，尤其是风能和太阳能，如今却远超人们的预测，能够与煤炭、天然气和石油相竞争。可再生能源成本逐年下降，而新的石油、天然气和煤炭开采难度明显加大，碳基燃料成本会因此提高。加拿大、芬兰以及其他四个国家已经禁止使用煤炭，还有更多的国家正准备禁用。在向可再生能源的过渡中，有政治层面的领导固然很好，但没有也不会减缓这一进程。美国在2001年退出了《京都议定书》，而该举动对可再生能源产业的发展几乎没有影响。如果你也和我们一样，用一年的时间来研究能源相关的经济数据，就会得到一个可信的结论。这个结论用作家杰里米·莱格特（Jeremy Leggett）的话来说就是，我们正处于历史上最伟大的能源转型时期。化石燃料时代已经结束，现在唯一的问题是新时代何时才会全面到来。出于经济上的考量，新时代的到来是不可避免的：因为清洁能源会更加便宜。

风力涡轮机
WIND TURBINES

  风从来不是自己吹来的。由于地球表面的不均匀加热和地球的自转，风从高压区被引向低压区，在地面上如浪潮般起伏。而变革则踏浪而来：未来三十年，风能将是解决全球变暖问题的首选方案之一，其总影响力仅次于对制冷（refrigeration）的管控。

  以安装在英格兰利物浦的Burbo Bank Extension风电场的32台离岸风力涡轮机为例——每台都是自由女神像高度的两倍。玩具制造公司Burbo是乐高（Lego）公司的子公司，但它生产的涡轮机却出人意料地成为国际化的产物：涡轮机的叶片是由一家日本公司在英国怀特岛为其丹麦客户维斯塔斯（Vestas）制造的。每个涡轮机产生8 000千瓦的电力。它们的叶片长82米（269英尺），其扫面直径几乎是足球场的两倍，重达33吨。叶片转动一圈就能产生供一户家庭一天使用的电力。该项目将为利物浦46.6万居民供电。

  如今，31.4万台风力涡轮机提供了全球3.7%的电力，而且很快就会更多。仅在西班牙就有1 000万户家庭靠风能供电。2016年，离岸风电投资为299亿美元，比前一年增长了40%。几千年来，人类一直利用风能，通过捕捉微风、阵风和大风，送水手、货物漂洋过海，或者抽水和碾磨谷物。有记载的最早的风车是公元500年至900年在波斯发明的。这项技术在中世纪传到了欧洲，几个世纪以来，荷兰人孕育出了最多的风车创新。到19世纪末，世界各地的发明家都成功地将风能转化为电能，原型涡轮机出现在了苏格兰的格拉斯哥、美国的俄亥俄州和丹麦。1893年，制造商们在美国芝加哥的哥伦比亚世界博览会上展出了各种各样的设计。在20世纪20年代到30年代，美国中西部的农场遍布着风力涡轮机，以风能作为主要能源。1931年，苏联启动了公用事业规模的风力发电。1941年，世界上第一个兆瓦级风力

#2

截至2050年的排名和结果（陆上风力涡轮机）

减少二氧化碳排放846亿吨；净成本1.23万亿美元；净节约7.4万亿美元

#22

截至2050年的排名和结果（海上风力涡轮机）

减少二氧化碳排放141亿吨；净成本5 453亿美元；净节约7 625亿美元

涡轮机在美国的佛蒙特州上线。

20世纪中期，风能还处在次于化石能源的地位上。但20世纪70年代的石油危机重新激起了人们对风能发电的兴趣、投资和创新。这次现代复兴为风力行业今天的发展铺平了道路，风力涡轮机数量激增、成本下降且性能提高。2015年，尽管化石燃料价格大幅下跌，但全球风电装机容量仍然达到了创纪录的6 300万千瓦，仅中国就新增了近3 100万千瓦的装机容量。目前，丹麦40%以上的电力需求来自风力发电，而在乌拉圭，风力发电满足了15%以上的电力需求。在许多地方，风力发电成本可以与燃煤发电竞争，甚至比后者更便宜。

在美国，仅堪萨斯、北达科他和得克萨斯三个州的风能潜力就足以满足全国各地的电力需求。风力发电场占地面积小，通常占用的土地不超过其所在区域的1%，因此放牧、耕作、娱乐或环保可以与发电同时进行。风力涡轮机可以发电，而农民可以收获苜蓿和玉米。更重要的是，只需要一年或更少的时间，就可以建立一个风力发电场来快速生产能源并产生投资回报。

风能也面临着它的挑战。各地的天气都不一样，风的多变性意味着有时风力涡轮机无法转动。然而，当地域跨度更广泛时，风能（和太阳能）的间歇性产能更容易克服供需波动。而互联电网则可以将电力输送到需要的地方。有批评者认为，风力涡轮机噪声大、外形不美观，有时还会对蝙蝠和候鸟造成致命伤害。针对这些问题，新版风力涡轮机在设计时放缓了叶片转动，并在选址时特别注意避让动物们的迁徙路径。尽管如此，从英国农村到美国马萨诸塞州海岸，邻避效应仍然是风电发展的一大障碍。

风力发电的另一个障碍是不公平的政府补贴。国际货币基金组织（International Monetary Fund）估计，2015年，化石燃料行业获得了超过5.3万亿美元的直接和间接补贴；这相当于每分钟1 000万美元，约占全球GDP的6.5%。间接的化石燃料补贴包括空气污染、环境破坏、交通堵塞和全球变暖导致的健康成本，而风力涡轮机则不存在这些问题。相比之下，美国的风电产业自2000年以来只获得了123亿美元的直接补贴。巨额补贴使化石燃料看起来不那么昂贵，掩盖了风力发电的成本竞争力，并使化石燃料具有固有优势，使投资更具吸引力。

持续的成本降低将很快——也许在十年内——使风能成为同等装机容量中最便宜的能源。目前风力发电的成本为每千瓦时2.9美分，天然气联合循环发电的成本为每千瓦时3.8美分，公用事业规模的太阳能发电的成本为每千瓦时5.7美分。高盛（Goldman Sachs）2016年6月发表的一篇研究论文简单地指出，风能提供的新产能成本最低。风能和太阳能的成本都包括生产税收抵免；不过，高盛认为，风力涡轮机成本的持续下降将弥补2023年逐步取消税收抵免的影响。2016年建

一名运动员游泳经过英国诺福克海岸谢林汉姆浅滩海上风力发电场（Sheringham Shoal Offshore Wind Farm）。该风力发电场由88个西门子（Siemens）3 600千瓦的涡轮机组成，安装在36平方千米（14平方英里）的区域内，距离海岸18千米（11英里）。

成的风电项目发电成本为每千瓦时2.3美分。摩根士丹利（Morgan Stanley）的一份分析报告显示，美国中西部地区的新风能生产成本是天然气联合循环发电成本的三分之一。此外，彭博新能源财经（Bloomberg New Energy Finance）计算得出，风能和太阳能的生命周期成本低于建造新的化石燃料工厂的成本。彭博社预测，到2030年，风能将成为全球成本最低的能源（这一核算不包括化石燃料在空气质量、健康、污染、环境破坏和全球变暖方面的成本）。

风力发电的成本将随着风力涡轮机建设地海拔的提高而下降，因为这意味着把更长的叶片和更大的风力两者相结合，而这一改进将使得同样的风力涡轮机发电能力增加一倍之多。陆上风力涡轮机可以做得更大，因为组装起来比在海上容易得多。发电能力为2万千瓦的风力涡轮机正在设计中，其顶端高度比美国帝国大厦还要高。

美国可以实现仅依靠风能供电吗？国家可再生能源实验室（National Renewable Energy Laboratory）计算出，200万平方千米（近77.5万平方英里）的土地面积适合40%～50%的容量系数，是十年前容量系数平均值的两倍多（风力涡轮机的额定功率是在给定恒定风速下一定的功率，然而容量系数考虑了实际位置上风速的变化）。美国完全停止依赖化石燃料和化石能源的方法和途径一直都在，但政治意愿和政治领导却经常缺位。

国会的批评家们常常攻击风力发电能获得补贴，声称联邦政府是在把钱往坑里倒。当谈到电力生产施加于社会的环境影响时，煤炭其实是一个搭便车者。且不论风力发电的排放成本为零，而化石燃料的排放成本较高，批评者在抨击风力发电的补贴时都没有考虑风力发电和化石燃料之间的用水量差异。风力发电比化石燃料发电少用98%～99%的水。煤、天然气和核能发电需要大量的水来冷却。每年抽出的水比农业用水多83万亿～235万亿升（22万亿～62万亿加仑，美制1加仑≈3.79升）。许多化石燃料发电站和核电站的用水是免费的，由联邦政府或各州提供，但这其实并非免费，而是另一种没有认知到的补贴。除了化石燃料和核能工业，还有谁能在美国拿走数十万亿加仑的水而不付钱呢？

中国作为世界风能领先者而崛起表明，政府对扩大风力发电规模的持续承诺可以加速成本曲线的下降，尤其是不管政治风向如何变化政府都始终支持时。一个可以预测的环境是风电行业发展的关键。在政策方面，在投资组合的标准中可以强制要求可再生能源发电的份额。赠款、贷款和税收优惠可以鼓励风电建设和持续创新，如垂直轴涡轮机和离岸风电系统等技术。在政府支持风能的地区，比如欧盟，政治行动并没有跟上可再生风能增长的步伐。2015年，德国电网遇到瓶颈，导致41亿千瓦时的风力发电被浪费，这足以为120万户家庭提供一年的电力。对风能无法为欧洲提供足够能源的担忧，正被对电网整合、公用事业和分布式能源存储系统无法满足需求的担忧所取代。

风能，像其他能源一样，是一个系统的一部分。对于能源储存、传输基础设施和分布式发电方面的投资对风力发电的发展至关重要。储存过剩电力的技术和基础设施目前正在迅速发展，连接偏远风电场和高需求地区的电力线也正在建设中。对这个世界来说，所要做的决定很简单：投资未来还是投资过去。

影响：到2050年，将陆地风能从占世界电力使用量的3%～4%提高到21.6%，可以减少846亿吨二氧化碳的排放。对于海上风电来说，从0.1%增长到4%可以避免152亿吨二氧化碳的排放。风力涡轮机的总成本为1.8万亿美元，在30年的运行中可以净节约8.2万亿美元。然而，这些都是保守的估计。成本每年都在下降，新的技术改进也已经得到应用，这将以相同或更低的成本产生更多的电。

位于希腊斯提利达，等待装配的风力发电场电机扇叶。

微电网
MICROGRIDS

截至2050年的排名和结果

一种可行的技术——成本和节约已计入可再生能源中

#78

大型电网（macrogrids）是一个庞大的能源网络，连接着公用事业、能源发电机、能源存储和监控供求的全天候控制中心。无论白天黑夜还是刮风下雨，任何插在电源上的东西都可以接通电网的集中电力，这些电力可以从大型化石燃料发电厂获得。当发电集中时，这种设置是合理的。今天，这种大型电网的设置却阻碍了社会从少数地方生产污染能源向各地生产清洁能源的转变。

因此，我们进入微电网时代。微电网是分布式能源（如太阳能、风能、水力发电和生物质能）以及能源存储或备用发电和负荷管理工具的局部组合。这个系统可以作为一个独立的实体运行，用户也可以根据需要接入更大的电网。微电网是大型电网的灵活、高效的缩影，专为小型、多样的能源而设计。通过将可再生能源和存储设备结合在一起，微电网提供了可靠的电力，可以支持集中式发电或在紧急情况下独立运行。

微电网在推进建设灵活、高效的电网中发挥着关键作用。微电网利用当地供应来满足当地需求的模式可以减少输配电过程中的能源损失，与集中式电网相比，这提高了输电效率。因为在集中式电网中，当用煤烧开水来带动涡轮机发电时，三分之二的能量以废热和在线损耗的形式而损失。

在并网地区安装微电网具有几个关键优势。文明社会需要电，由于断电或停电而失去联系是一个严重的风险。在发达国家，此类事件造成的经济损失每年可达数十亿美元，与之相关的社会成本包括犯罪率、交通事故和食物浪费等的增加，另外还存在以柴油作为备用能源带来的环境成本。研究表明，随着电力总需求的增加——这部分归因于空调和电动汽车的使用，现有的电力系统变得更加脆弱，停电变得更加频繁。由于是局部系统，故微电网具有更强的弹性，可以对当地需求做出更及时的响应。在电力中断的情况下，微电网可以专注于需要不间断服务的关键负载，比如医院，并减少非关键负载，直到恢复足够的供应。

在低收入国家，这些优势显得更为明显。全球有11亿人用不上电，他们中95%以上生活在非洲撒哈拉以南地区和亚洲，其中大多数生活在农村地区。在那里，污染严重的煤油灯仍然是照明的主要来源，人们用简陋的炉灶做饭。虽然电气化对于文明社会不可或缺，但由于

这是德国弗莱堡的一个拥有59个家庭的太阳能社区（Solar Settlement），是世界上第一个拥有能源剩余的社区，每个家庭每年在太阳能方面产生5 600美元的利润。设计节能房屋可以获得能源剩余，设计师罗尔夫·迪施（Rolf Disch）称之为"能源+（Plus Energy）"。

将电网延伸到偏远地区的成本高昂，这些地区的电气化进展仍然非常缓慢。在亚洲和非洲的农村地区，人们可以通过微电网获得最好的电力供应（在偏远地区，则可以使用独立的太阳能供电）。

在低收入农村地区建立微电网要比在能源丰富的高收入地区容易。在许多地方，大型公用事业公司的商业模式与分布式能源和存储不兼容，因为这些公司过时的集中式供电的发电、输电系统已经产生了沉没成本。在拒绝使用微电网的地区，对微电网来说最大的挑战是垄断，而不是技术。经验是可以相互借鉴的：大型电网需要更加灵活以适应不断变化的世界；微电网需要采用强有力的技术标准以获得长期成功。在这个技术性颠覆的时代，建立技术合作关系是很有意义的。

影响：我们利用可再生能源替代品，如流动水力、微型风能、屋顶太阳能和生物质能，并结合分布式能源存储，对目前没有电力供应的地区的微电网的增长进行了建模。据推测，这些系统将取代污染型电网的扩张，或阻止未并网的石油、柴油发电机的继续使用。每种解决方案本身都考虑了排放影响，以避免重复计算。对高收入国家来说，微电网系统的好处在于其灵活性。

地热能
GEOTHERMAL

我们的地球是一个活跃的星球。源源不断的热量流向地壳,产生板块运动、地震、火山和造山运动。地球内部大约五分之一的热量是原始的,是46亿年前地球形成时遗留下来的。这种平衡是由地壳和地幔中钾、钍和铀同位素的持续放射性衰变产生的,由此产生的热能大约是目前世界能源消耗的1 000亿倍。地热能——也就是字面意义上的"地球的热量(earth heat)"——创造了地下蒸汽热水储层。美国黄石国家公园(Yellowstone National Park)的间歇泉是我们脚下慢煮着的"地热火锅"的标志性证据,它偶尔还会向空中喷涌。散布在冰岛冰火地貌上的温泉则是另一个标志性证据。

地下水热储层内的热水和蒸汽可以通过管道输送到地面,驱动涡轮机发电。这一壮举首次于1904年7月15日在意大利的拉德雷洛(Larderello)完成,当时皮耶罗·基诺里·孔蒂(Piero Ginori Conti)亲王发明的地热蒸汽驱动的机械装置成功点亮了5个灯泡。一个多世纪后,拉德雷洛电厂(Larderello plant)仍在运行,而全球地热发电装机容量已达1 300万千瓦。这些地热发电厂大多分布在板块边缘,在这些地方,携带热能的流体会以某种形式在地表附近出现;另外2 200万千瓦的地热直接为区域供热、温泉浴场、温室大棚、工业过程和其他用途提供热量。

地热能是一种地球能源,它依赖于地下热储的热量,以及将这些热量携带至地表的水或蒸汽。虽然在地球上只有不到10%的地方存在很好的地热条件,但新技术极大

冰岛斯瓦特森基(Svartsengi,意为"黑草地")地热发电厂位于冰岛的雷克雅内斯半岛(Reykjanes Peninsula),是第一个既能发电又能为区域供暖提供热水的地热发电厂。它有6个不同的发电机组,能产生7.5万千瓦的电力,足以供应25 000个家庭。"废弃"热水会通过管道输送到每年接待40万游客的蓝礁湖地热温泉(Blue Lagoon Geothermal Spa)。

#18

截至2050年的排名和结果

减少二氧化碳排放166亿吨；净成本-1 555亿美元；净节约1.02万亿美元

穿着防护服的维护工程师正在修理一个泄漏着123摄氏度蒸汽的管道连接处。

尽管地热每兆瓦时的排放量仅为燃煤电厂的5%~10%，但地热也并非没有温室效应。此外，水热池枯竭会导致土地下陷，而水力压裂会产生微地震。其他还包括土地利用类型的变化会导致噪声污染、气味污染以及影响景观等问题。

在全球24个国家中，解决这些缺点被证明是值得的，因为地热可以提供可靠、丰富和可负担的电力，且在其使用周期内运营成本较低。在萨尔瓦多和菲律宾，地热发电量占其全国总发电量的四分之一。在多火山的冰岛，这一比例是三分之一。在肯尼亚，多亏了非洲大裂谷（Great Rift Valley）地下物质的活动，该国足足有一半的电力来自地热发电，而且还在不断增长。美国的地热发电厂虽然只占全国总发电量的不到0.5%，但装机容量却达到了3 700万千瓦，居世界首位。

我们有机会在更多地区、以更大蒸汽量开发地热能。根据地热能协会（Geothermal Energy Association）的数据，39个国家可以通过地热能满足其全部电力需求，然而世界上只有6%~7%的潜在地热能得到了利用。基于冰岛和美国地质调查的理论预测表明，未发现的地热资源可以提供10亿~20亿千瓦时的电力，这相当于目前人类消耗电力的7%~13%。然而，如果把投资要求、其他成本和限制因素也考虑在内，这个数字要低得多。

世界地热研究前沿为我们指明了前进的方向，同时还强调了在现代发展中政府参与的重要性。即便找到可行的地点，地热发电厂仍然造价昂贵。钻井的前期成本特别高，尤其是在不太确定的复杂环境中。这就是为什么公共投资、国家生产目标以及保证从开发电力的公司购买电力的协议，在地热发展中发挥着关键作用的原因。这些措施都有助于控制投资风险水平。尽管诸如增强型地热系统等热门新技术不断进步，但继续发展传统的地热发电仍然是不可或缺的，特别是在印度尼西亚、中美洲和东非这些地球运动最活跃、地热最丰富的地方。

地扩大了那些以前不知道存在有用资源的地区的发电潜力。一般来说，找到水热池是第一步；然而，地下资源的准确定位一直是地热发电的一个挑战和限制。我们很难知道储层在哪里，而且打井寻找的费用非常昂贵，不过好在新的勘探技术正在不断发展。

这些新技术之一是增强型地热系统（enhanced geothermal systems，EGS），它通常针对地下深处的空洞，在目前还没有水热池的地方创造出水热池。EGS会通过工程技术向那些有充足热量却缺少水的地区注入水而非依赖自然界供水。EGS可以通过向土壤中注入高压水来破碎热岩石，使其更具渗透性，并更容易进入。一旦岩石是多孔的，水就可以通过一个钻孔泵入，在地下加热，然后通过另一个钻孔返回地面。发电之后，注入井再将用过的水抽回储层。又或者，在冰岛的蓝礁湖地热温泉，斯瓦特森基电厂的废水最后成了居民和游客的洗澡水。随着再利用的进行，这一循环得以不断重复。

这些技术创新可以显著扩大地热发电的地理分布范围，并在某些地区帮助解决可再生能源面临的一个关键挑战：提供基本负载或随时可调度的电力。风能在不刮风的时候就会减弱，太阳能在夜晚无法发挥作用，而由于地下物质持续不间断地流动，地热产能可以在任何时间和几乎任何天气条件下进行。地热是可靠、高效的，而且热源本身是免费的。

在开发地热潜力的过程中，地热的缺点也需要得到解决。无论是自然的还是泵入的，水和蒸汽都可能掺有溶解的气体，包括二氧化碳，以及汞、砷和硼酸等有毒物质。

影响： 根据我们的计算，到2050年，地热发电占全球总发电量的比例将从0.66%上升到4.9%。这种增长可以减少166亿吨二氧化碳的排放，在30年的时间里节约1万亿美元的能源成本，在整个基础设施使用周期内节约2.1万亿美元。通过提供基本负载电力，地热还支持了各种可再生能源的发展。

能源 7

太阳能农场
SOLAR FARMS

任何逆转全球变暖的方案都包括在21世纪中叶大规模增加太阳能。这很有道理：太阳每天都照耀着，提供了一种几乎无限的、清洁的、免费的燃料，而且价格永远不变。小型的、分布式的屋顶电池板群是由太阳能光伏（PV）驱动的可再生能源革命的最明显证据。光伏发电现象另一个不太明显的表现是成百上千甚至几百万个电池板的大规模阵列，其发电能力可以达到数十或数百兆瓦。这些太阳能农场以公用事业规模运作，在发电量上更像传统发电厂，但在排放量上有显著差异。如果把太阳能农场整个生命周期考虑在内，它们的碳排放量将减少94%，并且完全消除了硫、一氧化二氮、汞和微粒的排放。这些污染物除了破坏生态系统外，还是室外空气污染的主要贡献者，在2012年导致了370万人过早死亡。

第一个太阳能农场是在20世纪80年代早期建成的。现在，这些公用事业规模的太阳能光伏安装量占了全球新增太阳能光伏发电容量的65%。太阳能光伏农场出现在很多场景，包括沙漠里、军事基地里、封闭的垃圾填埋场顶上，甚至漂浮在水库上——在这里它还能额外起到减少蒸发的作用。如果乌克兰官员按照他们的计划进行，1986年发生大规模核泄漏的切尔诺贝利将建成一个100万千瓦的太阳能农场，这将是世界上最大的太阳能农场之一。无论在什么地方，"农场"都是形容这些昂贵的太阳能电池板阵列的合适术语，因为从字面上看，光伏就是一种收集能量的手段。组成太阳能农场的硅电池板收集从太阳照射到地球的光子。在电池板密封的环境中，光子产生光电压，进而激发出电流，正如"光伏"二字所暗示的那样。这里除了粒子在运动，不需要任何其他的运动部件。

硅光伏技术是在20世纪50年代偶然发现的，一起被发现的还有存在于如今使用的几乎所有电子设备中的硅晶体管。这项工作是在美国贝尔实验室（the United States Bell Labs）的支持下进行的，寻找可以在炎热、潮湿、偏远地区工作的分布式电源加速了其发展进程。在这些地方，电池可能会失效，而电网也无法到达。贝尔实验室的科学家们发现，相比于自19世纪末以来作为实验太阳能电池板标准的硒元素，硅元素展现出更大的优势，它将光能转化为电能的效率提高了10倍以上。贝尔太阳能电池1954年首次亮相时，一块很小的硅电池面板为一个53厘米（21英寸）的摩天轮和一个无线电发射机提供动力。虽然他们的演示规模很小，但确实给媒体留下了深刻的印象。《纽约时报》宣称，这可能标志着一个新时代的开始，带领人类实现我们最珍视的梦想之一，即利用几乎无限的太阳能服务于文明社会的各类用途。

加州萨克拉门托市政公用事业区（Sacramento Municipal Utility District）拥有的一个太阳能农场，该区是第一个满足美国国家强制性可再生能源标准的市辖区。这家公用事业公司将太阳能发电厂的股份（SolarShares）卖给纳税人，以便他们可以从加州的可再生能源革命中获得金钱回报。

#8

截至2050年的排名和结果

减少二氧化碳排放369亿吨；净成本−806亿美元；净节约5.02万亿美元

当时，光伏发电发电非常昂贵（以今天的货币计算，每瓦超过1 900美元），它们唯一合理的用途是用于卫星。光伏发电进入了太空，但几乎再没有其他地方可以发挥其作用。具有讽刺意味的是，地球上太阳能电池的第一个主要买家是石油行业，因为他们的钻机和开采作业需要分布式能源。从那时起，公共投资、税收优惠、技术进步和强大的制造力量开始逐渐降低光伏发电的成本，直到今天的每瓦65美分。价格下跌的速度总是超过预期，而且还将继续下跌。关于太阳能光伏发电的成本和发展的可靠预测表明，它将很快成为世界上最便宜的能源。目前，太阳能已经是增长最快的能源。太阳能是一种解决方案，但更合理的说法应该是太阳能也是一场革命。建造太阳能农场的成本越来越低，而且比建造新的煤炭厂、天然气厂或核电站更快。在世界上许多地方，太阳能光伏发电的成本与传统发电相比具有同样竞争力，或者低于传统发电。开发商正在以每千瓦时几美分的价格竞标项目，这在几年前是不可想象的。由于硬成本和软成本的大幅下降，加上零燃料使用和适度维护，大规模太阳能的增长速度已经超过了当年人们最乐观的预期。

与屋顶太阳能相比，太阳能农场每瓦的安装成本更低，将阳光转化为电能的效率（即效率等级）更高。当太阳能板旋转以充分利用阳光时，发电量可以提高40%甚至更多。然而，无论太阳能电池板放置在哪里，它们都受到太阳辐射仅限白天、存在变化的特性以及其与电力使用规律不一致的影响——太阳辐射在中午达到峰值，而电力需求在几个小时后才达到峰值。这就是为什么随着太阳能发电的不断发展，如地热能等作为补充的持续稳定的可再生能源，以及风能等与太阳节律不同的能源，都需要不断发展。能源存储和更灵活、更智能、可以适应太阳能农场发电波动性的电网也将是太阳能农场成功不可或缺的一部分。

国际可再生能源机构（International Renewable Energy Agency）已经将每年2.2亿~3.3亿吨的二氧化碳节约额计入太阳能光伏发电，而目前太阳能光伏发电量还不到全球电力组合的2%。太阳能真的可以像牛津大学研究人员计算的那样，到2027年能满足全球20%的能源需求吗？由于政府的干预和市场的进步，出现了许多有希望的迹象：太阳能光伏发电成本与化石燃料发电成本持平并在下降；典型的太阳能电池板工厂每年生产的电池板太阳能容量达数百兆瓦；电池板即使无法使用几十年，也能很容易达到二十五年的使用寿命。2015年，太阳能光伏发电满足了意大利近8%的电力需求，在太阳能革命的领先者德国和希腊满足了超过6%的电力需求。长期以来，光伏行业一直在超越预期，并取得意想不到的飞跃。与分布式太阳能携手并进，并提供适当的技术支持，1954年《纽约时报》引用的"新时代"正在成为现实。

影响：根据我们的分析，公用事业规模的太阳能光伏发电目前占全球总发电量的0.4%，并将增长到10%。我们假设实施成本为每千瓦1 445美元，学习率为19.2%，与化石燃料发电厂相比，实施成本就节约了810亿美元。这一增长可以避免369亿吨二氧化碳的排放，同时到2050年节约5万亿美元的运营成本——不使用燃料产能的经济影响。

屋顶太阳能
ROOFTOP SOLAR

第一个屋顶太阳能电池板于1884年出现在纽约市。实验家查尔斯·弗里茨（Charles Fritts）在发现金属板上的一层薄薄的硒暴露在光线下可以产生电流后安装了这个装置。他和同时代的太阳能先驱们并不知道光是如何点亮电灯的，因为人们直到20世纪早期才了解到光电原理。当时，爱因斯坦发表了他的革命性研究成果，其中包括现在被称为光子的物质。尽管弗里茨时代的科学机构认为发电依赖于热量，但弗里茨相信光电组件最终会与燃煤电厂竞争。就在屋顶太阳能电池板出现的两年前，托马斯·爱迪生（Thomas Edison）也在纽约市创建了第一家这样的工厂。

今天，太阳能正在取代煤炭发电和天然气发电。在容纳了世界上超过10亿人居住的那些没有电网的地方，它正在取代煤油灯和柴油发电机。当一些地方与电力污染作斗争，而在另一些地方甚至没有电时，神秘的太阳光波和粒子不断地照射在地球表面，其能量超过世界总使用量的一万倍。在利用地球上最丰富的光资源方面，建在屋顶上的小型光伏系统发挥着重要作用。当光子撞击真空密封太阳能电池板内的薄硅晶片时，它们将电子击散并产生一路电流。这些亚原子粒子是太阳能电池板中唯一在运动的部分，而这种运动不需要燃料。

虽然太阳能光伏目前提供的电力不到世界电力的2%，但光伏在过去十年中已经实现了指数级的增长。2015年，100千瓦以下的分布式系统约占全球太阳能光伏装机容量的30%。在世界太阳能领导者之一的德国，大部分光伏发电来自屋顶太阳能，有多达150万个系统。人口1.57亿的孟加拉国已经安装了360多万套家用太阳能系统。在澳大利亚，整整16%的家庭都有家用太阳能系统。未来，将一小部分屋顶改造成微型

一位乌洛斯母亲和她的两个女儿住在漂浮岛屿上，这是喀喀湖（Lake Titicaca）上由托托拉芦苇组成的42个漂浮岛屿之一。她们收到第一块太阳能电池板时的喜悦极具感染力。该电池板安装在海拔3 812米（12 507英尺）的高空，将首次取代煤油为她的家人提供电力。尽管太阳能可能是高科技，但它也能很好地和当地文化融合：乌鲁人（Uru People）自称为"Lupihaques"，意为太阳之子。

截至2050年的排名和结果 #10

减少二氧化碳排放246亿吨；净成本4 531亿美元；净节约3.46万亿美元

发电站是必然趋势。

由于其经济性，屋顶太阳能系统正在全球范围内普及。太阳能光伏不断受益于成本下降的良性循环，这得益于加速其开发和实施的激励措施、制造业的规模经济、面板技术的进步以及最终用户融资的创新方法，如有助于美国太阳能推广的第三方所有权安排。随着需求增长和产量增加，价格得以下降；随着价格下跌，需求进一步增长。中国的光伏制造热潮降低了电池板的价格，但硬成本只是一部分费用，融资、收购、许可和安装的软成本可以达到屋顶系统成本的一半，却没有获得像电池板价格一样的下降。这就是屋顶太阳能比公用事业规模的太阳能更昂贵的部分原因。尽管如此，在美国的一些地区、许多小岛州以及包括澳大利亚、丹麦、德国、意大利和西班牙在内的国家，小规模光伏发电的成本已经低于电网发电的成本。

屋顶太阳能的优势远不止价格。虽然光伏电池板的生产，就像任何制造过程一样，涉及排放，但它们发电时不会排放温室气体或造成空气污染，只有无限的阳光资源作为唯一的输入。当安装在已经连接了电网的屋顶上时，它们就可以实现在用能现场产能，从而避免电网传输过程中必然产生的损耗。光伏电池板可以帮助公用事业公司满足更广泛的需求，将未使用的电力输送到电网，特别是在太阳能发电旺盛、电力需求旺盛的夏季。对于房屋所有者来说，这种将多余的电力卖回电网的"净计量"措施使得太阳能电池板在经济上可行，因为这样就可以抵消他们在晚上或其他没有阳光的时候购电的花销。

大量研究表明，屋顶光伏发电的经济效益是双向的。通过将其作为能源发电组合的一部分，公用事业公司可以避免额外的建立燃煤发电厂或天然气发电厂的投资成本，而这一成本需要由其客户支付。同时可以避免给更广泛的社会带来环境和公共健康影响。此外，在电力需求最高的时候增加光伏供电也可以抑制昂贵且污染的高峰发电机的使用。一些公用事业公司拒绝这一提议，并提出了屋顶光伏是"搭便车"的反对主张，因为分布式太阳能的崛起影响了他们的利益。其他人则接受了这一必然性，并试图相应地改变他们的商业模式。对所有相关方来说，对电网这一公有物的需求仍在继续，因此公用事业公司、监管机构和所有利益相关者都在不断寻求发展方式来解决降低成本的问题。

1884年，查尔斯·弗里茨在纽约市安装了第一个太阳能电池板阵。弗里茨在1881年建造了第一块太阳能电池板，他在报告中说，不仅当暴露在阳光下时，当暴露在昏暗、漫射的日光下，甚至是灯光下时，电流都是连续、恒定的，而且具有相当大的能量。

屋顶上的太阳能板可以不入电网把电力输送到低收入国家的农村地区。正如移动电话超越了固定电话的安装，使通信更加大众化，太阳能系统消除了对大规模集中式电网的需求。在2014年之前，高收入国家主导着分布式太阳能的投资，但现在智利、中国、印度和南非等国家也加入进来。这意味着屋顶光伏正在加速人们对可负担清洁电力的获取，从而成为消除贫困的有力工具。它还在创造就业机会，刺激当地经济。仅在孟加拉国，360万个家用太阳能系统就直接创造了11.5万个就业岗位，并在下游行业创造了5万个就业岗位。

自19世纪后期以来，许多地方依赖于集中式发电厂，这些电厂使用化石燃料并将电力输送到由电缆、电塔和电线杆组成的系统。随着家庭采用屋顶太阳能（越来越多地受到分布式能源存储的支持），他们改变了发电模式及其所有权，摆脱了公用事业的垄断，使家庭自身就能生产电力。随着电动汽车的普及，"加油"也可以在家完成，这将取代石油公司。由于生产者和用户成为一体，能源变得大众化。查尔斯·弗里茨在19世纪80年代俯瞰纽约市的屋顶时就有了这样的愿景。今天，这一愿景正逐渐成为现实。

影响：我们的分析认为，到2050年，屋顶太阳能光伏发电占全球总发电量的比例可以从0.4%增长到7%。这样的增长可以避免246亿吨二氧化碳的排放。我们假设实施成本为每千瓦1 883美元，到2050年降至每千瓦627美元。在未来的30年里，这项技术可以节约3.46万亿美元的家庭能源成本。

波浪和潮汐
WAVE and TIDAL

海洋在不断地运动，起伏、打旋、涌起、退潮。当风吹过海洋表面时，波浪形成。由于地球、月球和太阳的引力相互作用，潮汐产生。这些都是地球上最强大和持续的动力。

波浪能和潮汐能系统利用自然海洋流动来发电。许多企业、公用事业、大学和政府都在努力实现持续且可预测的海洋能源供给，目前海洋能源只占全球发电的一小部分。早期的技术可以追溯到两个多世纪以前，现代的设计出现在20世纪60年代，特别是日本海军指挥官增田吉夫（Yoshio Masuda）的设计和他在1947年发明的振荡水柱（oscillating water column, OWC）。当波浪或潮汐在振荡水柱内上升时，空气被置换并推动涡轮机发电。随着海水的不断运动，空气不断被压缩和释放。这和鸣笛浮标的原理是一样的，鸣笛浮标通过压缩空气在有危险的浅滩或露出地面的岩层附近制造声音。目前，世界上已经有了几家OWC发电厂。

波浪能和潮汐能的吸引力在于其稳定性：不需要储存任何能量。虽然人们经常因为担心破坏风景而反对在山脊或海岸线上安装风力涡轮机，但事实证明，水下的看不到的波浪和潮汐系统对沿海居民来说更容易接受（尽管这可能会引起当地渔民的担忧）。

说到产能，并不是所有的波浪和潮汐都是一样的。盛行西风在纬度30～60度吹动，使得各大洲西海岸的海浪活动最为剧烈。冲浪胜地通常是波浪能的热点地区。美国的东北海岸、英国的西海岸和韩国的海岸线就是潮汐能活跃的主要地点。许多专家还指出，由于地理位置偏僻，能源资源有限，小岛屿也可以作为波浪能和潮汐能的候选地区。

虽然海洋永恒的能量使利用波浪能和潮汐能成为可能，但也存在一些障碍。在恶劣和复杂的海洋环境中作业是一大挑战，从设计有效的系统到建造实施装置，再到长期维护，都不简单。海水会腐蚀设备，而且在湍流

截至2050年的排名和结果

减少二氧化碳排放92亿吨；净成本4 118亿美元；净节约−1万亿美元

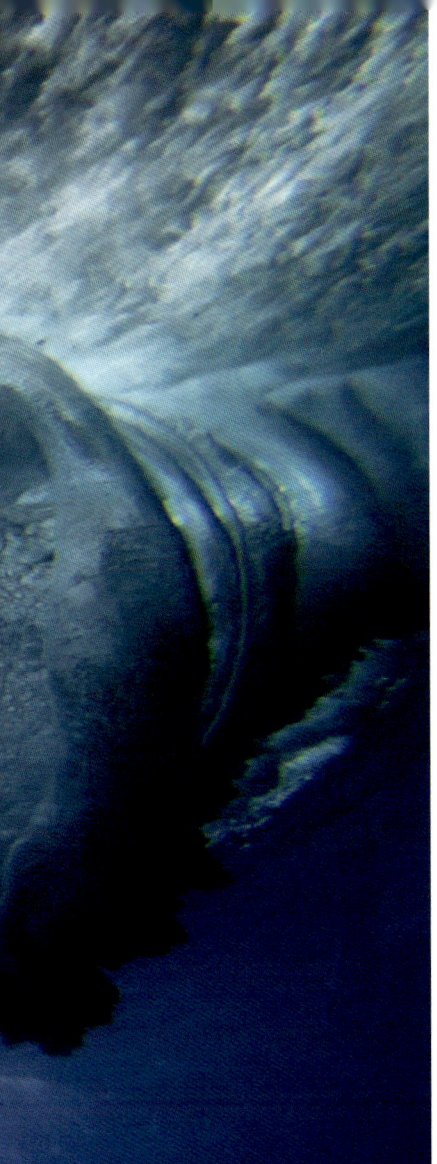

安纳波利斯皇家发电站（Annapolis Royal Generating Station）是一座2万千瓦的发电站，位于新斯科舍省的安纳波利斯河上。它建于1984年，是北美唯一的潮汐发电站，利用了世界上最高的潮差，涨潮和退潮之间的高度差可以超过15米（50英尺）。目前正在附近测试的流式涡轮机设计更简单，环境影响也小得多。

的情况下，海浪比向上、向下和向所有其他方向吹动的阵风更多变。确保海洋生态系统不因声音产生、物质排放或海洋生物被捕杀而受到损害也至关重要。总之，这些因素使得在海洋中作业比在陆地上作业更加严格和昂贵。

海洋能源技术比太阳能和风能落后几十年，仍处于早期发展阶段。潮汐能比波浪能更成熟，目前有更多的项目在运行。这些项目尤其适合建在天然的海湾（bay）、入海口（inlets）或潟湖（lagoons）处，在这些地方，海水以昼夜为周期涨落，所以可以利用潮汐来发电。有些系统类似水坝，涨落的潮汐可以驱动涡轮机。更具实验性的流式系统则像水下风力涡轮机一样，利用潮汐推动叶片来发电。

在世界各地，各种波浪能技术还在测试和打磨中，以追求将波浪动能转化为电能的理想设计。有些看起来像漂浮在海面上的黄色浮标，另一些则像驾驭波浪的红色大蛇，或者是来回摆动的长手臂，还有一些是完全淹没在水下的漂浮圆盘。目前还不清楚哪种技术最有效，但无论它们的形状和形式是什么，这些系统都利用上下涌动、进出奔流的波浪运动来发电。振荡是关键，所以波浪越高，其水能资源就越丰富。

海洋能源的机遇是巨大的，但要实现这一目标还需要大量投资和研究。支持者认为，波浪能可以提供美国25％的电力，澳大利亚30％的电力或更多，在苏格兰，这个数字甚至可能超过70％。目前，波浪能和潮汐能是所有可再生能源中最昂贵的，而随着风能和太阳能价格的迅速下降，这一差距可能会继续扩大。不过，随着技术的发展和支持政策的到位，海洋可再生能源可能也会走上类似的道路，吸引私人资本投资，并引起通用电气（General Electric）和西门子（Siemens）等大公司的兴趣。沿着这样的道路走下去，波浪能和潮汐能也能在成本上与化石燃料竞争。

影响：对2050年的波浪能和潮汐能的预测并不多。基于这些数据，我们估计到2050年，波浪能和潮汐能可以从占全球总发电量的0.004％增长到0.28％。其结果是在30年内将减少92亿吨的二氧化碳排放量。实施成本将达到4 118亿美元，30年的净损失将达到1万亿美元，但这些投资将为长期发展和减排铺平道路。

集中式太阳能
CONCENTRATED SOLAR POWER

迄今为止，集中式太阳能（concentrated solar power，CSP）只出现在西班牙和美国两个国家——这是国际能源机构（International Energy Agency，IEA）在总结CSP故事时的开头。CSP又被广泛称为太阳能热发电（solar thermal electricity）。第一批电站于20世纪80年代在加州投产，至今仍在运行。它们不像光伏发电那样从太阳光中获取能量并将其直接转化为电能，而是依靠传统化石燃料发电的核心技术：蒸汽涡轮机。不同之处在于，CSP不是使用煤炭或天然气，而是使用不含碳的太阳辐射作为其主要燃料。镜面是CSP电站的重要组成部分，它以特定的方式弯曲或倾斜，以集中入射的太阳光线来加热流体，产生蒸汽，并推动涡轮机叶片。截至2014年，该技术在全球范围内的规模仅40亿瓦。其中大约一半是在西班牙，在这个国家，CSP占全国发电量的2%，足以显出其重要性。凭借着独特优势，CSP将会继续扩大规模，这些数据也将会继续改变。位于撒哈拉沙漠边缘的摩洛哥的努尔·瓦尔扎扎特太阳能综合体（Noor Ouarzazate Solar Complex）已经在改变太阳热能的行业版图，如果建成，它将成为世界上最大的太阳能综合体。

CSP电站依赖大量的直射阳光——法向直接辐射辐照度（DNI）。DNI最高的地区是炎热、干燥、天空晴朗的地区，通常其纬度为15～40度。从中东到墨西哥，从智利到中国西部，从印度到澳大利亚，都是最佳地点。根据2014年发表在《自然·气候变化》（Nature Climate Change）杂志上的一项研究，地中海盆地和非洲南部的卡拉哈里沙漠（Kalahari Desert）最有可能建立大型互联CSP网络，其提供电力的成本可能与化石燃料相当。在许多最适合生产太阳能热发电的地区，技术发电能力（即这些CSP网络能够生产的电力）远远超过需求。随着输电线路的进步，它们可以为当地居民提供电力，并向CSP更受限制的地区输电。

颇具讽刺意味的是，最近太阳能光伏的成功限制了太阳能热发电的发展。光伏板以飞快的速度变得如此便宜，而CSP则被边缘化了，因为钢铁和镜子的价格没有出现同样的暴跌。但随着光伏发电在发电组合中所占比例

#25

截至2050年的排名和结果

减少二氧化碳排放109亿吨；净成本1.32万亿美元；净节约4 139亿美元

的提高，它可能会从阻碍CSP发展转变为其助推器。这是因为CSP在能量储存方面具有非常有利的优势，而这正是光伏发电所需要的。与光伏电池板和风力涡轮机不同，CSP在发电之前先产生热量，而热量更易有效储存。事实上，储存热量的成本比储存电力便宜20～100倍。在过去的十年里，建造以熔盐罐形式储存的CSP电站已经成为相对标准的做法。熔融盐在白天被高温加热后，根据各地DNI的不同，可以保持5～10个小时的温度，然后在太阳光线变弱时用于发电。这种发电能力对于人们还在活动并消耗电力、但太阳已经下山的时候至关重要。即使没有熔盐储能，CSP电站也能在例如阴天时储存短时间的热量，使它们有能力缓冲辐照度的变化，而这是光伏板做不到的。与其他可再生能源相比，CSP更灵活，间断更少，更容易整合到传统电网中，可以成为光伏的有力补充。有一些工厂将CSP和光伏这两种技术结合起来，强化了两者的效用。

目前为止，与风能和光伏发电相比，CSP的主要缺点是在能源和经济方面效率都较低。与光伏电池板相比，CSP电站将更小比例的太阳能转化为电能，而CSP电站是高度资本密集的，尤其是因为使用了镜子。专家预计，CSP的可靠性将加速其发展，随着技术应用的规模扩大，成本可能会迅速下降，能源转换效率预计也能得到提高（目前正在开发的技术已经证明了这一点）。

CSP其他的缺点也需要注意。太阳能热通常依赖天然气作为生产后备，有时，还作为持续增产剂，随之带来了二氧化碳排放。使用热能通常意味着要用水来冷却，而水对于适合使用CSP的炎热干燥地区是一个稀缺资源。干式冷却是可行的，但效率较低、成本较高。此外，因为CSP电站将高温热量集中成束，经常有蝙蝠和鸟类在半空中被烧死。为此，一家名为太阳能储备（Solar Reserve）的公司制定了一项有效的策略来避免鸟类死亡；随着更多电站上线，推广这类策略将至关重要。

人类很早以前就会用镜子生火。中国人、希腊人、罗马人都发明了燃烧镜——将太阳光集中到物体上，使物体燃烧的弯曲的镜子。三千多年前，青铜器时代的中国生产了大量的太阳能点火器。古希腊人也是这样点燃奥运圣火的。在16世纪，列奥纳多·达·芬奇（Leonardo da Vinci）设计了一个巨大的抛物面镜，用来煮沸工业用水和加热游泳池。像许多技术一样，通过镜子来利用太阳能的技术也曾多次失传又被发现，一直以来都吸引着众多实验家和工匠，今天这个技术又一次吸引了众人的目光。

影响： CSP占2014年世界总发电量的0.04%。尽管近年来应用CSP的速度缓慢，但分析认为，到2050年，CSP将占世界总发电量的4.3%，能避免109亿吨二氧化碳的排放。实施成本高达1.32万亿美元，但到2050年净节约可达4 139亿美元，在该技术的整个生命周期内可节约1.2万亿美元。CSP的另一个好处是，它可以很容易地集成能量存储，允许在天黑后延长使用时间。

新月沙丘太阳能项目（The Crescent Dunes Solar Energy Project）是一个11万千瓦的太阳能热电厂，位于内华达州托诺帕市（Tonopah, Nevada）附近。它也是一个能储存11亿千瓦时能量的熔盐储存工厂。10 347个定日镜环绕着中心195米（640英尺）高的塔，总面积为11.89平方米（128万平方英尺）。这座耗资10亿美元的发电厂发电成本为每千瓦时13.5美分，肯定高于风能和太阳能发电厂。然而，托诺帕可以提供稳定的基础负载电力，从而使可再生风能和太阳能的间歇性能源无缝集成到电网中。

能源 15

生物质能
BIOMASS

世界是如何从依靠化石燃料变成依靠风能、太阳能、地热能和水能的？部分原因在于生物质产能。这是一个从现状到理想状态的过渡解决方案，它并不完美，而且存在很多限制，但却可能是必要的。之所以必要，是因为生物质能可以按需发电，帮助电网应对可预测的负荷变化，并为风能和太阳能等可变能源作补充。生物质可以帮助淘汰化石燃料，为灵活的电网解决方案的推出争取时间，同时有效利用可能造成环境问题的废物。此外，在短期内，用生物质替代化石燃料可以防止大气中的碳储量上升。

光合作用是能量转换和储存的过程：太阳能被捕获并以碳水化合物的形式储存在生物质中。在适当的条件下，经过数百万年，未被破坏的生物质会变成煤、石油或天然气，这些碳密度高的化石燃料目前在电力生产和运输中占主导地位。或者，它们也可以被收集来产生热量，产生用于发电的蒸汽，或者被加工成石油、天然气。生物质能的产生不是释放埋藏在地下很久的化石燃料碳，而是将已经存在于大气中的碳进行循环，从大气到植物，再从植物到大气。植物生长的过程中会吸收碳，而处理和燃烧生物质会排放碳，循环往复。只要消耗和排放保持平衡，这就是一种持续的、中和的碳交换。提高能源效率和联产是确保在任何年份生物质燃烧产生的碳不多于新种植植物吸收的碳的必要条件。当达到这一平衡时，大气新的碳排放量将为净零。

有这样一种假设：如果使用适当的原料，如可持续生长的能源作物或废弃物，生物质能源将是一个可行的解决方案。最理想的是，它还使用如气化或消化这样的低排放的转换技术。利用玉米和高粱等一年生粮食作物生产能源会消耗地下水，造成水土流失，并需要在施肥和设备运行过程中投入大量能源。作为一种替代方案，可以选择多年生作物或所谓的短轮作木本作物（short-rotation woody crops）等可持续生长的能源作物。多年生草本植物，如柳枝稷和芒草，在需要重新种植之前可以收获十五年，节省了大量水和劳动力投入。灌木、柳树、桉树和杨树等木本作物能够在不适合粮食生产的边际土地上生长。它们在靠近地面的地方被割下来后又会长出来，所以可以重复收割十至二十年。这些木本作物如果能种在还未被森林覆盖的土地上，那么就可以避开以森林作为燃料所带来的森林砍伐，并比大多数其他树

木能更快地吸收碳。但是，芒草和桉树是侵入性植物，需要多加注意。

另一个重要的原料是木材和农业加工产生的废料。锯木厂和造纸厂的废料是很有价值的生物质。作为食物或动物饲料的农作物丢弃的茎、壳、叶和穗轴也是如此。虽然将作物残余物留在农田来促进土壤肥沃很重要，但这些农业废料的一部分可以用于生物质能生产。许多这样的有机残留物常常要么现场分解，要么成堆燃烧，释放出它们储存的碳（尽管可能需要更长的时间）。当有机物现场分解时，它通常会释放出甲烷；当其成堆燃烧时，会释放出黑碳（煤烟）。甲烷和黑碳都比二氧化碳更能加速全球变暖；而如果将这些有机物用于生物

#34

截至2050年的排名和结果

减少二氧化碳排放75亿吨；净成本4 023亿美元；净节约5 194亿美元

这是一种用于收割速生柳树的一次性切割削片收割器，用于碳中和生物质能工厂，是德国能源转型计划（Energiewende）的一部分。目前，德国7%的能源来自生物质能。当采伐和加工木材被算在内时，它不是碳中性的。该行业得以存在是由于政府的大量补贴。

质能生产，除了这一生产用途外，仅仅阻止甲烷和黑碳的排放就能产生重大效益。

美国115个正在建设或在征求许可的生物质发电厂中，大多数都计划以燃烧木材为燃料。支持者声称，这些木材将由商业伐木作业留下的树枝提供，但这种说法经不起推究。在华盛顿州、佛蒙特州、马萨诸塞州、威斯康星州和纽约州，伐木作业产生的砍伐量远远低于拟建造的生物质燃烧器所需的数量。在俄亥俄州和北卡罗来纳州，公用事业公司的态度更为直截了当，他们承认生物质发电意味着砍伐和燃烧树木。树木会重新长出来，但还需要几十年漫长而不确定的滞后时间来实现碳中和。如果生物质能依赖于树木，那么这不是一个真正的解决方案。

生物质是有争议的。人们正在开展大量的学术研究，以更准确地评估其环境和社会影响。这些研究主要围绕三大争论展开：生命周期碳排放（如前所述）、间接土地利用变化和森林砍伐，以及对粮食安全的影响。通常，后两类争论会被归结为森林与燃料、食物与燃料的取舍问题。在现实中，管理土地、种植粮食和生产生物质原料是动态相互作用的，而且并不总是遵循传统智慧。这三者可以相互加强，也可以相互损害，因此如何在特定的当地环境下使用生物质原料至关重要。目前，生物质发电占全球总发电量的2%，比任何其他可再生能源都多。在瑞典、芬兰和拉脱维亚等一些国家，生物质发电占全国总发电量的20%~30%，几乎全部由树木提供。在中国、印度、日本、韩国和巴西，生物质能正在崛起。要在更多地方实现更大规模，就需要对生物质能生产设施以及收集、运输和储存的基础设施进行投资。同时，通过规制来管理生物质能的弊端也是至关重要的。破坏原生森林来获得生物质能仍然是一项巨大的倒退，然而，如果可以从森林中收割入侵物种并辅以适当的生态保护措施，这将成为生物质能的良好来源。印度锡金就正在测试这种方法，致力于生产用于清洁炉灶的生物蜂窝煤。此外，需要保护小农不被工业化规模的生物质发电方法取代。最重要的是要记住，精心监管的生物质能是通向清洁能源未来的桥梁，而不是终点。

影响：生物质能是一个过渡性的解决方案，随着时间的推移，将被逐步淘汰，以支持更清洁的能源。该分析假设所有的生物质都来自多年生生物能源原料，而不是森林、一年生植物或废物，并取代煤炭和天然气用于发电。到2050年，生物质能可以减少75亿吨二氧化碳的排放。随着清洁的风能和太阳能在灵活的电网中越来越容易获得，对生物质能的需求将会下降。

核能
NUCLEAR

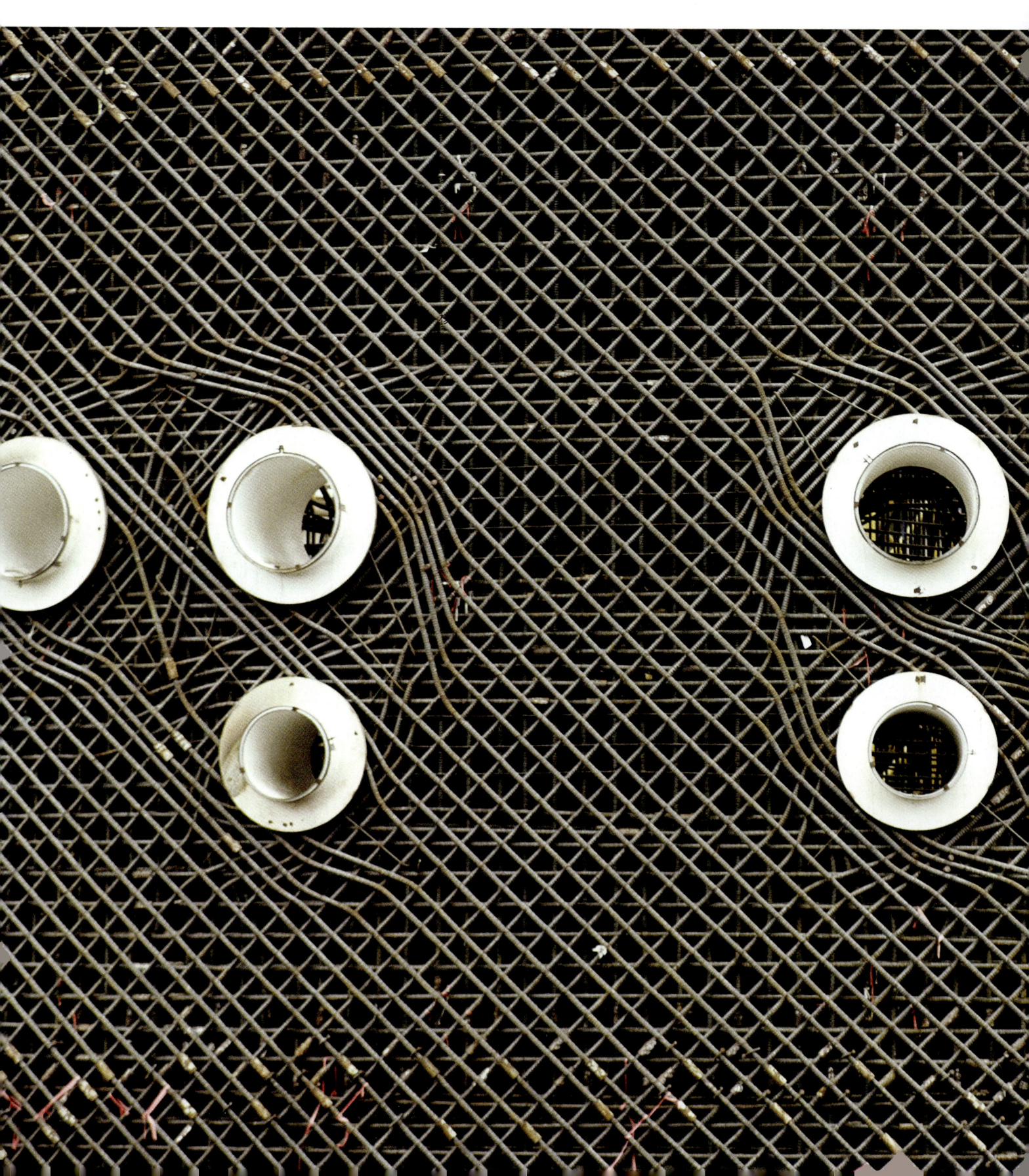

#20

截至2050年的排名和结果

减少二氧化碳排放160.9亿吨；净成本8.8亿美元；净节约1.7万亿美元

实际上，核电站是通过烧水发电的。核裂变使原子核分裂，释放出将质子和中子束缚在一起的能量。这放射性释放的能量被用来加热水，水又被用来驱动涡轮机。这是迄今为止发明的制造蒸汽的最复杂的过程。然而，核能碳足迹很低，这就是为什么它被一些人视为关键的全球变暖解决方案；不过还有许多人认为，与其他低碳选择相比，它现在不划算，将来也不会划算。为汽轮机提供动力的通用方法是燃气或燃煤发电。据计算，煤炭发电所排放的温室气体是核能的10～100倍。

目前，核电占世界总电力的11%，占世界总能源供给的4.8%，已有30个国家拥有核反应堆，其中440多个核电机组正在运行，还有60多个正在建设中。在拥有核电站的30个国家中，法国的核电对其电力供应的贡献最大，超过70%。

核反应堆大致按世代分类。最老的一代是20世纪50年代首次上线的第一代，现在几乎完全退役了。目前的大部分核反应堆属于第二代（切尔诺贝利包括第一代和第二代，福岛第一核电站的四个反应堆属于第二代，美国和法国的所有反应堆都属于第二代）。第二代与上一代不同的是，它使用水而不是石墨来减缓核链式反应，并使用浓缩铀而不是天然铀作为燃料。在世界范围内运行的第三代核反应堆中，有5个正在运行，还有几个正在建设中，而正在研究的第四代核反应堆，构成了所谓的"先进核能（advanced nuclear）"。从理论上讲，先进核能已经标准化了设计，减少了建造时间，延长了运行寿命，改进了安全性能，提高了燃料效率，并减少了浪费。

核能的未来之所以难以预测，是因为它的成本。随着时间的推移，几乎所有其他形式的能源的成本都在下降，而核电站的成本却是40年前的4～8倍。根据美国能源部的说法，先进核能是除了效率相对较低的传统燃气涡轮机以外最昂贵的能源形式。陆上风力发电的成本仅为核电的四分之一。

对于那些因为成本、时间和安全原因而反对核能的人来说，他们的反对理由一度是新建燃煤电厂的不可阻挡之势。数以百计的燃煤电厂正在建设或规划中，主要分布在南亚和东亚，其中四分之三将由中国、印度、越南和印度尼西亚建造。如果煤炭热潮继续下去，全球变暖将远远超过合理的限制。这就是为什么气候报告主要关注能源的原因，也是为什么核能的支持者对新核电站建设的缓慢步伐感到沮丧的原因。一方面，许可证、许可手续和融资使得美国的核电站几乎陷入停滞，而德国也正在关停核电站；而另一方面，中国有37座核电站在运行，19座正在建设中。中国承诺在2030年达到二氧化碳峰值，之后碳足迹会一直减少。

关于核能的讨论直接触及与碳排放有关的气候困境的核心问题：核电站存在缺陷和内在风险，这还值得冒险吗？或者，正如一些支持者所坚持的那样，限制它们的使用会导致气候灾难吗？核能一直是两派争论不休的话题。支

这张照片展示了一名工人在汉福德（Hanfold Site）核电站的原始核反应堆上攀爬钢条格子的情景，我们可以从中感受到核电站的规模。

能源　19

持和反对的论点精彩、复杂而且两极分化。请看以下三位在环境界广受尊敬的科学家的观点,他们各抒己见:

根据物理学家艾默里·洛文斯(Amory Lovins)的说法,核能是唯一一种灾难后果如此之大、能造成大面积杀伤的能源;唯一一种其材料、技术和技能有助于制造和隐藏核武器的能源;唯一一种能造成扩散、重大事故和放射性废物危险的气候解决方案……核能在全球市场上持续几十年不被看好,因为它极度缺乏竞争力、不被需要、过时且毫无经济价值,人们甚至都无须考虑它是否清洁和安全;核能削弱了电力可靠性和国家安全;与把同样的金钱和时间投入更有效的选择上相比,它会使气候恶化。

美国国家航空航天局(NASA)科学家詹姆斯·汉森(James Hansen)则持另一种观点,他在1988年国会上就气候变化问题发表的证词引起了全美国的关注。他与其他三位气候变化领导人共同撰写了一封公开信,称:"风能、太阳能、生物质能等可再生能源肯定会在未来的能源经济中发挥作用,但这些能源的扩张速度不足以满足全球经济所需的廉价和可靠的电力。"虽然从理论上讲,不使用核能就可以稳定气候,但在现实世界中,没有一条可靠的气候稳定途径不包括核能发挥重大作用。他们提议持续35年每年建造115座核反应堆。

最受尊敬的气候作家和博主之一约瑟夫·罗姆(Joseph Romm)并不买账。他认为,核反应堆太过昂贵和笨重,而且考虑到风能和太阳能的成本仍在直线下降,核能已经被挤出了市场。罗姆总结了国际能源机构(IEA)的观点:核能可以发挥重要但有限的作用。据IEA预测,到2050年,核电占总发电量的比重将从目前的11%增加到17%。

关于核能,似乎有两个不同的世界。核能价格昂贵,欧盟和美国高度管制的核能产业可能会继续超支且发展缓慢。法国阿海珐公司(Areva)在芬兰的奥尔基洛拖(Olkiluoto)反应堆项目上落后了10年,超出了预算54亿美元。在诺曼底,一个定于2012年启动的34亿美元的压水堆要到2018年才能开始建设,修改后的成本为113亿美元。而在地球的另一边,碳排放大国中国正在以更快的速度建设核反应堆,这在很大程度上是因为中国城市受到汽车和燃煤电厂的严重污染。中国核电行业自给自足,有能力出口,并能在两到三年内建成新核电站。然而,即使在核能似乎正在发挥作用的地方,也

出现了向可再生能源的巨大转变。中国目前在可再生能源装机容量方面处于世界领先地位,已经取消了数十座燃煤电厂的计划,并将增加风能和太阳能装机容量。

或许还有另一种可能性。核电站能重新设计得更小、更轻、更安全、更便宜吗?这是许多初创企业正在努力解决的问题。尽管出现了第三代反应堆,但核反应堆的世界仍停留在大型、昂贵、极其复杂的系统上,这虽比过去更好,但仍是在重复过去。在一个廉价可再生能源、分布式存储和先进电池的世界里,任何类型的大型集中式发电厂还有意义吗?近50家公司正在竞争解决核问题,创建所谓的第四代反应堆。这些技术包括熔盐反应堆、高温气体反应堆、球床模块化反应堆和聚变反应堆(氢硼反应堆)。新的反应堆设计解决了一些核能的主要缺陷。按照设计,这些反应堆可以在无人值守的

情况下迅速、安全地关闭。它们使用更好的冷却剂,并能将核电站规模缩小到常规核电站的五百分之一。此外,它们还将施工时间缩短到一年或两年。在核能问题上,世界可能很快就会有比过去更好的选择,但考虑到可再生能源技术加速的成本和建设优势,这可能为时已晚。

影响:围绕安全性和公众接受度的复杂动态将影响核能未来是扩张还是收缩。我们假设到2030年,它在全球发电量中所占的份额将增长到13.6%,但到2050年将缓慢下降到12%。与化石燃料发电厂相比,核电厂的使用寿命更长,因此总体设施更少,安装核电厂可能需要额外花费9亿美元,尽管每千瓦的执行成本高达4 457美元。未来30年的净运营节约可能达到1.7万亿美元。该情景可以避免160.9亿吨的二氧化碳排放。

编者注:《碳逆转》里100个解决方案中,几乎所有都是社会想要追求的无悔的解决方案,就算不说其碳排放的影响,它们也有许多有益的社会、环境和经济影响。而核能是一种会令人后悔的解决方案,切尔诺贝利(Chernobyl)、三里岛(Three Mile Island)、落基平地工厂(Rocky Flats)、基什廷(Kyshtym)、布朗斯费里(Browns Ferry)、爱达荷福尔斯(Idaho Falls)、美浜町(Mihama)、卢森斯(Lucens)、福岛第一核电站、东海村(Tokaimura)、马尔库尔(Marcoule)、温德斯格尔(Windscale)、博胡尼斯(Bohunice)和教堂岩(Church Rock)已经发生了这类令人后悔的事件,包括氪的释放、废弃的铀矿、尾矿污染、核废料的处理、非法贩运钚、裂变材料的盗窃、被吸入冷却系统的水生生物的破坏,以及需要对核废料进行数十万年的严密保护。

德国格拉芬莱因(Grafenrheinfeld)核电站升起蒸汽。该核电站自1981年以来一直在运行,并于2015年6月停止运行。德国正在退出核能,并希望在2022年底停止所有核能发电。

热电联产
COGENERATION

#50

截至2050年的排名和结果

减少二氧化碳排放39.7亿吨；净成本2 793亿美元；净节约5 670亿美元

美国燃煤电厂和核电站的发电效率约为34%，这意味着有三分之二的能量会从烟道释放，增加空气的温度。合计来看，美国电力行业浪费的总热能相当于日本的总能源需求。这就跟汽车引擎运转时排气管排出废热的原理是一样的，只不过汽车内燃机比发电厂更糟糕，其产生的能量中有75%~80%都是废热。煤电厂和单循环燃气电厂是通过热电联产回收废热的最佳选择。

热电联产将原本被废弃的能源用于工作，为家庭和办公室供暖和制冷，或产生额外的电力。热电联产系统捕捉电力生产过程中产生的多余热量，并就地或在附近利用热能进行集中供热或用于其他目的。因为发电本身的效率很低，所以通过热电联产减少排放并节省资金便大有可为。

目前许多在运行的热电联产系统都分布在工业部门。在美国，87%的热电联产被用于化学、造纸、金属制造和食品加工等能源密集型行业。在丹麦和芬兰等国家，热电联产占电力生产的很大一部分，主要是因为它在集中供热系统中的使用。

在热电联产占总发电量比例高的国家，如丹麦和芬兰，保障能源安全的需求对热电联产的发展起到了决定性作用。丹麦的热电联产发展很大程度上得益于政府的具体政策，而芬兰则更多是由市场驱动。芬兰大型造纸和林业企业自然而然地会利用以生物质为基础的热电联产，因为这种木材能源就地可用。此外，该国寒冷的气候为供热基础设施投资的可观回报提供了基础。截至2013年，芬兰69%的区域供热是由热电联产系统提供的。

丹麦的能源供应方式是以政策为中心的。尽管热电联产技术在该国的使用可以追溯到1903年，但直到20世纪70年代的石油危机才真正促进了这项技术的使用。从那时起，各项政策迫使地方当局使用能源效率高的产热技术，帮助从集中式发电转变为分布式发电，并通过税收政策鼓励普遍使用热电联产，特别是基于可再生能源的热电联产系统。此外，丹麦积极参与联合国气候变化谈判，在减少温室气体排放方面取得了进展。目前，丹麦约80%的区域供热和60%以上的电力需求由热电联产满足，而且家庭可以使用微热电联产机组。这种微型系统通常以天然气为燃料，作为燃料电池或热能发电机来供电、供暖、通风和制冷。它们非常有效，但价格和其他因素阻碍了其应用。

美国在热电联产方面长期落后于欧洲，部分原因是众所周知的来自公共事业的阻挠。20年前，麻省理工学院（Massachusetts Institute of Technology）的热电联产计划遭到当地公共事业的挑战，诉讼接踵而至，不过都以麻省理工学院胜诉告终。这样的阻碍在当今注重能源的环境中是罕见的，麻省理工学院最先进的热电联产系统也即将完成。

从经济角度来看，采用热电联产系统对许多工业和商业用途以及一些住宅用途都有重要意义。热电联产使无法获得可再生能源的用户能够以相同的燃料数量和成本生产更多的能源。除了明显的经济效益外，采用热电联产还将在一定程度上减少温室气体排放，从而减少取暖和发电对化石燃料的依赖。此外，它将在引入智能化、分布式和可再生能源网络方面发挥重要作用。因为分布式系统必须在发电地点附近安装，而热电联产系统刚好减少了对传输线的需要。热电联产系统也很容易根据用户的喜好来进行调整，因此可以使用多种能源。此外，与基于燃烧的热电系统相比，热电联产系统有助于减少水的使用和热水污染，降低对水这种重要自然资源的需求压力。

影响：在我们的分析中，热电联产指的是商业、工业和运输部门的天然气就地热电联产。2014年，使用天然气的工业热电联产约占全球发电的3.2%和热能发电的1.7%。如果到2050年，电力和热能的使用率分别达到5.4%和3.3%，就可以避免40亿吨二氧化碳的排放。按每千瓦平均安装费用1 851美元计算，安装总费用为2 793亿美元。通过用效率更高、成本更低的技术取代基于电网的电力和现场热发电，热电联产的增长可以在30年的时间里节约5 670亿美元的运营费用，全生命周期可以节约1.7万亿美元。

微型风力发电
MICRO WIND

#76

截至2050年的排名和结果

减少二氧化碳排放2亿吨；净成本361亿美元；净节约199亿美元

微型风力涡轮机类似于过去堪萨斯州玉米地里独立的风车，发电能力为100千瓦或更低，可以满足家庭、小型农场或企业的电力需求。在农村地区，它们经常被用来抽水、为电池充电和供电。通常情况下，在4 047平方米（1英亩）的土地上只安装一个微型风力涡轮机，这与商业规模成组的风力涡轮机形成鲜明对比。

当美国许多乡村的电网还很稀疏时，现场风能常被用来填补这一空白。今天，它在发展中国家发挥着类似的作用，这些小型系统可以为全世界11亿没有电力供应的人提供电力，主要是在撒哈拉以南非洲和亚洲发展中国家的农村地区。微型风力涡轮机是扩展电气化的一项重要技术，为人们提供了一种照明或做饭的方式，对人民福祉和经济发展大有裨益。与此同时，高收入国家的微型风力发电可以与公用事业规模的可再生能源相结合，从而提高产量。尽管分布各异，但微型风力涡轮机实现了相同的气候效益：在不产生温室气体的情况下生产能源。

风的动能随风速的不同而变化。涡轮机从风中提取能量的效率称为其容量系数。对于微型风力涡轮机来说，实际的容量系数通常是25%或更低。选址对于最大限度地提高产量至关重要，但与商业风能产业相比，微型风力涡轮机选址技术还处于起步阶段。不过，微型风力涡轮机能够避免公用事业规模的对手的挑战。较小的规模意味着它们可以避免如破坏山脊线或海岸线附近田园风光的美学问题，也避免了噪声污染，因为许多涡轮机的声音几乎听不见。

目前，微型风力涡轮机的主要需求是独立于电网使用。这意味着它们通常会安装一个柴油发电机，在没有风的时候提供电力。从碳排放的角度来看，这种依赖化石燃料的补充并不理想。市场上已经有一些太阳能光伏和微型风力系统的组合，这是一个富有成效的替代方案。改进的电池存储技术也可以提高微型风力发电的可行性。当这些涡轮机接入电网时，所有者可以将他们不需要的电发送到更大的电网，通过电网计量获得经济回报。

专家估计，目前全世界有100万或更多的微型风力涡轮机在使用，其中大多数在中国、美国和英国。提高这一数字的关键因素是成本，这一点在低收入国家和高收入国家是相同的。目前，一部分原因在于微型风力发电机是独立安装的，这使得其每千瓦的发电价格远高于公用事业规模，而且投资回收期可能很长。对许多人来说，获取微型风力发电技术难以实现。公共支持机制，如上网电价、税收抵免、投资补贴和净计量，可以改变这一局面，并促进其蓬勃发展。在微型风力涡轮机制造商达到规模经济之前，终端用户成本可能都将是一个挑战。涡轮机技术本身的持续发展也将在降低价格方面发挥重要作用。

将微型涡轮机整合到大型建筑中正显示出独特的前景。如果能够将涡轮机安置在高海拔上，如摩天大楼，那么就可以利用更强、更稳定的微风。这就是为什么参观埃菲尔铁塔的游客现在可以在第二层看到垂直轴涡轮机。它距离地面122米（400英尺），俯瞰着战神广场。这种设计让铁塔能够利用来自任何方向的风，从而为餐厅、商店和展览供电。作为工程创新的标志，埃菲尔铁塔也是清洁能源未来技术发展的温床。

影响：到2050年，微型风力发电将增加5倍，占到全球总发电量的1%，它可以减少2亿吨二氧化碳的排放。与水力发电一样，微型风力涡轮机可以在没有电网的地区推广清洁可再生电力。

这是一个VisionAIR 5垂直轴风力涡轮机，低速运转时比耳语还安静。涡轮机有3.2米（10.5英尺）高，额定功率为3.2千瓦。它所需的最低风速为每小时14.5千米（9英里），可以承受高达每小时177千米（110英里）的风速。

人类引起的气候变化在1800年首次被德国科学家亚历山大·冯·洪堡证实，并在1831年被这位科学家再次证实。

亚历山大·冯·洪堡
安德烈娅·伍尔夫

虽然亚历山大·冯·洪堡（Alexander von Humboldt，生于1769年9月14日）如今鲜为人知，但他当时其实是一位传奇人物，也是历史上最重要的科学家之一。以洪堡命名的地方和物种比以其他任何人命名的都多。在他的一百岁诞辰之日，全球各地都在游行庆祝，2.5万人聚集在中央公园，1万人在匹兹堡，1.5万人在锡拉丘兹，8万人在柏林，还有数千人在布宜诺斯艾利斯、墨西哥城、伦敦和悉尼向他致敬。随着人们越来越意识到全球变暖对生命系统的影响，洪堡的见解和著作越来越体现出他的先见之明。在1800年，基于旅行中的观察，洪堡成为首个描述人类引起的气候变化现象和原因的人，并在1831年再次被证实。

洪堡的第一次旅行是在1799年，他在拉丁美洲进行了五年的长途旅行，这次探险改变了他和对世界其他地方的想法。正是在这里，洪堡提出了等温线的概念，即在气象图上描绘气压和温度变化的线。在洪堡攀登厄瓜多尔的钦博拉索火山（Chimborazo）——一座6 268米（20 564英尺）高的静火山时，他提出了气候带的概念。他带了一只装满仪器的箱子，对途中遇到的植物、动物、森林、人和陆地进行测量、描述、观察和绘制，这使他具备了一种百科全书般的能力，可以把各个物种和之前见到的物种进行比较。洪堡在原始质朴的荒野中度过了五年的时间，他意识到，大自然以超越人类认知的方式错综复杂地联系在一起。他发现生命系统，乃至整

个星球，都非常容易受到人类干扰。达尔文、缪尔、爱默生、梭罗等人所描述的"生命之网"的原理就直接来源于洪堡的拉丁美洲探险和由此撰写的著作。

1829年，60岁的洪堡在收到沙皇尼古拉一世（Czar Nicholas I）和外交大臣格奥尔格·冯·坎林（Count Georg von Cancrin）的邀请后，安排了一次大范围的俄罗斯探险，开始了他的最后一次旅程。在25周内，他的团队行进了15 472千米（9 614英里）。当他返程后，他准确而有预见性地描述了认识不到大气层对地面上的变化的敏感性将会为一个文明社会带来的后果。在安德烈娅·伍尔夫（Andrea Wulf）的这部精彩传记的摘录中，她描述了洪堡在旅程结束后返回莫斯科和圣彼得堡的过程。

——保罗·霍肯

现在已经是10月底了，俄罗斯的冬天就要来了。洪堡预计首先在莫斯科，然后在圣彼得堡报告他的远征之行。他很高兴，因为他见过深井、雪山、世界上最大的干草原和里海。他在蒙古地区与清朝指挥官一起喝了茶，他也与吉尔吉斯人一起喝了发酵的马奶。在阿斯特拉罕（Astrakhan）和伏尔加格勒（Volgograd）之间，卡尔梅克（Kalmyk）唱诗班博学的可汗为他演唱了莫扎特的序曲。他曾看过在哈萨克大草原上追逐的赛加羚羊，看过伏尔加岛上晒着日光浴的蛇，也看过阿斯特拉罕的裸体印度苦行僧。他曾正确地预测到西伯利亚地区钻石的存在，也曾不顾自我约束与政治流放者交谈过，甚至还遇到过一个被驱逐到奥伦堡（Orenburg）的波兰人，那个人骄傲地给洪堡看他手里的《新西班牙政治随笔》（Political Essay of New Spain）。在此之前的几个月里，洪堡在一场炭疽疫情中幸存了下来，不过因为西伯利亚的食物难以消化，他体重也下降了。他把温度计插进深井里，带着仪器走遍了整个俄罗斯帝国，进行了数千次测量。他和他的团队带回了石头、植物压片、瓶中的鱼、填塞的动物，以及给皇帝威廉（Wilhelm）的古代手稿和书籍。

正如前面所提到的，洪堡不仅对植物学、动物学、地质学感兴趣，而且对农业和林业也感兴趣。在注意到采矿中心周围的森林迅速消失时，他给康克林（Cancrin）写了一封信，提醒他保护树木，并出于这个原因建议他不要用蒸汽机排干被淹的矿井，因为这样做会导致太多树木死亡。在炭疽热肆虐的巴拉巴草原（Baraba Steppe），洪堡注意到了过度畜牧对环境的影响。这个地区过去和现在都是西伯利亚重要的农业中心，那里的农民排干了沼泽和湖泊，把土地变成了农田和牧场。洪堡认为这导致了沼泽平原的严重干旱，而且旱情还将继续恶化。

洪堡一直在寻找自然界所有现象和力量之间的联系。俄罗斯是他对自然理解的最后一程，他巩固、证实并将他在过去几十年里收集的所有数据联系起来。他的指导思想在于比较而不是发现。后来，洪堡把俄罗斯远征的成果写成了两本书，其中包括森林破坏和人类对环境的长期改变。他列举了三种人类影响气候的方式，分别是森林砍伐、过度灌溉，以及——也许是最具预见性的——工厂产生的大量蒸汽和气体。在此之前，除了洪堡，没有人研究过人类与自然的关系。

摘自《自然的发明：洪堡的新世界》（THE INVENTION OF NATURE: ALEXANDER VON HUMBOLDT'S NEW WORLD），作者：安德烈娅·伍尔夫，2015年。经阿尔弗雷德·A.克诺夫（Alfred A. Knopf）许可使用，其为企鹅兰登书屋有限责任公司（Penguin Random House LLC）的子公司克诺夫双日出版集团（Knopf Doubleday Publishing Group）的出版商。版权所有。

洪堡将自然作为整体进行描绘的首个也是最令人惊叹的作品是他的"Naturgemälde"，在德语里是"描绘自然"的意思，也包含着一种统一或整体性的感觉。正如洪堡后来解释的那样，这是在一页纸上的一个缩影。用今天的说法，这可能是有史以来第一个信息图表——洪堡的又一个"第一"。

沼气池
METHANE DIGESTERS

截至2050年的排名和结果（大型）　　#30

减少二氧化碳排放84亿吨；净成本2 014亿美元；净节约1 488亿美元

截至2050年的排名和结果（小型）　　#64

减少二氧化碳排放19亿吨；净成本155亿美元；净节约139亿美元

在托马斯·杰斐逊（Thomas Jefferson）撰写《美国独立宣言》的同一年，意大利物理学家亚历山德罗·伏尔塔（Alessandro Volta）发现了甲烷气体。马焦雷湖（Lake Maggiore）沿岸沼泽中升起的可燃空气引起了他的兴趣，他收集了一些，并在给朋友卡洛·坎皮（Carlo Campi）的一系列信件中记录了他在随后的实验中发现的结果。"不，先生，没有什么空气比来自沼泽的空气更容易燃烧。"伏尔塔在1776年11月21日写道，他开始研究气体和腐烂植物之间的联系。他后来用甲烷作为自己设计的手枪的火药。但是直到一百年后，科学家们才明白微生物才是产生伏尔塔所说的可燃空气的原因。这种微生物的智慧现在被应用于管理从有机废物中产生的甲烷温室气体的排放，并在这个过程中产生清洁能源。

农业、工业和人类的消化过程产生了持续的（和不断增长的）有机废物流。在世界各地，人们种植庄稼，饲养动物，制造食物并养活自己。这些活动都会产生从残留物到粪便的一系列副产品。即使尽最大努力减少，也没有办法完全避免产生这些废物。俗话说，倒霉的事总会发生。如果没有周到的管理，有机废物在分解时释放出的甲烷气体会特别容易挥发。在一百年的时间跨度内，进入大气层的甲烷产生的温室效应是二氧化碳的34倍。为了解决这个问题，一种方法是在密封的厌氧沼气池中控制有机废物的分解，这种沼气池可以加速伏尔塔所发现的马焦雷沼泽沿岸的自然过程。该方法利用微生物来转化有机废料和污泥，并生产两种主要产品：沼气（一种能源）和固体沼渣（一种营养丰富的肥料）。

利用有机废物作为能量来源已有很长的历史。在20世纪到来之前，沼气灯照亮了英国埃克塞特（Exeter）的街道。一千年前，沼气加热了亚述人（Assyrian）的洗澡水。在古代中国，意大利探险家马可·波罗曾见到过能产生烹饪燃料的污水罐。1859年，印度孟买附近的一家麻风病人收容所安装了一个沼气系统用于照明。今天，沼气池出现在世界各地的后院、农家和工厂，并且数量不断增加。得益于有利的监管环境，德国的沼气池在一众发达经济体中处于领先地位。截至2014年，德国拥有近8 000个沼气池，总装机容量近400万千瓦。随着对甲烷排放的关注不断增加，美国的沼气池数量也在增加。在亚洲占主导地位的是小型沼气池。中国有1亿多农村人口正在使用沼气。

无论沼气池的大小和形状如何，其动力学原理是相同的。当有机废物在一个密闭、无氧的容器中混合时，细菌和其他微生物一步一步地将有机废物分解成各组成成分。在几天或几周的时间里，沼气从顶部溢出，而沼渣落到底部，富集着氮等营养物质。沼气是甲烷和二氧化碳的混合物，可以直接使用，也可以进一步净化成甲烷，类似于天然气。只要原料供应持续，微生物保持活跃，消化过程就能不断进行。

对沼气池的多种产出进行利用可以减少更多的温室气体排放。这些产出的最终用途往往取决于生产规模。在家庭层面，主要是在亚洲和非洲的农村和未通电地区，沼气被用于做饭、照明和取暖，而沼渣则充当家庭花园和小块农田的肥料。重要的是，沼气可以减少对木材、木炭和粪便作为燃料来源的需求，从而减少对地球和人类健康都有影响的有害气体的排放。在工业规模层面，沼气可以取代污染严重的化石燃料，用于供暖和发电。净化后，沼气还可以用于那些使用天然气的车辆。沼渣则取代了化石燃料基肥料，改善了土壤健康。除了减少温室气体，沼气池还减少了垃圾填埋和污染废水，并消除了异味和病原体。

大约在伏尔塔研究可燃气体的同一时期，"废物也是资源"这句话开始流行起来。"废物"一词的拉丁词根"vastus"，意思是未开垦的。实际上，有机废物在很大程度上就是未开垦的。面对源源不断的动物和人类粪便、食品生产和消费过程产生的有机废物，以及连续激增的能源需求，我们需要将"废物也是资源"铭记于心。

影响：我们的分析包括小型和大型沼气池。预计到2050年，小型沼气池可取代低收入经济体的5 750万低效炉灶，而大型沼气池的装机容量可增至6 980万千瓦。累积下来，共花费2 169亿美元，可减少103亿吨二氧化碳的排放。

小水电
IN-STREAM HYDRO

#48

截至2050年的排名和结果

减少二氧化碳排放40亿吨；净成本2 025亿美元；净节约5 684亿美元

动能就是运动中的能量。世界上的水道都充满了水，在重力作用下水穿过分水岭，通过小溪，进入较大的支流，并最终汇入大海。几千年来，人类一直在利用水流的动能，先是用于转动水轮和驱动机器，之后在19世纪又被用来发电。今天，水力发电让人想起那些巨大的大坝：中国长江上游的三峡大坝，美国科罗拉多河上的胡佛大坝（Hoover），以及巴拉圭和巴西之间巴拉那河（Paraná River）上的伊泰普大坝（Itaipu）。为了最大限度地利用可用于发电的动能，大坝从上到下的垂直距离得以让水流以高体积和高速度冲过涡轮叶片来发电。大坝能产出大量电力，但它们吞噬了大片的自然和人类栖息地，同时影响了水流水质、沉积模式和鱼类洄游。

这些缺点使人们将注意力从大型水坝转移到更小的、类似于水轮的水下涡轮机上。水下涡轮机放置在自由流动的河流或溪流中，可以直接捕获水流的动能，从而避免了建造水库所带来的影响。类似于风力涡轮机的叶片由微风推动，水下涡轮机的叶片是由水流推动的。它不需要建立围栏，不需要改变河道，也不需要储能设备，只需要一些简单的设备，并且不会带来污染排放。水下涡轮机能生产生态无害的可再生能源。带有活动部件的水下设备总会对溪流中的生物产生一些影响，人们一直担心这会伤害鱼类种群，阻碍它们的洄游。因此，精心的设计和安装是至关重要的。

虽然水流随着季节更替和年份更迭有所不同，但水下涡轮机提供了相对连续的能源供应。它们需要远离碎石碎片，不过其维护费用和初始成本都很低。由于水下涡轮机可以在水流湍急、能量集中的小型水道中发挥作用，因此水下涡轮机很有可能成为偏远地区电力供应的首选。从阿拉斯加农村的土著社区到需要灌溉的稻田，这项技术正在以昂贵而又肮脏的柴油发电机作为传统能源的地方进行测试和试用。喜马拉雅融雪形成的水道很适合发展水下涡轮机，这很有推动农村经济发展的潜力。在城市环境中，水下涡轮机的目标是另一种流体动力资源：城市水管。在俄勒冈州的波特兰市，1.1米（3.5英尺）宽的涡轮机与地下管道完美契合。当水从喀斯喀特山脉冲到城市时，它在不损害水流的情况下为当地公用事业提供电力。这种小水电技术的子类称为管道水力发电。

位于英国萨默塞特郡布鲁顿的小型水力发电站，装机容量为12千瓦，每年发电量约为3.3万千瓦时。

根据美国国家级流体动力资源评估，从技术层面上讲，可利用的水能每年超过1 000亿千瓦时。大约95%位于密西西比、阿拉斯加、太平洋西北、俄亥俄和密苏里等水文学地区。而要抓住这一机遇就必须具备非常新颖的技术，一些人把当下水力发电的情形比作15年前的风力发电。水力发电这一行业充斥着小规模的公司，但他们只是得益于水能和潮汐能之间的相似性，以及对后者激增的研究和投资。尽管企业家和工程师正开发河流技术，而且获得了政府支持，但并不是所有水力发电项目都是应该开发的。有些改变了水流方向，削弱了水道活力；还有一些则堆积得非常紧密，当水位上涨时就会引发洪水。不过如果能对潜在的危险加以管理，并能合理利用河流的能量，那么这种古老的能源形式将对我们的未来非常重要。

影响：如果到2050年，水力发电可以供应全世界3.7%的电力，那么就可以减少40亿吨二氧化碳的排放，并节约5 684亿美元的能源成本。偏远山区的社区是最不需要电动化的地区，水力发电为他们提供了一种可靠且经济的发电方法。

废弃物能源化
WASTE-TO-ENERGY

一些人称废弃物能源化为解决方案，而另一些人则称之为污染。它当然是后者。废弃物能源化对于一个垃圾过多的国家来说是一个过渡策略。在本书中，有几种解决方案我们称之为"后悔方案"，这就是其中之一。"后悔方案"对整体碳排放有积极影响；然而，它们会对社会和环境带来危害，而且成本很高。

美国的垃圾焚烧业是在20世纪七八十年代核工业崩溃后兴起的。从核电站建设中受益的公司引进了一项被称为"资源回收"的业务，也被戏称为"垃圾变现金"。这种解决方案并没有消除垃圾：它释放了塑料、纸张、食品和垃圾中所含的能量，并留下残余的灰烬。换句话说，它只是改变了垃圾的形式。潜伏在垃圾中的重金属和有毒化合物，一些被排放到空气中，一些被清除，还有一些则留在产生的飞灰里。当时，100吨城市垃圾产生了30吨飞灰，而这是一种有毒的颗粒物质。这些飞灰被送往内部衬有塑料膜的垃圾填埋场，以确保飞灰的渗滤液不会渗入地下水。然而，塑料内衬能使用多久还不得而知。由于新技术的发展，如今产生的飞灰要少得多。

工业上有四种将废弃物转化为能源的方法：焚烧、气化、热解和等离子气化。废弃物能源化也指位于政府、公司或医院的小型转化设施，这些设施使用其中一种技术来处理医疗业、制造业或放射性废物，以及轮胎、污水污泥、实验室化学品或社区垃圾。

那么，为什么要在本书中专门介绍废弃物能源化呢？在一个可持续发展的世界里，废弃物将被堆肥、回收或再利用；但不会被丢弃，因为它在一开始就是具有剩余价值的，将会有专门的系统来处理它。土地稀缺的国家，如日本，面临着一个困境：如何处理垃圾——一个由成千上万种不同材料和化学品组成的垃圾摩天大楼？垃圾填埋需要大片土地，而像日本这样的国家根本提供不了这么多土地。如果有垃圾填埋场，掩埋垃圾过程中有机物分解会产生甲烷，这种温室气体在100年的时间里比二氧化碳的温室效应大34倍。而废弃物能源化的工厂生产的能源原本可能来自燃煤或燃气发电厂，与产生甲烷的垃圾填埋场相比，它们的温室效应更小。

如今，美国每年焚烧3 000多万吨垃圾，大约占其产生的垃圾总量的13%。美国最初尝试焚烧垃圾的行动根本就是一场毒理学灾难。20世纪80年代对新泽西的一个焚化炉进行的一项研究显示：如果每天焚烧2 250吨垃圾，每年的排放量将是5吨铅、17吨汞、0.26吨（580磅）镉、2 248吨一氧化二氮、853吨二氧化硫、777吨氯化氢、87吨硫酸、18吨氟化物，以及98吨小到足以永久留在肺部的颗粒物。该研究还显示出根据焚烧中的纸张和木材的数量不同，持久性有毒污染物二噁英的产量不同。基本上，这个过程就是惰性的有害废弃物进入焚化炉，释放出的却是生物可吸收的有毒有害物质。

现代焚化炉在一定程度上解决了这些问题。它采用非常高的温度，并配备洗涤器和过滤器，从而捕获几乎所有的污染物，但仍不是全部。对于城市和社区来说，废弃物能源化的工厂具有巨大的吸引力。在欧洲，有480多家废弃物能源化的工厂，燃烧了大约四分之一的垃圾。瑞典是其中的领先者之一，它以相当高的碳排放成本从其他国家进口了80万吨垃圾，为其世界最大的区域供暖网络提供燃料。瑞典人声称，他们对进口的垃圾非常小心：这些垃圾必须妥善分类，并且其中所有的可回收物（包括食物）都被清除出去。因为这里不允许垃圾填埋，所以垃圾如果没有被回收利用就会被烧掉。

在现代的瑞典废弃物能源化工厂中，剩余的飞灰经过过滤，去除了所有金属碎片（这些金属也可以被回收利用）。瓷砖或陶瓷块被收集起来用作筑路时的碎石。

#68

截至2050年的排名和结果

减少二氧化碳排放11亿吨；净成本360亿美元；净节约198亿美元

在电子除尘器利用负电荷去除所有颗粒物后，剩余的烟雾几乎完全由水和二氧化碳组成，被认为是无毒的。由于温度很高，总飞灰显著减少。剩下的一小部分被送往垃圾填埋场。瑞典市政协会认为，垃圾焚烧与填埋相比，无论是进口垃圾还是国产垃圾，每处理1吨就相当于减少0.5吨（1 100磅）二氧化碳。

作为一种管理垃圾的策略，如果采用最先进的设施，废弃物能源化比填埋更好。在欧洲，尽管垃圾市场（德国、丹麦、荷兰和比利时也在进口垃圾）不断扩大，垃圾回收率（包括绿色垃圾）仍在上升，同时2020年回收率达到50%的指令也已经就绪。另一个尽可能有效处理垃圾流的策略是：尽可能减少、再利用、回收和堆肥。

废弃物能源化的做法仍不断引起争论。支持者指出，这样不会在地上堆积垃圾，而且会产生清洁能源。1吨垃圾产生的电力相当于1吨煤产生的电力的三分之一。但反对者则诟病其带来的污染——尽管很少，以及高昂的投资成本和对回收或堆肥的潜在不利影响。由于焚烧通常比其他选择更便宜，所以在成本方面，它可以胜出。数据显示，高回收率往往与废弃物能源化的高利用率密切相关，但一些人认为，在不燃烧垃圾的情况下，回收率可能更高。尽管垃圾焚烧技术不断发展，但以上提到的反对观点确实是美国新建电厂多年来几乎停滞不前的一部分原因。

更值得担忧的是，在低收入国家，废弃物能源化可能类似于早期的有毒焚化炉。由此带来的公共卫生问题在东亚尤为突出。这是废弃物能源化市场增长最快的地方，但也是污染监管和执行不力的地方。联合国成立的绿色气候基金（Green Climate Fund）在低收入国家投资废弃物能源化工厂，但要求在焚烧前对垃圾进行分类、回收和去除有毒物质。

虽然一些机构和投资者认为废弃物转化的能源是一种可再生能源，但事实并非如此。真正的可再生能源，如太阳能和风能，是不会枯竭的，而燃烧塑料运动鞋、光盘、泡沫塑料和汽车内饰是无法再生的。当然，从这一角度而言，垃圾可以算得上是一种可重复的资源，因为我们产生了太多。

本书认为废弃物能源化是一个过渡性的解决方案：它可以帮助我们在短期内远离化石燃料，但不是未来清洁能源的一部分。即使是最先进的（许多并不是）焚化设施，也不是真正清洁和无毒的。苏格兰邓弗里斯（Dumfries）的斯科根（Scotgen）气化焚化炉虽然是先进的焚化炉，但被证明是最严重的污染来源和二噁英排放源之一。政府在2013年关闭了这一焚化炉。尽管消除所有二噁英排放在技术上是可能的，但现实是，世界各地的废弃物能源化场所都出现了可测的二噁英超标情况。因此，我们有许多理由反对焚烧厂的建设，特别是现有设施没有达到最高标准的那些焚烧厂。但将其视为"后悔方案"还有另一个原因，那就是废弃物能源化可能会阻碍更好的方法的出现——零垃圾，这种方法完全不需要垃圾填埋场和焚化炉。这并非不切实际，要知道已经有10家大公司承诺垃圾零填埋，其中包括英特飞（Interface）、斯巴鲁（Subaru）、丰田（Toyota）和谷歌（Google）。

零垃圾在不断发展中，它希望向上游而不是下游发展，以改变垃圾的性质和回收方式。从本质上说，社会中的物质流动可以像我们在森林、草原上所看到的那样，完全不存在不能作为其他生命形式生存原料的废物。零垃圾依赖于绿色化学和材料创新，着眼于结果，而不仅仅是开始阶段。就像曾不切实际且昂贵的太阳能和风能一样，零垃圾是一场工程和设计革命，它将变废为宝，以至于人们根本不会想去焚烧或填埋垃圾。意大利卢卡的罗萨诺·埃尔科利尼（Rossano Ercolini）是"零垃圾国际联盟（Zero Waste International Alliance）"的领导人之一。当有人提议在他的学校附近建焚化炉时，这位老师立即采取行动，成功地阻止了这一提议，但他并没就此停止。通过他推动垃圾回收和垃圾减量的努力，意大利其他117个城市也已经关闭了废弃物能源化工厂，并承诺实现零垃圾。这就是一个真正的解决方案，没有什么可后悔的。

影响：废弃物能源化的风险是巨大的，但它也有一些好处：到2050年，可以避免11亿吨二氧化碳的排放，主要是由于不让垃圾进入垃圾填埋场从而减少了甲烷的排放。考虑到其缺点，这是一个过渡性的解决方案，它将随着更可取的废物管理解决方案（包括零垃圾、堆肥和回收）在全球得到更广泛的采用而衰落。由于可用空间有限，岛屿国家可以继续将废弃物能源化作为填埋的替代方法，采用更先进的技术，如等离子气化，以限制负面影响。按照360亿美元的实施成本计算，30年可以节约198亿美元。

电网灵活性
GRID FLEXIBILITY

在探索内华达山脉的第一个夏天,约翰·缪尔(John Muir)在日记中写道:"当我们试图寻找任何东西时,我们会发现它与宇宙中的其他一切都联系在一起。"一个多世纪以来,人们一直用这句话来描述生态系统的相互联系以及从食物到运输的一切事物的全球连锁效应。这句话也适用于描述电网:世界上85%的人都依赖着电力生产、传输、存储和消费的动态网络。全球能源转型这个词流传得越来越广,通常用来描述从化石燃料向可再生清洁能源的大规模转变。虽然能源转型是解决温室气体排放问题的关键,但一个更大的变化正在发生,那就是电网系统的转型。

一些可再生能源具有与化石燃料发电类似的稳定性,如地热发电、水力发电或生物质发电等。然而,风能和太阳能发电则是断断续续的。随着季节更替,风每一天和每一分钟都在变化。例如,德国11月份的风力和日照都很少,所以必须通过其他能源来补充。除了波动性,从集中式、公用事业规模到分布式、小型规模(如屋顶太阳能发电),太阳能和风能发电也具有多样化的特征。地热发电上网有标准的程序,但目前风力发的电还不能上电网。世界各地的公用事业和监管机构都致力于解决这样一个问题:在一个快速变化的环境中,电网如何才能最好地协调电力供应和终端用户需求,以保持

#77

截至2050年的排名和结果

一种可行的技术——成本和节约已计入可再生能源中

得越来越重要。而对于小规模储能来说，电池是关键，包括电动汽车的电池。需求响应型技术，如联网的智能恒温器和电器，可以实时调整消费者在电网上的能源消耗，以避开需求高峰期。

输电和配电网络——电力生产和消费之间的连接组织——需要强大且灵活。当电网覆盖地区跨度更大时，它们也面对着更多样的风力和日照模式：如果空气在一个地方是静止的，它很可能在另一个地方是移动的。因此，在任何给定的时刻，可再生能源的总产量变化较小。在西班牙，几乎所有的风力发电都由西班牙电网公司（Red Eléctrica de España）控制。在系统联合作用下，它可以在15分钟内控制风力发电到特定水平。在欧洲西北部，相互连接的邻近电力系统有助于应对过量生产和提供备用供应。

各种各样的操作实践有助于提高电网灵活性。当发电与天气紧密相关时，比如风能和太阳能，预测可能是公用事业最重要的工具。在丹麦，会提前一天进行天气预测，同时也会实时更新。将预测结果与白天和晚上的实际风力输出进行比较，可以不断提高预测准确度。电网运营商可以调整提前发电的时间和每段发电的时长。在必要时，可以要求供应商减少发电，利用负价格来阻止产电过剩，虽然这些措施在经济上可能是不可取的。

到2050年，80%的可再生能源将在全球范围内成为现实。在世界各地的许多电网中，可再生能源的份额已经达到20%～40%，其中包括可变可再生能源和恒定可再生能源。事实上，目前为止，平衡行动的效果比许多人预测的要好。很快，越来越多的司法管辖区将追求先进的电网灵活性，把最适合特定环境的措施组合在一起。可再生能源与更灵活的电网相结合，将使全球能源转型成为可能。虽然光伏板和涡轮机可能会引起最多的关注，但灵活性是使可再生能源成为主要能源形式的不可或缺的手段。

影响：我们没有对电网灵活性进行建模，因为它是一个复杂的动态系统，几乎不可能在全球尺度上考虑到所有局部的因素。然而，要想超过25%的发电份额，可变的可再生能源就需要电网具有足够的灵活性。从这个解决方案中减少的排放会被计入可变可再生能源解决方案中，不提高电网灵活性就不能充分发挥可变可再生能源解决方案的潜力。

电力供应并控制成本？

答案是灵活性。要使可再生能源成为供电主力，电网就需要比现在更具适应性。美国、丹麦、德国和澳大利亚等在可再生能源整合方面领先的国家显示，电网的灵活性源于供应和需求两方面措施，以及公用事业的合理运营和因地制宜。本书中介绍的许多解决方案都涉及灵活的电网。持续的可再生能源，比如从垃圾填埋场捕获的甲烷，就是风能和太阳能的补充能源。如果能把过剩的热量存储在大型水箱中，那么热电联产电厂将可以更快投入使用。从一直使用的抽水蓄能技术到熔融盐和压缩空气等新技术，各种公用事业规模的储能措施将变

能源 31

储能（公用事业）
ENERGY STORAGE (UTILITIES)

大约一万一千年前，当人类从狩猎采集模式转向定居农耕模式时，人们开始学习储存。因为头茬收获的作物存在暂时的过剩，人们必须保护它们不受老鼠和潮湿的影响。土制、木制和陶瓷的谷仓是早期的储存方式。如今，我们越来越擅长储存，但有一个例外，那就是储存电力。电力是工业化世界中最基本的商品，而其按量储存却尚未被考虑。如何解决电力管制、停电和低效率的问题？在缺乏大规模能源储存的情况下，公用事业公司依靠高污染的峰值期电厂（peaker plants）来满足高需求。当我们致力于减少发电排放并转向可变的可再生能源时，储能就显得尤为重要。

自从1879年旧金山的公用事业公司首次向付费用户供电以来，这些公司一直计划着生产足够的电力以满足实时需求。当电网无法供电时，电灯和马达就会熄灭。在一些国家，这种情况仍然经常发生。随着经济结构转向可再生能源，利用储能系统管理电网变得至关重要，包括每日、多日、更长时段及季度的存储。当太阳能和风能作为供电系统的一小部分时，它们的可变性并不是主要问题，因为传统的化石燃料发电厂可以进行一定的调整。然而随着可再生能源占到总电力的30%~40%，要想可靠且经济地应对这些变化对于电网来说就变得更加复杂。2016年5月，德国创造了一项全球纪录，全国做到持续数小时使用占电网总发电量88%的可再生能源，其中大部分来自太阳能光伏。美国可再生能源最高纪录可能是2015年2月得克萨斯州的一个晚上，当时40多个风力发电厂发的电占电网总发电量的45%。除非可再生能源能够被利用或出口，否则产量达峰时就会产生多余的能源，而这些能源必须被扔掉，因为传统的发

#77

截至2050年的排名和结果

一种可行的技术——成本和节约已计入可再生能源中

电厂无法关闭。克服过剩的一种方法是使用高压直流电（high voltage direct current, HVDC）电线，这种电线可以将能量在很小的线路损耗下输送至数千英里之外。此外，还有一套储能技术可以解决这些问题。

公用事业公司如何储存大量的电力？一种选择是把水从较低的水库抽到较高的水库，理想情况下是457米（1 500英尺）及更高。在需要的时候，水被释放回较低的水库，并带动涡轮机发电。公用事业公司在电力过剩的晚上抽水，当需求和价格达到峰值时再把水降下来发电。例如，通用电气与一家德国公司合作在无风时发电。该项目需要一个倾斜的地形，四个风力涡轮机协同工作，将水从较低的水库泵到较高的水库。当风力不足或用电需求量大时，放水为传统的水力发电厂提供动力。目前，全球共有抽水蓄能系统200多个，占全球蓄能容量的99%。当有地形优势时，这是一个不错的方法。

内华达州正在试验通过铁路储存能源。在该地区，没有水的地方，还有重力可以发挥作用。这个储能系统从西西弗斯的神话中得到启示——永不停歇地把巨石推上山顶。当电力充足时，装载着230吨岩石和水泥的采矿轨道车被送到914米（3 000英尺）高的铁路站场。轨道车厢配备了2 000千瓦的发电机，在上升过程中充当引擎。在下降过程中，再生制动系统将滚动阻力转化为电能。

这两种解决方案的核心技术都有一个多世纪的历史。不过当轨道车停在高处时，它们可以在那里停一年，并且不会流失任何电力，而水库里的水则会蒸发。这两种系统都有一个关键优势——能很快对需求做出响应，增加到满功率只需要几秒，而化石燃料发电厂则需要几分钟甚至几小时。电网正需要这种高速的储能系统。

聚光太阳能发电厂也是能源储存的前沿阵地，使用熔融盐来保温，并在需要时发电。这种盐是钠和硝酸钾的混合物，在大约242摄氏度以上的温度下会融化，并能吸收集中太阳反射镜反射的热量。熔融盐可以在5~10小时内保持高温，并将吸收能量的93%还原。熔融盐储存目前在聚光太阳能电厂中很常见，它可以让发电机在日落数小时后继续运转。

此外，还可以利用大规模的电池来储能。一些公用事业公司正在安装锂离子电池组，以满足高峰需求。洛杉矶计划将其天然气高峰期电厂下线，代之以1.8万节电池，在电力需求较低时，这些电池将在晚上通过风力充电，在早上通过太阳能充电。数十家初创企业和老牌公司正在竞相生产低成本、低毒性、安全（无自燃）的电池，这种电池将彻底改变从手电筒到未来公用事业电池的储能方式。

影响：就其本身而言，储能并不能减少排放；但储能能够使风能和太阳能得以利用。为了避免重复计算可再生能源解决方案，没有计入碳影响。与其他提高电网灵活性的解决方案一样，该方案的成本和总增长不会被直接模拟计算。

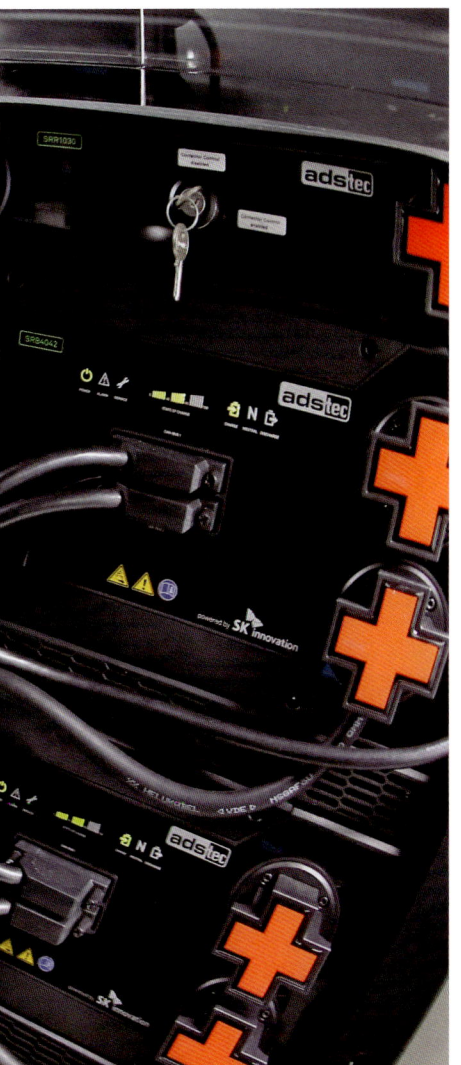

德国马格德堡弗劳恩霍夫研究所（Fraunhofer Institute）新能源储存设施上的加号和减号表示两极。在一次全面测试中，整个弗劳恩霍夫研究中心都由电池供能。锂基存储系统的可用容量为500千瓦时，输出功率为1 000千瓦。蓄电池装在一个26吨的可移动容器中。这种设备用于稳定间歇且可变的能量。

储能（分布式）
ENERGY STORAGE (DISTRIBUTED)

就像工业革命初期对煤、石油和天然气的采用一样，一场彻底的能源转型方兴未艾。大多数人将这种转变描述为从碳基燃料向可再生能源的转变，这在一定程度上是正确的。这一转变的另一部分将是分布式储能，即保留生活或工作场所产生的少量或大量能量的能力。正如社会学和人文地理学教授凯伦·奥布赖恩（Karen O'Brien）所观察到的，如果全球变暖是改变一切的转变，那么分布式储能系统可能是改变能源工业的转变。

你所使用的电是从哪里来的？能源——天然气、煤、核能、水电——集中生产并从大型发电厂输送到全国各地纵横交错的高压输电线，再由降压变压器输送到地区电网，最后输送到家庭或工作场所。分布式储能系统颠覆了这一顺序。客户不再是被动的消费者，他们也可以成为生产者，并自由选择从电网购买电力或向电网出售电力。他们可以避免高峰用电，并使电网更具弹性，从而规避了可能造成电力不足或电网故障的用电需求激增。

风能和太阳能都有着自己的时间表，存在可变性。这对需要密切监测供需的公用事业公司来说是一个关键的挑战。为了防止电网瘫痪，随时启动备用发电站至关重要。提高电网独立性需要创建可负担的分布式储能系统，然而电池的价格之高令人望而却步。不过，这种情况正在改变。目前有两种基本的储能系统来源：独立电池和电动汽车。存储成本以千瓦时计算，2009年每千瓦时1 200美元，到2016年已降至约200美元。相关公司目前预测几年后每千瓦时的价格将降至50美元。你可以以1 200美元每千瓦时的价格，购买一个24千瓦时的储能系统，并免费获赠一辆全电动的日产聆风汽车。

无论是在汽车、车库中还是办公大楼的地下室，分布式储能的发展速度都比预期更加迅猛。就如同过去20年里对太阳能成本和增长的预测每次都低估了一样，关于电池价格的预测也一直不准确。2012年，全球咨询公司麦肯锡预计到2020年电池价格将达到每千瓦时200美元，但通用汽车（General Motors）和特斯拉（Tesla）都早在2016年就实现了这一目标。

按目前的成本计算，在分布式能源系统上投资5 000亿美元将在未来30年为美国企业和家庭节省4万亿美元的高峰用电费用。电池成本可能会在未来四年减半，进一步扩大这些收益。如果用储能系统来提高对可再生能源的依赖，将会给气候带来巨大的好处。然而，如果储能只是用来将严重依赖煤炭的系统的高峰需求转移到夜间，则不会带来什么好处。

就在不久前，太阳能光伏发电的碳成本还很高。玻璃、铝、气体、安装，以及2 000摄氏度的烧结炉，都需要大量燃煤，把太阳能电池板称为"煤炭的变体"不无道理。如今，太阳能能源成本已经大幅下降，电池似乎也有这个趋势，伴随成本骤降的，可能是能耗更低的制造方法。届时，一个全新的能源网络将会上线，这个网络将由传感器、应用程序和尚未发明的软件提供动力，会更具弹性，且更加民主。

影响： 分布式储能系统是许多解决方案的重要支撑技术。微电网、净零建筑、电网灵活性和屋顶太阳能都依赖于分布式储能系统，或借由分布式储能系统扩大成效。分布式储能系统有助于可再生能源的利用，避免煤炭、石油和天然气发电的扩张。分布式储能系统的应用形式取决于是在城市还是农村环境中使用；这些动态并没有被明确地建模。

新西兰奥克兰荣格麦学校（the Rongomai School）正在安装特斯拉动力墙（Tesla Powerwall）并举行庆祝活动。这所小学专门教授围绕毛利（Maori）文化价值观设计的课程。这种电池可以在下班时间和夜晚替代太阳能板为学校供电。

#77

截至2050年的排名和结果
一种可行的技术——成本和节约已计入可再生能源中

太阳能热水器
SOLAR WATER

#41

截至2050年的排名和结果

减少二氧化碳排放60.8亿吨；净成本30亿美元；净节约7 737亿美元

自从人类洗澡以来，我们就一直在寻找加热洗澡水的方法。在19世纪，最基本的太阳能加热技术是将深色的金属罐暴露在阳光下。这种方法有用，但并不可靠。1891年，美国发明家兼制造商克拉伦斯·肯普（Clarence Kemp）为一项利用温室效应显著提高加热性能的设计申请了专利——Climax，这是世界上第一个商用太阳能热水器，它把铁水箱放在一个隔热的玻璃盒子里，从而提高了水箱收集并保留太阳热量的能力。使用大自然慷慨的力量之一，肯普的广告宣称，Climax可以在白天和晚上的所有时间提供热水，"没有延迟，永远在线，永远待命"。家用太阳能热水器售价25美元。

在20世纪初，随着其他企业家努力改进肯普的发明，太阳能热水器风靡整个南加州。威廉·贝利（William Bailey）的"日夜模型（Day and Night model）"在屋顶太阳能集热器上增加了单独的储存罐，彻底改变了整个行业。随着迈阿密在20世纪20年代的蓬勃发展，太阳能集热器也蓬勃发展，其中一些至今仍在装饰艺术风格的建筑顶上运行。在20世纪30年代，它们成为美国南部公共住房的标准。二战后的廉价能源阻碍了美国这一行业的发展，但这一建筑供能理念在以色列、日本、南非和澳大利亚的部分地区得到了发展。纵观历史，太阳能热水器的起落都是基于能源价格以及政府支持。

如今，中国的太阳能热水器产量占世界的70%以上，但这项技术其实在许多国家和几乎所有气候条件下都在使用，它冬天不会结冰，夏天不会过热。塞浦路斯和以色列自20世纪80年代就开始强制使用太阳能热水器，90%的家庭都有这个系统。家庭住宅仍然是太阳能热水器的主要应用领域，不过大型热水器也正在发展当中。一些系统使用管子，而另一些则使用平板；一些使用泵，而另一些则是被动的。正如贝利所发现的，好的储存罐是基础。总而言之，太阳能热水器被认为是将太阳能转化为热能的最有效技术之一，根据系统类型、所处位置和替代方案的不同，其投资回收期短至2~4年。

如今，水的加热是一种主要的用能方式。淋浴、洗衣和洗碗的热水消耗了全世界25%的住宅能源；在商业建筑中，这个数字大约是12%。太阳能热水器可以减少50%~70%的燃料消耗。但相较于燃气和电力锅炉，它的前期成本更高、安装更复杂，所以还没有被广泛应用。当涉及屋顶空间、投资以及两者之间的潜在协同效应或权衡时，太阳能热水器被越来越多地与太阳能光伏一起考虑。为了达到塞浦路斯和以色列的水平，政府可以要求或鼓励在新建筑中使用太阳能热水器，且越来越多的国家正在这样做。如果美国最大限度地发挥太阳能热水器潜力，就可以减少2.5%的天然气消耗和1%的电力使用，并避免每年产生5 700万吨碳，相当于13座燃煤电厂或990万辆汽车的碳排放。马拉维、摩洛哥、莫桑比克、约旦、意大利、泰国以及其他一些国家都有发展太阳能热水器的雄心。很明显，即使在最初的Climax问世125年后，太阳能热水器仍未达到巅峰。

影响： 如果太阳能热水器的市场份额从5.5%增长到25%，到2050年，该技术可以减少60.8亿吨二氧化碳的排放，为家庭节约7 737亿美元的能源成本。在我们计算前期成本时，我们假设太阳能热水器是作为电力和燃气锅炉的补充而不是替代。

这是一个在丹麦的埃塞比约（Esbjerg）用于住宅和街区供暖的太阳能热水器阵列，采用了缓冲水箱来储存热量。埃塞比约是日德兰半岛（Jutland Peninsula）的港口城市，几乎全部使用可再生能源，是丹麦海上风力和波浪能产业的中心。

食物

当我们说到全球变暖的原因时，可能会立刻想到化石燃料，却忽视了一日三餐所造成的影响。食物系统是复杂的，它的要求和影响都不同寻常。化石燃料为拖拉机、渔船、运输、加工、化工、包装材料、冷藏、超市和厨房提供动力；而化肥气化进入到空气中，形成强大的温室气体一氧化二氮。我们对肉类的热爱涉及超过600亿只陆地动物，它们需要近一半的农业土地作为食物和牧场。牲畜排放的二氧化碳、一氧化二氮和甲烷每年占温室气体排放总量的18%～20%，仅次于化石燃料。如果再在畜牧业的基础上加上所有其他与食物相关的排放，从农业到森林砍伐，再到食物浪费，我们会发现，食物系统同能源供应一起都是全球变暖的头号原因。本章介绍了可将碳源转化为碳汇的技术、行为和做法：粮食生产不仅不会排放二氧化碳等温室气体，反而可以捕获碳，来作为提高土地肥力、土壤健康、水资源可用性、粮食产量，并最终提高营养价值和粮食安全的手段。

植物性饮食
PLANT-RICH DIET

#4

截至2050年的排名和结果

减少二氧化碳排放661.1亿吨；全球成本和节约金额变化太大，无法确定

佛陀和毕达哥拉斯，列奥纳多·达·芬奇和列夫·托尔斯泰，甘地和高迪，珀西·比希·雪莱和乔治·萧伯纳……植物性饮食自古以来就不乏拥趸。后来，杂食者迈克尔·波伦简化了饮食的难题——"吃食物，不要太多，尽可能多吃蔬菜"，该方法很有名。其中，多吃植物性食物是关键，尽管有些人认为应该只吃植物性食物。转向植物性饮食是应对全球变暖的需求侧解决方案，这与当今流行的以肉类为主、高度加工，甚至经常过度加工的西方饮食相反。

这种西方饮食伴随着高昂的气候代价。最保守的估计表明，饲养牲畜占全球每年排放的温室气体的近15%；关于直接与间接排放最全面的评估则表明这一数值超过了50%。除了本书所描述的创新的、碳封存的放牧管理措施外，生产肉类和奶制品所产生的排放远远超过种植蔬菜、水果、谷物和豆类。像牛这样的反刍动物是最大的温室气体排放者，它们消化食物时会产生强有力的温室气体甲烷。此外，种植牲畜饲料的农业用地和相关能源消耗也会产生二氧化碳排放，而粪便和肥料则会排放一氧化二氮。如果牛群是一个国家，它们将成为世界第三大温室气体排放国。

过度食用动物蛋白也给人类健康带来了巨大损失。在世界上许多地方，每天食用的蛋白质远远超出了饮食需求。成年人平均每天需要50克蛋白质，但在2009年，人均消费量为68克，比必需量高出36%。在美国和加拿大，成年人平均每天摄入超过90克的蛋白质。在植物蛋白丰富的地方，人类不需要动物蛋白来提供营养（除了严格的素食饮食中会缺少维生素B_{12}），吃太多动物蛋白会导致某些癌症、中风和心脏病的发病率增加，从而带来高昂的保健费用。

鉴于数十亿人每天都要吃很多次饭，我们其实有很多机会来扭转局面。从营养丰富和心情愉悦两方面来说，吃食物链底端的食物同时吃好是可能的，还能减少排放。据世界卫生组织统计，蛋白质只占每天所需热量的10%~15%，素食很容易达到这一标准。

牛津大学2016年的一项开创性研究模拟了从现在到2050年全球向植物性饮食转变的气候、健康和经济效益。如果采用纯素食饮食，食品带来的排放可以减少多达70%，而蛋奶素食（可以吃奶酪、牛奶和鸡蛋）可以减少63%的排放。该模型还计算出全球死亡率可降低6%~10%。对数百万生命的潜在健康影响可节约数万亿美元：每年可节约1万亿美元的保健费用和生产力损失，如果算上生命损失的价值，可节约30万亿美元以上。也就是说，到2050年，饮食模式变化的价值可能高达全球生产总值的13%。这还不包括避免的全球变暖的影响。

同样地，世界资源研究所（World Resources Institute, WRI）2016年的一份报告分析了各种可能的饮食习惯改变，发现"雄心勃勃的动物蛋白削减"——让那些每天摄入超过60克蛋白质和2500卡路里（1卡路里≈4.1859焦耳）的以动物性食物为主的地区的人们减少过量摄入——将为未来实现可持续食物供给提供最大的保证。其作者认为，"2006~2050年，世界对食物的需求将增加70%以上，肉食需求将增加近80%，牛肉需求将增加95%"。改变肉食模式对于实现相关的全球目标是至关重要的，比如（减少）饥饿、人体健康、水资源管理、陆地生态系统，当然还有气候变化。

选择植物性饮食的理由很充分。话虽如此，但改变一个人的饮食习惯并不简单，因为这关乎个人和文化。肉被赋予了很丰富的意义，融入当地习俗，勾引人们的味蕾。人们与食用动物蛋白的关系复杂而根深蒂固，因此需要巧妙的策略来转移这一需求。对于放弃肉类而偏好食物链底端食物的人来说，选择植物性饮食应该是可行、可见且诱人的。用植物制成的肉类替代品是最大限度地减少对现有烹饪和饮食方式的破坏的关键方法，这类食物可以模仿动物蛋白的味道、质地和香气，甚至复制其氨基酸、脂肪、碳水化合物和微量矿物质。超越肉类（Beyond Meat）和不可能食物（Impossible Foods）等公司正积极引领这一潮流，证明以无痛或愉悦的方式替换动物蛋白质是可能的。现在，精选的植物性替代品正在进入食品杂货店的肉类货架，这是一种可以打破人们饮食习惯的市场变革。在快速改进的产品、顶尖大学的研究、风险资本的投资和不断增长的消费者兴趣之间，专家预计非肉类市场将迅速增长。

除了模仿肉类，对蔬菜、谷物和豆类原始形态的提倡将更新人们对这些食物的传统观念，使这类食物成

画家朱塞佩·阿尔钦博托（Giuseppe Arcimboldo）创作的威耳廷努斯（Vertumnus），象征着罗马的变形之神。

为每餐的主角,而非配餐。杂食类厨师们正在努力证明,不吃肉也可以吃得多样且愉悦,比如记者马克·比特曼(Mark Bittman),同时也是《如何烹饪素食》(How to Cook Everything Vegetarian)一书的作者,和著有《多样食物》(Plenty)一书的餐馆老板尤塔姆·奥托伦吉(Yotam Ottolenghi)。"周一无肉日"和"VB6(vegan before six p.m.,下午6点前秉行素食主义)"等倡议,以及宣传运动英雄们素食饮食的故事,都有助于改变人们对减少吃肉的偏见。揭穿蛋白质的神话,强调植物性饮食的健康益处,也可以鼓励人们改变饮食模式。素食应该成为一种常态,而不是例外,尤其是在学校和医院等公共机构。

就算不要求"素食主义",在提倡"减少肉食主义"之外,将肉类重新定义为一种美食而非主食也至关重要。首先,这意味着终止会扭曲价格的政府补贴,比如终止那些有利于美国畜牧业的补贴,以便动物蛋白的批发零售价格能更准确地反映其真实成本。2013年,仅在经济合作与发展组织(Organisation for Economic Co-operation and Development,OECD)的35个成员国中,就有530亿美元用于牲畜补贴。一些专家提出了一种更有针对性的干预措施:对肉类征税,类似于对香烟征税,以反映其社会和环境的外部性,并劝阻消费者购买。财政上的不利因素、政府减少牛肉消费的目标、将吃肉比作抽烟的运动,以及围绕肉类消费和健康饮食的社会规范的转变,都可能有效地降低肉类需求。

无论如何,植物性饮食对社会来说都是一个实实在在的双赢。当然,摄入碳足迹小的食物可以减少碳排放,也更有利于身体健康,降低慢性病的发病率。同时,它还减少了对淡水资源和生态系统的破坏,例如,为养牛而夷平的森林,以及农场废水形成的巨大的死水区。由于目前有数十亿的动物在工厂型农场饲养,减少肉类和奶制品的消费也可以减少那些登记在册的、通常是极端的且被忽视的动物死亡痛苦。植物性饮食也使得土地避免被用于畜牧业,并为其被用于碳封存提供了机会。正如一行禅师(Zen master Thich Nhat Hanh)所说,转向植物性饮食可能是个人阻止气候变化的最有效方式。最近的研究证明他是对的:很少有如此重大的气候解决方案取决于个人行动,如此接近于餐盘。

影响:利用联合国粮食及农业组织(Food and Agriculture Organization of the United Nations, FAO)的国家层面数据,假设低收入国家随着经济增长将消费更多的食品和更多的肉类,我们估计到了2050年全球粮食消费的增长。如果全世界50%的人口将饮食限制在每天2 500卡路里的健康水平,并减少肉类消费,我们估计仅饮食改变就可以避免至少267亿吨的碳排放。如果包括避免因土地使用变化而造成的森林砍伐,就可以额外避免393亿吨的碳排放,这会使健康的植物性饮食模式成为最具影响力的解决方案之一。

孟加拉国达卡的达卡(Sadarghat)市场正在出售绿辣椒。

农田恢复
FARMLAND RESTORATION

截至2050年的排名和结果

#23

减少二氧化碳排放140.8亿吨；净成本722亿美元；净节约1.34万亿美元

在世界各地，农民都正在离开曾经耕种或放牧的土地，因为这些土地已经被榨干了。农业活动榨干了土地肥力，侵蚀、压实了土壤，排干了地下水，还有一些地方的过度灌溉则造成了土地盐碱化。由于土地不再能带来可观的回报，它们被遗弃了。其他原因还包括气候变化、沙漠化，以及陡坡土地太过脆弱。社会经济方面的原因包括移民、城市高收入的诱惑、缺乏市场准入，以及在与工业化农业竞争时小农的高生产成本。无论如何，对许多人来说，离开土地比继续守着土地更有前途。

这些被遗弃的土地并不是在休耕，而是完全被遗忘。要测算废弃土地的大小和增长速度很复杂，不同的方法会得到不同的结果。斯坦福大学的一项综合研究估计，世界上有384万～445万平方千米（9.5亿～11亿英亩）的废弃土地，这些土地曾经被用作耕作或放牧，但没有被恢复为森林或转化用于开发。这其中，99%的土地遗弃发生在20世纪。

即使世界正在努力创造更多的食物，仍有越来越多的土地被遗弃。为了养活不断增长的人口，并避免毁林造田，恢复废弃农田、牧场的健康和长期生产力至关重要。将废弃土地重新投入生产会把它们变成碳汇。废弃土地就像一个空碗，理论上可以比肥沃土地吸收更多的碳，因为植物从大气中吸收碳，并将其送回枯竭的土壤。而在土壤被进一步侵蚀的地方，废弃土地却可能成为碳源。据美国俄亥俄州立大学教授拉坦·拉尔（Rattan Lal）介绍，世界各地的耕地已经失去了50%～70%的原始碳储量，这些碳与空气中的氧气结合后变成了二氧化碳。

恢复意味着恢复原生植被，建立树木种植园，或引进再生耕作方法。一般来说，土地退化越严重，最初需要进行的恢复工作就越密集。而在不那么极端的情况下，只需要让自然过程持续完成对土地的被动修复（passive restoration），就可以让土地恢复成为健康的生态系统。被动修复需要很少的资金和大量的时间。主动修复（active restoration）通常是劳动密集型的，但这对于培养恢复环境是必要的。它的成本更高，但其对生产率、碳储存和生态系统服务能力提高也更快。这两种策略并不相互排斥，将它们结合起来可以提高成本效益。

在乌干达的咕噜（Gulu）区，村民们学习永久种植技术（permagardening），该技术将节水做法、土壤肥力、伴生种植知识和丰富的栽培床结合在一起。

目前，很少有财政措施来激励农田恢复。成本是一个重要的考量，而且由于恢复缓慢，投资回报有一定的滞后性。因此，推行正式的资助计划将是激励农田恢复行动的必要举措，这将有助于土地所有者做出行动，而不必让他们赌上整个农场。世界各地的废弃农田恢复同时为改善粮食安全、农民生计、生态系统健康和减少碳排放提供了机会。拉尔估计，恢复的农田土壤可以重新吸收880亿～1100亿吨碳，同时提高耕性、肥力、生物多样性，并有助于水循环。

所有土地的默认模式都是恢复再生。这可能是一个缓慢的过程，但在熟练的从业者手中，农田恢复的经济、社会和生态效益产生过程可以被大大加快。目前，太多从前的农田由于某种原因被人们抛弃，而通过恢复再生并重新激活这些被忽视的土地，全世界以及未来几代的农民都将获得回报。

影响：目前，由于土地退化，已有405万平方千米（10亿英亩）土地被遗弃。我们估计，到2050年，将有172万平方千米（4.24亿英亩）土地被恢复和转化用于再生农业，或其他高效、碳友好的农业系统，这将减少141亿吨二氧化碳排放。这一解决方案可以在30年时间里为722亿美元的投资带来1.34万亿美元的经济回报，同时还能生产95亿吨粮食。

减少食物浪费
REDUCED FOOD WASTE

地球上伟大的生命奇迹之一就是创造出食物。人类用种子、阳光、土壤和水创造出无花果、蚕豆、珍珠洋葱和秋葵等食物。不仅如此,人类还饲养动物以获取它们的肉或产物,并能够将各种原材料转化成酸辣酱、蛋糕或细面条等。世界三分之一以上的劳动力以生产粮食作为生计来源,同时,所有人都要消费粮食。

然而,有三分之一的养殖或加工食物并没有从农场或工厂最终到达餐桌。这个数字令人吃惊,尤其在把它与"全球有近8亿人长期处于饥饿"这一数字结合来看时。我们每年浪费的食物向大气中排放44亿吨二氧化碳,大约占人为温室气体排放总量的8%。如果把它看成一个国家,食物浪费将成为全球第三大温室气体排放国,仅次于美国和中国。一个基本的等式没有达到平衡:一边是需要食物的人得不到食物,而另一边是浪费的食物正在使地球升温。

无论是高收入国家还是低收入国家,食物浪费都是一个严峻的问题,尽管个中原因并不相同。在收入低、基础设施薄弱的地方,食物浪费通常是结构性的而非故意的,恶劣的道路环境、冷藏或储存条件的缺乏、不良的设备或包装,还有极具挑战性的炎热和潮湿交替的环境,都会带来食物浪费。这些地方的食物浪费通常发生在食物供应链的前端,可能在农场,也可能在储存或配送的过程中就腐烂变质。

在收入较高的地区,非故意浪费往往很少。但在食物供应链的终端,却有着大量肆意的浪费。有时,零售商因为各种各样的磕碰、擦伤、着色和美观上的不足就拒绝一些食品。还有时,人们点了太多或准备了太多食物,以免出现供应不足或者客人不满的情况。类似地,有的消费者会在农产品区扔掉不完美的土豆,他们也可能会高估了自己一周要做多少顿饭,或者扔掉了那些其实没有变质的牛奶,又或者是忘记了冰箱里剩下的千层面。在很多地方,厨房效率已经成为一种失传的艺术。

基本的供求规律也造成了一部分食物浪费。如果一种庄稼收割无利可图,人们就会把它留在地里;如果一件产品太贵,消费者买不起,它就会被闲置在库房里。和任何时候一样,经济因素起着重要作用。不过无论什么原因,结果都差不多。生产未被食用的食物浪费了大量的种子资源、水、能源、土地、化肥、工时、金融资本,此外还会在每个阶段都产生温室气体,其中包括当有机物落在世界各地的垃圾桶里时所产生的甲烷。

充斥在我们周围却被视而不见的食物垃圾堆各种各样,解决供应链食物浪费的干预措施也多种多样。联合

#3

截至2050年的排名和结果

减少二氧化碳排放705.3亿吨；全球成本和节约金额变化太大，无法确定

国可持续发展目标针对供应链上的"孤儿"食物，呼吁到2030年将全球零售消费的人均食物浪费减半，并减少生产和供应链上的食物损失，包括发生在收获后的食物损失。这个问题的根源有很多。

在低收入国家，改善储存、加工和运输的基础设施至关重要。这可以很简单，比如使用更好的储物袋、筒仓或板条箱；加强买卖双方的沟通协调对于防止食物浪费也是至关重要的。考虑到世界上有许多小农，一些生产者组织还可以在规划、物流和缩小能力差距方面为他们提供帮助。

在高收入地区，需要在零售消费层面采取重大干预措施。最重要的是在食物浪费发生之前先发制人，来最大限度地减少上游的排放。其次是重新分配被浪费的食物给其他人或进行再利用。同时，制定食品包装上的日期标签相关标准也很重要。目前，"出售期限""最佳赏味期"等用来表示"食物的味道在什么时候之前最好"的标注大多是不规范的。虽然这些标注并不关乎安全性，但消费者仍会对过期感到困惑。此外，对消费者进行教育也是一个好方法，比如举办丑陋食品庆祝活动，或者用本来会被浪费的食物为5 000人大型公共宴会提供餐食（Feeding the 5 000）。

制定关于食品浪费的国家目标和政策也可以引起很大的改变。2015年，美国制定了与可持续发展目标相一致的食物浪费相关目标。同年，法国通过了一项法律，禁止超市丢弃未售出的食物，并要求他们将这些食物捐给慈善机构、动物饲料或堆肥公司。意大利紧随其后，企业利用被浪费的食物来赚钱，从把普通的水果和蔬菜变成果汁，到用咖啡渣种植蘑菇，再到把啤酒厂废料变成动物饲料。当然，从排放的角度来看，最有效的措施还是避免浪费，而不是事后再去找到更好的用途。

食物运输供应链非常复杂，因此，减少浪费将取决于各种行为者的参与程度，包括食品企业、环境组织、反饥饿组织和政策制定者。全球74亿张嘴的参与也很重要，尤其是那些生活在美国、加拿大、澳大利亚、新西兰、亚洲工业化国家、欧洲等食物浪费最严重地区的人。无论是在农场，在餐桌上，还是在两者之间的某个地方，减少食物浪费都可以减少碳排放，缓解各种资源压力，同时使社会能够更有效地满足未来的粮食需求。

影响：如果将采取素食的饮食方式纳入考虑且到2050年能减少50%的食物浪费，则可减少262亿吨二氧化碳排放。减少食物浪费还可以避免毁林造田，从而防止444亿吨额外碳排放。我们使用了从农场到家庭的区域浪费预测模型，数据显示，在高收入经济体中，高达35%的食品是由消费者丢弃的；然而，在低收入经济体中，家庭层面的浪费相对较少。

上页图：英国兰开夏郡伯斯科（Burscough, Lancashire）一家蔬菜加工厂的后端。如果你想知道为什么你从来没有在当地市场看到过弯曲的胡萝卜，无论是商业的还是天然的，这就是原因。蔬菜被无情地按照食物链设定的"质量标准"分类，有些被运到养猪场，有些则已经在水里腐烂了。

右图："喂饱5 000人（Feeding the 5 000）"是创始人特利斯特拉姆·斯图尔特（Tristram Stuart）为说明食物浪费的范围而举办的一项公共活动。在该活动中，5 000人会获得一份用原本会被扔掉的食物做的免费午餐。该活动已在伦敦、巴黎、都柏林、悉尼、阿姆斯特丹、华盛顿特区和布鲁塞尔举办。

清洁炉灶
CLEAN COOKSTOVES

做饭是家庭、文化和社会的核心。专家们对人类开始用火做饭的时间点存在争议,但很可能是在几十万年前。用火做饭有很多好处:食物更安全,更多的食物可以食用,味道也更加丰富。今天,我们尊敬像雷内·雷泽皮(René Redzepi)、爱丽丝·沃特斯(Alice Waters)、阿兰·杜卡斯(Alain Ducasse)和马杜尔·贾弗里(Madhur Jaffrey)这样的厨师,他们将烹饪艺术提升到了新的高度,然而全世界仍有30亿人继续在露天明火或简陋炉灶上烹饪煎饼、玉米饼和炖菜。随着人口激增,这些炉灶带来的影响也不断扩大,并对大气产生了影响。

40%的人类使用的烹饪燃料是木材、木炭、动物粪便、作物残渣和煤炭。这些燃料往往是在室内或通风条件有限的地区燃烧,它们会释放出大量煤烟,每年导致430万人过早死亡。在火苗周围的常常是妇女和儿童,他们吸入有毒颗粒物,导致肺部、心脏和眼睛出现问题。在全球范围内,家庭空气污染已超过水安全问题和卫生设施缺失,成为导致死亡和残疾的主要环境原因,其所造成的过早死亡人数超过了因艾滋病、疟疾和结核病而死亡的人数总和。

用这些固体燃料烹饪所造成的危害不仅限于家庭,它们还对气候产生了影响。传统烹饪方式排放占全球每年温室气体排放量的2%~5%。这主要来自两方面:一方面,不可持续的燃料开采导致滥砍滥伐、森林退化,释放出二氧化碳;另一方面,在烹饪过程中燃料燃烧会排放二氧化碳、甲烷和不完全燃烧产生的污染物,包括一氧化碳和黑碳。后者也被称为短期气候污染物,它们会导致气候变暖,但不会在大气中长期存在。

黑碳对气候和健康的危害尤其大。这种微粒具有很强的光吸收能力,比等量的二氧化碳吸收的能量多100万倍。因此,虽然黑碳只会在大气中停留8~10天,而二氧化碳会在大气中停留几个世纪,但在此期间,它会造成相当大的影响。一些研究人员指出,黑碳是气候变化的第二大驱动因素,仅次于二氧化碳。与此同时,它的效力、分布广度和短暂寿命意味着减少黑碳排放几乎可以立即对气候变暖产生影响。由于家庭燃料燃烧产生约四分之一的黑碳以及其他温室气体排放,发展清洁炉灶是遏制黑碳排放的一种关键方法。

目前有一系列减排效果各异的改良炉灶技术。基础高效炉灶通过减少生物质燃料消耗做出了一小步改进;中型烟囱火箭炉可以节省大量燃料,但减少黑碳能力有限,有些反而会产生更多黑碳;采用气化技术的先进生物质炉是最有前景的。通过将不完全燃烧产生的气体和烟雾重新排放到炉灶的火焰中,一些生物质炉甚至

印度古吉拉特邦(Gujarat),一名妇女在家中用改良过的炉灶做饭。炉灶由轻质金属制成,燃烧室采用合金材料。该技术最大限度地延长了炉灶的使用寿命,最大限度地保证了质量控制、安全性能和传热效果,并最大限度地减少了排放。

#21

截至2050年的排名和结果

减少二氧化碳排放158.1亿吨；净成本722亿美元；净节约1 663亿美元

可以减少95%的排放量；但这些炉灶也很昂贵，需要更先进的颗粒或蜂窝煤燃料。这也是目前仅有150万户家庭使用气化炉的原因，其中大部分在中国和印度。太阳能炊具也是一种非常清洁的选项，但因为需要阳光而且并不能烹饪所有食物，所以只能作为辅助备选。面对这些效果各异的清洁炉灶技术，黄金标准基金会（Gold Standard Foundation）这样的组织就起到了至关重要的作用，它们可以验证哪种技术能显著减少温室气体排放，以及检验大规模使用时的减排效果。

联合国基金会（United Nations Foundation）于2010年发起的公私合作全球清洁炉灶联盟（Global Alliance for Clean Cookstoves，GACC）是向全球推动清洁炉灶的主要力量。全球清洁炉灶联盟旨在为对人类和气候都有效、高效且健康的家庭烹饪技术创造一个繁荣的全球市场。它和伙伴组织已着手在2020年实现1亿台这样的炉灶使用规模，到2030年实现普遍采用。全球清洁炉灶联盟提前发布报告称：截至2015年，全球约有2 800万家庭使用清洁炉灶（尽管不一定是减排效果最大的）。这一全球范围的努力结果建立在数十年工作的基础上，始于20世纪50年代的印度，并在20世纪70年代和80年代首次通过国家项目扩大规模。目前最需要清洁炉灶的是亚洲和撒哈拉以南非洲地区。

清洁炉灶的市场规模非常庞大，其带来的积极影响也令人震惊。在许多地方，妇女和女童负责收集燃料和做饭，因此，更好的烹饪设备可以帮助纠正性别不平等，最大限度地减少木材燃料收集期间的安全风险，并为她们腾出时间接受教育或创收。同时，这也可以降低妇女眼疾、心脏病和肺病的患病率和死亡率，使她们身体更健康，幸福感上升。此外，更有效的燃料燃烧也减少了森林的滥砍滥伐、空气污染和温室气体排放。这些影响的总和意味着清洁炉灶可以帮助消除贫困和改善生计。正如全球清洁炉灶联盟所言，如果不解决数百万人做饭的问题，国际社会就无法实现消除贫困和应对气候变化的目标。

从国际非政府组织、捐助方、碳融资方到政府机构、研究人员和社会企业家，社会各方都在试图抓住这一多维机遇。但事实证明，成功是复杂的，而且往往难以捉摸。过去大多炉灶是在实验室环境中设计和测试的，它们并不能很好地应用到生活中。细微的用户需求却被粗略地理解，即使是像一次用多个锅做饭这样的基本需求都没有被考虑到。还比如，当地的材料达不到制造的标准。再比如，炉子的耐用性很差，没有预料到维修问题。制造商关注于供应端却往往忽视了需求端。此外，许多改进后的炉灶在减少排放或减少煤烟方面收效甚微。很明显，我们需要加速研发下一代制作精良、适应当地文化、低污染的炉灶。

虽然炉灶看起来很简单，但把它们从概念变成现实，就像烹饪本身一样，是一门艺术。从家庭收支、教育水平到性别角色，不同的家庭有着不同的炉灶需求。炉灶要满足这样一系列需求，包括在传统的锅里准备传统的菜肴，并达到预期的味道；使用当地可用的燃料；节省燃料成本或获得燃料所花费的时间；使烹饪变得简单、高效、安全；当然，还要价格合理。和任何其他技术一样，能拥有早期忠实用户群很关键，而一旦早期用户对这项技术不满意，就很难再获得他们的重新选择。这就是为什么最成功的设计不仅仅是为了终端用户而创造，而是与终端用户共同创造。对于炉灶来说，应用环境是很重要的，所以在实际环境中测试炉灶的性能，无论是技术上的还是社会文化上的，都至关重要。因地制宜、以人为本的设计最有可能赢得人心，从而改变人们的烹饪习惯，并占据大部分烹饪市场。

清洁炉灶可以迅速带来减排效果。一些研究人员指出，清洁炉灶每年可以减排10亿吨二氧化碳当量。扩大研发并采用经济、合适、耐用的烹饪技术是实现这一可能减排结果的关键。全球清洁炉灶联盟和主要专家正在努力制定国际标准，以确保炉灶达到基准性能，为政府政策和慈善行动提供信息，并帮助消费者做出更知情的选择。即使是最好的技术，如果没有强大的融资能力和同样需要创新的分销渠道，也不可能成功。已经有诸如研发资金、特别补贴、分销支持、教育宣传和特别贷款等措施在助力清洁炉灶发展，但这还远远不够。随着资金增加，干预措施可以针对优先领域，例如人均木材燃料使用量最高的国家，以便在过渡期间取得更大的减排效果。全世界都在努力制造清洁炉灶，这是未来烹饪最重要的地方。

影响：截至2014年，清洁炉灶仅占潜在市场的1.3%。如果到2050年，采用率提高到16%，那么二氧化碳减排量将达到158亿吨。这里没有计算对数百万家庭健康的额外好处。

多层复合农林
MULTISTRATA AGROFORESTRY

"Strata"是指水平的层。这个词的拉丁词根的意思是像毯子一样展开或平铺的东西。这些层是森林的特征之一,从林下灌丛到林下叶层,从林冠到露头树——从热带森林顶部的树荫中探出头来并进入明亮天空中的最高的树木。从森林地面上升起的每一层都充满了各式各样的生命和活动。多层复合农林(multistrata agroforestry)从这种自然结构中获得启发,将较高树木作为上层,一层或多层作物作为下层,复合在一起。可以把这里想象成食品生产的"曼哈顿",能够最大化利用水平和垂直空间。如果天然林为其中的物种提供食物,那么多层复合农林就还可以为人类提供食物。复合层植物因地区和文化而异,比如夏威夷果和椰子、黑胡椒和小豆蔻、菠萝和香蕉、咖啡和可可,以及有用的材料,如橡胶和木材。

多层复合农林模仿自森林的结构,所以它可以提供类似的环境效益。多层系统可以防止侵蚀和洪水,补充地下水,恢复退化土地,通过在支离破碎的生态系统之间提供栖息地和生态走廊来支持生物多样性,还可以吸收和储存大量的碳。由于有许多层植被参与固碳,4 047平方米(1英亩)多层复合农林可以实现与造林和森林恢复相媲美的固碳率,平均每年每英亩2.8吨,外加生产粮食的效益。有时,多层复合农林的固碳率甚至可以超过附近的天然林。

目前,世界上有100万平方千米(2.47亿英亩)的多层复合农林,主要在热带地区。近几十年来,这个数字一直保持稳定。这些地方生长的荫生植物包括了世界上最受欢迎的两种商品:咖啡和可可(用于制作巧克力)。近8万平方千米(2 000万英亩)的可可树生长在树荫下,荫生咖啡则约有6万平方千米(1 500万英亩)。所有的咖啡都曾经是在树冠下种植的,这也是经典的阿拉比卡品种(arabica)茁壮成长的条件。但为了提高产量,许多农民转向了全日照种植,选择种植风味较逊色的罗布斯塔品种(robusta)。短期的产量增加是有代价的:全日照种植出的咖啡豆是农场的单一作物,会迅速消耗土壤资源。多层种植的咖啡树寿命是全日照种植的两到三倍,荫生咖啡树寿命可长达数百年。多层种植自然虫害控制、施肥和吸水的效果更好,所有这些都能为农民省钱。多层种植需要的化学物质投入更少,即便有的话,对工人来说也更安全,因为所接触的有毒物质更少。荫生咖啡是一种高质量产品,这使它有可能卖出更高的价格。荫生可可制成的巧克力也是如此。

家庭菜园是多层复合农林的另一重要途径。公元前13000年,人们居住的小块土地上种植着密密麻麻的、不同层次的树木和作物。两首最古老的梵语史诗,《罗摩衍那》(The Ramayana)和《摩诃婆罗多》(The Mahabharata)中提到过一个叫作阿舒克·梵提瓦卡(Ashok Vatika)的家庭菜园,这是最早期的家庭菜园。几千年来,家庭菜园一直是印度尼西亚爪哇和印度喀拉拉邦景观的重要组成部分。今天,仅印度尼西亚就有超过4.9万平方千米(1 200万英亩)的家庭菜园。由于靠近厨房,家庭菜园主要是为了给家庭提供食物,它们还可以生产药材并在市场上售卖。除了产生生态效益外,家庭菜园还能保证粮食安全、提供营养并带来收入,因此被农林专家P. K. 耐尔(P.K.Nair)称为可持续发展的典范。尽管它们起源于追求生存的热带农村地区,但正逐渐成为一种城市现象。温带家庭菜园正越来越多。

无论种植的作物是咖啡、可可、水果、蔬菜、燃料还是植物药材,多层复合农林的好处是显而易见的。多

这张照片展示了位于巴西伊蒂拉皮纳(Itirapina)的法曾达达托卡(Fazenda da Toca)农场的一部分,这是一个占地23平方千米(5 700英亩)的农场,由佩德罗·迪尼兹(Pedro Diniz)管理。迪尼兹家族采用再生农业和多层复合农林方法,创建了托卡研究所(Institute Toca),提供农业生态学方面的教育和培训。课程内容是基于农用林业领域的世界级专家恩斯特·戈奇教授(Ernst Gotsch)的教学内容制定的。通过创建一个模仿森林的农业系统,将沙土再生成肥沃土壤,在不使用堆肥或粪肥的情况下创造农场肥力,并极大地提高保水能力。

#28

截至2050年的排名和结果

减少二氧化碳排放92.8亿吨；净成本268亿美元；净节约7 098亿美元

层复合农林非常适合陡峭山坡和退化农田，而这是其他耕作方式无法做到的。在需要柴火的地方，多层复合农林可以缓解天然森林的压力。一项研究表明，每英亩多层复合农林可以避免2万~8万平方米（5~20英亩）的自然森林砍伐。多层复合农林除了为农民提供长期稳定的经济收入之外（主要由于各种作物有各自的种植时间表），还可以帮助农民适应气候变化的影响，如干旱和极端天气事件。

尽管有这些明显的优势，但多层复合农林经常被归为更一般的农业类别，没有受到应有的重视。除了认知不到位，多层复合农林还面临其他挑战。建立这样一个复杂系统的成本很高，而且没有立竿见影的回报。尽管一旦建立起来就相当有利可图，但对资源贫乏的农民来说，这种投资却可能是遥不可及的。同时，这样的复杂性使得机械化即使不是不可能，也是非常困难的，而人工培育意味着更高的劳动力成本。尽管作物（面对灾害和扰动）的恢复力强且寿命更长，但由于作物之间要争夺水分、光照和营养，产量可能比传统方法低。

多层复合农林需要潮湿的气候，所以不是在所有地方都能实施，但在可以实施的地方，它有望产生相当大的影响。除了高固碳率，这套系统的能源效率也是世界上最高的。根据一项对传统太平洋多层复合农林的研究，每0.02卡路里的能量就能产出含1卡路里能量的食物。这种热效率，再加上在小块土地上最大限度地提高产量，使得多层复合农林成为人口密集地区小农的理想选择。市场激励和生态系统服务付费可以帮助农民克服经济障碍，帮助实现多层复合农林系统对人类和气候的多层次效益。

影响：可将多层复合农林纳入一些现有的农业系统；其他系统可以转换或恢复到多层复合农林中。如果到2050年之前，多层复合农林规模能在目前100万平方千米（2.47亿英亩）的水平上再增加18.6万平方千米（4 600万英亩），那么93亿吨二氧化碳将被吸收，年均固碳率高达每英亩2.8吨。投资268亿美元，到2050年将带来7 098亿美元的净利润。

改良水稻生产
IMPROVED RICE CULTIVATION

越南诗人潘·凡·崔（Phan Van Tri）曾这样描写水稻："离开稻田四处远行，谁能不依靠它们……一次又一次，它们的祖先拯救了我们的王国——几个世纪以来，它们的后代养活了我们。"事实上，几千年来，水稻一直是人类生活的一部分，它最可能是首先在中国被驯化的。如今的水稻几乎遍布全球——白色、棕色、黏稠的；米粉、蛋糕和醋；肉饭、海鲜饭和粥饭。大米整整提供了全世界所消耗热量的五分之一，超过小麦或玉米，成为30亿人日常饮食中的基本主食，而这些人中很多正经历着贫困和粮食危机。

目前，水稻种植至少占农业温室气体排放的10%，占全球甲烷排放的9%~19%。淹水的稻田是产甲烷菌的完美环境，这些微生物以分解有机物为食，这一过程被称为产甲烷。种植水稻的环境温度升高会增加甲烷排放，这意味着随着地球变暖，稻田释放的甲烷也会增加。甲烷在大气中的存留时间不像二氧化碳那样长，但一个多世纪以来，它的全球增温潜势高达二氧化碳的34倍。因此，全球面临着一个需从多方面考虑的挑战：找到并采用高效、可靠、可持续的水稻生产方法，在不造成气候变暖的情况下满足对这种主食日益增长的需求。

水稻强化栽培系统（System of Rice Intensification, SRI）是提高水稻产量的一种关键方法。该系统由法国耶稣会牧师兼农学家亨利·洛拉尼耶（Henri de Laulanié）和小农于20世纪80年代在马达加斯加开发。亨利称这一发现是偶然的。当时，由于特殊的时间限制，农科学生们在远比平时提前的时间就插了秧。这成了意外迈出的第一步。他们开发出的这一完整系统减少了水稻生产所需的种子、水和肥料，同时显著提高了作物产量。

三十年后，《纽约时报》将SRI形容为强调单株质量而非数量，并在水稻种植中践行"少即是多"的理念。这在很大程度上要归功于康奈尔大学（Cornell University）诺曼·厄普霍夫（Norman Uphoff）的努力推广。如今全世界，尤其是在亚洲，有400万~500万农民正在践行这一理念。这其中就包括印度东北部达尔维什普拉村（Darveshpura）的农民苏曼特·库马尔（Sumant Kumar）。2012年，他在自己的1万平方米（2.5英亩）土地上收获了24.7吨水稻，创下了世界纪录，超过了这种面积土地的典型产量4.5~5.5吨。

#24

截至2050年的排名和结果（改良水稻生产）

减少二氧化碳排放113.4亿吨；不需额外成本；净节约5 191亿美元

　　SRI不是可持续水稻生产的唯一方法，但似乎是最有希望的方法。库马尔和他的朋友们进行了一系列令人信服的简单实践：

　　（1）种植。SRI不是将三周大的幼苗紧密地捆在一起，而是在幼苗长到8~10天的时候将单个幼苗移栽，并使用方形网格，使每个幼苗有更宽的位置。这样做可以使幼苗在地面上方获得更多的阳光和生长空间，并为根系在地面下方伸展提供更多的空间。

　　（2）浇水。大多数常规稻田都是连续不断地浇水，这将产生更多的甲烷，但SRI制定了更有针对性的间歇性浇水。在生长季节的中途排水，或者交替干湿环境，对喜欢有氧呼吸的土壤微生物和根系更有利，同时打乱了产甲烷菌喜欢的浸水环境。研究表明，仅季中排水这一项就能减少35%~70%的甲烷排放。

　　（3）培育。杂草是仅次于洪水的一个挑战，SRI用手动旋转锄头解决了这个问题，还可以帮助土壤通气。同时，施用有机肥有助于提高土壤肥力和固碳效果，减少或避免使用合成肥料可以保护土壤和水道。

　　这一切都为水稻的生长创造了理想的环境，提供了更多的阳光、空气和营养。其结果是：在更丰富、更具活力的土壤微生物的帮助下，作物成长得体格更大、更健康，根系更强壮。不仅产量比传统水稻高出50%~100%，而且种子使用减少了80%~90%，水投入减少了25%~50%。这种用水量的减少使得SRI不仅是减缓全球变暖的一种手段，也是适应全球变暖的一种好方法。事实证明，SRI种植方法还对干旱、洪水和因气候变化而加剧的风暴现象具有更强的抵抗力。

　　虽然这些做法提高了农民土地、劳动力和资本的生产效率，但所需的劳动力投入可能比传统的水稻种植要高，尤其是在农民学习SRI的早期。正如厄普霍夫所解释的那样，SRI本质上并非劳动密集型，只是最初是劳动密集型。当SRI被采用时，农业收入可以翻倍。尽管SRI已经被应用到大约40个国家和数百万个小农场，一些科学家仍对其声称的产量和收入提出质疑，称同行评议的研究不足。虽然这类研究文献正在增多，但SRI可能会继续面临这一挑战，至少在短期内仍是这样。SRI的捍卫者认为，这一系统的草根性、民主性和全面性实际上可能是受到批评的原因。农民，而非农业综合企业，也不是学术界，才是与地球对话最密切的人，他们才是真正的创新者和专家。SRI打破了粮食生产的机械

#53

截至2050年的排名和结果（SRI）

减少二氧化碳排放31.3亿吨；不需额外成本；净节约6 778亿美元

化、化学密集型方法，而许多公司的收入都依赖于这些方法。

　　SRI并不是实现水稻增产的唯一手段。目前有四种常规技术，分别关注于水、营养、作物品种和耕作方法，这几类技术将越来越普遍，且最好结合使用。季中排水和干湿交替可改善好氧条件；更平衡地施用有机和无机肥料可减少甲烷排放，同时增加产量；不喜水的水稻品种或品系可以在更有氧的环境中使用；水稻免耕播种技术也在产生积极的效果。

　　SRI和其他改良水稻生产技术的优点和缺点在于，它们很大程度上取决于人们的行为改变，即改变农民管理作物、水、土壤和养分的方式。好的方面在于，这对小农来说非常可行，因为在实施SRI之前不需要购买任何东西（这与传统的农业集约化方法有显著的不同），他们面临的主要技术挑战是控制用水。而坏的方面在于，许多水稻种植方法已经存在了几个世纪，它们根植于家庭、村庄和文化中。改变根深蒂固的习惯需要全面培养必要的知识和技能，帮助农民看到可能产生的结果，并实施激励措施，使变革的前景变得令人信服。在SRI应用初期，亨利和他的合作者成立了旨在改善马达加斯加人种植习惯的教育机构特弗塞纳（Tefy Saina）。这一名称传达了一个信息：实地知识共享和点对点培训是不可或缺的。深化和推广这些努力可以帮助低排放水稻种植在全世界扎根。虽然这并不是亨利的初衷，但他的工作在应对全球变暖方面可能是不可或缺的。

　　影响：我们的分析包含SRI和包括改良土壤、养分管理、水分利用、耕作方法在内的改良水稻生产技术。SRI主要由小农采用，与其他改良水稻生产技术相比，其产量效益要高得多。我们计算出，到2050年，SRI可以从3.4万平方千米（840万英亩）扩大到53.8万平方千米（1.33亿英亩），既封存碳又避免甲烷的排放，在30年的时间里总共可以减少31亿吨二氧化碳当量排放。随着产量的提高，到2050年，水稻产量将增加4.77亿吨，为农民增加6 778亿美元的利润。如果经过改良的水稻产量在30年内从28.3万平方千米（7 000万英亩）增加到88.2万平方千米（2.18亿英亩），就可以再减少113亿吨的二氧化碳排放，农民可以获得5 191亿美元的额外利润。

森林牧场
SILVOPASTURE

传统观点认为，牛和树不能放在一起。为什么不能呢？在巴西和其他地方，头条新闻谴责牧场是大规模森林砍伐和随之而来的气候变化的驱动因素。但是，森林牧场的实践挑战了这种相互排他的假设，并可能有助于扩大畜牧业及其饲料生产。

"Silvopasture"一词来源于拉丁语，意为"森林"和"放牧"，指的是将树木、牧草或饲料整合到一个饲养牲畜（牛、羊、鹿、鸭）的单一系统中。森林牧场将树木整合成一个可持续的共生系统，而不是将树木视为需要清除的杂草。这是农林业领域的一种做法，也是一种古老的做法，现在全世界142万平方千米（3.51亿英亩）的土地上正实践着森林牧场。以产伊比利火腿（jamón ibérico）而闻名的德埃萨（dehesa）森林牧场，已经在伊比利亚半岛运行了四千五百多年。最近，由于总部位于哥伦比亚卡利的可持续农业系统研究中心（Center for Research in Sustainable Systems of Agriculture，CIPAV）等捍卫者的努力，森林牧场已经在中美洲扎根。在美国和加拿大的许多地方，可以看到森林牧场的身影。

这种混合有多种形式。树木可以是簇生的，均匀间隔的，或用作栅栏。动物可以在树木成行之间的小路上吃草。大多数森林牧场在空间上与草原生态系统相似。它们可以通过在开阔的牧场种植树木，让树苗成长，或者通过砍伐林地或种植园的树冠，让牧草生长。但无论设计如何，树木、动物和它们的饲料是森林牧场最主要的组成部分。土壤是另一个重要组成部分，也是决定森林牧场应对气候变化潜力的关键。

世界各地的专家正在进行一场持续而激烈的辩论，讨论如何最好地管理牧场，以平衡牲畜（尤其是牛）的甲烷排放，并将碳封存在土壤中。牛等反刍动物需要全世界30%~45%的耕地，根据具体分析，家畜产生了约五分之一的温室气体。

迄今为止的研究表明，森林牧场远远超过了任何草原技术。这是因为林牧系统将碳封存在地上生物质和地下土壤两个部分当中。散布或交错在有树木的牧场的牧草所吸收的碳是没有树木的同等规模牧场所吸收的碳的5~10倍。此外，由于森林牧场的牲畜产量更高（如下所述），它可能减少对额外牧场空间的需求，从而有助于避免森林砍伐和由此带来的碳排放。有研究表明，反刍动物能够更好地消化森林牧草，在消化过程中释放出较少的甲烷。

除了固碳以外，森林牧场的好处是相当可观的；它之所以广为传播，正是因为能为农民和牧场主带来显著的经济效益。组成一个森林牧场的选择有很多，而且适用于从小农农场到企业牧场经营的所有规模。从金融和风险的角度看，森林牧场的多样性有利于其经营。牲畜、树木和任何额外的林业产品，如坚果、水果、蘑菇和枫糖浆，能在不同的时间范围内产生收入，有些更定期和短期，有些则间隔更长。由于土地有多种产出，农民可以更好地抵御极端天气事件带来的金融风险。

对动物和树木来说，森林牧场的综合共生系统被证明更有弹性。在一个典型的没有树木的牧场，牲畜可能会遭受极端的炎热、刺骨的寒冷和寡淡的饲料。但森林牧场提供了分散的遮阴和防风的地方，以及丰富的食物。有了免受自然因素影响的住所和更好的营养来源，动物的健康状况就会提高，牛奶、肉类和后代的产量也会随之提高。产量因所采用的具体的森林牧场系统不同而不同，但通常要比只有牧草的同类牧场高出5%~10%。与此同时，牲畜也起到了控制杂草的作用，减少了树木对水分、阳光和营养物质的竞争。它们的粪便也是天然肥料。

森林牧场可以通过减少对饲料、肥料和除草剂的需求来降低农民的成本。由于将树木融入牧地提高了土壤的肥力和水分，农民会发现，随着时间的推移，土地变得更健康、更多产。

虽然森林牧场的优势是明显的，但它的发展受到了现实和文化因素的限制。这些系统的建立成本更高，除了必要的技术知识外，还需要更高的前期成本。例如，在哥伦比亚，农民们面对着每英亩400~800美元的投资，这是一笔巨大的短期开支。在牧草丰富、火灾风险大或土地所有权不明的地方，人们种植树木并在它们生长时加以保护的积极性降低了。除了这些困难之外，还是有人固执地认为树木和牧场是不相容的，他们认为树木会抑制牧草的生长，而不是促进。在许多地方，清理干净的土地和无人照料的草地是常态，农民们可能会互相嘲笑对方转向发展森林牧场系统。森林牧场的发展需要对土地生态的重新审视。

这些社会障碍使一对一的亲身参与和直接体验森林牧场的好处成为关键的促进因素。与技术或科学专家相

#9

截至2050年的排名和结果

减少二氧化碳排放311.9亿吨；净成本416亿美元；净节约6 994亿美元

比，农民同行往往更值得信任，而在牧场主自己的土地上成功的试验田也许是最令人信服的例子。为了解决经济上的障碍，世界银行（World Bank）等国际组织和大自然保护协会（The Nature Conservancy）等非政府组织正在提供贷款，以帮助森林牧场的建造，而这种贷款一般银行是不会提供的。为森林牧场提供生态系统服务（如支持生物多样性）来支付费用也可以减轻农民经济负担。随着全球变暖的影响不断加剧，森林牧场的吸引力可能会增加，因为它可以帮助农民和他们的牲畜适应不稳定的天气和日益严重的干旱。树木可以创造更凉爽的小气候区和更有保护作用的环境，并可以调节水的分配。这就是森林牧场在气候上的双赢：由于它避免了世界上污染最严重的行业之一——畜牧业进一步的温室气体排放，它也避免了现在不可避免的变化。

影响：我们估计，目前全球有142万平方千米（3.51亿英亩）的土地正应用着森林牧场系统。如果到2050年，在理论上适合造林的1 093万平方千米（27亿英亩）土地中，造林面积扩大到224万平方千米（5.54亿英亩），二氧化碳排放量将减少312亿吨，这来自土壤和生物质每年每英亩1.95吨的高固碳率。农民可从多样化产物中获得6 994亿美元的收益，建设森林牧场的总净成本为416亿美元。

何必费心?

迈克尔·波伦

可以肯定地说,对于如何甄选、看待、烹饪和创造食物,没有人比迈克尔·波伦更有影响力。作为一名学者、园丁、作家和记者,他的著作凭借明智而极富独创性的见解,对我们与食品和农业的关系,以及企业主导的耕作、食品科学、政治和广告如何严重扭曲这种关系进行了剖析。他的畅销书《杂食者的困境》(The Omnivore's Dilemma)、《植物的欲望》(The Botany of Desire)和《食物无罪》(In Defense of Food)并未建议我们应该吃什么或如何耕种,而是强调了那些类似食物的东西对我们的身体、土壤和国家的伤害。波伦让常识得以恢复,正如他的经典格言所体现的那样:"吃食物,不要太多,尽可能多吃蔬菜。"这句话可以这样接上:"了解食物,越多越好,尽可能多读波伦。"

——保罗·霍肯

何必费心?作为希望为气候变化做点贡献的人,这确实是我们面临的一个大问题,而且这个问题很难回答。我并不了解你的感受,但对我来说,《难以忽视的真相》(An Inconvenient Truth)中最令人不安的时刻并不是阿尔·戈尔(Al Gore)以极为可信的论据证明了我们所知地球上生命的生存受到了气候变化的威胁,而是在这把我吓坏之后很久才出现的。真正黑暗的时刻出现在片尾字幕,当我们被要求……更换我们的灯泡。这才是真正令人沮丧的时刻。戈尔所描述的问题如此严重,但他要求我们做的事情却是如此微不足道,这之间巨大的不平衡足以让人心情沉重。

但是,"何必费心"之问背后隐藏的并不仅仅是"杯水车薪"的问题。就我而言,我确实费了心思,而且是花了很多时间。我颠覆了我的生活:开始骑自行车上班;打造了一个大花园;把恒温空调的温度调得很低,以至于需要和吉米·卡特(Jimmy Carter)一样穿上开衫①;抛弃了干衣机,在院子里挂了一根晾衣绳;把旅行车换成了混合动力车;不再吃牛肉;生活完全本地化。理论上,我可以做到这一切,但我清楚地知道,世界的另一端住着我"邪恶"的孪生兄弟,他们就如同碳足迹的幽灵一般,渴望吞下我放弃的每一口肉,翘首以盼取代我挣扎着减排的每一磅二氧化碳,使这一切失去意义。所以,我如此劳神费心,究竟是为了什么?

你可能会窘迫地说,这是一种个人美德。但当美德本身迅速成为一个受人嘲笑的词时,这又有何益呢?

这种情况不仅出现在《华尔街日报》的社论版上,也不仅仅是在声名远扬地在将节能斥为一种"个人美德的标志"的(当时的)副总统口中。不,即使是在《纽约时报》和《纽约客》的版面上,当"美德"一词被应用于个人环境责任的行为时,似乎总是暗含讽刺。告诉我怎会如此:美德——一种在历史上大部分时间都被认可的品质——变成了自由主义者软弱无能的标志?多么奇特啊,像购买混合动力车、做本土膳食者这样对环境正确的事,现在却会让你和小艾德·博格里(Ed Begley Jr.)受到同等待遇!

有很多故事可以被用来为我们自己的无所作为辩护,但最具有潜在破坏力的地方也许在于,无论我们真的设法做了什么,都太少、太晚了。气候变化已迫在眉睫,而且已经提前到来。科学家们十年前的预测原本看来已足以令人心惊胆战,结果事实证明当时的预测还是过于乐观:变暖和融化的速度已经远超模型预测。现在,随着北极地区的白冰吸收了更多阳光变成蓝水,各地变暖的土壤也变得更具生物活性,导致它们向空气中释放大量的碳储存,这些真正可怕的反馈循环有可能使变化的速度成倍增加。你最近有没有正视过一位气候科学家的眼睛?它们看起来惶恐不安。

所以，你还想谈谈种植花草的事吗？

我想。

我想谈论的行动是，种植一些你自己的食物，哪怕只是一点点。如果你有一片草地，就请将它铲除；如果你没有，而是住在高楼中或是有一个被阴影笼罩的院子，就考虑在社区花园中找一块地吧。我知道，与我们面临的问题相比，种植一个花园听起来无所作为，但事实上，这是一个人能做的最有力的事情之一。这会减少你的碳足迹，当然，但更重要的是，它还会减少你的依赖性和分裂感——改变你对于廉价能源的想法。

你在种植蔬菜的过程中会发生很多事情，其中一些与气候变化直接相关，另一些则是间接的，但仍然有关。我们忘了，种植的过程包括原始的太阳能技术，也就是通过光合作用产生热量。多年前，只懂得廉价能源的头脑发现，用化石燃料的肥料和杀虫剂取代阳光可以事半功倍地生产更多的食物。结果，现在你每卡路里能量的食物通常都需要约10卡路里的化石燃料能量来生产。据估计，我们养活自己（或者允许自己被养活）的方式占温室气体排放量的五分之一，我们每个人都责无旁贷。

然而，太阳仍然照耀着你的院子，光合作用仍然如此丰富。在一个精心照料的菜园里（从种子开始种植，由厨房的堆肥滋养，不需要开车到园艺中心太多趟），你便可以种植传说中的免费午餐，不产生任何二氧化碳，也不花费任何钱财。这是你能吃到的最为本土的食物（更不用说是最新鲜、最美味、最有营养的了），这样的食物碳足迹微乎其微。在我们计算碳的同时，也考虑一下堆肥吧，在喂养蔬菜并将碳封存在土壤中后，它还缩减了你的家庭产生的垃圾量。还有什么？好吧，你可能会注意到，你在花园里得到了充足的锻炼，不用开车去健身房就能"燃烧卡路里"。

你会看到，正如温德尔·拜瑞（Wendell Berry）三十年前指出的那样，即使只是自己种植一点食物，也不失为一种解决方案。它不像乙醇或核能这样的"解决方案"，会不可避免地带来一系列新的问题，而是会带来其他解决方案，并且不仅仅局限在减碳的范畴。更有价值的是自己种一点食物的思维习惯。你很快就会明白，你不需要依赖专家来为你提供食物——你的身体还是能派上用场的，甚至会成为自己的支持者。如果专家是对的，如果石油和时间都已接近耗竭，那么我们很快就会需要这些技能和思维习惯。我们可能还会需要这些食物。花园能够为我们提供所需吗？其实，在第二次世界大战期间，胜利花园就为美国人提供了多达40%的农产品。

但是去费心种植花园还存在着更甜蜜的理由。至少在这个院子和生活的角落里，你已经开始弥合想法和行动之间的裂痕，把自己消费者、生产者和公民的身份融合在一起。你的花园可能会让你和邻居重新建立联系，因为你有农产品可以赠送，而且需要借用他们的工具。你将通过克服"廉价能源思维"最令人灰心的弱点——它带来的无助感以及它不能做任何不涉及除法或减法的事情——来削弱它的力量。花园中从种下种子到果实成熟的整个季节——你会得到一箩筐的西葫芦！——表明加法和乘法运算仍然可行，自然界的丰富是无穷无尽的。花园为我们上的最重要一课就是，我们与地球的关系不需要是零和的。只要太阳仍然照耀，人们就仍然可以计划和种植、思考和行动。只要我们费心去尝试，我们可以找到在不削弱世界的情况下自给自足的方法。

经许可，摘录并改编自2008年4月20日《纽约时报》上迈克尔·波伦（Michael Pollan）的文章《何必费心？》（"Why Bother?"）。

译者注：
①1977年2月2日，在宣誓成为第39任总统仅两周后，吉米·卡特在其书房发表炉边谈话，其谈话时的穿着在当时引发了媒体热议：由于其为节约能源调低了暖气，他身穿一件没有扣子的米色羊毛开衫用来保暖。

再生农业
REGENERATIVE AGRICULTURE

再生农业措施可以恢复退化的土地。它们包括免耕、多样化的覆盖作物、农场肥力（不需要外部营养源）、不使用或尽量少使用杀虫剂或合成肥料，以及多种作物轮作，所有这些都可以通过放牧管理加以强化。再生农业的目的是通过恢复土壤的碳含量来不断改善和恢复土壤的健康状态，从而改善植物的健康、营养和生产力。

正如你将从本书后面的数据中看到的那样，在解决全球变暖方面，人类已知的任何其他机制都不如植物通过光合作用从空气中捕获二氧化碳来得有效。二氧化碳在太阳的帮助下转化为糖类时，会生产出植物和食物。这不仅养活了人类，而且通过再生农业，它还能滋养土壤。再生农业增加了土壤的有机质、肥力，改善了土壤质地、保水能力和数万亿生物的生存环境，这些生物能够为根系和植物本身提供健康和保护。实行再生农业可以解决所有关于肥力、虫害、干旱、杂草和产量的普遍担忧。

了解传统农业这一当今世界的主流耕作方式对于更好地理解再生农业很有帮助。传统农业也涉及光合作用，但不会优先考虑土壤固碳。它将土壤视为一种媒介，向其添加矿物肥料和化学品，每年要对土壤进行两次或更多次的翻耕、培植或播种。清除杂草使用除草剂，遇虫害用杀虫剂，枯萎病或锈病则用杀真菌剂。缺水用灌溉来补充，尽管这可能导致土壤盐碱化。耕作和犁地会释放土壤中的碳，而植物中的碳却很少或根本没有被留存在土壤中。

几年前，美国人曾经（而且大多数美国人仍在）吃着作家迈克尔·波伦（Michael Pollan）所说的"类似食物的东西"，这些高度加工食品神秘的组分清单比这段话还长。转变开始于20世纪八九十年代，现在正逐渐扩大——人们认识到人体健康依赖于真正的食物，而不是人工合成的仿制食品，而且食物质量与土地和耕作方法息息相关。在传统农业中，投入种子、合成型肥料和杀虫剂，就会产出食物；然而，土壤付出了沉重的代价，水、空气、鸟类、益虫、人体健康和气候也是。正如人们可以用填充物、脂肪、糖和淀粉廉价地生产仿制食品，传统的工业化农业生产食品的成本也很低，因为它不需要为其造成的土壤损害支付成本。如果你不为身体提供真正的营养，它就会肥胖、得病、甚至残疾。如果农民不给土壤提供营养，它就会变得贫瘠、染病、寸草不生。这些都是常识性的简单原理，是再生农业实践的基础。

再生农业的原则之一是免耕。除了在农场或公路上，你多久看到一次裸露的土地？土壤不喜欢没有植物。除了沙漠和沙丘，裸露的土地会自然地重新长出植

罗代尔研究所（the Rodale Institute）自1947年成立以来，一直是美国有机农业的基石。基于有机农业教父艾伯特·霍华德爵士（Sir Albert Howard）的著作和观察，该研究所负责出版、推广和广泛研究有机农业方法。图中所示为创始人J.I.罗德尔（J. I. Rodale）的儿子罗伯特·罗德尔（Robert Rodale）于1971年在宾夕法尼亚州库茨敦（Kutztown）购买的占地1.3平方千米（333英亩）的农场。这片土地已经荒废和枯竭，这激发了罗德尔发展再生农业的灵感——这种农业系统既富有成效，又通过恢复土壤健康来提高未来的生产力。罗德尔提出不需要外部肥力来源（当然也不需要化学品）的耕作方法，并由研究所进行了实践。

#11

截至2050年的排名和结果

减少二氧化碳排放231.5亿吨；净成本572亿美元；净节约1.93万亿美元

物。因为植物需要家，土壤需要覆盖。在农场里，犁把土壤翻出来，把表土埋在下面。当土壤被耕过并暴露在空气中，其中的生物迅速腐烂，碳被排放出来。拉坦·拉尔（Rattan Lal）教授估计，在过去的几个世纪里，地球土壤中至少有50%的碳被释放到大气中——大约800亿吨。可以肯定的是，将这些碳带回土壤对于大气来说是一种馈赠，但从实际的农业角度来看，这是在请农民远离农用化学品，同时注重增加土壤碳含量，这将有助于他们更高效、高产地农耕。

增加碳含量意味着增强土壤的生命力。当碳被储存在土壤有机质中，微生物繁衍生息、土壤质地改善、根系扎得更深，蠕虫将有机物拖进洞中，形成富含氮的土壤环境，养分吸收增强，保水能力增强数倍（形成耐旱或防洪能力），营养丰富的植物抗虫害能力更强，而且肥力恢复到几乎或根本不需要肥料的程度。这种不依靠化肥的能力有赖于覆盖作物。土壤中的碳每增加1%，就相当于土壤中多储存价值300~600美元的肥料。

将植物播种在收获后的作物残体上，可以挤除杂草，为底土提供肥力并疏松土层。常见的覆盖作物包括野豌豆、白三叶草、黑麦或它们的组合。实验教会了再生农业农民种植含有10~25种不同品种的覆盖作物，每一种都能给土壤增加一种特殊的品质或养分。北达科他州一位著名的再生农业农民加布·布朗（Gabe Brown）曾经把70个不同的品种放在种子箱里用于他的牧场。其中可能包括豆科植物，如春豌豆（spring peas）、三叶草、野豌豆、豇豆、苜蓿、绿豆、扁豆、蚕豆、红豆和太阳麻；芥属植物，如羽衣甘蓝（kale）、芥菜、萝卜和不结球甘蓝（collard）；还有阔叶植物，如向日葵、芝麻和菊苣；以及禾本科植物，如黑燕麦、黑麦、羊茅、画眉草、雀麦和高粱。每一种植物都给土壤带来不同的补充，从遮蔽杂草到固氮并使磷、锌或钙可被生物吸收。不同品种的覆盖作物被反刍动物食用时，能为其提供格外丰富的营养。这份植物清单让我们了解到再生农业农民是如何利用复杂的植物群落来培植作物、恢复土壤和增加收入的。

在传统的作物轮作中，大豆和玉米可能会交替年份种植，也可能种植一年小麦然后下一年让土地休耕。这种情况也发生了变化。再生农场可能会轮种八九种不同的作物，比如小麦、向日葵、大麦、燕麦、豌豆、扁豆、苜蓿草和亚麻。再生农业农民正在通过多样化种植为农作物提供安全保障，以防止小范围的害虫和真菌侵害。除了轮作之外，还有间作，即在玉米田间种植苜蓿或豆类等豆科伴生作物以提供肥力。

再生农业是一种实用的举措，而非空中楼阁。一些再生农业农民是有机农民，另一些则在种植玉米时只使用少量合成肥料，以向有机认证过渡。加布·布朗自2008年以来没有施用过肥料，15年来也没有施用过杀虫剂或杀菌剂。以前他每两年就会用除草剂来对付加拿大蓟等入侵杂草，但后来因为不再需要就不用了。

再生农业的影响很难衡量和建模；千差万别的农场不能采用千篇一律的方法；碳封存的速度根据数量和所需时间的不同存在很大差异。然而，结果令人印象深刻。在过去10年或更长时间里，农场的有机物水平从基准的1%~2%上升到5%~8%。土壤中每1%的碳相当于每英亩8.5吨碳。这一增长合计每英亩土地增加25~60吨碳。

长期以来人们一直认为，没有化学物质和合成肥料就无法养活世界。然而，美国农业部现在正在试验一种避免犁地和化学药品的耕作方法。证据指向一种新的智慧：不养活土壤，就无法养活世界。恢复土壤肥力可以减少大气中的碳。土壤侵蚀和水资源枯竭每年在美国造成370亿美元的损失，在全球造成4 000亿美元的损失，其中96%来自粮食生产；而印度和中国的土壤流失速度是美国的30~40倍。再生农业并非不使用化学物质。它是近在眼前的科学——使农业符合自然规律的做法，它恢复、复苏和复原健康的农业生态系统。事实上，再生农业是同时解决人类、土壤和气候健康问题并提高农民经济福祉的最大机遇之一。它是生物间的协调——人们如何以更高产、更安全、更有弹性的方式生活并种植更好的食物。

影响：据估计，到2050年，再生农业将从目前的43.7万平方千米（1.08亿英亩）增加到总共404.7万平方千米（10亿英亩）。快速的增长部分是基于有机农业的历史增长率，以及随着时间的推移，传统农业预计会向再生农业转变。这一增长会带来碳封存增加和碳排放降低，总共减少232亿吨二氧化碳。到2050年，如果投资572亿美元，再生农业可以提供1.9万亿美元的经济回报。

养分管理
NUTRIENT MANAGEMENT

虽然氮肥在20世纪极大地提高了农业系统的生产能力，但其使用也增加了这些生态系统中游离的活性氮的含量。一些合成氮肥被农作物吸收，促进了作物的生长并提高了产量，但是如果氮肥没有被植物利用，就会造成难以估量的问题。大多数氮肥是"活跃的"，能通过化学反应破坏土壤中的有机物质。含氮离子渗入地下水或通过地表径流流动，最终出现在溪流和河流中，形成了藻华和缺氧的海洋死亡区，而这样的死亡区世界上已经有500个。水生系统中氮含量的升高已经被证明是鱼类死亡的主要原因。土壤细菌利用硝酸盐肥料产生一氧化二氮，其大气温室效应比二氧化碳强298倍。

农业系统中适当的养分管理可以提高肥料的利用效率，确保作物吸收更大比例的肥料，并降低土壤中氮肥不被植物利用而随后转化为一氧化二氮的可能性。有效的养分管理可概括为四个"R"：正确的来源、正确的时间、正确的地点和正确的量（right source, right time, right place, right rate）。总的来说，这些原则旨在提高氮的利用效率，即植物产量与总施氮量或土壤残留氮的比率。

"正确的来源"主要是指根据植物的需要或设备的限制来选择合适的肥料。肥料有各种各样的形式，有干的或湿的，含有不同的含氮化合物，其输送机制各不相同。肥料制造商已经开始生产涂有聚合物的缓释颗粒产品，以减缓施用后的溶解。这些产品提供的氮能更好地适应植物的需求，减少作为一氧化二氮从系统中损失的氮量。这些产品在市场上还相对较新，由于成本问题还没有得到广泛应用。尽管如此，早期研究表明，它们在减少一氧化二氮排放方面可能有效。

"正确的时间"和"正确的地点"重点在于通过管理肥料的施用，在作物需求最高的时间和地点提供氮肥。作物对氮的需求在整个生长季节并不一致。植物在接近生育期、质量呈指数增长时，或者正在结出果实或谷物时，通常需要更多的氮肥。随着生长周期内需求的增加，选择合适的输送氮肥的时间会加快植物对氮的吸收，减少过量的氮。为了简化生产，减少设备损坏植物的可能性，生产者通常会在种植时施肥，或仅在植物对氮的需求较低时施肥。一年的施肥量按施用方式可以分为两种——一种是在季节初施用，另一种是在植株更成熟且对氮的需求较高时施用，后者可以减少肥料未被植物利用的可能性。

可以说，在解决化肥的一氧化二氮排放问题上，最关键的是选择"正确的量"。生产者通常会施用比推荐

波罗的海瑞典海岸的海藻爆发。

#65

截至2050年的排名和结果

减少二氧化碳排放18.2亿吨；净成本由于数据可变性太大而难以估计；净节约1 023亿美元

用量更多的肥料，以缓冲潜在的恶劣生长条件。因此，农业系统的施肥通常远远超过最佳施肥量，使它们更容易排放一氧化二氮。

关于生产者决策方式的研究发现，农民很可能会使用超出需求用量的肥料，并优先考虑从肥料经销商那里得到的信息——即使他们也知道减少施肥量可以减少排放。提高经济产量和降低风险的压力意味着，农民保持或增加施肥量的动力要大于减少施肥量的动力。此外，氮肥在高产地区仍然相对便宜，而且经常得到补贴。

让农民采取适当的养分管理需要对其进行教育和援助，以及出台对农民的激励措施和限制施肥量的更严格的法规。如何平衡这些工具取决于当地环境和政策可行性。例如，研究表明，在美国，一些农民更愿意接受激励和教育计划，而不是法规。美国碳登记（American Carbon Registry）等组织一直在与研究人员合作，开发一种专注于降低肥料用量的碳补偿方法，使农民能够参与此项目并最终从碳补偿市场获得补贴。

有关肥料施用和使用的法规千差万别，通常与水质和污染的监管框架有关。由于水体的氮肥污染通常被认为是非点源污染（即不能轻易地将其归咎于单一来源），因此很难制定和执行法规。尽管如此，一些州立机构，比如佛蒙特州，已经开始要求一定规模的农场制定养分管理计划，以减少浪费和污染。在英国，研究人员已经确定了几个易受硝酸盐侵害的地区，这些地区的肥料施用受到了更严格的监管。诸如此类的现有监管框架可能为规范化肥使用和减少相关排放提供途径。

然而，世界各地的政府机构可能不会采纳或有效执行类似的规定。那些更依赖国内生产以保障粮食安全以及出口市场收入的国家，往往将生产置于环境影响之上。生产能力较低、粮食安全状况更严重的国家，如撒哈拉以南非洲的几个国家，可能需要使用更多的化肥以缩小产量差距，确保为其公民提供充足的供应。1991年，欧盟制定了硝酸盐指令（Nitrates Directive），旨在减少地下水和地表水的污染。截至2017年，只有两个国家减少了对合成氮肥的依赖——丹麦和荷兰。

鉴于化肥对全球农业生产的重要性，减少化肥使用的工作应主要集中在对农业产量影响最小或没有影响的地区。要估计减少化肥使用的土地面积，需要对农民进行广泛的调查，而这实际上是不可能的。此外，农民可以选择"放弃"养分管理，简单地恢复较高的施肥量，实际上，农民每年会根据各种因素改变施肥量。

联合国粮食及农业组织和世界银行提供了关于每个国家肥料消耗量的极好的数据，这些数据清楚地表明，在过去十年中，大多数国家的肥料量使用一直在稳步增加，每英亩的使用量也是如此。这一数据反映了农业生产的扩大，以满足日益增长的人口对粮食的需求，从表面上看，养分管理这一解决方案的采用率很低。据联合国环境规划署估计，如果养分利用率提高20%，就会减少2 000多万吨氮肥，并可能节省500亿～4 000亿美元。

养分管理是本书的土地利用解决方案中与众不同的一种，因为它主要关于避免排放，而不是关于碳封存。因此，养分管理的气候效益更加持久，且没有饱和的风险；减少化肥的使用可以永久避免这部分排放。此外，实施这一解决方案非常简单，因为它只需要农民适度减少化肥投入，并不需要采取全新的做法或使用新技术。也就是说，随着时间的推移，持续施用化肥会导致土地肥力丧失、水分渗入和生产力丧失。这些影响可能导致农民增加施肥，希望以此弥补土壤健康的整体损失，而土壤健康实际上正在螺旋式下降。虽然这个解决方案侧重于更智能的养分管理，但养分管理的真正解决方案是螺旋式推进本书探讨的再生农业实践，以消除大多数乃至全部对合成氮肥的需求。

影响：到2050年，在总共850万平方千米（21亿英亩）的农田上减少化肥的过度使用，可以避免相当于18亿吨二氧化碳的一氧化二氮排放。不需要投资，农民可以通过减少肥料成本节省1 023亿美元。我们的分析假设本方案的采用情况与保护性农业大致相似，因为农民可能会愿意接受这两种做法。

树木间作
TREE INTERCROPPING

种地有两种方法：一种是大面积种植单一作物的工业化农业，另一种是树木间作等可再生做法。树木间作利用多样性改善土壤健康、提高生产力，并符合生物学原则，其结果是以更少的投入产出更健康且产量更高的作物。与本书中的许多解决方案一样，树木间作很少用于解决全球变暖问题。尽管随着农业的工业化，在20世纪的大部分时间里，树木间作在欧洲逐渐衰落，但农民们还是采用这一做法，因为它更有效。像所有可再生的土地利用方法一样，它增加了土壤的碳含量和生产力。树木间作为农场提供了防风林，可以减少侵蚀，并为鸟类和益虫创造栖息地；容易被风雨压扁的速生植物因此可以得到保护；深根植物可以吸收下层土壤的矿物质和养分给浅根植物；藤蔓植物或攀缘植物有了现成的棚架；光敏作物可以免受过多阳光的照射。

此外，树木间作还很漂亮——辣椒和咖啡、椰子和金盏花、核桃和玉米、柑橘和茄子、橄榄和大麦、柚木和芋头、橡木和薰衣草、野生樱桃和向日葵、榛子和玫瑰。一年三作在热带地区很常见，比如椰子、香蕉和生姜可以一起种植。间作可能的组合是无穷无尽的。

为了成功地进行树木间作，土地所有者必须仔细评估，并对土壤类型和气候条件了如指掌。阳光、营养和水分条件决定了树木和作物的种类、密度和空间重叠程度。如果你开车穿过法国的阿登山脉（Ardennes），你会看到小麦间种着白杨树。这些树看起来像是随意排成

#17

截至2050年的排名和结果

减少二氧化碳排放172亿吨；净成本1 470亿美元；净节约221亿美元

一行播种的，然而，这背后其实需要多年的知识来评估风、光、季节变化和营养竞争的影响。这些因素决定了树木和作物的结构和类型，在上述场景中就是杨树的类型。树木和作物的排列因地形、文化、气候和作物价值而异。

树木间作有许多种形式。巷带种植（alley cropping）是一种将树木或树篱种植在紧密间隔的行中，以给生长在其间的作物施肥的系统。这些树木或树篱一般是固氮的豆科植物，如河麻（riverhemp）、胶甘草（gliricidia）和微白相思木（apple-ring acacia）。在马拉维进行的十多年的试验中，研究者将与南洋樱一起巷带种植的玉米产量与在没有树木的地里种植的未施肥玉米产量进行比较。在巷带种植田中，含氮的南洋樱以每年为周期进行种植。结果是：巷带种植玉米的产量是单独种植玉米的3倍。由于马拉维粮食短缺，贫困的小农持续种植玉米，导致土壤退化，粮食安全进一步下降。虽然在巷带种植系统中，一部分土地用于种植树木，但在不使用化学物质的情况下增加的产量足以弥补损失。

常绿农业是树木间作的另一种形式，需要不连续地分散种植树木，如微白相思木，它们可以为牲畜提供饲料。农民在易干旱、易遭大风和易受侵蚀的土地上种植作物，而作物的种植则基于农民的生态知识。在多雨的生长季节，树木会脱落富含氮的叶子，这意味着玉米和其他作物不需要争夺水和光。在没有化肥或其他投入的情况下，产量可以增加3倍。

间作的其他形式还包括条状种植、边界种植系统、遮阴种植系统、森林耕作、森林园艺、真菌林业、森林牧草和牧草种植。树木间作强化了这样一种观点，即人类的福祉并不依赖于对生物具有榨取性和敌意的农业系统。相反，它依赖于发现、创新和实践那些既能养活不断增长的人口，同时又能有利于土壤健康、提升肥力、扩大栖息地、提高多样性和保护淡水的农业方法。

现代企业中渗透着持续改进的概念，这一概念在日本被称为"kaizen"，其基础是二战后在日本传授的美国质量工程原则。它意味着精益求精，强调每天的小改进，以改善产品和工作场所条件。树木间作作为一种古老的生态技术，既是对土地的尊重，也是对土地的适应。在20世纪，为了给工业化的耕作方式腾出空间，树木间作被取代并逐渐消失；而现在，树木间作作为数十种农业复兴技术之一，能够改变种植方式，并更好地将人、再生和丰产带回土地。

影响：考虑到不同地区和间作系统的不同固碳率，估计在30年的时间里总固碳量为172亿吨。为了达到这一效果，在全球范围内采用树木间作需要增加到231万平方千米（5.71亿英亩）。如果再投资1 470亿美元，在未来30年可以节省221亿美元。

华盛顿中南部克利基塔特县（Klickitat County）一个间作玉米的离核毛桃园。

食物 59

保护性农业
CONSERVATION AGRICULTURE

犁是在种植作物前松土和翻动表层的标准工具，需要人力牵引，或用骡子、牛及拖拉机牵引。历史上，犁被视为农耕领域的一项重大进步，但却没有在实行保护性农业的农场中得到应用，这是有原因的。当农民犁地除草和施肥时，新翻过的土壤中的水分就会蒸发。土壤本身会被吹飞或冲走，使其中的碳释放到大气中。虽然翻耕的初衷是增加土地的产量，实际上却会导致营养不足、生命力衰弱。

尽管事实上大多数农场在18世纪工业革命之前都是免耕或低耕的，直到20世纪70年代，土壤侵蚀和退化才促使巴西和阿根廷开始实行保护性农业。保护性农业遵循三个核心原则：尽量减少对土壤的干扰、保持土壤覆盖、管理作物轮作。"保护（conserve）"一词的拉丁词根意为"保持在一起"。保护性农业遵守这些原则，努力将土壤保持在一起，形成一个有价值、有生命力的生态系统，使粮食生产得以进行，并有助于应对气候变化。保护性农业和另一种单独的减排解决方案"再生性农业"，都采用免耕策略。大多数实行保护性农业的农民都种植覆盖作物。保护性农业与再生性农业的不同之处在于，前者会使用合成肥料和杀虫剂。

一年生作物，即每年重新种植的作物，生长在全球89%的农田上。在这1 214万平方千米（30亿英亩）土地中，有10%的土地实践了保护性农业。南美洲、北美洲、澳大利亚和新西兰是保护性农业的盛行之地，规模有大有小。在没有翻耕的情况下，农民直接在土壤中进行播

上图：艾奥瓦州中部幼嫩的免耕大豆。

下页图：免耕播种机正在准备土地并种植大豆。

#16

截至2050年的排名和结果

减少二氧化碳排放173.5亿吨；净成本375亿美元；净节约2.12万亿美元

种，并通过在收获后留下作物残渣或是种植覆盖作物的方式来保护土壤。当作物是谷物和豆类时，轮作——一种改变作物的种类和耕种地点的耕种方式，几乎全球通用。

在某种程度上，保护性农业已经得到了广泛普及，因为这种方式使农民可以相对轻松快速地采用，并实现一系列好处。水分保持可以提高农田的抗旱能力，减少对灌溉的需求；养分保留可提高肥力，降低肥料投入。大多数采用保护性农业的农民看到了成本的下降、产量的上升和收入的增加。批评人士指出，现代免耕做法严重依赖除草剂和转基因作物，尤其是在西方国家。其他人则认为这不是真正的保护性农业。在非洲大部分地区，免耕农业并不使用除草剂。

保护性农业的碳封存量相对较少，平均每英亩只有半吨。但是，一年生作物在全世界的普遍种植使得这些封存量能够累积起来，让这种在农业生产中占主导地位的耕种方式从温室气体的净排放者转为净吸收者。由于保护性农业提高了土地对长期干旱和暴雨等气候相关事件的适应能力，在这个正在变暖的世界中，它的价值得以倍增。

保护性农业是一种行之有效的解决方案。想要扩大其规模，核心挑战在于前期投资和最终收益之间的差距。对于可能来不及等到回报的小农户，以及租用不属于自己的土地的农民来说尤其如此，因为这限制了他们对土壤的长期健康投资的积极性。通过广泛地为农民提供教育、设备和财政支持，可能还会有数百万人采用保护性农业并从中获益，将农田改造为碳库。

影响：根据大型农业经营面积的历史增长情况，我们分析预测，保护性农业的总面积将继续增长，从71.6万平方千米（1.77亿英亩）增长到2035年405万平方千米（10亿英亩）的峰值。我们假设，随着再生农业不断普及，已经采用保护性农业的农场将转而采用更加行之有效的土壤肥化措施，以满足消费者减少有害除草剂的需求。这种转变的好处可以通过再生性农业解决方案来计算。尽管如此，保护性农业在转变的过程中依然具有巨大的好处。按照每英亩每年0.15~0.25吨（因地区而异）的平均碳封存量计算，这一做法能够减少174亿吨的二氧化碳排放。实施成本只有很低的375亿美元，回报则能够达到2.1万亿美元。

堆肥
COMPOSTING

有机物很重要。艾伯特·霍华德爵士，英国农业学家和有先见之明的堆肥热心倡导者，本能地意识到了这一点。20世纪初，霍华德将实验从英国开展到印度，在他的植物中找到了证据，证明了健康而有活力的土壤是农作物茁壮生长并适应环境的关键。虽然他对于这背后相互作用的网络关系并非了如指掌，但他知道，在某种程度上，有机物质、土壤肥力和植物健康存在内在联系。为了寻找答案，他策划了大规模的堆肥计划，并对根部结构进行了探测。霍华德认为，堆肥也许增强了植物的根和土壤中菌根真菌之间的联系。一生之中，他都在与当时主张使用化学肥料来提供植物所需养分的机构进行斗争。那是哈伯工艺（Haber process）的时代，也就是德国人发现制造廉价氮肥方法的时代。受其影响，用有机物堆肥和施肥开始被认为是过时和不经济的。

新的肥料生产工艺引起了世界各国的广泛关注。弗里茨·哈伯（Fritz Haber）和卡尔·博世（Carl Bosch）因此获得了诺贝尔奖。但霍华德说对了。长期以来，人类一直使用堆肥和肥料来养活他们的作物和花园，却不了解这种益处背后的机制。现存最古老的拉丁文散文作品《论农业》（De Agricultura）由老卡托（Cato the Elder）所著，其中关于堆肥的指导被认为是农民的必修课。莎士比亚也懂得这种真正的黑金的力量。"不要把堆肥撒在杂草上。"哈姆雷特用隐喻告诫道。荷兰科学家安东尼·范·列文虎（Antoni van Leeuwenhoek）在17世纪70年代就首次通过原型显微镜观察到了"小动物"，但社会现在才开始了解土壤生态学的核心——微生物的力量。

正如人们曾经推测的那样，肥沃的土壤建立在风化岩石碎片和腐烂有机物的混合物之上，一茶匙健康土壤中的微生物比地球上的人口还要多。这些土壤微生物发挥着两种相互关联的作用：它们有助于分解死去的植物和动物中的有机物，使关键营养物质重新进入生态系统中进行循环；它们还能精确地为植物的根在需要之处提供这些关键的营养物质，用以换取植物产生的分泌物和碳水化合物——而这些正是细菌和真菌的食物。从氮到钾再到磷等，微生物使植物世界保持繁荣，并在应对气候变化方面发挥着自己的作用。

和所有生物一样，人类也会制造废物，但这些废物却绝无仅有地棘手。全球产生的固体废物中，近一半是有机或可生物降解的，这意味着它们可以在几周或几个月内分解。这些垃圾流中一个重要的部分是食物垃圾，以及落叶等来自院子和公园的垃圾。几千年来，这些废物都会复归自然；但今天，许多有机废物却最终进入了填埋场。它们在缺氧环境中腐烂，产生强效的温室气体——甲烷。在100年的时间内，甲烷的增温潜势比二氧化碳强34倍；仅凭一己之力，甲烷可能造成了四分之

#60

截至2050年的排名和结果

减少二氧化碳排放22.8亿吨；净成本-637亿美元；净节约-608亿美元

一的人为全球变暖。虽然许多垃圾填埋场都进行了甲烷管理，但将有机垃圾转化为堆肥要有效得多，既能大幅减少排放，又能让微生物发挥作用。堆肥过程通过适当的通风避免了甲烷排放。如果不进行通风，堆肥的减排效益就会缩小。

从后院的垃圾桶到商业运作，堆肥的应用规模十分广泛。无论规模大小，基本过程都是一样的：确保有足够的水分、空气和热量，将有机物烹调成微生物的饕餮盛宴。细菌、原生动物和真菌以富含碳的有机物为食。这是一个不断发生的分解过程，在每一个生态系统中都是如此。地球多种多样的地貌上都散布着一层薄薄的堆肥。与垃圾填埋场分解产生甲烷不同，堆肥过程实际上是将有机物质转化为稳定的土壤碳，使其可供植物使用。堆肥是一种非常有价值的肥料，可以保留原始废物中的水分和营养物质，并有助于土壤碳封存。就像是变废为宝。

归功于霍华德和其他人的努力，工业堆肥从20世纪初就已经存在。这对今天的城市尤其行之有效。由于人口密集，管理城市食物垃圾并非易事。2009年，旧金山通过了一项法令，强制要求对该市的食物垃圾进行堆肥。西雅图对路边的垃圾桶进行监控，对违反堆肥要求的人会进行记录和罚款。丹麦哥本哈根在超过25年的时间里未曾填埋有机废弃物，从而收获了堆肥在成本节约、肥料生产和碳减排上的三赢效益。

传统意义上，垃圾填埋既便宜又方便，但随着土地使用压力和垃圾填埋法规的增加，这种情况正在改变。这些转变增强了堆肥的吸引力，同时也提升了堆肥方法的便捷性和多样性。就如同回收利用，要想成功地运营堆肥系统，需要努力向公众普及处置方法，发展收集、运输和处理废物的必要基础设施，并有针对性地部署收集策略。堆肥并不是什么新鲜事，但现在需要的是使其得到大规模实施的新方法。达·芬奇曾说道："我们可以说，地球具有一种生长的精神，这种精神的肉体是土壤。"堆肥是一种既能增强地球生长精神的肉体，又能避免排放物进入大气的方法。

影响：2015年，美国估计有38%的食物垃圾被堆肥，欧盟有57%的食物垃圾被堆肥。如果所有低收入国家都达到美国的水平，所有高收入国家都达到欧盟的水平，那么到2050年，堆肥可以避免垃圾填埋场产生相当于23亿吨二氧化碳当量的甲烷排放。这一总数还没有包括将堆肥施用于土壤所带来的额外收益。堆肥设施的建造成本较低，但运营成本较高，这在财务结果中得到了体现。

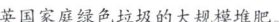

英国家庭绿色垃圾的大规模堆肥。

食物　63

生物炭
BIOCHAR

古代亚马孙社会中，几乎所有的垃圾都是有机物。厨房里的面包屑、鱼骨和牲畜粪便、碎陶器等垃圾都使用填埋和焚烧处理。这些废弃物被埋于土壤层下，在没有空气的环境中接受炙烤。这个过程被称为热解（pyrolysis），能够产生一种富含碳的木炭土壤改良剂。这一产物被称为"terra preta"，在葡萄牙语中的字面意思是"黑土"。

黑土与亚马孙盆地典型的黄色酸性土壤形成了鲜明的对比。它是一个与如今的普遍做法截然不同的农业系统的标志——如今的系统将亚马孙森林大量转为种植一年生作物（例如用于牲畜饲料的大豆）。一旦森林被砍伐、植被被烧毁，残留的碳层会保留下来，但只能维持很短的时间。在热带地区很难形成有机物。虽然这些地区具有最多的亩产生物量，但它们的腐烂率也最高。薄层土壤中的养分会更快地被大雨浸出。补充的碳能够在短暂的几年内增加土壤肥力，但人们很快就不得不放弃这些新地块。

相比之下，黑土农业能够维持土壤肥力长达数十年，一些研究甚至认为超过五百年。正如亚洲、新月沃地（Fertile Crescent）和欧洲，丰富而可靠的长期农业生产为城市和城市生活奠定了基础。少数欧洲探险家深入亚马孙地区，带回了关于大型城市定居点令人惊叹的报道。人们后来将他们的叙述视为异想天开是不无道理的，因为这些城市已经化为乌有，无处可寻。天花抹去了90%～99%的人口，大型城市遭受了遗弃，很快就被丛林所覆盖。为了躲避疾病和征服者，幸存者们逃到了荒野深处。据推测，在过去几十年里刚开始与现代人类建立起联系的亚马孙部落可能就是这些15世纪文明的后代。

今天，黑土覆盖着亚马孙盆地10%的面积，封存了大量的碳。尽管人们对这种滋养土壤的木炭的使用可以追溯到二千五百年前，但直到最近它们才被现代农学家（重新）发现。20世纪50年代，荷兰的土壤研究人员维姆·索姆布鲁克（Wim Sombroek）在亚马孙发现了这种不寻常的黑土，并于1966年出版了他的开创性著作《亚马孙土壤》（*Amazon Soils*）——这是他一生都在不懈研究的课题。在拉丁美洲的其他地区、德国北部和西非也都发现了黑土。这些如今被称为生物炭（biochar）的古老根源给现代农业和大气环境带来了希望。

生产生物炭的热解过程"pyrolysis"由希腊语中表示"火"的"pyro"和表示"分离"的"lysis"构成，它表示在几乎或完全没有氧气的情况下对生物质的缓慢

由巴西的农业研究站组成的研究机构Embrapa的研究人员和考古学家们在一处挖掘现场周围徘徊，该现场展示着生物炭在亚马孙土壤中埋藏的深度。在马瑙斯，Embrapa的工作人员在富含生物炭的土壤上种植一年生作物已有四十年之久，一直未能耗尽或破坏其肥力或生产力。一些科学家称，生物炭所蕴含的潜力相当于农业领域的"黑色革命"。

#72

截至2050年的排名和结果

减少二氧化碳排放8.1亿吨；全球成本和节约金额变化太大，无法确定

亚马孙土壤层
- 有机物
- 20厘米（8英寸）深的表层土壤
- 底层土壤
- 风化岩石
- 岩石

周围（正常）的土壤 | 黑土

2米（6.5英尺）深的表层土壤

碳含量
每英亩地的吨数，深度为1码。
（1码=0.914 4米）

12~61 61~202

常会帮助植物蓬勃生长，但并非所有土壤都是如此。科学家们还在不断研究生物炭能够对土壤和生长在其中的植物发挥最大益处的区域和方式。早期研究表明，不同类型的生物质会产生不同性质的生物炭。学习如何为土壤匹配合适的生物炭将有助于让生物炭更好地发挥其价值。研究表明，使用生物炭的土壤上，作物产量平均增加了15%。生物炭在酸性和退化土壤上产生的影响是最显著的，而这些土壤通常位于粮食短缺的地区。更重要的是，生物炭可以提高植物吸收硝酸盐肥料的能力，这使得农民可以用更少的施肥量获得同样的效果，从而降低成本、减少水土流失并降低对水生生态系统的破坏。

热解过程是利用植物在光合作用中产生的糖来生产富含碳的物质。当生物质在地表降解时，碳和甲烷逸出到大气中。生物炭将生物质中的大部分碳保存下来，将其埋藏在地下。经过稳定处理后，它可以在土壤中保存几个世纪——这大大延迟了它们返回大气的时间，有效地打破了正常的碳循环，使其进入慢动作。专家们认为，从理论上讲，除了避免有机废物产生的排放，生物炭每年还可以吸收数十亿吨二氧化碳。

生物炭的一个核心问题是所使用的原料。当原料来自农业或城市废弃物时，将其转化为生物炭是一种固碳、提高肥力和生产能源的手段。然而，如果没有适当的监管和执行，通过剥夺土地上的生物质或砍伐树木来制造生物炭，就会导致土壤的破坏和退化。

随着生物炭引发的兴趣和相关的活动不断增加，围绕可持续原料的辩论仍在继续。生物炭制造是一个新兴产业，关于生物炭使用和应用的科学正在发展；热解技术也继续得到开发，尽管人们对其需求仍然相对较小。国际生物炭协会（International Biochar Initiative）等组织正在努力为这种实践建立标准、提升一致性并提供支持，其中包括一项认证工作，这一工作旨在为生物炭勾勒出一个透明和可持续的未来。截至2015年，该协会共有326家公司，比2013年的175家有所增加。这些公司都是将生物炭从古老实践变成解决全球变暖的基本方案之一的关键参与者。

炙烤。气化是首选方法，这是一种温度较高的热解，能使生物质的碳化更加完全。生物炭通常由花生壳、稻草和木屑等废弃物制成。当被加热时，富含碳的固体中会分离出油与气。产出是双重的：一是可作为能源的燃料（可能直接被用于热解本身），二是用于改良土壤的生物炭。随着炙烤速度的变化，燃料和生物炭的比例也会发生改变。燃烧越缓慢，产生的生物炭就越多。热解的用途之广非同寻常。大型的成熟工业系统可以生产生物炭，小型的临时窑炉也同样能够制造它们。这意味着生物炭几乎适用于世界上的任何环境……包括许多最需要它的地方。

为什么生物炭可以影响土壤肥力？当农民想要提高土地产量时，其考虑的是氮、钾、磷，以及钙、锌等一些矿物质。如果你去为农场或花园购买肥料，你不会买到碳肥，因为碳不能直接肥化土壤；然而，它可以为肥化土壤创造条件。生物炭具有多孔结构，在狭小的空间内提供了广阔的表面积。可以把生物炭想象成一个栖息地——就像珊瑚礁那样，它充满了犄角旮旯，可以捕捉营养物质、保持水分，并帮助重要的微生物安家落户。专家报告说，由于大量微小孔隙的存在，仅1克生物炭的表面积就可以达到1 000~2 500平方米。它们携带着负电荷，可将钙和钾等带正电的离子拉拽到附近，因此能够像磁铁一样吸附营养物质。这样可以减弱氮肥引起的土壤酸化并提高产量。耕种到土壤中后，生物炭通

影响：到2050年，生物炭可以减少8亿吨的二氧化碳排放量。这一分析建立在对生物炭预防、封存温室气体的多种方式的全生命周期评估的基础上，同时假定新兴的生物炭产业会受到全球生物质原料供应的限制。

热带主食树种
TROPICAL STAPLE TREES

马鲁拉树（Sclerocarya birrea）的分布范围从非洲南部的林地一直到最北端的萨赫勒地区。它有类似橡树的宽大树冠，与杧果和腰果同属一个家族。它可以为长颈鹿、犀牛和大象提供丰富的食物，主要的食客是大象。马鲁拉果是一种特别美味的水果，含有丰富的蛋白质和马鲁拉油。大象会吃马鲁拉树的果子和树枝，还会咀嚼树皮，这就是为什么这种树有时也被称为"象树（the elephant tree）"。虽然大象会对树木造成严重的影响，但它们的粪便也能将种子播撒四方，从而弥补造成的损失。

农业的概念会让人联想到玉米、小麦和水稻等主食作物，大豆和花生等豆类作物，土豆、红薯和木薯等根茎类作物，以及成排的西红柿和生菜。这些作物都有一个共同点：它们都是一年生的，需要年复一年地种植、收获，然后再种植。由于耕作方式本身的性质，一年生作物每年都会在大气中产生碳的净排放。

树木和其他长寿的藤蔓、灌木和草本植物等许多多年生作物也都能够作为主食，虽然这一点并不广为人知。这些多年生主食作物中的很多种事实上已经被人类种植和收获了上千年。其中一些还是世界粮食供应的关键组成部分，特别是在每天都要消费香蕉和牛油果等主食的热带地区。生长在树上的主食包括香蕉和面包果等淀粉类水果、牛油果等富含油脂的水果，以及椰子和巴西果等坚果。许多豆科植物也是多年生的，包括恰恰果树、鸽子豆、牧豆树和角豆。此外还有一些特殊的食物，比如西米，一种由西米棕榈髓制成的淀粉类碳水化合物。还有恩赛特蕉（enset），这是埃塞俄比亚一种类似香蕉的植物，在地下发酵三到六个月后就可以制成一种叫作"kocho"的传统主食。非洲是主食作物的盛产地，包括猴面包树（baobab）、马夫拉树（mafura）、摩洛哥坚果（argan）、蒙古果（mongongo）、马鲁拉树（marula）、迪卡树（dika）、猴橙（monkey orange）、辣木（moringa）、萨福树（safou）等。

今天，89%的耕地被用于种植一年生植物，总面积约为1 214万平方千米（30亿英亩）。在剩下的种植多年生作物的土地中，有47万平方千米（1.16亿英亩）用于种植多年生主食作物。若是将种植一年生作物转变为多年生作物，在十几年的时间内，每英亩土地平均每年能封存1.9吨碳。在热带地区，多年生主食作物的淀粉和蛋白质亩产量与一年生作物相当，有时甚至远超一年生作物。

目前，温带和寒带地区没有可以与一年生主食作物相匹敌的候选作物。机械收割是多年生主食作物面临的另一个挑战。大多数作物不适合机械采摘或联合收割。然而，许多来自低收入国家的农民可以利用这一不利条件——他们无法与商品化的一年生作物竞争，但可以很好地利用主要作物的混合林场。

然而，利远大于弊。热带主食树种可以扎根于林场、多层复合农林或树木间作系统中。各种情境下，它们都能够将侵蚀和溢流扭转过来，为雨水创造更高的渗透率。它们可以生长在对于机械化生产的一年生作物来说过

截至2050年的排名和结果

#14

减少二氧化碳排放201.9亿吨；净成本1 201亿美元；净节约6 270亿美元

于陡峭的斜坡上，而且能够适应更多样的土壤条件。有些热带主食树种偏好非常干旱的环境，这些地方很少或不可能种植一年生作物。它们需要的（如果需要的话）燃料、化肥和杀虫剂更少，而且种植后几乎不需要耕作。

对于全球气候模式的变化，多年生植物的适应力更强，能够在一年生作物歉收的地方提供食物。世界上的净降雨量正在增加，但却与我们想要或需要的方式背道而驰。从长期干旱到伴有山洪的暴雨，全球变暖正在创造新的降雨模式。多年生主食树种可以在一年生作物无法生长的条件下茁壮成长。例如，在没有任何降雨的情况下，恩赛特蕉可以维持休眠状态生存6~8年；一旦再次下雨，它们便也随之复苏。与棕榈树或香蕉树相比，一年生植物十分脆弱，耐久性不强。转型可以使土地和资源得到更明智的利用，并且对小农户〔他们在全球范围内管理着约174万平方千米（4.3亿英亩）的土地，平均拥有的土地面积不到0.02平方千米（5英亩）〕、村庄、土地保护和提高收入有多重好处。

影响：热带主食作物目前的种植面积达47万平方千米（1.16亿英亩），其中大部分在热带地区。它们的碳封存量高达每年每英亩1.9吨。到2050年，若能将种植面积再扩大62万平方千米（1.53亿英亩），它们就能额外吸收202亿吨二氧化碳。我们的分析假设，人们只在现有的耕地上进行扩张，不会对森林进行砍伐。热带主食作物的产量比一年生主食作物高2.4倍，却只需要60%的成本，因而节省了大量的费用，并降低了实施成本。

食物　67

农田灌溉
FARMLAND IRRIGATION

滴灌由以色列的西姆切·布拉斯（Simcha Blass）发明。他的灵感发生在20世纪30年代，当时一位农民想知道为什么他最大的树在没有水的情况下还能生长，而布拉斯在树的根部周围挖掘后发现了一根漏水的管道。然而，直到20世纪60年代廉价塑料管的出现，他的发明才获得专利和商业化。这一发明节约的水可能比任何其他技术都要多。

灌溉就是为土地供水。这一习俗最早可以追溯到大约公元前6000年，当时农民第一次将尼罗河和底格里斯-幼发拉底河的河水引入农田。埃及人和美索不达米亚人都利用河水的涨落来浸润他们的农田。大水过后，哈碧（Hapi）和恩比卢鲁（Enbilulu）成为洪水和灌溉的守护神，它们的中心地位反映出了这种技术对古代社会的重要作用。这些早期水管理系统的运河、堤防、堤坝等遗迹至今仍然存在。

八千年过后，农业和灌溉消耗了世界上70%的淡水资源，而灌溉哺育着世界上40%的粮食生产。鉴于其普遍性和规模性，灌溉可能会因为开采河流和含水层而造成地表水和地下水的枯竭，并引发农场、城市和企业之间的水权竞争。抽水和分配农场用水也需要能量，在用能的同时产生碳排放。

在人类的历史长河中，始于尼罗河和底格里斯-幼发拉底河流域的灌溉方式一直占据主导地位。这种灌溉方式被称为"洪水灌溉（flood irrigation）"或"盆地灌溉（basin irrigation）"，方法是用水淹没农田，在世界上许多地方仍然是最常用的方式。但在20世纪中期，一系列新的灌溉技术开始崭露头角，帮助农民更加精确有效地进行灌溉，从而节约用水、减少气候影响。滴灌和喷灌都能实现对水的精准分配，使其尽可能与作物生长所需的水量相匹配。滴灌的水利用率能够达到90%，而喷灌则拥有70%的精度。这意味着，每一滴水都能在提高灌溉的生产率和减少总体用水量上发挥更大的价值。

农田用水高效化的好处数不胜数。除了能源需求和相关碳排放的下降外，还能提高作物产量，使种植成本下降、土壤侵蚀减少。不那么潮湿的田间环境能够让害虫销声匿迹。通过降低用水需求，地表和地下水资源可以得到更好的保护，各利益相关者之间的水资源冲突也可能会得到缓解。除此之外，滴灌还适用于各种景观。然而，其中的不利因素也需要得到关注。更精确有效的灌溉不仅仅是打开水闸这么简单，还需要更广泛的基础设施。这会带来更高的成本以及持续的维护需求，可能会使低价值的主食作物难以为继。

在不同的生长阶段，作物的需水量不同。灌溉调度（irrigation scheduling）是另一种现代高效的方法，让农民能够对灌溉情况进行实时监测，及时满足作物的用水需求。在用水量灵活这一点上，与之类似的还有缺水灌溉（deficit irrigation）：农民可以在作物的耐旱阶段减少灌溉。这种有策略的用水方式实际上可以提高作物质量。传感器也在改变着灌溉模式，它们监测土壤湿度并自动控制灌溉系统，为农民省去了猜测和跑腿的麻烦。在可以收集雨水或径流并将其输入灌溉系统的地方，农民便又多了一种高效用水的方法。

截至2050年的排名和结果

减少二氧化碳排放13.3亿吨；净成本2 162亿美元；净节约4 297亿美元

#67

如今，滴灌和喷灌技术都已经趋于成熟。滴灌和其他"微型"灌溉的农田面积在过去20年里增加了6倍，从大约1.6万平方千米（400万英亩）增至至少10.3万平方千米（2 550万英亩）。这一数字还在继续增长，但仍只占全世界灌溉土地的不到4%。到目前为止，采取这些方法的大多都在美国、新西兰和一些欧洲国家，全球低收入地区采用这种技术仍有巨大的空间。亚洲是最传统的地表灌溉的发源地，因而也是提高农业用水效率最重要的机遇之地。

先进灌溉技术推广过程中遇到的最大的也是唯一的障碍就是购买和安装成本，这使得滴灌和喷灌超出了许多小农的支付范围。新的低成本滴灌技术正试图改变这种状况。有针对性的贷款和补贴也是如此，并已经越来越多地被采用。有专长的技术人员对于灌溉基础设施的建设也是必不可少的，这就需要对农民进行教育和培训，确保他们能够熟练使用这些系统，并拥有优化系统的知识和技能。当设备成本降低且农业社区的技术能力提高时，改良灌溉技术对农耕和气候都大有裨益。

影响：目前，世界各地喷灌和滴灌的使用情况差异很大，高收入国家能够达到42%，而亚洲和非洲的低收入国家只有6%。我们的分析假设，改良灌溉的面积从2020年的54万平方千米（1.33亿英亩）增长到2050年的181万平方千米（4.48亿英亩）。最高的增长率将出现在亚洲，那里拥有62%的灌溉面积，目前却只有4%采用了微型灌溉。到2050年，这一增长可以避免13亿吨的二氧化碳排放，节约3 411亿升（900亿加仑）的水和4 297亿美元的成本。

Del Bosque农场公司的总裁乔·德尔·博斯克（Joe Del Bosque）正在加州费尔堡（Firebaugh）的杏仁园中检查用于滴灌的水管。2015年3月，加州议员批准了州长杰里·布朗（Jerry Brown）提出的一项法案，承诺拨款10亿美元，用于解决这个美国人口最多的州连续四年面临的干旱问题。

看不见的大自然

戴维·R. 蒙哥马利与安妮·贝克尔

农业界长期以来一直认为，想要养活人类，唯一的途径就是使用化肥、农药，以及最近出现的转基因种子。传统观念相信，生物或有机农业无法养活全世界——它们仅仅是针对小农的特殊方法，鉴于世界的粮食需求，这是不切实际的。在这段摘录中，戴维·R. 蒙哥马利（David R. Montgomery）和安妮·贝克尔（Anne Bikle）总结了在整个历史长河中，科学是如何"证明"植物只有在化学投入下长势才最好。这是所有工业化农业的基础，也是关于如何哺育这个"饥饿"的世界的主流学说。

正如蒙哥马利和贝克尔所展示的那样，因为土壤生命在当时还是未知的领域，那时的科学也是不完整的。在19世纪和20世纪的大部分时间，农学家和土壤学家对土壤中微生物种群的活动都一无所知。在缺乏这方面知识的情况下，农业生产力中化肥理论的地位不可撼动，因为它确实维持并提高了产量，特别是在退化的土壤中。然而，工业化农业带来了沉重的代价。到20世纪中后期，以化学为基础的农业实践导致土壤碳、表土和腐殖质不断损失，造成了水污染，并让作物更容易受到害虫、温室气体（一氧化二氮和二氧化碳）和海洋死亡区的影响。

土壤的健康、生产力、水分入渗率、耐旱性、抗虫害性和水质的形成在很大程度上取决于在土壤中发现的大量细菌，这是一个极其复杂的生命孕育过程。这便是蒙哥马利和贝克尔极具表现力地在同名书中呈现的"看不见的大自然（The Hidden Half of Nature）"。本书中包含的所有土地利用方法都能增强碳封存、生产力和生态系统服务，就是因为它们与生命过程相一致。正如你将在"未来展望"章节的"微生物农业（microbial farming）"中看到的那样，世界上最大的农业公司现在都在竞相了解、申请专利并将微生物解决方案商业化，以遏制150年来由建立在农业化学方法上的工业化农业实践所造成的土地退化。

1634年，佛兰德的化学家和医生扬·巴普蒂斯塔·范·海尔蒙特（Jan Baptist van Helmont）踏入了土壤肥力和植物生长这一难以捉摸的世界。然而这却并不是他的第一选择。作为一名训练有素的炼金术士，他相信自然界中的物质具有吸引和排斥的基本力量，人们可以通过观察和实验来理解其中的奥秘。因为拒绝接受用上帝之手来解释自然现象，他与教会发生了冲突。感到不悦的宗教裁判所带着无礼而傲慢的态度对他提出了指控，以调查大自然这一上帝造物的运作方式为罪名，将范·海尔蒙特判处了软禁。

被困在家中的这些年，他充分利用时间，开始思考一颗小小的种子是如何变成一棵大树的。植物的生长方式绝非显而易见。那时的主流观点是植物会吃掉土壤，但他却心存怀疑。他对一棵柳树苗进行了称重，然后把这棵2千克（5磅）重的树苗种植在一个装有91千克（200磅）干枯土壤的盆里。只要加水，他就能让这棵树生长，这对被关在家里的人来说是一个完美的实验。五年后，他重新给这棵树称重，发现它长了74千克（164磅），而土壤只减少了0.06千克（2盎司）。他得到了这样的结论：这棵树是靠吸水而生长的。

在这个发现的激励下，范·海尔蒙特进行了一系列的实验。在一个实验中，他烧了28.12千克（62磅）橡木木炭，小心翼翼地收集并称量所产生的0.45千克（1磅）灰和27.67千克（61磅）气体（也就是二氧化碳）。燃烧木材产生灰烬并不奇怪，但是产生气体，更别说这么多的气体，却是一个全新的发现。在此之前，植物主要由一种不可见的气体组成的想法一直被认为是荒诞可笑的。

这之后又过去了一个半世纪，直到研究植物生理学的瑞士化学家尼古拉斯·特奥多尔·德·索绪尔（Nicolas Théodore de Saussure）将一切串联了起来。1804年，他重复了范·海尔蒙特的实验，仔细测量并计算了植物消耗的水和二氧化碳。他证明了植物是通过在阳光下将液态水与二氧化碳气体结合起来而生长的，这就是我们称之为光合作用的过程。

德·索绪尔的发现彻底颠覆了人们对肥力的理解：植物中的碳并不来自土壤腐殖质，而是从空气中提取的！这一反转对几个世纪以来的观念——植物通过吸收腐殖质（腐烂的有机物）而生长——提出了挑战。然而，德·索绪尔的结论仍然是反直觉的。毕竟，世代农民都非常清楚，粪便有助于他们的作物生长。

……

自然哲学家认为，土壤中的有机质会以某种方式帮助植物生长。这些物质又被称为腐殖质，也就是土壤顶部腐烂植物下的黑色薄层。当时流行的观点是，这种神秘的物质直接滋养了植物。直到实验表明，腐殖质不溶于水，从而否定了植物可以直接从腐烂的有机物中吸收营养的观点。如果植物不能通过根部吸收腐殖质，那么它们又如何利用它来生长呢？

当时的科学家们被这个问题难倒了，对于植物可以直接从腐殖质中吸收营养的想法也冷淡下来。德国化学家尤斯蒂斯·冯·李比希（Justus von Liebig）接过这条线索，带头推翻了植物营养的腐殖质理论。1840年，在工业革命的浪潮中，他写了一篇有影响力的农业化学论

文。在论文中他推断,土壤有机质中的碳并不能促进植物的生长,因为正如德·索绪尔所指出的,植物所需的碳来自大气中的二氧化碳。李比希使用当时的标准做法,在焚烧植物物质前后对其进行分析和称重,发现植物灰烬中含有丰富的氮和磷。似乎有理由认为,灰烬中残留的物质滋养了植物,进而滋养了农作物。在他看来,这一发现为植物科学家提供了长期以来寻求的答案——土壤化学是土壤肥力的关键。

李比希和他的学生们很快就发现了植物生长所必需的五种关键元素——水(H_2O)、二氧化碳(CO_2)、氮(N)和两种矿物元素磷(P)和钾(K)。他们由此而得出结论,有机物在创造和保持土壤肥力方面并非是举足轻重的。通过推翻盛行一时的腐殖质理论,李比希开创了现已成为现代农业核心的土壤肥力观。

当你读到在欧洲农民开始用新进口的鸟粪石为退化的土壤施肥后作物爆炸性增长的情形,就能够很容易地理解李比希化学哲学的吸引力。1804年,德国探险家亚历山大·冯·洪堡将这种神奇之物的样本从秘鲁海岸的一个岛屿带回了欧洲。除了含有大量的磷外,这种白色石头的氮含量是大多数肥料的30多倍。

当秘鲁鸟粪岛在19世纪末被开采殆尽时,广泛使用化肥已经成为农业生产根深蒂固的指导思想。

……

(事实证明)有机物是土壤的命脉,是原始地下经济的货币。土壤对有机物的渴求在一定程度上解释了为什么它在如此短的时间内就会消失殆尽。就在你脚下的方寸之间,微生物和其他更庞大的生命体创造了复杂动态的群落,每个个体都扮演着吃和被吃的双重角色。这些兢兢业业的微生物不仅能够分解有机物,还扮演着植物所需养分、微量元素和有机酸的供给者和分配者的角色。因此,虽然植物不会直接吸收有机物,但它们会吸收那些以有机物为食并将其分解的土壤生物的代谢产物。终其一生,李比希都坚信有机物无足轻重。但现在我们知道,土壤微生物承担着保持土壤肥沃和植物生长的重任。

当微生物分解死去的动植物时,它们将构成生命的基本元素重新投入循环中,其中包括氮、磷和钾三大生命元素,以及其他所有对植物健康至关重要的主要营养素和各种微量营养素。此外,微生物将营养物质直接送回有需要的地方,也就是植物的根。

我们才刚刚开始领略到植物的根系和土壤生命之间特殊而古老的联系。据估计,我们观察到的土壤生物仍只占总量的约十分之一。直到最近,我们对土壤生态学领域的认识还类似于古代天文学,视野限制在肉眼可见的恒星范围内。看不见的大自然在地球的"皮肤"上辛勤耕耘,在土壤和动植物之间编织着生命的"地毯",让它们在死亡后共同构建一个繁荣的微生物世界。鉴于观察土壤中发生的事情的困难性,对于那些在深沉的时间长河中积淀出的纵横交错的地下关系网,我们的研究工作仍然任重道远。

摘自戴维·R.蒙哥马利与安妮·贝克尔所著的《看不见的大自然:生命和健康的微生物根源》(*THE HIDDEN HALF OF NATURE: THE MICROBIAL ROOTS OF LIFE AND HEALTH*)。戴维·R.蒙哥马利与安妮·贝克尔2016年版权所有,经W-W-诺顿公司许可使用,保留所有权利。

美国堪萨斯州土地研究所(Land Institute in Kansas)的农学家杰里·格洛弗(Jerry Glover)展示了当地草原上多年生草种的根系生长范围。

放牧管理
MANAGED GRAZING

　长期以来，食草动物创造了非凡的环境。对非洲中东部的塞伦盖蒂平原（Serengeti plains）和美国水牛城的高草草原的研究清晰地显示了这一点。完好无损的原始草原十分丰沃，有着3米（10英尺）厚的富碳土壤。然而，一旦遭到反复翻耕或放牧，草原便会随着时间的推移而退化，造成土壤碳流失。

　　放牧管理模仿了迁移性食草动物在野外的行为。食草动物会聚集起来以保护自己和幼崽免受捕食者的伤害；会把多年生和一年生的草一直啃到茎的基部；会用蹄子搅动土壤，把尿液和粪便混在一起；也会不断迁徙，整年不归。牛、绵羊、山羊、麋鹿、驼鹿和鹿等食草动物都是会反刍的哺乳动物，它们在消化系统中将纤维素发酵，并通过产甲烷微生物将其分解。从阿根廷的潘帕斯草原到西伯利亚的猛犸大草原，反刍动物共同创造了全世界的大草原。但若是把这些动物关在栅栏中，情况就会完全不同。更糟糕的是，如果你去衡量饲养场中的牛对环境和气候的影响，你将发现，它们与煤炭一样，是地球的首要危害之一。然而事实证明，将牛和其他反刍动物在草原上进行整体管理却是土地管理的良方。

　　法国生物化学家和农民安德烈·瓦辛（André Voisin）在1957年首次用理论对放牧管理的好处进行了论证。瓦辛曾学习化学和物理，但他的内心深处却是一名植物和动物生理学家。第二次世界大战过后，他回到自己的农场时对奶牛和草之间的关系产生了兴趣。人们总是将草的存在视为理所当然：它们生长，被吃掉；死亡，再生长。瓦辛注意到，农学家们非常关注播种牧草的种类、施肥的方式和浇水的时机，但极少或根本从未考虑动物和牧草之间的互动。草场被啃食殆尽了吗？经历过放牧吗？又是否过度放牧了？经过多次啃食后，草场的状况如何？它恢复了吗？不同放牧强度下，动物增重了多少？瓦辛对放牧的细枝末节都进行了仔细的研究。排除降雨等其他因素的影响，他在观察中意识到，牛吃草的方式是决定牧场健康和生产力的主要因素。

　　如果持续不断地放牧，牧草根部的营养储备会逐渐减少，直到耗尽。植物减少，土壤也随之流失。这就是所谓的过度放牧——据估计，世界上有超过405万平方千米（10亿英亩）的土地正深受其害。过度放牧的影响让人们产生了这样的信念，即土壤只要摆脱动物就能得到恢复；但事实并非如此。无论是野生还是驯养的食草动物从土地上消失，土地都会恶化。过度放牧的损害掩盖了草场放牧不足带来的土壤健康恶化和碳流失等危害。

　　瓦辛的研究主要关注两个关键变量——动物在特定草场上吃草的时长，以及再次放牧前留给土地的休息时间。调节牛与草之间关系的方法被称为放牧管理，其中

#19

截至2050年的排名和结果

减少二氧化碳排放163.4亿吨；净成本505亿美元；净节约7 353亿美元

包含三种可以对土壤健康、碳封存、水分保持和牧草产量起到促进作用的基本技术：

（1）改进的连续放牧法（Improved continuous grazing）：调整了标准的放牧方式（基本上是牧场自由放牧），并通过减少每英亩的动物数量来避免过度放牧。

（2）轮流放牧法（Rotational grazing）：系统地将牲畜转移到新的围场或牧场，为经过放牧的草场留有恢复的时间。

（3）适应性多群放牧（Adaptive multipaddock grazing）：有时又被称为牧场中转（mob grazing），是三种放牧方式中最为集约的一种。这种方法是将动物连续不断地向小围场快速转移，给土地用于恢复的时间——在温暖潮湿的地区需要一个月，凉爽干燥的地区则是一年。

研究表明，这三种放牧技术具有一系列影响。一项对现有研究工作的元分析表明，放牧活动的影响在很大程度上取决于当地气候条件、土壤粗糙度和主要草种。实施改善放牧技术的草场每英亩的固碳量通常能达到0.05吨，某些情况下甚至多达3吨。若将甲烷和一氧化二氮排放也纳入考虑，净碳汇就会低得多。然而，牧场占据着世界农业用地的70%。由于放牧管理能够跨地域进行，一旦规模化，就能够产生重大影响。

从传统放牧向集约化放牧的转变包含管理体制上的过渡，需要农场断绝杀虫剂、除草剂、杀菌剂和化肥的使用，这些转变不太可能获得农业公司的研究和资助。长期坚持者取得的实证结果描述了一段两到三年的过渡期，这与大多数质疑该结论的研究所持续的时间大致相同。而北美各地农民所取得的经验则只适用于单个农场，因此未被包含在有关放牧管理的研究或同行评议论文中。许多得到报道的益处在不同地域、不同类型的牧场或农场以及不同气候条件下都具有一致性，并且与基于短期观察的结论呈现出了完全不同的图景。

实践放牧管理的农民观察到，曾经干涸的常流溪流已经得到恢复。在以一到两天为周期进行集约化轮牧的草场上，牧牛的强度增加了200%~300%。原生草种东山再起，将杂草挤出草场。农民不必再播种牧草，节省了时间和柴油。同样免去的还有牧场耕作，这又节省了燃料和设备费用。牲畜的行为也发生了变化。它们不用再在因过度放牧而只剩草茬的牧场上闲逛了，而是可以在健步如飞的同时享用被农民发现富含蛋白质的杂草，从而减少或消除了对杂草控制的需求。

放牧管理的实验在世界各地持续不断，牧场主们通过社交媒体和面对面的会议分享他们的学习成果，形成了自己的网络。这个领域没有教科书式的技巧。当放牧过程迅速集约，而休牧时间较长时，结果似乎有所改善。牧草的蛋白质和糖类含量增加，土壤微生物得到的碳糖就越多，菌根真菌的生长也就越快。这种真菌会分泌一种叫作球囊霉素的黏性物质，能够将富含有机质的土壤聚集成小颗粒，使其更加松软，形成可以让水在其中流动的空隙。实践者报告称，他们的土壤每小时可以吸收20~25厘米（8~10英寸），甚至36厘米（14英寸）的雨水，而此前的硬化土壤在2.5厘米（1英寸）的降雨量下就会发生淤积和侵蚀。尽管气候活动家们对碳封存率进行了大量讨论，但实践在一线的农民和牧场主们的目标却并不是固碳或影响气候，而是获得健康的土

上页图：北达科他州的布朗牧场（Brown's Ranch）上正在进行牧场中转。

下图：加布·布朗（Gabe Brown）在车前草、萝卜、一年生黑麦草、三叶草、深红三叶草、法桐和扁豆等覆盖作物中。

壤和牲畜。许多有机物含量最初只有1%的土地现在已经达到了6%~8%，甚至更多。

实践者介绍说，由于生产力的提高和除草剂、杀虫剂、化肥、柴油和兽医费用支出的减少，收入得以大幅增加。他们还描绘了生命重回大地的景象——成群的鸣禽、当地松鸡、狐狸、鹿，以及蜜蜂和蝴蝶等授粉昆虫。并且，即使更集约的方法使得农民在同样的土地上管理的动物变多了，但采访表明，他们的空闲时间也变多了。虽然美国农业部倾向于站在保守的一边，但将牧场作为碳汇的最强拥护者是农民本身。

威尔·哈里斯（Will Harris）是第四代农民，在乔治亚州克莱县经营白橡树牧场（White Oak Pastures），该县是美国东南部最贫穷的县之一。在使用化学密集型技术长达半个世纪以后，出于"不断增长的传统意识和责任感"，哈里斯开始将他的家庭农场改造成一个人性化的整体系统。他放弃了玉米饲料、激素注射、抗生素，后来又放弃了杀虫剂和化肥。如今他说："我每天都不断地问自己，怎样做才能让这片土地变得更好？"

白橡树牧场采用的是仿照塞伦盖蒂自然放牧模式的轮牧法，先放牧大型反刍动物，小型反刍动物紧随其后，接着是鸟类。这意味着牛、羊、鸡和火鸡都可以在牧场中自由活动。整个牧场更像是一个生态系统，动物们表现出哈里斯所称的本能行为，而白橡树团队也将整个系统的运行视为一个活的有机体。哈里斯衡量牧场成功与否的标准并不是每英亩的最大产量，而是健康、长寿和与自然原则的一致性——这使得项目在长期上更加有利可图。至于碳封存，哈里斯报告说，他的5平方千米（1 250英亩）土壤中的富碳有机物含量比附近具有相同土壤类型和降雨量的传统牧场高10倍。

加布·布朗的牧场位于北达科他州俾斯麦东部，采用了高度集约的放牧技术：一个拥有数百头牛的牛群在他的一百个围场之间不断移动，在有些围场中待的时间甚至还不到一天。其中一块土地上，布朗六年内没有任何外部投入，就将土壤有机质的比例从4%提高到了10%，每英亩增加了50吨碳储量。他对自己在农业实践中的转变做出了最佳的描述："当我以传统方式农作时，我一觉醒来，决定今天要杀掉什么。现在，我一觉醒来，决定要让什么活下去。"他同样清楚变革将从何而来："你是不会改变华盛顿的，在那里消费者才是驱动力。"

影响：与标准放牧方式相比，通过加强固碳，到2050年，该解决方案可以封存163亿吨二氧化碳。值得注意的是，这并不能减少今天牧场中排放的100亿吨甲烷。在30年的时间内，放牧管理的面积需要从79万平方千米（1.95亿英亩）增加到445万平方千米（11亿英亩）。到2050年，若是额外投资505亿美元，经济回报将达到7 353亿美元。

在每年的塞伦盖蒂大迁徙中，白胡子角马群聚集在一起。这张照片反映了所有群居动物的行为，即在不断行进的同时紧密地在草场上聚在一起。通过抱团，动物能够保护幼崽不受鬣狗、狮子和其他跟踪大迁徙的捕食者的伤害。放牧管理利用围栏和较短的轮牧周期来模仿这种行为，以改善动物的健康并使土地再生。

妇女与女童

本章内容看似很少，但提供的解决方案却涉及了人类社会的半数人口——37.3亿女性。因为气候变化与性别相关，所以我们特地单独将这部分列出来。由于现有的不平等，妇女和女童尤其容易受到疾病和自然灾害的影响。与此同时，妇女和女童对于成功应对全球变暖以及提高人类整体恢复力起着至关重要的作用。正如您将在本章看到的，因性别差异而造成的歧视和边缘化实际上伤害了每一个人，而性别上的公平则对所有人都有好处。这些解决方案表明，提高妇女和女童的权利和福祉可以改善这个星球的未来生活。

女性小农
WOMEN SMALLHOLDERS

低收入国家的农业存在性别差距——同样从事土地工作的男性和女性享有不平等的资源和权利。平均而言，在世界较贫困地区，女性构成了43%的农业劳动力，并生产了60%~80%的粮食作物。她们耕田种树、照料牲畜、种植家庭菜园，却常常只能无偿劳动或获得很低的薪酬。她们中大多数来自全球4.75亿个小农家庭——这些家庭经营的土地不到0.02平方千米（5英亩），一定程度上能够自给自足；这些女性同时也是世界上最贫穷、最缺乏营养的人群。她们的人生故事不尽相同，但拥有关键的共同点：相比男性，女性获得各类资源的机会更少——从土地、信贷到教育和技术资源。尽管女性在耕作能力和效率上都与男性相当，但在资产、投入和支持方面的不平等，意味着在相同数量土地上女性只能获得更少的产出。缩小这一性别差距将改善女性及其家庭和社区的生活，同时也可以解决全球变暖问题。

据联合国粮食及农业组织（FAO）称，如果所有女性小农都能平等地获得生产资源，她们的农业产量将提高20%~30%，低收入国家的农业总产量将增加2.5%~4%，全世界营养不良的人数将减少12%~17%，1亿~1.5亿人将不再挨饿。一些研究表明，如果女性能够获得与男性相同的资源——在其他条件也相同的情况下——她们的产出实际上会超过男性：女性比男性高出7%~23%。缩小性别资源差距也可以控制碳排放。当农业土地生产状况良好时，砍伐森林以扩张土地的需求也会随之减少，并且当再生农业生产取代密集型农业生产时，土地也能够成为二氧化碳的储存库。

土地所有权是女性小农所面临的性别资源差距问题的核心。极少有国家按照性别对土地所有权进行统计，而已

#62

截至2050年的排名和结果

减少二氧化碳排放20.6亿吨；净成本由于数据可变性太大而难以估计；净节约876亿美元

有的统计数据也暴露出根深蒂固的不平等：只有10%～20%的土地所有者是女性，而这些拥有土地的女性群体也一直面临着土地权利不受保障的挑战。许多妇女在法律上被禁止合法拥有或继承土地财产，这使得她们在做出决定时处处受限，甚至面临流离失所的风险。来自印度马赫巴布纳加尔区（Mahabubnagar）的金达奇·拉克什米（Kindati Lakshmi）这样说道："只有拥有一块土地才能让我们有尊严地活着并免于饥饿。我们只能继续为土地斗争到死，除此之外，别无他法。"将这句话带入现实层面，女性们获得金钱、信贷的机会和渠道较少，缺少资金就意味着缺少肥料、农具、水和种子。她们的从属地位也限制了她们获取技术资讯、接受农业推广人员协助、取得农业合作社成员资格以及农产品的营销和销售渠道。随着越来越多的男性迁移到城市寻求非农业收入，女性日益成为低收入国家农业耕种的重心。然而，她们却无权对自己耕种的土地做出任何有益的决定和投资。她们肩上的责任越来越重，但她们的权力和资源并没有得到同步的保障。

尽管现实的复杂性使人们无法找到一种普适的解决方案，但已有的经验证明，采取一定的干预性措施可以解决当前体系中女性面临的不平等问题。曼彻斯特大学教授——《自己的土地》（A Field of One's Own）一书的作者——比纳·阿嘎瓦（Bina Agarwal）提出了一系列需要采取的措施：

● 承认并肯定女性是农人，而不只是农场的帮手——因为这种观念从一开始就损害了女性的地位。

● 增加女性获得土地的机会，并确保明确、独立的使用权——而不是需要与男性斡旋或是受到男性的控制。

● 改善女性接受培训和获取资源的渠道，并考虑到她们的特定需求——尤其是小额信贷。

● 关注女性种植的作物和使用的耕作系统的研究和开发。

● 促进机构革新，并发展为女性小农设计的耕作方法，如集体耕作。

阿嘎瓦的最后一条极其有力。当女性参与集体耕作、学习、募资和贩售时，她们便能够在经营中实现规模经济，并且汇集影响力、知识和才能。她们也能够共享劳动和资源，并分摊尝试新作物或耕作技术时可能出现的风险，最终实现农业创新和生产力的双重提升。在当前农人需要尽快适应全球变暖的背景下，这些成果显得尤为重要。

对于所有小农来说，多样性的种植都有助于土地弹性的恢复，从而获得稳定的年产量。几十年来，农业企业和政府机构依赖合成肥料、杀虫剂和转基因种子来提升生产技术，这使得许多小农面临农产品市场崩塌、虫害、土壤贫瘠化等危机。相比之下，通过农林混作和间作等方式使作物多样化，就不需要相同的化学产品投入来提高产量，有时甚至不需要任何的化学产品。女性——也包括男性——需要的不仅是实现产量的增长，而是通过帮助他们抵御气候变化而获得可持续的产量。联合国粮食及农业组织指出，"如果不帮助广大小农群体采取可持续的、能够适应气候变化的耕作方式，就很难、甚至不可能消除全球的贫困和饥饿"。

随着世界人口的持续增长——预计到2050年将达到97亿——农业产量需要同步提升（同时减少食物浪费和转变饮食结构）。鉴于可耕地的限制和保护未开发森林的需要，人类必须提高每一块土地的产量。如果不重视小农发展，就无法实现在等量的土地上种植更多粮食的目标，而小农当中有很大一部分是女性，她们的耕作需求却一直被忽视。性别平等程度较高的国家往往拥有较高的平均谷物产量；而性别不平等程度高的国家，其结果则相反。如果女性小农拥有平等的土地权和资源，她们就能种植更多的作物，全年都能为家人提供更好的餐食，并获得更多的家庭收入。当女性赚得更多时，她们往往会将90%的收入再投资于家庭和社区的教育、健康和营养，而男性的投入通常只有30%～40%。举例来说，在尼泊尔，加强妇女的土地所有权直接影响了儿童健康状况的改善。通过这个解决方案，人类的福祉与气候紧密地联系在了一起，一切对性别平等有利的，就会对所有人类的生计有利。

影响： 该方案模拟了通过增加女性小农产量，从而避免砍伐森林，最终能够减少的碳排放量。根据该领域的文献，我们假设，如果女性获得的资金和资源更加接近男性的水平，那么每块土地的产量能够增加26%。如果女性能够管理40万平方千米（9 800万英亩）的土地，且获得同等的援助，并达成增产26%的目标，那么这一方案就能在2050年前减少20.6亿吨的二氧化碳排放量。

家庭生育计划
FAMILY PLANNING

对于女性来说,能够通过选择而非意外怀孕生子,并且有权计划其家庭规模与生育间隔,是一个事关自主和尊严的问题。低收入国家的2.14亿女性表示,她们希望能够拥有选择是否怀孕和何时怀孕的权利,但由于缺乏必要的避孕措施,每年仍有约7 400万例意外怀孕发生。这种需求在一些高收入国家也同样存在,包括美国也有45%的意外怀孕比例。确保世界各地的女性享有自愿、高质量的生育计划服务的基本权利,已经对女性及其子女的健康、福利和预期寿命产生了有力的积极影响。所有性别的社会经济发展都能从生育计划中获得巨大增益,值得采取迅速和持续的行动。生育计划对于减少温室气体排放也有着连锁效应。

在20世纪70年代初,保罗·埃尔利希(Paul Ehrlich)和约翰·霍德伦(John Holdren)提出了现在著名的"IPAT公式":环境影响=人口数量×富裕程度×科技水平(Impact=Population×Affluence×Technology)。简而言之,该公式认为人类对环境的影响是由人口数量、消费水平与科技水平构成的函数。解决全球变暖的大部分工作都集中在利用科技来研发替代化石燃料的其他能源上。还有一些工作集中在消费水平上,旨在减少消费欲望,尤其是在富裕国家。对于第三个因素——即人口——的处理仍然存有许多争议。人们普遍认为更多的人口会给地球带来更多的压力,但其实这种压力并不是同等的。每个人的一生中都会消耗资源并制造碳排放,但居住在美国的人所造成的环境影响要比居住在乌兹别克斯坦或乌干达的人高出许多。碳足迹是一个常见且令人舒适的话题,但有多少双脚因为生育计划而偏离了轨道,这个话题却并不轻松,因为人们担心将生育计划与环境健康联系在一起本质上是强制性的或残酷的——这就是马尔萨斯[①]人口陷阱理论最糟糕的情况。然而,当生育计划侧重于提供医疗保健服务和满足女性的明确需求时,赋权、平等和福祉就成了我们的目标;对地球带来的增益则是附加作用。

扩大生育计划服务范围所面临的挑战包括:从符合不同文化且能被接受的避孕措施的基本供给到性及生育常识的教育;从距离过远的保健中心到对医疗服务提供

#7

截至2050年的排名和结果

减少二氧化碳排放596亿吨；影响见下方

气候变化专门委员会（IPCC）将生育健康服务纳入了2014年的综合报告，并指出人口增长是影响温室气体浓度的一个重要因素。越来越多的证据表明，生育计划还有一个好处，那就是建立恢复力——帮助社区和国家更好地应对和适应全球变暖所引发的不可避免的变化。由于现存的不平等，当面临疾病和自然灾害的冲击时，妇女和女童所受到的影响往往更大，而生育计划是对女性有益的。然而，这个话题在许多国家和习俗中仍然是一个禁忌，因为受到传统观念的影响，人们认为提高人口限制或者采用任何方法减少人口本身就是对人类生命价值的侮辱。但对于一个正在暖化、逐渐拥挤的星球，情况可能恰恰相反：要想尊重人类的生命，就必须确保为所有人提供一个适宜生存的、富有生机与活力的家园。生育计划最主要的精神是女性的自由和机会，以及对基本人权的承认。目前，生育计划项目获得的支持仅占全部海外发展援助的1%，但如果低收入国家能致力于配合这一计划，这个数字是可以翻倍的。这将会是一个对地球有益的道德运动。

影响：为了不超过联合国2015年发布的全球人口预测②中所提到的2050年预估人口97亿，关键因素就是采纳生育医疗保健和生育计划。如果对生育计划的投资——特别是在低收入国家的投资——没有实现，世界人口就有可能达到最高预测值，也就是再增加10亿。我们模拟这一解决方案的基础就是比较这两者的差异：一个几乎没有生育计划投资的世界相较于一个能够实现97亿人口预测的世界，将在能源、建筑空间、食物、废物和运输方面产生多少消耗和排放。结果发现，由生育计划产生的减排量可以达到1 192亿吨二氧化碳，将为低收入国家每个用户节约10.77美元的年平均成本。由于女性教育对生育计划的执行也有着重要影响，我们将总潜在减排量的50%分别归于这两个解决方案——即每个方案596亿吨。

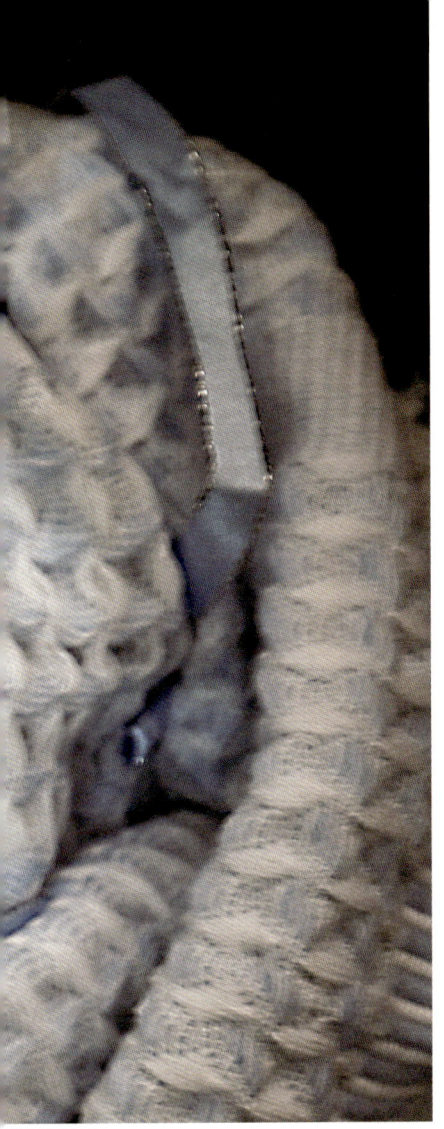

2016年，在加沙（Gaza Strip）南部拉法（Rafah）的家中，刚出生3天的瓦利德（Waleed）躺在襁褓之中。瓦利德是在加沙出生的第200万人。加沙是一块夹在埃及、以色列和地中海之间的小飞地③（enclave），最宽处只有12千米（7.5英里），但这里却是世界上人口密度最高的国家之一。

者的敌对态度；从社会和宗教规范到性伴侣反对使用节育措施。目前，世界面临着53亿美元的资金缺口，无法提供女性自认需要获得的生育保健。

然而，生育计划的成功故事也是引人注目的。伊朗在20世纪90年代初实施了一项计划，被誉为历史上最成功的生育措施。该计划完全出于自愿，宗教领袖参与其中，教育公众并提供免费的避孕工具。最终，生育率在短短十年内便下降一半。在孟加拉国，马特拉布医院（Matlab Hospital）首创了一项政策，即推广女性健康工作者在妇女和儿童居住的地方为他们提供基本护理。这项政策扩展到全国后，平均生育数从20世纪80年代的6个孩子下降到目前的2个。这两个故事和其他成功案例表明，仅仅提供避孕工具是远远不够的，生育计划还需要社会的力量加以巩固，例如现在许多地方都在广播或电视上播放连续剧，以改变人们对"正常"或"正确"的看法和观念。

在家庭生育计划话题静默了二十五年之后，政府间

译者注：
①马尔萨斯：英国人口学家与政治经济学家，全名托马斯·罗伯特·马尔萨斯（Thomas Robert Malthusian）。其著作《人口学原理》对后世影响深远。
②联合国于2015年7月29日发表的《世界人口白皮书》（World Population Prospects）指出，即使出生率下降，但到2050年时，世界人口仍将由73亿人增加至97亿人，2100年甚至可能增加到112亿人。
③飞地：在某国境内，但主权属于另一国的土地。

女性教育
EDUCATING GIRLS

#6

截至2050年的排名和结果

减少二氧化碳排放596亿吨；影响见下页

事实证明，女性教育与全球变暖有着极大关联。受教育年限更多的女性所生育的子女数量更少且更健康，同时这些女性也能更加积极地管理她们的生育健康状况。2011年，《科学》期刊发表了一篇人口统计分析，指出女性教育对人口增长的影响。该文章基于韩国国民受教育程度由世界最低之一攀升至世界最高之一的情况，详细描述了一个"捷径"情景。如果所有国家的女性入学率都达到相似的比率，并且在小学和中学达到100%，那么到2050年世界人口将比维持目前女性入学率的情况要少8.43亿。布鲁金斯研究所（Brookings Institution）[1]的研究表明："一个没有上过学的女性和一个接受了12年学校教育的女性，平均生育子女数量相差4~5个。正是那些女性受教育最困难的地方，人口增长得最快。"

在最贫穷的国家，人均温室气体排放量很低。人们没有足够的能源来对当地的饮用水进行消毒、在夜间阅读或者学习，以及给小型企业供电。全球共有11亿人口过着完全没有电的生活。马达加斯加的人均二氧化碳排放量仅0.1吨，而印度也不过1.8吨，这些低收入国家的人均年排放量仅仅是美国人均18吨年排放量的零头。尽管如此，降低这些国家的生育率仍然将会在几乎每个层面有益于国际社会。

诺贝尔奖得主与女性教育活动家马拉拉·尤萨夫扎伊（Malala Yousafzai）曾说过："一个孩子、一位老师、一本书、一支笔，就能改变这个世界。"有海量的证据可以支撑她的信念：首先，受教育女性能够获得更高的薪酬和更大的向上流动性，从而为经济增长做出贡献；她们的孕产妇死亡率和婴儿死亡率都会下降；她们在儿童时期或非自愿的情况下被迫结婚的可能性会减少；她们的艾滋病病毒感染率、艾滋病和疟疾的患病率都会下降——也就是所谓的"社会疫苗（social vaccine）"效应；她们的小块农田会更高产，同时她们的家庭成员会得到更多的营养；她们在家庭里、在工作中、在社会上会享有更多权利。教育作为一项应享权利，为女性以及她们的家庭，乃至她们所处的社群蓬勃的生活奠定了基础。教育是打破贫困代际传递最强有力的工具，同时能够通过抑制人口增长来减少碳排放量。一份2010年的经济学研究表明，在女性教育上投资是"在所有现有的二氧化碳减排方法中最具有成本竞争力"的一项——或许减少1吨碳排放量只需10美元。

在全球变暖的严峻背景下，教育也提升了气候变化恢复力——即当暖化日趋严重时我们所需的能力。在低收入国家，家庭和社群生活的核心在于女性与生态系统之间的紧密联系。女性通常扮演着食物、土壤、树木和水的管理者角色，并且越来越重要。随着受教育女童成长为妇女，她们就能够融合世代相传的传统知识和从文字世界获得的书面信息。在日异月殊的生活中——新的疾病使果树枯萎、园地里土

肯尼亚在教育方面进步显著，目前超过80%的男孩和女孩都接受了小学教育。但中学阶段的男女入学率都下降到50%。贫困是低入学率的主要原因，而受到既定社会经济规范的影响，当财力有限时，男孩拥有接受高等教育的优先权。

马拉拉·尤萨夫扎伊是女性教育活动的积极推动者。她出生于巴基斯坦北部的斯瓦特河谷（Swat Valley），在父亲的悉心教导下，马拉拉很早就因其在塔利班对斯瓦特与日俱增的高压统治下为争取女性受教育权利而做出的贡献受到国际社会的认可。2012年10月，一名塔利班武装分子企图暗杀考完试后坐公交车回家的马拉拉。马拉拉是最年轻的诺贝尔和平奖获得者，始终通过马拉拉基金会（Malala Fund）继续她的学业和工作，其目标是致力于保障全世界女性都能受到安全、高质量的教育。

壤的成分发生变化、播种时间不断改变——受过教育的女性能够采取多种认知事物的方式来观察、理解、重新评估并且采取行动，从而维系自身以及那些依靠着她们的人员的生计。

教育还赋予了女性应对最剧烈的气候变化的能力。一份2013年的研究发现，女性接受教育是"与降低面临自然灾害时的脆弱性相关的唯一且最重要的社会和经济因素"。值得注意的字眼是"唯一的""最重要的因素"。这是通过研究1980年以来125个国家的经验所得出的结论，并与其他分析相呼应。受教育女童和妇女有更好的能力应对自然灾害和极端天气带来的冲击，因此更不容易在受灾时受伤、流离失所乃至死亡。这种脆弱性的降低也延伸到她们的孩子、家庭和老人身上。

在过去的25年里，国际社会对女性教育的认知有了长足进步。有许多难题都在阻碍着女性实现她们受教育的权利，然而，全世界的女性都在努力争取课堂上的一席之地。经济上的阻碍包括缺乏支付学费和购买校服所需的家庭资金，以及优先考虑让女孩从事取水、砍柴、在市场摊位或田地里工作所获得的即时收益。文化上的阻碍主要是传统观念，即女孩应该照料家庭而不是学会读写，女孩应该在年轻时嫁出去，而且，当资源有限时，应该忽视女孩，让男孩们去上学。这些阻碍还和安全有关。离家远的学校会使得女孩在上下学的路上面临性暴力的风险，更别说在学校里可能遭遇的危险和侵害。残疾、怀孕、分娩和女性割礼也都可能是阻碍。

这些阻碍是真实存在的，但解决途径亦然。最有效的方法是兼顾受教育权（可负担的学费、就近入学和学校对女孩的适合程度）与教育品质（优秀的老师和良好的学习成果）。动员社群去支持并延续女性教育的进步是强有力的催化剂。《如何实现女性教育》（What Works in Girls' Education）[2]一书描绘了七个相互关联的干预方式：

（1）让学费可负担。例如，提供家庭津贴，让女性继续上学。

（2）帮助女性克服健康障碍。例如，提供驱虫治疗。

（3）缩短到达学校所需的时间和距离。例如，为女性提供自行车。

（4）让学校环境对女性更加友好。例如，为年轻的母亲们提供育儿课程。

（5）提高学校质量。例如，增加薪资聘请更多更优秀的老师。

（6）提高社群参与度。例如，培训社群教育积极成员。

（7）在紧急情况下维持女性教育。例如，在难民营开设学校。

目前全球有1.3亿女性被剥夺了受教育的权利。这种情况在中学阶段最为严重。在南亚，只有不到一半的女性——1 630万人——可以上中学。在撒哈拉以南非洲地区，能上中学的女性不到三分之一，有四分之三的女性能上学，但只有8%完成了中学学业。目前，全球教育项目援助金额每年约为130亿美元。鉴于女性教育与气候变化的关联，用于减缓和适应气候变化的资金也应该用于扩大世界范围内女性教育解决方案的实施规模。教育对资金的需求和世界对行之有效的气候方案的需求应该是完美适配的。此外，对女性教育和对家庭生育计划的同步投入将是相辅相成的。教育根植于这样一种信念——即每一个生命都具有与生俱来的潜能。当谈及气候变化时，培育每个女孩的前程，将会为所有人塑造更好的未来。

影响：这两种解决方案——女性教育和家庭生育计划——影响着家庭规模和全球人口。因为无法估量这两种解决方案的确切作用，我们的模型给两者各分配了50%的总体潜在影响。我们假设这些影响需要经过从小学到中学共13年的学校教育。根据联合国教科文组织（UNESCO）的报告，通过弥补每年390亿美元的资金缺口，低收入和中低收入国家将能成功实现教育普及。到2050年之前，这将会带来596亿吨碳减排总量。这一投资的回报是无法估量的。

译者注：
[1]美国重要且值得信赖的智库之一，成立于1916年，主要进行社会科学议题的研究，如外交政策、政府治理、城市政策、全球经济发展等。
[2]书籍全名为 What Works in Girls' Education: Evidence for the World's Best Investment，出版于2015年，作者为捷纳·斯佩林（Gene Sperling）、蕾贝卡·温斯洛普（Rebecca Winthrop）、克里斯蒂娜·夸克（Christina Kwauk）。

建筑与城市

人们对城市的看法已经回到了原点：从指责城市破坏环境，到认为城市如果设计和管理得当，也可以成为一种生物和文化的方舟——在这里，人类可以对地球产生最小的影响，并且可以接受教育、创新、健康地生活。这一引人注目的转变始于作家简·雅各布斯（Jane Jacobs）和景观设计师伊恩·麦克哈格（Ian McHarg）在20世纪60年代的工作，并逐渐影响了建筑师、市长、设计师和开发商，他们正帮助人们重新想象以自然和人性为双重模板的城市生活。建筑和更广泛的城市生存环境已经成为水、能源、照明、设计及其影响方面的创新源泉。像珍妮·班亚斯（Janine Benyus）这样的生物学家正在思考如何使城市在空气、水、植物、动物、传粉者和碳汇方面比原来的土地更加富有成效。城市不再是环境退化的源头或原因，而是正在成为环境和人类福祉的再生者。

净零建筑
NET ZERO BUILDINGS

净零建筑曾经是一种工程挑战和建筑奇观，现在已经成为一种全世界可用的建筑选择。净零建筑是指净能耗为零的建筑，即在一年中产生的能量与消耗的相等。在某些月份，它可能会产生过剩的电力；在其他时候，它可能需要额外的电力。总的来说，它是自给自足的。除了使用更少的能源，净零建筑在面对灾难和停电时的恢复力更强，设计根据需要更加精心，且一般来说运营成本也会更低。

设计一个净零建筑意味着从能源使用的源头开始追踪能耗。降低建筑能耗有很多种方法：尽可能利用日光，减少照明；在空间的设计上，鼓励人们在楼层之间行走，而不是使用电梯；使墙壁、窗户和天花板具有最大的隔热能力（R值），在冬天保持热量，在夏天保持凉爽；设计百叶窗和悬垂，以在冬季太阳高度较低时接收阳光，在夏季太阳直射时创造所需的阴凉；采用不透明的、随着热量、阳光和室内外温差而变化的电致变色玻璃，如果你在窗口旁边，就可以用智能手机上的应用程序手动调整它；策略性放置换热器，以确保耗散的热量得到充分利用；通过建筑的朝向和巧妙的开窗，实现被动式太阳能增益；空调采用自然通风原理，就像白蚁丘和地下热体，创造自然对流和凉爽的微风。

在过去，当净零建筑还是一种新奇事物时，合理的做法是保持适度的建筑目标，并视净零建筑为冒险的实验。今天，随着建筑师们在世界各地推出非凡的建筑，它们变得越来越普遍。新英格兰的一家建筑公司拒绝接受非净零建筑的委托。被问及时，合伙人说这是为了维护他们的声誉。

人们正在设计和建设净零街区、城区和社区，例如夏威夷考普尼村（Kaupuni Village）的经济适用房项目和德国弗莱堡的索南希夫太阳能城（Sonnenschiff Solar City），后者产生的能源是它消耗的4倍。马萨诸塞州的剑桥市已经制定了一项计划，要求所有建筑在2040年前实现净零能耗。加州已提议修订其建筑法规，要求到2020年所有新建住宅建筑实现净零能耗，到2030年所有新建商业建筑也实现统一目标。现在芝加哥有一家沃尔格林（Walgreens）药店是一栋净零建筑。新的净零建筑进一步推动了净零的边际：零水耗和零垃圾。它们收集雨水，并在建筑内将污水处理成可堆肥的物质。

净零建筑的概念来源于有机体。通常，建筑被看作是为实现功能而设计和建造的部件，而不是完整的系统。工程师尤其有不正当的动机。例如，为了避免未来的责任，他们会计算建筑所需的空调系统，然后将空调系统容量增加一倍。一些专业人员的报酬是基于总体建设成本的——奖励的是充分性，而非效率。一旦这一模式发生变化，建筑、场地、天气、太阳角度以及建筑的使用者将被视为一个系统。建筑物就像生物一样呼吸，

#79

截至2050年的排名和结果

在可再生能源、LED照明、热泵、隔热等方面已建模计算排放、成本和节约。

吸入和呼出空气。它们需要能量，但就像在大自然里一样，没有浪费——只在正确的时间和地点适量地消耗。

当美国绿色建筑委员会（U.S. Green Building Council, USGBC）于1993年首次制定更高的建筑标准时，它可以说是世界上第一个要求高于政府标准的贸易组织。由建筑师杰森·麦克伦南（Jason McLennan）领导的分支机构卡斯卡迪亚绿色建筑委员会（Cascadia Green Building Council）则相信零能耗建筑（Zero Energy Buildings, ZEBs）的设计可以远远超过能源与环境设计先锋（Leadership in Energy and Environmental Design, LEED）的标准。他们开始推广净零的概念，最终促成了国际未来生活研究所（International Living Future Institute）的建立和"生命建筑（Living Buildings）"的概念。2005年，也就是麦克伦南和建筑师鲍勃·伯克比勒（Bob Berkebile）共同发起"生命建筑挑战"的同一年，建筑师埃德·马兹里亚（Ed Mazria）宣布了"2030挑战"，这是一个分阶段的时间表，要求所有的建筑在2030年实现碳中和。一些采用净零建筑技术的地区、城市、州和国家已经接受了"2030挑战"。自这项挑战提出以来，美国建筑行业2030年的能源消耗估计值已连续11年下降，降低了18.5万亿英国热量单位（BTUs），相当于1 209座25万千瓦的燃煤电厂。归功于零排放建筑的概念，这种曾经被认为是边缘的甚至是稀奇古怪的建造工作场所和住所的方式，正在被全世界践行。

影响：没有提供排名，因为净零建筑是各种独立解决方案的组合。净零建筑会利用智能窗户、绿色屋顶、高效的供暖制冷和供水系统、更好的隔热性能、分布式能源与存储，以及先进的自动化。所有这些在我们的分析中都是单独处理的。如果把净零建筑作为一个单独的解决方案来计算，假设到2050年9.7%的新建筑将实现净零排放，那么综合的减排潜力将是71亿吨二氧化碳。

落基山研究所创新中心（Rocky Mountain Institute Innovation Center）位于科罗拉多州玄武岩区咆哮叉河（Roaring Fork River）北岸，是一座净零建筑。这栋两层、面积1449平方米（15 600平方英尺）的建筑是使用集成项目交付（Integrated Project Delivery）软件和模型建造的，这是一个可复制的过程，可以被全国各地类似规模的商业项目采用。尽管位于美国最冷的气候区之一，它的保温建筑围护结构采用了R-50墙和R-67屋顶。它的屋顶上有一个83千瓦的太阳能光伏系统，它提供的能量多于该建筑的设计能耗。该建筑的设计用水量比落在其上的雨雪更少。尽管在科罗拉多州还不允许使用灰水（可再利用废水），但它已经安装了灰水系统，以待州政府法规的改变。为了节约供暖和空调的能耗，该建筑把重点放在对人而非对空间的供暖和制冷上。他们研究了6个影响人体舒适度的因素，分别是空气温度、风速、湿度、衣物多少、活动水平和周围物体表面的温度。通过集中考虑这些因素，该中心拥有更广泛的舒适空气温度范围，即19～28摄氏度，而传统的商业建筑范围为21～24摄氏度。这样可以减少50%的能源消耗，而且不需要空调系统，只在最冷的时候需要一个小型供暖系统。

步行友好城市
WALKABLE CITIES

  人类是两足行走的动物，生理结构适应于步行，可以漫步、行军。在历史上的大部分时间里，步行是主要甚至唯一的交通方式，所有的城镇和城市都是为人们两足行走而设计的：设想一下佛罗伦萨或马拉喀什；想象杜布罗夫尼克或布宜诺斯艾利斯；或是在你的脑海中漫步巴黎。然而，在20世纪早期到中期，随着汽车的大量生产以及城市和郊区与之相适应的设计（或重新设计），原本适合步行的设计倾向发生了转变。这一转变对健康、社区和环境有重大影响，但没有必要在将来继续占主导地位。

  今天，在世界各地的城市中，步行友好再次成为一个受欢迎的词语，这在很大程度上要归功于提倡精心设计、宜居和可持续发展的城市运动。步行友好的城市，以及其中适合步行的街道和社区，通过精心的规划和设计（这些规划和设计通常也适合自行车），优先考虑用双足前行，而不是汽车。它们尽量减少对汽车的需要，并使不依赖于汽车的交通方式更加诱人。这种以步行为导向的城市环境的复兴在今天至关重要，因为步行可以极大地减少开车带来的温室气体排放。根据城市土地学会（Urban Land Institute）的数据，在更紧凑、适合步行的开发项目中，人们开车的次数减少了20%~40%。

  城市规划师兼作家杰夫·斯佩克（Jeff Speck）写道："行人是一种极其脆弱的物种，在城市中就像是煤矿中的金丝雀。但在合适的条件下，这种生物也会繁衍生息。"斯佩克的"步行友好的一般理论（general theory of walkability）"概述了人们选择步行必须满足的四个标准：步行必须有用，可以帮助个人满足日常生活中的需要；它必须让人感到安全，包括免受汽车和其他危险的伤害；必须舒适，能吸引步行者到斯佩克所说的"户外客厅（outdoor living rooms）"；必须有趣，周围充满美丽景色、活力和多样性。换句话说，适合步行的路程并不仅仅是从A点到B点的单调距离，或许是步行10~15分钟的奇妙旅程。它们有"步行的吸引力"，这种吸引力主要来源于步行同伴的密集程度、土地和建筑的合理搭配，以及为行人创造迷人环境的关键设计元素。

  当考虑步行时，人们的注意力往往集中在徒步者本身。但基础设施网络——这个人们在其上或之内行走的地方——也需要使步行之旅安全、方便并具有吸引力。这

#54

截至2050年的排名和结果

减少二氧化碳排放29.2亿吨；成本可变性太大无法建模分析；净节约3.28万亿美元

布宜诺斯艾利斯的圣特尔莫区（The San Telmo barrio）一直是一个步行友好的温馨的社区，人们聚集在鹅卵石街道上的商店和咖啡店里。今天，这里的古老教堂、古董店、小巷和艺术家吸引着来自世界各地的游客。这是一种与三个街区外横穿布宜诺斯艾利斯的第9大道相反的体验——那里充满喧嚣和车水马龙，零售大楼冷漠地俯瞰着人们。

区域使各行各业的人，无论收入如何，都能四处活动，从而促进了公平和包容。步行的人越多，交通拥堵以及相关的压力和污染就会减少，机动车事故也会减少。人们步行（和骑行）越多，这些交通方式就变得越安全。增加身体活动可以增进健康和幸福，解决广泛存在的肥胖、心脏病和糖尿病问题。步行还可以增强社会互动、创造力、公民参与感，使邻里更加安全，人们与自然和乡土的纽带也更紧密。适合步行的城市更宜居，吸引力更强，让市民更快乐、健康。城市的繁荣、健康和可持续性齐头并进。

随着世界城市人口的持续增长，步行友好的城市景观将变得越来越重要。到2050年，城市人口预计将占世界人口的三分之二。城市建设会扩张，以适应城市人口的增长。今天，太多的城市空间仍然不适合步行或只适合短距离步行。太多的市政政策仍然鼓励低密度、郊区式的发展，而不是密集的、多用途的社区——当地居民可能会在未来很长一段时间内都无法改变这种现状。城市在步行基础设施方面的投资仍然太少。在低收入国家，尽管约70%的出行是步行或公共交通，但约70%的城市交通预算却是用于汽车导向的基础设施。所有这些趋势都与人们的需求背道而驰；目前，居住在适合步行的地方的需求远远超过相应基础设施的供应。

为了充分实现步行友好的潜力，房地产实践、分区条例和市政政策需要转变。取代传统单一用途分区的基于形式的法规（Form-based codes）、关于社区发展的能源与环境设计先锋（LEED）等指导方针，以及"步行分（Walk Score）"等步行指数正在改变现状。让孩子们聚在一起徒步上学的"步行校车（walking school buses）"等做法，可以在他们的人生早期就养成步行的习惯。最终，当步行友好的城市使得漫步、阔步和闲逛再次成为最吸引人的出行方式时，它们就成功了。

意味着什么？它是肆意扩张的对立面。住宅、咖啡厅、公园、商店和办公室以一定的密集程度混合，使人们可以步行到达。人行道很宽，可以保护人们远离呼啸而过的机动车辆。人行道在晚上有充足的照明，在白天有绿树遮阴（这在炎热潮湿的气候中至关重要）。人行道之间有效地相互连接，使得人行道上可以完全无车。需要穿越道路、轨道或水道时，行人可以通过间隔均匀修建的安全、直达的人行横道通行。在街道上，建筑给人以生命的气息，营造出一种安全感。美丽风景吸引人们到户外去。漫步可以很容易地与自行车或公共交通（mass transit）相结合，这些不同的出行方式之间有良好的连接性。许多这样的改进仅需要其他交通基础设施的一小部分成本就可以实现。可步行性的提高还可以促进公共交通系统的使用，从而使其更加低成本、高成效。

使城市更具可持续性的许多因素也使城市更宜居——也许步行友好是其中最重要的因素。这就是为什么环保人士发现自己在呼吁的改变与经济学家和流行病学家呼吁的一样。步行友好的城市区域吸引了居民、企业和游客，而当地商人则从更大的客流量中获益。这些

影响：建筑环境的六个维度（6Ds）——需求、密度、设计、目的地、距离和多样性——都是步行性的关键驱动因素。我们的分析侧重于人口密度作为步行友好社区的指标。随着城市变得更加密集，城市规划者、商业企业和居民对"6Ds"进行投资，到2050年，目前5%的汽车出行可以改为步行。这种转变可能会避免29亿吨的二氧化碳排放，并将降低3.3万亿美元与拥有汽车相关的成本。

自行车基础设施
BIKE INFRASTRUCTURE

自19世纪初自行车作为运动人士的休闲用品进入欧洲以来,它就一直是变革的动力。在几年的时间里,骑自行车变得普遍、方便,很受欢迎。自行车让青少年可以在不同的社区和社会阶层之间进行交流,远离说教的目光。它给了女性行动的自由,并帮助重新定义了着装规范和女性气质。正如妇女参政论者苏珊·B. 安东尼(Susan B. Anthony)在1896年所说:"让我告诉你我对自行车的看法。我认为它在解放妇女方面的贡献比世界上任何其他事情都要多。"

20世纪早期汽车的出现使人们的注意力转向了汽车,甚至如阿姆斯特丹等欧洲的自行车之都,在20世纪中叶也见证了汽车的统治。但今天,随着城市试图疏通交通、清洁空气,城市居民寻求负担得起的交通工具,由缺乏运动和滚滚的温室气体引起的疾病变得不可忽视,自行车似乎正进入另一个黄金时代。作为这些相互关联的辐条的中心,自行车可能再次成为推动社会变革的力量。

英国作家罗布·佩恩(Rob Penn)说:"在合适的路面上,在同等体力消耗的情况下,骑自行车的速度可以是走路的四到五倍,这使它成为有史以来最高效的自驱动交通工具。"在几乎零排放的情况下,它在气候变化的意义上也非常有效。但在赞扬中,佩恩也指出了自行车成功的一个潜在障碍:"合适的路面",也就是基础设施。

就像行人和汽车一样,自行车也需要精心设计的基础设施。许多研究都试图寻找支持安全丰富的骑行的基本要素。他们无数次发现,在城市或城镇中,自行车道网络与骑行的流行程度之间存在着紧密的联系。这些自行车道越笔直、越平坦、连接性越强,骑行就会越流行。精心设计的自行车和汽车交会处——十字路口、环形交叉路口及其他接触点——对交通安全和车流顺畅至关重要。例如,在红灯时,骑行者可以被引导到排队的汽车前面,这样他们就完全可以被汽车驾驶员看见,而且可以在所有转弯的汽车之前先行驶。其他重要的基础设施包括安全的停车场、良好的照明、绿色植物、可到达目的地的连通性,还包括中途使用的公共交通。公平是至关重要的:一些城市已经展现出只在特权地区投资自行车基础设施的倾向。

自行车基础设施的作用是创造安全、愉快、有效的骑行环境。研究显示,骑自行车的人——尤其是女性——希望与汽车交通分隔开。但光有物理基础设施是不够的。在自行车运动蓬勃发展的地方,如丹麦、德国和荷兰,各种项目和政策促进了社会基础设施的发展,它们与物理基础设施相辅相成。教育活动的对象不只是骑行者,还有汽车驾驶员。用更严格的责任法保护骑行者,对拥有和使用汽车的抑制性政策使自行车更具吸引力。研究还显示,巴黎的"Vélib'"等城市共享单车项目,以及波哥大的"Ciclovía"等增强意识的活动,都增加了骑车人数。在工作场所可以洗澡能让骑行者可以接受通勤时出汗;获得负担得起的零件和保养服务可以使拥有自行车的成本更低。总体城市设计强调建筑环境中的建筑密集程度、可达性和连通性,这些因素对骑自行车的友好程度至关重要。

1967年,一位荷兰官员宣布骑自行车无异于自杀。但这种情况即将改变。第二次世界大战之后,荷兰开始转向以汽车为中心的发展和生活方式,直到交通事故死亡人数不断上升,其中很多都涉及儿童。这引发了一场社会运动,也促使政府开始采取行动。十年内,荷兰的发展轨迹发生了逆转。阿姆斯特丹、鹿特丹和乌得勒支现在是世界自行车圣地。在阿姆斯特丹,自行车的数量是汽车的4倍。

同样,哥本哈根的基础设施投资也让骑车变得方便快捷。这其中包括很多创新措施,例如"绿色波浪(green wave)"——主干道上的交通灯与骑行通勤者的速度同步,这样他们就能在很长一段时间内保持一定的速度。目前,该市正在投资建设一个快速反应的交通灯系统,目的是使自行车和公交车的通行时间分别减少10%、5%～20%,从而使这两种交通方式更具吸引力。与此同时,随着停车位的逐渐减少,汽车的基础设施变得越来越不方便。

数字不言自明:在丹麦,18%的当地出行是骑行;在荷兰,这一比例为27%。相比之下,在汽车泛滥的美国,只有1%的出行是骑行。但我们也看到了希望:2000～2012年,美国各地的自行车通勤量增长了60%,在俄勒冈州波特兰市等基础设施投资较高的地方,自行车通勤量占总通勤量的比例从1.8%跃升至6.1%。而且考虑到40%的城市汽车出行距离不足3千米(2英里),其中的很大一部分可以用自行车代替。

荷兰的历史提醒我们,在我们为了强大的汽车开始塑造或重塑城市之前,它们都曾经是自行车的天下。山地和高温、风暴和北极的寒冷,这些总是会带来挑战,

#59

截至2050年的排名和结果

减少二氧化碳排放23.1亿吨；净成本-2.03万亿美元；净节约4 005亿美元

但骑车的大多数障碍完全在市政当局的控制范围内。这就是真正具有挑战的地方：我们拥有的基础设施越多，骑自行车的人就越多。骑自行车的人越多，文化规范就会转变得越多——骑行是简单、明智、时尚的——社会就会获得更多的投资回报，包括更清洁的空气和人们每天进行更多体育锻炼带来的健康效益。

然而，投资才是关键。在大多数地方，自行车基础设施仍然只能获得交通运输公共资金的一小部分，这一配比可以发生变化。骑行也引起了人们对安全的关注，这很合理，然而更高的骑行率、更多的自行车基础设施与更低的死亡风险之间也存在着明确的关系。当人们从汽车转向自行车时，人和基础设施都将更安全。从欧洲的新自行车高速公路到当地的自行车挑战，自行车将有可能恢复其经济、健康、体验新奇、甚至改变游戏规则的地位，并同时带来更低的排放。

影响：2014年，全球5.5%的城市出行是骑自行车完成的。在一些城市，这一比例超过20%。我们假设，到2050年，这一比例将从5.5%上升到7.5%，取代传统交通方式3.5万亿乘客千米（2.2万亿乘客英里）的行程，从而减少23亿吨二氧化碳排放。通过修建自行车基础设施而非公路，市政府和纳税人可以在30年内节省4 005亿美元，在全生命周期内节省2.03万亿美元。

哥本哈根被认为是世界上最宜居的城市之一，这在很大程度上是因为它是最适合骑行的城市之一。30%的哥本哈根人在29千米（18英里）长的自行车道上骑车上班、上学或去市场，以及沿着连接哥本哈根和郊区的三条自行车高速公路骑车。目前还有23条这样的高速公路正在建设中。像几乎所有的欧洲城市一样，哥本哈根在20世纪的大部分时间里都是适合骑行的。从第二次世界大战后到20世纪60年代，它曾因汽车交通而充满污染和拥堵。市民们奋起反击，用自行车重新占领这座城市。今天，它是自行车基础设施能发挥成效的证明。

绿色屋顶
GREEN ROOFS

从空中看，大多数城市都是由灰色、棕色和黑色屋顶组成的拼图。但从德国斯图加特或奥地利林茨的一些地方往下看，很多屋顶很容易被误认为是小公园或草地广场。它们是对绿色屋顶或"有生机的"屋顶的现代运动的肯定。这种运动在过去的五十年中逐渐兴起，尤其是在欧洲。它还能追溯到更久远的历史，在维京时代的鼎盛时期，这种屋顶首次在斯堪的纳维亚半岛流行起来。把现在的挪威"倒带"到9世纪或10世纪，你会发现这片土地上点缀着许多草皮覆盖的房屋，它们现在被称为托尔瓦塔克（torvtak）。

如今，常规的屋顶是一个令人不适、毫无生气的地带，通常只有一个目的：保护建筑和下面的居民免受恶劣天气的影响。在实现这一功能的过程中，屋顶受到阳光、风、雨和雪的冲击。在炎热的日子里，它们可能比周围空气高50摄氏度，这使得其下的地面更难降温，从而导致城市热岛效应。城市比附近的农村和郊区更热，这一现象对年轻人、老年人或病人尤其有害。而绿色屋顶是名副其实的空中生态系统，它旨在利用自然生态系统的调节力量，并在此过程中减少建筑的碳排放。

有生机的屋顶景观依赖于一系列精心设计的表层，以确保屋顶本身得到保护、雨水被过滤和排干、植物可以茁壮成长。如果以最小投入为目标，它们可能包含一层浅的土壤来养育一抹简单、丰茂、自给自足的地被植物，如景天属植物（sedum）。这些开花的多肉植物也常被称为景天（stonecrop），在密歇根州迪尔伯恩的福特卡车工厂的屋顶上种了十多英亩。或者，绿色屋顶可以用集约化的系统来维持成熟的花园、公园或农场——人们可以在这些地方休息、娱乐、种植花卉或食物。正因如此，布鲁克林各地一度闲置的屋顶才成为都市农业的圣地。投资强度、结构要求、安装和维护取决于选择的绿化水平。

虽然绿色屋顶的前期成本比传统屋顶要高，而且需要一些维护，但回报是引人注目的，长期成本则不相上下，有时还更低。土壤和植被作为有生命的隔热层，全年调节建筑温度，冬暖夏凉。由于供暖和空调所需的能源得到了控制，温室气体的排放和成本也降低了。在绿色屋顶下面的地板上，用于制冷的能源消耗可以降低50%。绿色屋顶还能将碳封存在土壤和生物质中，过滤空气污染物，减少雨水径流，支持城市景观中的生物多样性，并解决城市热岛问题——不仅对下面的楼层有

#73

截至2050年的排名和结果

减少二氧化碳排放7.7亿吨；净成本1.4万亿美元；净节约9 880亿美元

益，对附近的建筑也有好处。因为植被保护屋顶本身不受恶劣天气和紫外线的影响，绿色屋顶的寿命是传统屋顶的两倍。

在绿色屋顶附近生活、工作或玩耍的人们享受到更多的自然美景和更大的福祉——这是由于人类具有热爱生命的天性，即人对自然世界天生的亲近感。与此同时，建筑开发商、业主和运营商享受到越来越高的房地产吸引力和价值。绿色屋顶将人们喜欢在地面上遇到的东西提高到一个经常被浪费的空间。土地通常是城市最有限的资源，但绿色屋顶可以为绿色空间创造大量机会，并带来气候效益。看看芝加哥市政厅或新加坡南洋理工大学的绿色屋顶，就会想象到屋顶上的机会有多么广阔。这些标志性的项目和其他示范项目——比如在公交车站顶上的那些，行人和过往车辆都能看到——激发了更广泛的公众支持。

德国等实施绿色屋顶的热点地区提供了一个关键经验：对绿色屋顶的建设激励和鼓励或强制使用绿色屋顶的建筑政策是推广绿色屋顶的两个驱动力。它们是规模扩大的刺激因素——从异类到普遍。例如，为了提高新加坡的绿化率，政府支付一半的屋顶绿化安装费用；芝加哥对绿色屋顶的建筑实行快速审批；有关雨水控制和留存的法规也可以鼓励采用绿色屋顶。此外，清晰、一致的行业标准和有能力的建筑师、工程师和建设工人可以确保质量。2016年10月，旧金山成为美国第一个强制实施绿色屋顶的城市。自2017年起，新建筑的屋顶空间必须有15%～30%是绿色的，或者使用太阳能，或者两者兼而有之。其他城市也应该效仿。通过关注建筑内部和顶部的生命，世界上目前零散的贫瘠屋顶可以开花结果，将城市转变为支持生命的系统。

凉爽屋顶（cool roof）是绿色屋顶的近亲，可以达到类似的效果，但使用的方法、障碍和好处各不相同。反射（reflection）来自拉丁语，意思是"向后弯曲"，凉爽屋顶就是利用了反射的原理。当太阳能在37摄氏度的白天照射在传统的深色屋顶上时，只有5%的太阳能被反射回太空。剩下的则被留下来，用来加热建筑物和周围的空气。而凉爽屋顶将高达80%的太阳能反射回太空。凉爽屋顶有多种形式：浅色金属、木瓦、瓦片、涂层、膜，以及更多正在开发的材料。无论使用何种技术，在这个日益城市化和变暖的世界，将太阳能送回太空而不是吸收它是至关重要的。凉爽屋顶不仅减少了建筑吸收的热量，降低了用于冷却的能源消耗，还降低了城市的温度。最近的研究表明，凉爽屋顶缓解城市热岛效应的能力在热浪期间更为明显，这种时候热岛效应特别强烈，有时甚至是致命的。城市的发展仍在继续，因此让城市变得更清洁、更宜居、更有益于健康是至关重要的。

绿色屋顶具有高成本和安装需要特殊技能等缺点，而凉爽屋顶则更便宜、更简单，更接近传统安装，它们的可行性非常高。虽然凉爽屋顶需要定期清洁以维持一流的反射性能，但它的维护需求依然比绿色屋顶低得多。尽管如此，因地制宜还是有必要的。凉爽屋顶会给邻里带来眩光，其影响取决于当地的气候。较热的地方从凉爽屋顶的冷却效果中受益更多，而在寒冷的月份里，它们因热量留存减少而遭受的损失也更少。在寒冷的气候中，绿色屋顶的隔热性能可能全年都是最理想的。

凉爽屋顶并不是一个新概念，但在全世界的推广速度却很慢。在美国和欧盟，它越来越普遍，而在其他地方也越来越受关注，偶尔也会得到官方的认可。加州一直是它最大的拥护者，十年前就将凉爽屋顶纳入了该州的建筑能效标准，也就是第24条。这方面的成功指明了未来的方向，包括监管、退税和激励计划的重要性。凉爽屋顶技术的发展也充满希望。传统的建筑美学已经与所谓的"白色屋顶"相悖，但现在凉爽屋顶的材料有了一系列的颜色，而且可调节的反射水平可能最终解决它们在冬季的缺点。凉爽屋顶不仅反射太阳能，还降低空气温度并减少碳排放，有较好的发展前景。

影响：在绿色屋顶和凉爽屋顶的建模中，我们分别考虑了每种技术的应用区域。如果到2050年绿色屋顶占屋顶空间的30%，凉爽屋顶占60%，那么全球将有378亿平方米（4 070亿平方英尺）的高效屋顶。综合起来，这些技术可以减少8亿吨二氧化碳的排放，成本为1.4万亿美元，30年可以节省9 880亿美元，整个使用寿命内节省3万亿美元。

瑞士巴塞尔州立医院（Cantonal Hospital）的绿色屋顶由史蒂芬·布伦尼森（Stephan Brenneisen）博士设计，可以俯瞰小镇和莱茵河。这座建筑建于1937年，在1990年迎来了它的第一个绿色屋顶，屋顶在设计上模仿了莱茵河的河岸。植被覆盖的屋顶设有两个用来吸引鸟类的砾石区域，还有景天、草本植物、苔藓和大型草地。其中点缀着能提供掩护的大树枝和石头，人们监测着栖息于此的鸟类、蜘蛛、甲虫、瓢虫、大黄蜂等生物。

LED照明
LED LIGHTING

与其他尖端技术一样，发光二极管（LED）也有一段鲜为人知的悠久历史。它的起源要追溯到1874年德国物理学家费迪南德·布劳恩（Ferdinand Braun）发明的二极管——一种单向导电的晶体半导体。从那时起，二极管发展出了几百种关键应用，使许多我们每天通电、打开、观看和驾驶的器件成为可能。其中一个重要发现是，在特定条件下二极管是如何发光的。尽管这在1907年首次被发现，但当时的科学家们并没有看到它的任何实际用途。20世纪60年代，通用电气、德州仪器（Texas Instruments）和惠普（Hewlett-Packard）开发出了专门的商业应用并获得了专利，从此一切都改变了。1994年，三名日本科学家发明了高亮度的LED灯泡，并因此获得了2014年的诺贝尔物理学奖。

照明主要分为三种类型，每一种都使用不同的原理来发光：白炽灯通过在真空中用电流的热效应加热钨丝；荧光装置利用电弧使气体电离，发射出的紫外线被覆盖在灯管上的荧光粉吸收并发出可见光；LED是固态的，它通过一种被称为电致发光的过程，产生发射光子的带电电子——光子是组成光的基本粒子。

白炽灯的效率如此之低，以至于被比作只发出一点点光的加热器。LED灯泡发出大量的光，更像微型计算机或太阳能板的逆向过程。太阳能将光子转换成电子；LED将电子转换成光子。太阳能板和LED具有相同类型的半导体，但LED还包含一个电路板。电灯开关充当键盘。当LED灯打开时，在相同的亮度下，它比白炽灯少消耗90%的能量，是紧凑型荧光灯的一半，而且不含有毒元素汞。最重要的是，一个LED灯泡的使用寿命比任何一种灯泡都要长得多，如果一天打开5个小时，它可以使用27年。如果你购买并用LED替换旧的照明装置，这将转化为10%~30%的投资回报。

当LED在20世纪60年代首次商业化时，它被用于电子产品、显示器和圣诞灯。今天，人们将LED集群、组合、排列，用来制造各种各样实用而明亮的灯。配合漫射器，它可以照亮广阔的区域或将光强集中于一点。它们有标准底座，可以拧到传统的插座上。LED照明的多样化意味着目前在商业或住宅中使用的任何类型的灯泡都可以被LED灯泡取代。LED将80%的能量转化为光，而不是像老式技术一样转化为热，并相应地减少了空调负荷。

LED的问题不在于是否会成为照明灯具的标准，而在于何时成为。它每瓦特当量的价格是白炽灯和荧光灯的两到三倍，但正在迅速下降。目前的前期投入仍然是低收入家庭的一个障碍，但当他们使用更便宜的灯泡时，他们最终要支付更高的能源成本。尽管目前LED的成本很高，但它为没有电的家庭提供了一个好处。它的低能耗使得用小型太阳能电池点亮灯成为可能，取代了昂贵的煤油灯和它们的有毒烟雾与较高的温室气体排放。对于没有连接到电网的家庭和社区，太阳能LED灯可以对经济生计产生有益的影响。根据美国加州大学劳伦斯伯克利国家实验室（University of California's Lawrence Berkeley National Laboratory）的数据，"六

受美国政府委托，战时工业委员会（War Industries Board）在第一次世界大战期间成立了许多专门针对战争的机构，包括美国燃料管理局（United States Fuel Administration）。该机构由前总统詹姆斯·艾伯拉姆·加菲尔德（James A. Garfield）之子哈里·加菲尔德（Harry Garfield）领导，其工作是确保基础工业有充足的能源供应。除了这张精彩的新艺术主义海报外，该机构还创建了夏令时，这一做法已经在欧洲实行。

#33

截至2050年的排名和结果（住宅）

减少二氧化碳排放78.1亿吨；净成本3 235亿美元；净节约1.73万亿美元

#44

截至2050年的排名和结果（商业）

减少二氧化碳排放50.4亿吨；净成本–205.1亿美元；净节约1.09万亿美元

分之一的人类每年在照明上的花费超过400亿美元（照明总能源花费的20%），然而（接收到的）照明只相当于电气化地区的0.1%"。另一方面，太阳能LED产品在购买一年内就能收回成本。在印度，就有近100万套太阳能照明系统帮助学生做作业、维持产科诊所有效运作，并使商业在日落后依然营业。尽管如此，当太阳落山时，全球仍有超过10亿人生活在黑暗中。LED在解决光照不足问题上与气候变化同样重要。

用于街道照明的LED也在改变城市空间。LED路灯可以节省高达70%的能源，并显著降低维护成本，这意味着城市可以用LED对低效的旧路灯进行改造，从而收回成本。LED可以被"调整"，为人类提供健康益处（提高在高速公路上的警觉性或在居民区促进睡眠），并保护野生动物（例如防止鸟类和海龟因人造光而迷失方向）。

太阳能LED灯对人类福祉和经济发展的影响说明了人工照明在日常生活中发挥的重要作用。它将活动时间延长到黑夜，并使得活动空间并非只在白天有用。照明与人类生活密不可分，它占全球用电量的15%，比全球所有核电站产生的电量还要多。而且照明需求正在上升。在降低能源使用、排放以及成本的同时，LED对于实现这些需求至关重要。要求转向应用这项技术的国家已经在指明方向，收获回报，并使所有人都能负担得起这项技术。

影响：我们的分析认为，到2050年，LED将无处不在，占据90%的家庭照明市场和82%的商业照明市场。随着LED取代低效率照明，住宅和商业建筑将分别避免78亿吨和50亿吨的二氧化碳排放。其他的收益（这里没有计算在内）将来自用太阳能LED技术取代离网煤油灯。

墨西哥库切的一名塔拉乌马拉妇女在家里打开一盏LED灯。想象一下，你的房子晚上没有照明，哪怕只有一盏LED灯，也会是多么美好的事情。如果每晚使用5个小时，一个LED灯泡可以使用27年，它是地球上最便宜的照明方式之一。

热泵
HEAT PUMPS

奥地利当地公用事业公司斯塔德韦克·阿姆斯特顿（Stadtwerke Amstetten）的董事长罗伯特·西默（Robert Simmer）站在一个热泵前，该热泵的设计初衷是捕捉并回收下水道的能量。

本杰明·富兰克林（Benjamin Franklin）可能是唯一研究过制冷科学的外交官。那是1758年在英国剑桥，当时他试图缓解乔治国王和美国殖民地之间的紧张关系，但也抽出时间做了实验。他和英国化学家约翰·哈德利（John Hadley）对一位苏格兰科学家十年前的发现很感兴趣，该发现显示了挥发性液体的蒸发如何表现出一种次级效应：冷却。其基本原理是高能量（热）分子先蒸发，低能量（冷）分子留下。在剑桥，研究人员的设备包括一个装乙醚的烧杯、

截至2050年的排名和结果

#42

减少二氧化碳排放52亿吨；净成本1 187亿美元；净节约1.55万亿美元

一个水银球温度计和一个风箱。在乙醚中浸湿温度计后，他们用力鼓动风箱使液体尽可能快地蒸发。温度计记录下了温度，在一次试验中，温度下降到零下14摄氏度，冰的积累终结了实验。富兰克林给一个朋友写道："人们会看到在温暖的夏天把人冻死的可能性。"这有点夸张，但这位著名的博学家再一次走上了正确的道路。他能预见到他的洞察力所带来的结果吗？

格温·普林斯（Gwyn Prins）是伦敦经济与政治科学学院的荣誉教授，他表明"空调成瘾"是美国"最普遍也最不被意识到的流行病"——美国用于保持建筑凉爽的电力消耗与整个非洲的用电量总和相当。很容易理解这是如何发生的：化石燃料充足且廉价；没有人担心温室气体排放或全球变暖；无论在家里还是在工作中，凉爽的空气都令人快慰。批评者认为，空调是人类文明不该走的一条路，现在必须退出。或许吧，但放弃空调的可能性不大。世界各地的人们最渴望的是舒适的空调——他们中的许多人都生活在气候更为炎热的亚洲和非洲。仅人口统计数据就表明，21世纪全球对空调的需求将大幅增长——一项研究预测，到2100年，需求将增长33倍。中国的经验预示着——1995～2007年的十几年间，中国城市住宅中装空调的比例从7%上升到95%——中国将很快超过美国成为最大的空调消费国。

当谈到节能和能效时，空调占据了大多数头条，但供暖同样容易受到低效率的影响，也同样需要改进。全球建筑行业使用的能源约占总发电量的32%，其中三分之一以上用于供暖和制冷。各机构分析了提高效率的潜力并预测了结果。所有人都同意两点：如果保持现状，供暖和制冷产生的排放会急剧上升；如果达到最高效率，可以减少30%～40%的能源使用。

提高效率的手段就在眼前，它不一定是高科技。例如，智能恒温器将建筑内部的温度设置与外部温度以及实际的人类居住情况联系起来，这很有意义，却经常被忽略；风扇转速非常重要，却经常设置错误；从排向室外的空气中回收热或冷的换热器也至关重要。尽管用这些技术含量不高的干预措施来改造现有建筑的成本更高，但在任何新建筑中，它们都应该是强制性的。它们可以省钱，减少不适，而且降低排放。把它们与恒温器的设置结合起来，夏天调热几度，冬天调冷几度，能效将指数上升。

有一项技术脱颖而出：如果使用可再生能源，热泵可以解决全球的供热和制冷需求，并消除几乎所有的排放。大多数人家里已经有了一个热泵的变种：冰箱。它们工作原理是一样的。冰箱和热泵都有压缩机、冷凝器、膨胀阀和蒸发器，它们都将热量从冷空间传递到热空间。在冬天，这意味着从外面吸收热量并将其送入建筑物；在夏天，热量从内部被抽出并散发出去。热源或热汇可以是地面、空气或水。空气源泵在温带气候中工作得最好，因为当外界温度低于22摄氏度时，效率就会下降。然而，如果建筑保温良好，更新的技术可以在3摄氏度以下有效。在斯堪的纳维亚半岛和日本北部地区，地源热泵技术是首选，它利用了地下相对恒定的温度。

虽然成本可能很高，而且效率会随当地气候而波动，但热泵很容易采用，技术比较成熟，并且已经在世界各地使用。它可以室内供热、制冷和烧热水，所有功能集成于一个单元。谈到效率，热泵有一个独特的优势：每消耗1个单位的电力，就会传递相当于5个单位的热能。根据国际能源署（International Energy Agency, IEA）的数据，如果能在建筑领域普及30%的热泵，就能在全球范围内减少6%的二氧化碳排放。这将是目前市场上所有技术中最大的贡献之一。当与可再生能源和为效率而设计的建筑结构搭配时，热泵的作用将不仅仅是输送热空气，它们将助力地球减排。

影响：住宅和商业建筑空间的供暖和制冷需要超过13万亿千瓦时的能源，预计到2050年将增加到18亿千瓦时。这种能源的使用来自现场燃料燃烧和电力系统——从煤气炉到空调机组。高效率的热泵可以将燃料消耗降至零，并且用更少的电力来供暖和制冷。热泵目前的使用率很低，只有0.02%的市场份额，但我们估计，随着成本的持续下降，到2050年将会有25%的快速增长。如果再加上传统技术的1 187亿美元成本，在30年的时间里，运营节省将达到1.55万亿美元，在技术生命周期内节省3.5万亿美元。在这种情况下，减排将达到52亿吨二氧化碳。

智能玻璃
SMART GLASS

玻璃窗户是罗马人的发明，安装于公共浴室、重要建筑和富贵人家。虽然很不透明，但相比于动物皮、布料或木材，罗马玻璃在遮风挡雨方面迈出了一大步。"window"这个词本身来自维京人（Vikings）的"vindauga"，意思是"风眼"。玻璃窗曾经是一种奢侈品，现在已成为世界各地的标配，为建筑环境带来光线并提高能见度，同时免受天气影响。

除了一种情况——窗户确实挡不住冷和热。在保持室内温度免受室外温度影响上，它们比隔热墙的效率要低得多——隔热墙的效率是玻璃窗的十倍或更多，具体数字随墙壁和窗户的不同而变化。如果你在冬天给一个典型的家庭住宅拍一张热成像照片，它的窗户会因为热量流失而亮起来。窗户的 U 值或 U 因子是对其效率的衡量，表明热流进出的水平。一块透明玻璃的 U 值可能为 1.2～1.3，夹层玻璃有两块玻璃和其间的空隙，U 值下降到 0.5～0.7，U 值越低越好。（还有一个类似的度量——R 值，用来衡量热流阻力，所以与 U 值相反，R 值越高越好。）

夹层玻璃并不是提高窗户效率的唯一方法。低发射率（Low-emissivity，简称low-e）涂层这类几乎不可见的反射表面，可以进一步降低窗户的 U 值；在玻璃之间注入绝缘气体（通常是氩气或氪气）也是如此，密封、高品质的框架可以防止气体泄漏。总之，这些技术稳步提高了效率，从而减少了窗户对建筑的冷热负荷的影响。根据美国能源之星（U.S. Energy Star）项目的窗户评级，最高效的窗户的 U 值在 0.15～0.2。

更多的适应性技术，被称为"智能玻璃"，让窗户可以实时响应天气。在化学中，变色是指使材料颜色改变的任何过程。电触发的变色过程是电致变色；热致变色和光致变色与之同理。电致变色玻璃是在20世纪70年代和80年代由丹佛附近的美国国家可再生能源实验室（National Renewable Energy Laboratory）、加州劳伦斯伯克利国家实验室（Lawrence Berkeley National Laboratory）和其他机构的研究人员开发的。使材料电致变色的是一层薄薄的纳米级金属氧化物——只有人类头发厚度的五分之一——其确切配方因制造商而异，并在研究中不断发展。当接触到短暂的电压爆发时，离子会在不同的材料层中移动，玻璃的颜色和反射性也会发生变化。通过智能手机或平板电脑调节，电致变色玻璃的颜色就像室内照明一样可以切换。

最先进的电致变色窗可以将光和热分开处理，以达到最佳性能。在寒冷的冬天，太阳的可见光和热辐射都可以穿透；在夏天，这种玻璃可以被激活，在阻挡热量的同时吸收可见光。或者，在稍微不同的电压下，两者都被反射，使房间变暗——不需要关上百叶窗，甚至不需要百叶窗。（波音787-9梦幻客机就使用电致变色玻璃代替窗帘。）

热致变色玻璃是一种类似的技术，它不需要电流激发。根据外界温度，它会自动从透明变为不透明，再从不透明变回透明。它就像是窗的心情循环。光致变色窗的工作原理与此类似，是基于光照。某些眼镜镜片使用了同样的化学成分。这两种技术的明显优势是不需要人为干预，但热致变色和光致变色窗缺乏电致变色窗的适应性和可控性。基于光热需求的智能窗户有额外的好处，可以减少照明的能源负荷，同时提高供暖和制冷效率。

在日本，电致变色玻璃的测试表明，在炎热的天气，制冷负荷可以下降30%以上。据总部位于加州的View公司称，与传统窗户相比，其电致变色窗可减少20%的能源消耗。但它们的价格也要高出50%，这是智能玻璃的根本缺陷。如果不再需要窗帘和百叶窗，并且使用更小、更高效的空调设备，部分成本可能会在其他地方得到弥补。在炎热的气候里或暴露在高日照条件下的建筑立面上，成本效益可能是最大的。随着市场的增长，价格应该会继续下降。可切换颜色和功能的智能玻璃曾经是电影《银翼杀手》（*Blade Runner*，1982年）中的科幻技术，在未来二三十年将成为提高建筑效率的常用工具。

影响： 智能玻璃是一个很有前景的解决方案，目前只有0.004%的商业建筑空间采用智能玻璃。我们假设，在高收入国家，采用率的增长将主要发生在商业领域，到2050年，智能玻璃占新商业建筑面积的比例将达到29%。据估计，制冷和照明的潜在能源效率分别为23%和35%。两者会根据当地气候和建筑位置而有所不同。采用智能玻璃可以减少能源使用，从而减少约22亿吨二氧化碳的排放。财务成本高达9 323亿美元，30年内节省运营成本3 250亿美元，全生命周期节省3.6万亿美元。

#61

截至2050年的排名和结果

减少二氧化碳排放21.9亿吨；净成本9 323亿美元；净节约3 250亿美元

电致变色玻璃在一天中的四个不同时间、在建筑的两个立面做出不同反应。当玻璃着色时，可以减少太阳辐射和工作场所的眩光，降低空调负荷，同时保持室内的日光照明。传感器和实时天气数据将控制设备，允许更多的光线进入。该建筑经过算法编程，以响应温度和光线的季节性变化；同时，用户可以通过桌上的智能手机控制单个玻璃窗格来减少眩光，调节光线和色调。

智能恒温器
SMART THERMOSTATS

#57

截至2050年的排名和结果

减少二氧化碳排放26亿吨；净成本742亿美元；净节约6 400亿美元

恒温器是墙上一个不显眼的盒子或球体，很容易被低估，但在许多建筑中它是供暖和制冷的能源控制中心。根据欧盟委员会的数据，维持住宅、商业和工业建筑的温度适中占欧盟能源消耗的一半。仅家用恒温器就占美国能源消耗的9%。更智能、可编程、连接传感器的恒温器可以向房主、租户和建筑管理人员提供实时反馈，正成为能源使用管理的一部分。目前，大多数恒温器需要手动操作或预设程序，有研究表明，人们在这两件事上的效率都是出了名的不可靠。想象一下，如果家里只在需要的时间和地点适度地进行供暖和制冷，而没有任何过度的工作——这就是鸟巢牌室内恒温器（Nest Learning Thermostat）和Ecobee等智能恒温器的力量。它们是"智能的"，因为它们能够学习并独立采取行动，从而消除人类行为的反复无常并推动更可预测的能源节约。

尽管已经存在了近两个世纪，但恒温器技术直到最近十年才出现了创新。2011年上市的鸟巢牌恒温器由一个前苹果手机工程师团队开发，他们看到了将智能手机思维引入过时的家庭温控系统的机会。由于有算法和传感器的加持，新一代恒温器可以通过收集和分析数据进行学习。你仍然可以上下调节温度，但它会记住你的选择和习惯。它易于安装、操作简单，适应复杂多变的日常生活，这可是编程恒温器所不能做到的。人们并不总是遵循可预测的时间表——有些天提早出发上班，有些晚上在外面待到很晚。智能恒温器可以检测入住率，了解居住者的偏好，并促使用户采取更有效的行为。最新的技术还整合了响应需求的功能，它们可以在能源使用高峰、价格高峰和排放高峰时减少消耗。更全面的家庭管理系统还控制着热水。净效应是：住宅更节能、舒适，运营成本更低。

在家里有暖通空调系统和宽带、居民有智能手机的地方，智能恒温器可以成为高效的互联设备。在两年多的时间里，鸟巢实验室研究了恒温器对能源使用和成本节约的影响。根据该公司的一份白皮书，三项独立研究得出了类似的结果：供暖节能10%~12%，中央空调节能15%。在升级到智能技术之前，具体的节省取决于个人如何使用恒温器，许多行业估计在20%左右。当家庭按建筑群或地区分组或连接到微电网时，单个恒温器可以提供数据使整个系统更有效率。

智能恒温器起源于北美并推广至欧洲，目前只占潜在市场的一小部分。能否实现增长空间取决于一个关键因素：成本。人们已经有了恒温器，所以他们需要有充分的理由和较低的门槛来选择购买并安装新的恒温器。较低的价格和激励政策可以鼓励房主更换现有的恒温器。随着技术发展、竞争加剧，以及一些公用事业公司已经在提供激励措施，价格将会下降（即使按照目前的价格，智能恒温器不到两年就能实现成本回收）。修订后的建筑规范将有助于提高恒温器的采用率，能同时监测一氧化碳和烟雾的恒温器可能也会增加对消费者的吸引力。

影响：我们预计，到2050年，智能恒温器在接入互联网的家庭中所占比例将从0.4%增长到46%。在这种情况下，将有7.04亿家庭拥有它们。能源使用的减少可以避免26亿吨二氧化碳的排放。投资回报很高：到2050年，智能恒温器可以为用户节省6 400亿美元的水电供暖费。

区域供暖
DISTRICT HEATING

#27

截至2050年的排名和结果

减少二氧化碳排放93.8亿吨；净成本4 571亿美元；净节约3.54万亿美元

建筑密集程度是城市的决定性特征之一。紧凑的城市空间让我们可以步行或骑自行车，将不同的人和思想融合在一起，创造出丰富的文化组合。这种密度还可以使得城市建筑的供暖和制冷更高效。在区域供暖供冷（DHC）系统中，一个中央工厂通过地下管网将热或冷的水输送到许多建筑物。换热器和热泵将建筑与输送管网分离开来，这样，供热和制冷都集中在一起，而恒温器保持独立。DHC不是在每个结构上使用小型锅炉和制冷装置，而是集体提供热能，而且效率更高。

最早的区域供暖的例子在罗马，热水用来给寺庙、浴室，甚至是温室供暖。它的现代形式可以追溯到1882年，当时纽约蒸汽公司（New York Steam Company）开始在曼哈顿繁忙的街道下输送蒸汽，为客户提供区域供暖服务。工程师伯德希尔·霍利（Birdsill Holly）首先在他位于纽约洛克波特（Lockport）的家中测试了这项发明，而它很快就被推广到了美国许多其他城市。加拿大大约在同一时间开始实施区域供暖，多伦多大学在1911年安装了它的区域供暖系统（校园仍然是DHC的热门地点）。到了20世纪30年代，苏联人开始建设将工业生产过程中的热量输送到家庭的网络。北欧城市在20世纪70年代燃料危机期间开始投资区域供暖。

丹麦哥本哈根已成为全球DHC的佼佼者。现在，这个世界上最大的区域供暖系统满足了98%的供暖需求，能量来自燃煤电厂和固废发电厂的废热（在未来几年，生物质或许将取代所有煤炭的使用）。自2010年以来，哥本哈根还利用厄勒（Øresund）海峡的寒冷海水进行区域供冷，通过与供热管道平行的管道输送冷水。这两个都是DHC如何创新地利用资源并将废物流转化为收入流的例子。

哥本哈根正在进行的燃料来源转变凸显了DHC的一个主要优势：一旦输送网络就位，它的能量来源可以变化和不断改进。煤炭可以让位于地热、太阳能或可持续的生物质，城市的废热——从工业设施到数据中心，再到家庭废水——都可以被收集和再利用。事实上，DHC在世界各地以各种各样且越来越干净的方式出现。在单个建筑规模上可能不具成本效益的可再生能源在市政层面上是可行的。DHC的集体供应创造了规模经济，节省了资金。与此同时，随着时间的推移，建筑效率的提高会减少供暖和制冷需求。

与单独的供暖和供冷系统相比，东京的区域供暖

荷兰国王威廉-亚历山大出席荷兰皮尔默伦德（Purmerend）生物能供热站（Bio Warmte Centrale）的开站仪式。它每年利用11万吨生物质，为2.5万人提供80%的绿色能源。

供冷系统减少了一半的能源使用和二氧化碳排放，这是DHC潜力的有力例子。尽管这项技术已经经过很多试验和验证，特别是在北欧，但在世界上许多地方它依然是不为人知的新技术，而且高昂的前期成本和系统复杂性仍然是障碍。到目前为止，区域供冷远不如供暖普遍，尽管随着处于世界炎热地区的城市增多和世界变得越来越热，区域供冷变得越来越重要。世界上最大的区域供冷系统之一在巴黎，它让艺术爱好者在卢浮宫和奥塞博物馆（Musée d'orsay）内保持舒适，并保护馆内的杰作。

无论是将其用于供暖、供冷还是两者兼而有之，市政府将在这一解决方案扩大规模方面发挥着最重要的作用。他们参与规划、监管、融资和基础设施建设，以及围绕能源和排放制定有雄心的目标——所有这些都影响着区域系统的可行性。城市决策者可以是，而且在某些地方已经是，为城市推广高效的区域供暖供冷系统的重要催化剂。

影响：通过取代现有的独立的水供暖或空间供暖系统，区域供暖到2050年可减少93.8亿吨二氧化碳排放，节省3.54万亿美元的能源成本。我们的分析估计，目前区域供暖的采用率只占供暖需求的0.01%，在未来30年将增长到10%。虽然天然气是目前区域供热设施最普遍的燃料来源，但我们仅模拟了地热和太阳能等替代能源的影响，这些能源将随着时间的推移变得越来越普遍。

垃圾填埋场甲烷
LANDFILL METHANE

#58

截至2050年的排名和结果

减少二氧化碳排放25亿吨；净成本−18亿美元；净节约676亿美元

甲烷是一种强大的分子。在一个世纪的时间内，它的温室效应是二氧化碳的34倍。垃圾填埋场是甲烷排放的主要来源，其排放的甲烷占世界总排放量的12%，相当于8亿吨二氧化碳。但甲烷也是一种燃料。垃圾填埋场的甲烷可以被捕获，并作为一种相当清洁的能源用于发电或供热，而不是泄漏到空气中或作为废物逸散。这对气候的好处是双重的：防止垃圾填埋场甲烷的排放，以及替代原本需要消耗的煤、石油或天然气。

全球的城市每年产生14亿吨固体废物；到2025年，这一总量可能达到24亿吨。在全球范围内，我们至少将3.75亿吨固体废物送往垃圾填埋场，这主要发生在发达国家。这种结果远不如更可持续的废物处理方法：减量化、重复使用、回收利用和资源化。尽管如此，将垃圾送往工程完善的垃圾填埋场要比露天垃圾场处理好得多，露天垃圾场会排放污染物，污染水资源，损害人体健康。但这仍然是低收入国家普遍采用的方法，就像在20世纪之前的大多数地方一样。

大部分垃圾填埋物都是有机物：食物残渣、枯枝落叶、废木料、废纸。一开始，好氧细菌会分解这些物质，但随着一层层的垃圾被压实并覆盖——最终被密封在垃圾填埋场的封盖下——氧气就会耗尽。在没有氧气的情况下，厌氧细菌大量繁殖并分解垃圾产生沼气，这种混合气体由大致等量的二氧化碳和甲烷组成，并伴有少量其他气体。二氧化碳是自然循环的一部分，但甲烷是人为产生的，因为我们将有机废物倒入垃圾填埋场。在理想情况下，我们会采取不同的做法。纸张将被回收利用，食物残渣将被送去堆肥或通过沼气池进行消化。当它们不被填埋时，这些废物可以创造真正的价值。但只要垃圾填埋场还在堆积，我们就必须控制它们产生的甲烷。即使我们立即停止填埋，现有的填埋场仍会在未来几十年造成污染。

沼气管理技术相对简单。分散的穿孔管被送入垃圾填埋场的深处收集气体，这些气体通过管道输送到中央收集区，在那里可以排放或燃烧。更好的是，它可以被压缩和净化，用作发电机、垃圾车的燃料，或混合到天然气供应中。利用垃圾填埋气体发电并非没有缺点：燃烧过程中产生的污染物会降低当地的空气质量——这是饱受雾霾困扰的城市真正需要担心的问题。尽管如此，它还是比使用原始化石燃料好，而且还能减少气味和爆炸或火灾的风险（完全清洁的可再生能源还是占了上风）。

不同垃圾填埋场产生的甲烷量各不相同，可捕获的甲烷量也各不相同。填埋场的封闭性越好，捕获就越容易、越有效。根据一项对美国垃圾填埋场的研究，在封闭的填埋场收集甲烷的效率比经常接收垃圾的填埋场高17%，但开放的填埋场——由于新垃圾的分解最活跃——产生了超过90%的甲烷排放。因此，虽然采掘井可以更彻底地虹吸密封在封闭、加盖的垃圾填埋场内的气体，但罪魁祸首、最需要我们关注的是那些垃圾持续堆积的地方。

垃圾填埋场不一定是排放的温床。作为减少垃圾并将其转移到更好用途的综合策略的一部分，垃圾填埋场的设计、管理和监管应考虑到甲烷的回收。集中的问题提供了集中的机会来实现真正的成果。

影响：这种解决方案在废物处置方法中位于底层。随着饮食结构的改变，垃圾减少，循环利用和堆肥的增加，填埋垃圾将会减少。对于那些不能或者不应该在垃圾发电设施中燃烧的固废，将其送到垃圾填埋场将作为最后的手段。其他解决方案不会在一夜之间被全球采纳，所以我们假设垃圾填埋场甲烷捕获将继续发挥作用。燃烧垃圾填埋场的甲烷发电可以减少相当于25亿吨二氧化碳的排放量。

密歇根填埋场的甲烷采集井口。

隔热
INSULATION

#31

截至2050年的排名和结果

减少二氧化碳排放82.7亿吨；净成本3.66万亿美元；净节约2.51万亿美元

"Insulation（隔热、绝缘）"这个词来自拉丁语词根"insula"，意思是"岛"。就热量流动而言，隔热材料的目的就是让建筑变成"岛"。热量总是从较热的地方转移到较冷的地方，直到温度平衡。为了让建筑保持在19～26摄氏度的理想温度范围内，热流是一个核心挑战。在夏季，热空气进入室内，导致空调长时间工作。在冬天，暖空气会渗出去，进入没有暖气的阁楼和地下室，爬上烟囱，穿过门窗的缝隙，导致供暖系统必须更加努力地运作。为了减少不必要的热量增加或耗散，并保持舒适的室温，我们使用了更多的能源，无论是天然气还是电。根据美国绿色建筑委员会的数据，空气渗透导致的能耗占家庭取暖和制冷能耗的25%～60%，而这部分能源完全被浪费了。通过对建筑围护结构进行更好的隔热处理，可以减少热交换，节约能源，减少排放。

隔热材料并不是新鲜事物。北方的村民和农民使用草皮屋顶已经有上千年的历史了。图中的房子位于法罗群岛（Faroe Islands）的乔格夫村（Gjogv Village）。法罗群岛位于冰岛和挪威之间的大西洋上，"温暖季节"的平均气温为12摄氏度。

隔热层有效的原因在于它的热阻能力：它对传导（材料间的直接热交换）、对流（热量在空气或流体中的循环）和辐射（电磁波传热）的抵抗能力。R值是对热阻能力的系统性测度。R值越高，隔热效果越好，隔热效果随类型、厚度、密度以及在建筑中的安装位置和方式而异。理想情况下，建筑的隔热层应该覆盖所有的面——底层、外墙和屋顶——并且是连续的，以防止所谓的热桥效应——通过其他建筑材料如螺柱和托梁等进行更高效的热量传递。空气泄漏和通风也影响隔热性能，这就是为什么将缝隙和裂缝密封起来是更有效的建筑围护结构的关键。

隔热是使建筑更节能的最经济实用的方法之一——无论是在新建筑中，还是在改造后的通常没有很好密封的旧建筑中。隔热材料的成本相对较低，从而降低了水电供暖费，同时还能阻隔湿气，改善空气质量。隔热材料种类繁多。玻璃纤维是最常见的材料之一，无论是毯子一样的棉絮还是松散的填充物。塑料纤维可以制成类似的产品。矿棉（mineral wool）根本不是羊毛，而是从玄武岩或高炉矿渣中制造出来的材料。回收的新闻纸被用在了纤维素绝缘材料中，它们被紧密地塞进其空腔中。聚苯乙烯隔热材料包含从刚性板到喷涂泡沫的各种材料。同样使用的还有天然纤维，如大麻、羊毛和稻草。反射屏障的设计是为了解决辐射热。隔热材料的创新仍在继续，目的是提高其性能并以更可持续的方式生产，例如利用废弃的家禽羽毛的捕气能力。

被动式住宅（Passive House，德语中称为Passivhaus）将隔热的能力发挥到了极致。被动式住宅是20世纪90年代初在德国创立的一种严格的建筑方法和标准，它重在节约能源，比传统的建筑节能90%。这种方法专注于为建筑创建一个密闭的围护结构，将内部与外部从底面、顶面和四周的所有立面分开。通过这种方法能得到一种非常密封的结构，在寒冬腊月地上积雪时，暖空气不会泄漏；三伏天到来时，冷空气也不会泄漏。一些被动式住宅非常高效，以至于它们用于加热的设备与一台吹风机相当。类似于保温瓶的建筑围护结构依赖于厚厚的、超隔热的地基、墙壁和屋顶；密封所有裂缝和接缝；处理导热桥；使用高性能的三层玻璃窗户。它们大幅削减供暖和制冷所需的能源，为可再生能源就地供能奠定了基础，并最终实现建筑的净零能耗。然而被动式住宅在隔热方面设置了很高的标准，大多数建筑短期内都无法达到这个标准。但在财政激励、建筑能效要求和切身利益认识的鼓励下，隔热材料可以在减轻建筑在地球上的负荷方面发挥关键作用。

影响：对建筑物进行隔热层改造是降低供暖和制冷所需能源的一种经济有效的解决方案。如果54%的现有住宅和商业建筑安装隔热材料，就可以避免82.7亿吨二氧化碳的排放，实施成本为3.66万亿美元。未来30年内，净节省可达2.51万亿美元。隔热措施可以持续100年或更长时间，全生命周期节省超过4.2万亿美元。

改造翻新
RETROFITTING

耗资5.3亿美元的帝国大厦翻修工程正在进行；咨询台后面坐着一位接待员。帝国大厦始建于1931年。这一装饰艺术领域的代表性建筑的改造工程，完成了对所有的6 514扇窗户和所有的供暖、制冷和照明系统的翻新，并削减了38%的能源消耗。

　　建造帝国大厦时从来就没想过要环保，设计它就是为了高。它诞生于工业巨头建造"世界最高建筑"的竞争中，仅用了一年多的时间就建成了，并于1931年5月1日正式对外开放，当时的总统赫伯特·胡佛（Herbert Hoover）在华盛顿特区举行了点亮大楼灯光的仪式。直到1972年，这栋大楼一直保持着最高建筑的头衔。帝国大厦曾经是浮夸的典范，它也许会用钢铁、石灰岩和花岗岩来渲染它的辉煌，而现在却成为了改造翻新的典范，其目的是在建筑环境中提高能源效率——解决"逃逸或进入建筑的热量和冷气有多少，为居民制冷和供暖的内部系统是什么，以及如何给建筑照明"等问题。

　　如果不关注人类日夜居住的建筑，全球变暖问题就无法得到解决。在世界范围内，建筑消耗的能源占32%，与能源相关的温室气体排放占19%。在美国，建筑能耗占全国总能耗的40%以上。它们从电网或天然气管道中获取能量，为内部空间供暖、制冷和照明，并为各种电器和机械提供动力。建筑内高达80%的能耗是浪费的——例如，电灯和电子设备不必要地开着，建筑围护结构上的缝隙让空气自由进出。

#80

截至2050年的排名和结果

减排、成本和节省已在可再生能源、LED照明、热泵、隔热材料等方法中建模计算。

绿色建筑在新型设计建设中越来越受到重视。各种标准——能源与环境设计先锋（LEED）、国际未来生活研究所的"净零"标准、德国未来生活研究所的"被动式住宅"标准、加拿大自然资源研究所（Natural Resources Canada）开发的R-2000标准等——不胜枚举，它们详细说明了如何从一开始就做好建筑。在建筑设计之初就要考虑避免能源浪费，然后建筑才能从制图台进入现实世界。展望并塑造未来的建筑是很重要的，但对现有建筑进行改造也同样重要——不仅仅包括商业建筑。美国有1.4亿幢建筑，其中560万是商业建筑。它们具有最大的节能潜力。因为老建筑以每年1%～3%的速度被新建筑所取代，大多数现有的建筑存量在15～20年后仍将存在。

加大翻新力度是帝国大厦改造的主要动力。纽约市承诺到2050年将温室气体排放量减少80%。为了实现这一目标，建筑需要进行翻新。在21世纪早期，帝国大厦一天的能源消耗量与4万户家庭住宅的消耗量相当。这项由私人、慈善和非营利机构合作的改造翻新项目旨在将大楼的能源使用量削减40%。

帝国大厦改造翻新将节省440万美元的能源成本，并避免超过10万吨的温室气体排放。大楼的6 514扇窗户是提高效率的关键。为了避免浪费和节约资金——这些窗户价值超过1 500万美元——人们在现场进行了重建，在现有的窗格之间放置了一层隔热薄膜。尽管帝国大厦因其艺术装饰遗产和文化声望而成为一个出色的典范，但它将实现的38%的节能只是一个开始。1970年建造的芝加哥威利斯大厦（Willis Tower）通过改造节省了70%的能源。老建筑的翻新为实现其净零能耗提供了机会。美国有8 000座超过5万平方米（50万平方英尺）的建筑，比如帝国大厦和威利斯大厦。我们不应只关注它们而忽视其他需要翻新的1.395亿幢建筑，因为翻新这些建筑带来的节能、回报和就业机会将是让人瞩目的。

改造翻新是一种已被充分理解的做法，良好的建筑性能数据使其越发有效。翻新的投资回收期取决于具体建筑物，一般是5～7年。房利美（Fannie Mae）等贷款机构将会把用于绿化建筑物的商业抵押贷款额度增加5%。然而，现有的商业建筑每年的改造率仅为2.2%。因为在房地产行业，最常见的障碍是钱。然而，钱是可以找到的，因为有投资回报。现在，每个城市都有咨询顾问，按照客户需求指导其进行改造，并帮助安排融资。大多数公用事业公司也会咨询并指定各种各样的电器、照明选择、变速泵、供暖和制冷的替代方案，这些方案可以大幅减少能源消耗，并让你获得经济效益。另外，还有一项回报很少被提及：翻新后的建筑入住率更高。

如今，大多数城市的租户都希望拥有健康的绿色空间，并愿意为此支付更高的费用。研究表明，在设计良好的绿色工作场所，人们更有创造力、效率更高、更快乐，雇主也更容易招聘和留住人才。乔纳森·罗斯公司（Jonathan Rose Companies）等开发商从纽约市、俄勒冈州波特兰市等地寻找并购买市中心的旧办公楼，对它们进行改造，然后再出租出去。改造提高了工作空间的质量和吸引力，增加了需求；改造可以延长建筑的寿命，增加其价值。绿色建筑，无论新旧，都是更好的生活和工作的地方。

对于那些能够看到并理解它的人来说，改造的商机是巨大的。根据洛克菲勒基金会（Rockefeller Foundation）和德意志银行（Deutsche Bank）气候变化部门的市场估计和相关分析，在美国有2 790亿美元投资可用于住宅、商业和机构建筑的翻新，在十年内节省的能源超过1万亿美元——相当于美国年度电力支出的30%。在这一过程中，全国各地将累计产生超过330万的就业年数，美国的二氧化碳排放量将减少近10%。

为实现潜在的大规模财务节约和碳减排，对世界上1.5千亿平方米（1.6万亿平方英尺）的建筑（其中99%不是绿色的）逐个翻新的方法也许并非正确的道路。落基山研究所（Rocky Mountain Institute）正在芝加哥试行一种更加工业化的战略：将改造的范围限制在一套高度有效、广泛适用的措施之内；根据无可挑剔的分析采取额外措施；同时承建多个建筑以获得规模经济。早期结果表明，它可以减少30%以上的改造成本，并在4年内实现投资回报。我们需要的正是这种努力，将人类与能源、福祉与经济，以及大气的未来联系在一起。

影响： 与净零建筑一样，我们的模型在这里没有给出任何结果。建筑业主改造现有的住宅和商业建筑空间、安装更好的隔热材料、改进供暖和制冷设备、升级管理系统等，这些解决方案是单独计算的。任何改造看起来都不会完全一样，这使得预测成本和节省几乎是不可能的。

供水
WATER DISTRIBUTION

#71

截至2050年的排名和结果

减少二氧化碳排放8.7亿吨；净成本1 374亿美元；净节约9 031亿美元

把水从水源泵送到处理厂，再到储水和供水，都需要大量能源。事实上，电力是城市净水和供水成本的主要驱动因素，是水费账单的基础。但是这些账单并不包含所有流经市政供水系统的水。公用事业公司用"无收益水（non-revenue water）"这个词来描述自来水流入和最终流出之间水量之差。据世界银行计算，每年有32.6万亿升（8.6万亿加仑）水泄漏损失，高收入国家和低收入国家各占约一半。

在供水过程中损失的水被称为"无收益水"，这揭示了公用事业和市政当局面临的风险：利润不断降低。同样受到威胁的还有，数十亿千瓦时的电力由于全世界供水管网的裂隙而浪费，而不是将水输送到家庭或企业。减少这些泄漏和损失意味着节省能源，同时节约作为稀缺资源的水。

在许多地方，老化的供水基础设施以及日益退化的管道和阀门都是一种挑战。但是，除非出现极端情况或者公共卫生面临风险，否则大规模的替换在财政上既站不住脚，也没有必要。相反，提高供水效率很大程度上取决于管理实践。那些在自来水系统供水端工作的人知道水压很重要，它对于整个系统的健康来说也同样重要。借用《纽约时报》的一段描述："稳定、适中的水压是最好的——就像（人体的）血压一样。"压力太大，水就会想方设法逃脱；压力太小的话，水管会吸入周围的液体和污染物。水务公司总是在追求"恰到好处"的水压。他们常用的方法之一是在大系统中创建更容易控制的"计量分区"，每个区域都有一个特殊的阀门，就像看门人一样控制着水压。

即使在一流的水压管理条件下，泄漏也会发生。从浪费的角度来看，淹没街道的水管爆裂实际上并不是最糟糕的：它需要关注和立即补救。更大的问题在于较小的、长时间存在、更不易检测到的泄漏。警觉彻底的检测和快速解决是关键。一系列工具和技术可以帮助扫描和精确定位泄漏，这一过程在系统相对安静的夜间最有效。传感器和软件的不断发展有助于泄漏检测和水压管理。事实上，解决水资源流失问题的完整行业已经出现，而这一切都源自一项开创性工作——《纽约时报》所称的"一群才华横溢、执着而有远见的英国工程师在20世纪90年代早期发起的国家渗漏倡议（National Leakage Initiative）"。他们的方法和技术现在已推广到大不列颠群岛以外很远的地方使用。

全世界都存在着漏水的问题。在美国，估计有六分之一的水从供水系统中漏出。在低收入地区，漏损量通常要高得多——有时占总量的50%。如果这些漏损能减少一半，仅这些水就能供应大约9 000万人。菲律宾首都马尼拉就是这样做的。通过成功地将漏损减少一半，自来水公司能够额外为130万人提供服务，并为几乎所有人24小时供水。

迄今为止，像马尼拉这样的成功案例很少，甚至在高收入国家也是如此。公用事业公司往往不能解决泄漏的问题，因为它们存在制度缺陷或技术能力薄弱，也没有激励或要求它们采取行动，甚至因为建造新的处理设施尽管费用昂贵，却更容易也更令人兴奋。承认泄漏问题同样意味着承认管理问题——这可能会引起客户和政客的愤怒——公用事业公司不愿意这么做，但不断增加的压力却迫使他们必须承认自己的问题。考虑到可能需要的财政投资和卓越的工程技术，诸如世界银行–国际水协会（International Water Association）伙伴关系这样的全球扶持努力至关重要。

市政当局的更高标准是：除了提高公用事业的效率和改善客户体验，解决泄漏是获得新供应量和为不断增长的人口提供服务的最便宜的方式。同样的做法使城市供水系统在应对水资源短缺方面具有更强的复原力，这是在全球变暖背景下日益常见的事件。提高水资源分配效率可以用于应对气候变化及其影响——这是一个既积极主动又具有保护作用的解决方案。

影响： 仅对水压管理和主动泄漏控制的影响进行建模，我们估计到2050年全球的水泄漏可以额外减少20%，泵送供水管网所减少的二氧化碳排放可达9亿吨。到2050年，总安装成本为1 374亿美元，公用事业的运营成本可节省9 031亿美元。实施这个简单的解决方案可以在30年里节约815万亿升（215万亿加仑）的水。

楼宇自动化
BUILDING AUTOMATION

#45

截至2050年的排名和结果

减少二氧化碳排放46.2亿吨；净成本681亿美元；净节约8 806亿美元

建筑物看似是静态结构，实则为复杂系统。能量在建筑中流动——流经供暖和空调系统、电线、热水、照明、信息和通信系统、安全和门禁系统、火警、电梯、电器，并间接地通过管路系统传递。大多数大型商业建筑都有某种形式的集中式建筑管理系统，它们以计算机为基础，可以监控、评估和控制建筑内的各类系统，同时抓住机会提高它们的能源效率，并改善居住者的体验。但建筑管理系统是人工操作的，容易发生人为错误。采用自动化系统将确保效率的提高，在普通建筑中可以减少10%～20%的能源消耗。

楼宇自动化系统（building automation systems，BAS）是建筑的大脑。BAS建筑配备传感器，不断扫描和重新平衡，以获得最大的效率和效用。例如，当周围没人的时候，灯就会关掉，打开窗户通风以改善空气质量和温度。传统的系统告诉建筑管理者采取什么行动，就像汽车的仪表盘；拥有自动化系统的建筑会自动采取行动，就像自动驾驶汽车。新建楼宇可从一开始就配备BAS；旧的可以进行改造，将其纳入并受益。

BAS的市场正在扩大。人们愈发认识到BAS能提高居住者的福祉和生产力，还能节约能源、降低运营和维护成本，这推动了BAS的普及。自动化系统可以帮助提高温度和照明的舒适度并改善室内空气质量，这些因素直接影响居住者的满意度。根据世界绿色建筑委员会（World Green Building Council）的数据，改善室内空气质量能够提高8%～11%的生产率。对于建筑运营商来说，BAS更容易发现问题并快速修复。当所有系统的管理通过自动化系统进行集中和简化时，所需的工作量就会减少。特别是对于绿色建筑，BAS可以测量和验证关键的建筑指标，以确保并保持效率，这原本可能会受到人为和其他因素的不利影响。绿色建筑可以有很高的能效评级，但只有实际运行与评级相匹配，绿色建筑才是高效的。

但采用楼宇自动化系统存在障碍。对于企业来说，能源支出通常是一个很小的成本驱动因素，而不是寻求大幅节省的地方。为了让BAS有价值，它必须在高前期成本的基础上迅速产生高回报。如果预期的回报未能实现（在某些情况下确实会发生这样的情况），BAS的整体信誉就会受到影响。房东和房客难以协调是另一个挑战。当一栋建筑的所有者和它的居住者是截然不同的角色时，最大化效率的动机就会减弱：房东决定建筑的系统，而房客则承担能源使用的成本。居住的舒适度是他们共同的愿望，因为这会影响居住者的满意度及留住率。

建筑物的静态结构很容易让人忘记它们对气候变化的影响。根据政府间气候变化专门委员会（IPCC）的数据，全球三分之一的能源使用和五分之一的温室气体排放都来自建筑。BAS是控制能源使用的一个强有力的解决方案。关键的是，它们规避了诸如调节恒温器等个人行为，使效率的进一步提高成为可能。为了满足地方和国家的建筑效率要求，BAS越来越有必要。随着建筑本身变得更加复杂——分布式能源发电、外部遮阳、调光玻璃等——BAS必须越来越复杂和成熟。这些系统就是建筑所需要的"神经网络"。

影响：BAS可使供暖和制冷效率提高20%，照明、电器等的能源使用效率提高11.5%。将这些系统从2014年占商业建筑面积的34%扩大到21世纪中叶的50%，将增加681亿美元的成本，但同时也为建筑业主节省8 806亿美元的运营成本。这一方案将避免46.2亿吨二氧化碳的排放。

土地利用

"Drawdown"一词描述了大气中温室气体浓度的降低。实现它的途径有两种：大幅减少人为排放，以及广泛采用行之有效的土地和海洋管理方式，吸收大气中的碳，将其封存数十年甚至数百年。为了恰当地衡量在陆地上进行的减排实践的效果，我们将其分为相互独立的解决方案，其中13个方案因为与食品生产有关而被包含在食物章节，其余的9个在本章进行了详细阐述。我们首先评估了世界各地的土地使用情况，接着分析了如果改变土地用途或者替换放牧或种植的技术会带来什么影响。虽然没有包括在统计中，研究却直观地表明所有22个解决方案都值得一试。实施这些方案能够增加土壤湿度、云量、作物产量、生物多样性和就业岗位，改善人类健康、收入和生态恢复力，同时显著减少农田对合成肥料和杀虫剂的需求。

森林保护
FOREST PROTECTION

#38

截至2050年的排名和结果

减少二氧化碳排放62亿吨；保护二氧化碳8 962.9亿吨；全球成本和节约数据变化太大，无法确定

在所有森林类型中，最关键的是原始森林，又被称为老龄林或处女林。典型的原始森林有加拿大不列颠哥伦比亚省的大熊雨林以及亚马孙和刚果的雨林。这些高龄森林拥有成熟的冠层木和复杂的林下植被，是地球上最大的生物多样性储库。森林中储存有3 000亿吨的碳，但它们仍在被砍伐，有时甚至在"可持续"的幌子下进行。研究表明，一旦完整的原始森林开始经受砍伐，即使有可持续的森林管理系统，也会引发生态退化。

曾经，地球上的森林覆盖了大片土地，人类的入侵与之相比微不足道。一万年前，人类就已经开始使用石斧砍伐树木了，当时的狩猎者和采集者并不需要大量的木材。但随着农业的扎根和社群的建立，这种情况开始发生变化。到公元前5500年，得益于农业的赠予，文明与国家开始在新月沃地蓬勃发展。最早的铁制工具、书写系统和农作物由古代伊拉克人和中东其他民族开发。以野生小麦、豌豆、水果、绵羊、猪、山羊和奶牛为食，人口得以激增。充足的粮食盈余为艺术、政治、管理、法律、数学、科学和教育提供了支持。

发生了什么？森林被砍伐了；土壤侵蚀加速了；雨水不再滋养森林土壤，而是将其冲刷；随之而来的灌溉造成了土壤盐碱化，贫瘠的盐田出现在曾经作物繁茂的地方；干结的土壤上人们过度放牧，导致土壤被风力侵蚀。古代伊拉克及其周边地区的故事正在全世界上演。当今世界的许多地区都经受了森林砍伐，包括叙利亚、南苏丹、利比亚、也门、尼日利亚等。这些国家都经受了毁林、大肆砍伐薪材、过度放牧、土壤侵蚀和荒漠化。以下地区失去了90%甚至更多的原始森林栖息地，包括缅甸、泰国、印度、加里曼丹岛、苏门答腊岛、菲律宾、巴西的马塔大西洋森林、索马里、肯尼亚、马达加斯加和沙特阿拉伯。

2015年对世界树木数量的估计是3万亿棵。这一数字远高于此前的预期，但每年的树木砍伐量超过150亿棵。自人类开始农耕以来，地球上的树木数量减少了46%。几个世纪以来的森林砍伐和过度放牧造成黄土高原的土壤侵蚀。从17世纪起到20世纪，欧洲的森林被砍伐殆尽。美国在19世纪和20世纪也是如此。20世纪，伐木、刀耕火种以及为了获得棕榈油而进行的森林砍伐在中南美洲、东南亚和非洲造成了严重破坏。根据世界自然基金会的数据，世界每分钟就会失去面积达48个足球场的森林。

据估计，森林砍伐和相应的土地利用变化造成的碳排放占世界碳排放总量的10%~15%。这些排放在2001~2015年下降了25%，但到2050年，为了

克莫德熊（the Kermode bear）被大熊雨林〔不列颠哥伦比亚省长达402千米（250英里）的沿海温带雨林〕的齐姆希安人（Tsimshian people）称为"灵熊"。克莫德熊难得一见，但在鲑鱼季节，当它们在溪流和瀑布附近大饱口福时更容易被发现，正如这张照片中一样。得益于"大熊雨林运动（Great Bear Rainforest Campaign）"，这片森林如今基本完好无损。"大熊雨林运动"是迄今为止阻止滥砍滥伐最成功的运动之一。从1984年开始，原住民和非政府环境组织在克莱奥古特湾（Clayoquot Sound）设置了封锁，以抗议授予麦克米伦·布劳德尔（Macmillan Bloedel）伐木权。经过抗议者22年的不懈努力，不列颠哥伦比亚省总理克里斯蒂·克拉克（Christy Clark）于2016年2月宣布，原住民、木材公司和环保组织之间的协议将使这片6万平方千米（1 580万英亩）土地中的85%得到保护。

兼任人权律师的法国天主教神父亨利·德·罗齐尔（Henri des Roziers）已在巴西成为大地主的下一个潜在暗杀目标，这些人一心想要将部分雨林变成放牛牧场。

下页图：几个世纪以来，马来西亚的热带硬木一直受到广泛需求，过去的20年中尤其如此。木材公司在这段时期不仅从木材销售中获利，还通过开辟棕榈园来扩大收益。大部分的砍伐都是非法的，土地侵占同样如此，并且具有毁灭性的后果。森林砍伐已经使马来西亚的绝大多数雨林遭受退化或破坏，毁林率高于任何其他热带国家。最聪明的灵长类动物之一、极度濒危物种红毛猩猩的家园——加里曼丹岛雨林，据估计现存仅20%。这张照片展示了美里河（Miri River）中大量淤积的泥沙。由于上游砍伐导致的水土流失，河水被染成了橘黄色。直径较小的树木被拴系在河中央，这表明森林还来不及恢复就会经受再次砍伐。

提高粮食产量，森林砍伐率可能会再度攀升。要么需要现有的农田和牧场承担更多的食物生产，要么需要为此转化更多的森林和其他生态系统。

除了树木中地表生物质碳储量的损失外，森林砍伐过程还会伴随着土壤中地下碳储量的巨大损失。在使用火来清理土地，特别是地下土壤碳储量丰富的泥炭地时尤其如此。据估计，将森林转化为农田或牧场会使土壤碳储量损失20%~40%。

停止一切毁林行动并恢复森林资源可以抵消全世界三分之一的碳排放。以此为愿景，许多政府和私人行动组织在世界范围内采取了一系列行动。采用的策略包括公共政策和反伐木法、对原生土地的保护、真正可持续的木材和农业实践，以及许多促使富裕国家和公司向维护热带森林的国家付费的项目。

联合国减少毁林和森林退化所致排放量合作计划（REDD+）成形于2005年，是重要的按绩效付费项目。2014年的"纽约森林宣言"（New York Declaration on Forests）提出了资助计划，得到了40个国家和近60家跨国公司的支持。作为旨在协助REDD+工作的多部门合作项目，森林碳伙伴基金（Forest Carbon Partnership Facility）设立了两个总额近11亿美元的基金，以激励森林国家保护并增加森林碳储量，减少森林砍伐和退化。为了使保护森林具有比砍伐更大的经济效益，土地所有者、森林居民和其他支持者也会得到奖励。

森林保护的好处多种多样，不但能够提供非木材产品（野味、草料和饲料），治理土壤侵蚀，鸟类、蝙蝠和蜜蜂能自由授粉并防治害虫和蚊子，还能够提供许多生态系统服务。然而，对于在从前的林地上勉强维持生计的边缘人群来说，森林保护的好处却与他们无缘。在森林边缘生活的人们扮演着关键角色，他们需要从现存森林中获取某种形式的补偿和生计。

热带森林是三分之二陆地动植物的家园，是不可替代的生物多样性宝库。这些动植物构成了新药物研发过程中的基因物质。四分之一的新药物都直接或间接地来自药用植物，或是来自基于植物的传统用途合成的新化合物。这些价值很难加以量化或想象，它们的好处也并非立竿见影。

想要有效拯救森林，需要对生态系统、全球变暖的危害、政治意愿、地方认同和廉政治理有综合理解。在这方面，没有哪个国家能与巴西相提并论。1998~2004年，巴西国内的森林砍伐和焚烧达到了高峰，毁林面积高达31万平方千米（12万平方英里），与波兰的国土面积相当。在接下来的十年中，巴西积极地推行了一系列多管齐下的战略，使这一损失降低了80%。巴西制定了强有力的执行政策，并与德国合作进行了世界级的科学监测，包括能够触发毁林警报的卫星照片系统。巴西还修订了所有权法，允许居民无需清理土地即可获得土地所有权，并建立了土地登记系统。在帕拉州这个毁林的"归零地"，登记的地产已经从2009年的500处增长到今天超过112 000处，覆盖了该州62%的私人土地面积。此外，巴西拒绝向森林砍伐率高的政府实体提供信贷，资助致力于可持续发展和减少森林砍伐的项目，并提高已经投入农业使用的土地的生产力。

同样具有重要意义的是，大豆贸易商自愿达成协议，禁止在新近砍伐森林的土地上生产产品。类似的还有亚马孙三大肉类包装商与绿色和平组织（Greenpeace）在2009年达成的协议，禁止从曾有毁林行为的供应商处购买产品。2013年，供应商的合规率达到了93%。95家屠宰场中，有65家签署了零毁林承诺。与此同时，牛肉和大豆产量都有所增加。

2015年，巴西获得了挪威10亿美元赠款中的最后1亿美元。挪威在2008年设立了这项基金，用来奖励那些实现了降低毁林率目标的国家。联合国环境规划署前执行主任阿希姆·施泰纳（Achim Steiner）说道："巴西已经与过去发生了根本性的改变，这一点是毋庸置疑的。这让人们相信，森林保护可能是国际气候合作的重要机制。"然而在2016年，尽管维持着严格的执法，被清理作农业用途的森林面积仍然有所回升。没人能解释清楚这种倒退，但其传达的信息是明确的：被称为养牛场"洗钱者"的人同样诡计多端，而保护运动的关键是坚定不移的意志和承诺。

毫无疑问，亚马孙地带是世界上最重要的自然资源。然而，目前热带雨林的砍伐速度将使其在40年内消失殆尽。挪威在为森林保护提供资金支持方面做出的开拓可以成为行动的典范。很难估计想要保护这一切需要付出多大的"成本"。一项研究声称，每年花费500亿美元——约占世界军事开支的3%——就可以减少三分之二的热带森林砍伐。章节开头的照片中，灵熊在大熊雨林啃食新鲜鲑鱼的形象就像护身符一般，超越了定价、算计抑或是货币价值，因为它不可避免地高于这一切。若是加上对碳捕集与碳封存的影响，森林保护与热带和温带森林修复便会成为全球变暖问题最有力的解决方案之一。

影响： 每保护1英亩森林，就能使得这一片森林免遭砍伐和退化的威胁。通过额外保护278万平方千米（6.87亿英亩）森林，到2050年，这一解决方案共计可以避免62亿吨的二氧化碳排放。也许更为重要的是，这一解决方案将使受保护的森林总面积达到近930万平方千米（23亿英亩），确保了约2 450亿吨的受保护碳储量。如果释放到大气中，这些碳储量相当于超过8 950亿吨的二氧化碳。这里不对经济成本作出估计，因为它们不属于土地所有者层面。

滨海湿地
COASTAL WETLANDS

在海岸边缘，陆地和海洋在浅咸的海水中交汇，世界上的盐沼、红树林和海草遍布其中。这些沿海湿地生态系统遍布除南极洲以外的所有大陆。它们是鱼类的温床、候鸟的觅食地，是抵御风暴和洪水的第一道防线，也是能够净化水质并补给地下蓄水层的天然过滤系统。相对于在陆地上所占的面积，它们还将大量的碳封存在地表植物以及地下的根系和土壤中。

虽然经过了成百上千年的吸收，这种因位于海岸而得名的"蓝碳"却在多年来一直为人所忽视，尽管从长期来看，滨海湿地的储碳量可达热带森林的5倍，其中大部分储存在深湿地土壤中。据《自然》杂志报道，仅红树林的土壤中就储存着220亿吨碳，相当于全球两年多的排放量。如果这些生态系统消失，其中的大部分碳都会进入大气中。多亏了不懈的研究和倡议，情况正在发生改变，国际社会正逐渐开始重视这些默默无闻的碳汇和它们面临的压力。

在人类历史上，"湿地"常常意味着"荒地"，出于农耕或住宅的目的而被用于筑堤、疏浚和排水。这些滨海湿地生态系统遭受了蚊虫肆虐、污染和泥沙径流、木材采伐、物种入侵和化石燃料工业的侵害。人们将它们清理殆尽，给养虾场、棕榈园、房地产和高尔夫球场腾出空间。在过去的几十年里，世界上的红树林已经消失了超过三分之一。随着全球人口数量和食物需求交叉上升，湿地面临的压力也将随之增加。

无论是福是祸，滨海湿地是否能顶住压力将对气候变化产生影响。若维持健康完好，沼泽、红树林和海草便能够吸收并储存碳。得益于植物快速的生长速度和缺氧环境，死去的植物在厌氧潮湿的环境下迅速堆积而缓慢分解，由此产生了富含碳的土壤。引用《自然》杂志的话，"世界上2.4%~4.6%的碳排放被海洋生物捕获和封存，据联合国估计，其中至少一半的封存发生在'蓝碳'湿地"。滨海湿地生态系统退化或遭受破坏时并不会简单地停止碳吸收的过程，而是会变成一个潜在排放源，释放出大量长期封存的碳。

随着人们逐渐意识到蓝碳在控制（或加剧）气候变化中所起的作用，湿地对其影响的重要性也变得越来越明显。冰川消融和热膨胀导致海平面上升，风暴的增加威胁着沿海社区，此时沿海生态系统是抵御海浪和急流

#52

截至2050年的排名和结果

减少二氧化碳排放31.9亿吨；保护二氧化碳533.4亿吨；全球成本和节约数据变化太大，无法确定

阿拉斯加特纳根湾（Turnagain Arm）水道沿岸的泥滩和沼泽——之所以这样命名，是因为在英国探险家詹姆斯·库克（James Cook）寻找西北航道时，这条水道被证明是一条死路（该水道的名字"turnagain"表示无路可走）。该地区以其巨大的潮差而闻名，低潮时露出宽阔的泥滩，水位上升时将其尽数淹没。楚加奇山脉构成了这个滩涂湿地的背景。

冲击的重要防御，尤其是当人们发现堤坝、水坝、堤防等人工防御设施越来越不够用的时候。由于湿地的保护和缓冲功能，保持其当下的健康和对未来的适应能力显得尤为重要。

当然，最佳的方案是在滨海湿地遭到破坏前就将其保护起来，并封存住它们所储存的碳。在1971年拉姆萨尔湿地公约（Ramsar Convention on Wetlands）的推动下，政府和非营利项目正在帮助保护具有重要价值的湿地，如印度尼西亚的瓦苏尔国家公园（Wasur National Park）和佛罗里达州的大沼泽地国家公园（Everglades National Park）。指定保护区固然具有持续的重要性，但保护大片土地可能是一项代价高昂的挑战，因为这意味着要减少可用于农业或发展的土地，而这往往是一个热点问题。位于切萨皮克湾的美国史密森尼环境研究中心（Smithsonian Environmental Research Center）等团队正在建立一套科学体系，研究如何最大限度地实现碳封存。

除了指定保护区外，还可以修复并恢复已经退化的滨海湿地，尽管作为碳汇，这些湿地无法与未受破坏的湿地相提并论。恢复工作的范围包括简单地让生态系统自身发挥作用，也包括解决堤坝、沟渠、排水和开发等遗留问题。长期来看，被动恢复往往没有那么昂贵，效率也更高。但当湿地严重退化时，可能需要加倍努力，帮助潮水自由流动，并使自然栖息地重现生机。从特拉华湾到荷兰海岸，"生态海岸（living shorelines）"正在让潮汐带恢复自由。除了拆除道路等基础设施以养护生态海岸之外，为滨海湿地提供发展的空间也很重要。随着海平面继续上升，这些生态系统将会向内陆的高地上迁移，而人类的定居可能会对其产生阻碍。

与陆地上的碳封存相比，沿海地区才刚刚起步。自2008年以来，一些欧洲公司在塞内加尔花费了数百万美元用于修复红树林，并从中获得了用以抵消国内排放的碳信用额度。当地人——其中大多数是妇女——在传统中作为木柴、鱼和软体动物资源的公有地上种植了数千万棵树木。然而他们后来发现，公司将出售这些碳信用额度以从他们的低薪工作中获利。他们还沮丧地意识到，为了避免鸟蛤和木材的采集干扰到新木生长和碳沉降过程，他们无法再从重建的滨海湿地获取这些关键资源。但与此同时，村民们也获得了重建海洋缓冲区、保护土地免受海浪和风力侵蚀以及恢复鸟类、猴子、猫鼬和鱼的栖息地带来的重重好处。

塞内加尔的例子在全世界都是适用的。人类生存和滨海生态系统以复杂的方式交织在一起，需要进一步加以理解。无论是以蓝碳还是其他方式，解决全球变暖努力中的公平性问题需要从业者具备纪律，也需要旁观者保持警惕。如果滨海湿地经过妥善投资，无论在当地还是全球层面，回报都将是多方面的。对滨海生态系统的保护既有益于大气、生物多样性、水质和风暴保护，又充分尊重当地社区的权利和福祉。

影响：如今，在全球49万平方千米（1.21亿英亩）滨海湿地中，有7万平方千米（1 800万英亩）受到保护。到2050年，如果能再额外保护23万平方千米（5 700万英亩），那么避免排放和持续碳封存的总量将达到31.9亿吨二氧化碳。滨海湿地虽然面积有限，但蕴藏着巨大的碳汇。保护它们将使约150亿吨的碳免于排放到大气中，相当于533亿吨以上的二氧化碳。

土地利用 113

热带森林
TROPICAL FORESTS

近几十年来，位于赤道两侧南北纬23.5度之间的热带森林遭受了大面积的砍伐、破坏、退化和动植物损耗。曾经覆盖了世界上12%陆地的它们如今只能覆盖5%。在很多地方，破坏仍在继续。然而，森林恢复，不论是自然恢复还是人工恢复，都成为现在日益增长的趋势。2011年一项估计森林在全球碳汇中占比的研究指出，"热带地区拥有世界上最大的森林面积、当代最剧烈的土地利用变化以及最高的碳吸收量，但同时也是最大的不确定因素"。然而，即使森林砍伐持续不断，再生的热带森林每年也能够吸收多达60亿吨的二氧化碳，相当于全球温室气体年排放量的11%，或美国全国的年排放量。

当我们因为扩张农业或拓展人类居住地等主要原因而失去森林时，二氧化碳便排入大气中。仅仅热带森林损失就占据了人类活动导致的温室气体排放量中的16%~19%。

森林恢复的作用则正好相反。随着森林生态系统重获生机，树木、土壤、落叶和其他植被将碳吸收并固定，使其脱离全球变暖的循环。虽然恢复后的森林在生物多样性上并不能立即达到原始森林的水平，但它们能够维持水循环、保存土壤、保护栖息地和传粉者、提供食物和药品及纤维，并为人们提供生活、冒险之所。这些生态系统提供的好处和服务对农村地区、往往被边缘化的森林周边居民尤为重要。这是因为持续存在的气候变化让社区面临着适应其影响的挑战。

根据世界资源研究所（WRI）的数据，全世界30%的林地已被完全清除，另外20%也遭到了退化。"全世界超过2 000万平方千米的林地亟待修复，面积比南美洲还要大。"一个WRI研究小组在报告中称。其中四分之三最适合采用将森林、树木和农业用地结合起来的"镶嵌式"森林恢复方法。而在人烟稀少的地区，有多达486

#5

截至2050年的排名和结果

减少二氧化碳排放612.3亿吨；全球成本和节约数据变化太大，无法确定

万平方千米（12亿英亩）的土地有机会完全恢复成覆盖有浓密树冠的大森林，其中大部分位于热带。机会是巨大的。

森林恢复是指采取行动，以帮助受损的森林生态系统恢复到原来的形态和功能，动植物重返家园、微生物再获生机、森林恢复其多维角色。正如1995年比尔·麦吉本（Bill McKibben）在记录美国东海岸森林复苏时所写的那样，"重要的不仅仅是树木的数量，而是森林的质量"。总的来说，一个生态系统受到的伤害越大，恢复就会越复杂、越昂贵。最近的研究颠覆了长期以来的一项假设，即认为热带森林被夷为平地后将保持原状。事实上，它们比我们以前所认为的更具适应力。在平均66年的时间里，热带森林可以恢复原始森林所包含生物量的90%。

恢复或重建热带森林的具体机制多种多样。最简单的方案是将土地从种植作物或筑坝等非森林用途中解放出来，让年轻的森林在自然更新和演替的过程中自行生长。保护措施可以用来防止火灾、侵蚀或放牧等造成的破坏。其他的技术则具有更高的强度，例如培育、种植本地幼苗以及清除入侵物种。这些技术为重要物种提供了繁衍生息的机会，并促进了自然生态过程。在土壤严重退化并且缺失自然种子库（如附近的森林或留存地

上页图：在亚马孙地区，为了清理出用于畜牧业的土地，焚烧仍然是首选方式。这其实是一种痴心妄想，因为稀薄的酸性土壤会迅速降解并失效。这张照片拍摄于玻利维亚东北部的朗多尼亚州。

上图：哥斯达黎加的蒙特维多云雾森林保护区（Monteverde Cloud Forest Reserve）由105平方千米（2.6万英亩）的原始森林组成，可能拥有着世界上最多样化的生物群落。它是由贵格会农民命名的，这些人为了避免被征召参加朝鲜战争而从亚拉巴马州搬到了哥斯达黎加（之所以选择哥斯达黎加，是因为那里刚刚解散了军队）。从那时起，蒙特维多就成了他们心中的绿山。

土地利用　115

下的种子）的地方，这些技术至关重要。随着幼苗的生长，它们能强健土壤、荫蔽草地、吸引鸟类和其他种子传播者，从而进一步促进植物的再生与随后的自然更新和演替。

虽然森林恢复的基础是森林生态系统，但是人类在其成功中同样扮演关键角色。那种一望无际的原始景观基本上已经一去不复返了。在人口稠密的当今世界，森林和人类几乎不能彼此孤立存在。森林恢复不仅仅意味着恢复生态活力，还需要具有社会和经济上的可行性，更理想的是获得为当地社区提供尊严、收益、娱乐和给养的价值。具体而言，从气候角度来看，碳减排的全球效益应该与适应全球变暖及其影响的地方效益相一致。如果不能实现这些相互交织的利益，恢复工作可能永远无法启动，甚至后续的损害可能会让投资付诸东流。如果要保持增长势头，当地社区将与之利害攸关。

鉴于人与森林的互联性，一个特殊的恢复框架——森林景观恢复（FLR）出现了。该方法由联合国粮食及农业组织（FAO）提出，旨在"将景观视为一个整体……同时考虑多种土地利用、它们之间的联系、相互作用和一系列（恢复）干预措施"。这意味着，森林恢复的方法并非单一。植树固然是一项必要的干预措施，但FLR坚持认为，人类利益相关者及其参与同样重要（在FAO制定的10项恢复指导原则中，"植树"仅为其中之一）。使森林恢复成为一个多方合作的过程可以确保与当地社区合作并为当地社区服务、解决森林破坏的根本原因、实现一系列有时相互竞争的目标，并且让恢复的森林获得拥护者而非挑战者。森林恢复不能仅仅在权力的厅堂中实现。它来自土地，也终于土地。

今天，一场名副其实的全球森林恢复运动正在展开。2011年是这场运动演变过程中的关键年，《波恩挑战》（Bonn Challenge）提出了到2020年在全世界恢复150万平方千米森林的宏伟目标。2014年的《纽约森林宣言》确认了这一目标，并补充了到2030年全球恢复350万平方千米的累积目标（同时包含其他关注停止森林砍伐的目标）。到2030年，如果全球能够恢复350万平方千米的森林，那么大气中120亿~330亿吨的二氧化碳将再次回归土地，并在同时提供无数其他商品和服务。

根据最近的分析，积极的森林恢复每英亩通常需要400~1200美元，而这种恢复方式并不总是必需的。这一开销不包括土地成本，而且根据种植的物种、使用的方法、初始条件和项目规模而有所不同。从现在到2030年，恢复350万平方千米（8.65亿英亩）森林的花销可能要3 500亿美元，甚至高达1万亿美元。投资的回报会更大。据世界自然保护联盟（International Union for Conservation of Nature）称，"若能实现3.5亿公顷的目标，每年可从流域保护、作物产量提升和森林产品中产生1 700亿美元的净效益，（同时每年封存）高达17亿吨二氧化碳当量"。

大部分的恢复机会主要存在于热带地区的低收入国家。这些国家没有能力、也不需要管理所需的投资水平，因为森林恢复为所有人提供了价值和服务。利益相关者是整个人类，而对于气候变化问题，其中一些人比其他人需要承担更大的责任。

热带森林恢复对发展至关重要。从木材到旅游业，森林能带来收入；从丛林肉类到农作物授粉，森林能提高粮食安全水平；从薪柴到水能，森林能提供能源；从清洁水到防蚊，森林能改善健康水平；从防治滑坡到防洪，森林能保障安全。森林是人类赖以生存和福祉的动力。这些层出不穷的好处激励区域和国家对热带森林恢复做出了强有力的承诺。非洲森林景观恢复倡议（African Forest Landscape Restoration Initiative，又称AFR100）承诺，到2030年恢复非洲大陆100万平方千米（2.47亿英亩）的退化土地，3倍于德国国土面积。巴西正在恢复12万平方千米（2 900多万英亩）的森林，2005~2015年，亚马孙河流域的森林砍伐率降低了80%——这一壮举一度被认为是不可能实现的。森林恢复是一种既能获得国家发展回报，又能获得国际碳汇补偿的方式。

正是由于森林恢复这一解决方案如此行之有效，承诺和资金需要成为全球优先事项。又由于恢复工作成败兼具，因此分析原因、推广最佳方法并摒弃无效方法很重要。倡议的提出需要尊重土地权利和保有权，特别是原住民的权利，还需要精良的装备和熟练的技术，并确保有效执行强有力的政策。成功的关键在于改变土地使用方式和减少肉类消费，以此实现在不扩大农业面积的情况下养活日益增长的全球人口。19世纪和20世纪发生的主要故事之一是森林面积的巨大损失，21世纪将书写恢复和再生的新篇章。

影响：理论上，热带地区有304万平方千米（7.51亿英亩）的退化土地可以恢复为连续完整的森林。根据《波恩挑战》和《纽约森林宣言》目前的估计，我们的模型假设176万平方千米（4.35亿英亩）的土地可能实现森林恢复。通过自然再生，这些土地每年每英亩可吸收1.4吨二氧化碳，到2050年，总共可吸收612亿吨二氧化碳。

竹 BAMBOO

截至2050年的排名和结果

减少二氧化碳排放72.2亿吨；净成本238亿美元；净节约2 648亿美元

#35

在菲律宾的创世故事中，代表着强大的第一个男人"Malakas"和代表着美丽的第一个女人"Maganda"从劈开的竹子的两半中出现。许多关于亚洲起源的传说中，竹子这种人类栽培了超过一千年的植物都扮演着重要角色。应对全球变暖是竹子的另一种用途：竹子能迅速地从空气中吸收碳并将其封存在生物质和土壤中，速度令几乎所有其他植物望尘莫及，同时还能在已经退化的荒凉土地上茁壮成长。在适宜的环境下，一些品种在整个生命周期中能吸收高达每英亩75～300吨的碳。

竹子自身长势迅猛。在全世界生长最快的十种植物的名单中，浮萍、海藻和葛根都因为竹而无缘榜首。春天的时候，你可以坐在竹子旁，看着它以每小时一英寸的速度生长。只需要一个生长季，竹子就可以长到其最大高度，此时人们可以将它收获并制成纸浆，或是再等待4~8年，直到成熟。在收割过后，竹子还会再次发芽、继续生长。全世界有超过23万平方千米（5 700万英亩）的竹子由人工栽培。

作为一种禾本科植物，竹子却拥有混凝土的抗压强度和钢的抗拉强度。它被应用在建筑中从框架到地板再到木瓦的各种结构，还见于食品、纸张、家具、自行车、船只、篮子、织物、木炭、生物燃料、动物饲料，甚至水管。虽然竹子的价值在亚洲广为人知，在中国还是"岁寒三友"之一，但在世界上很多地方它仍然被视为一种杂草。但包括碳封存在内的多种用途使它成了世界上最有用的植物之一。

由于是禾本科植物，故竹子含有被称为植物石或植物硅酸体（phytoliths）的微小二氧化硅结构。植物硅酸体由矿物质组成，比其他植物原料抵抗降解的能力更强，它们储存的碳可以在土壤中封存数百年甚至数千年之久。植物硅酸体加上快速的生长速度赋予了竹子出众的固碳能力。竹子的碳影响还不止如此，因为它能够替代棉花、塑料、钢、铝和混凝土等高排放材料。作为造纸用纸浆的替代品，竹子的纸浆产量是传统松树种植园的6倍。

但竹子会造成生态问题。作为许多地区的入侵物种，它会给当地的生态系统带来不利影响，因此在选择合适的种植区和管理其生长时需要保持谨慎。竹子也与那些树种单一的人工林具有同样的缺陷。然而，通过关注退化土地，尤其是陡坡或水土流失严重的土地的商业用途，人们依然能够最大限度地发挥竹子用于实用产品、碳封存及避免替代材料排放的积极影响，同时将负面影响降至最低。

影响：如今，竹子的种植面积达到了31万平方千米（7 700万英亩）。在我们的假设中，退化或废弃的土地还将补充额外的15万平方千米（3 700万英亩）种植面积。我们计算的碳封存包括活的生物质和保存期更长的竹制品，每年每公顷封存2.9吨碳。如果用竹子代替铝、混凝土、塑料或钢铁，则也可以避免一部分碳排放，但这些减排并未包括在2050年总计72亿吨的二氧化碳封存量中。238亿美元的初始投资可以在30年内产生2 648亿美元的回报。

阻拦沙漠之人

马克·赫兹加德

　　研究表明，在关于气候变化的新闻中，98%都是负面且悲观的。但马克·赫兹加德（Mark Hertsgaard）的著作《热：地球未来五十年》（Hot: Living Through the Next Fifty Years on Earth）的这段摘录却传递了不同的声音——这是一个关于在极具挑战的降雨条件下逆转沙漠化的故事。故事的主人公名叫"Yacouba Sawadogo"，在非洲的布基纳法索被称为"阻拦沙漠之人"。故事专注于问题的解决，这些解决方案来自实践、来自地方、来自那些对土地了如指掌的农民。今天的树木间作法最初就是由这些农民发现的，这并非一项新发现，实际上已经存在了数千年之久。全球变暖给世界的馈赠之一便是推动我们去追溯那些已经失传的知识与实践。在西方，帮助非洲"发展"是一个长期存在的前提。这些为解决贫困而提供的援助和发展模式已被非洲当地人和许多研究推翻，但它们仍然存在。在马克的作品中，人们播种着三样东西：树木、庄稼与智慧。国际援助、一袋袋的转基因玉米和救济品来来往往、络绎不绝。然而，若要成功解决全球变暖问题，我们应该学会相信世界各地的人们认识后果的能力，并在协作的基础上设计地区解决方案，而不是强迫他们去解决问题，不论本意有多好。

——保罗·霍肯

　　雅各巴·萨瓦多戈（Yacouba Sawadogo）不知道自己有多少岁了。他肩上挎着一把斧头，从容而优雅地大步穿过树林和自家的农田。但凑近些看，他的胡须已经变灰，而且他也已经有了曾孙，所以应该至少60岁，甚至将近70岁了。这意味着他在1960年，也就是现在的布基纳法索从法国独立出来那年前就已经出生，这也解释了为什么他从未受过阅读和写作的教育。

　　他也没学过法语。他只讲他的部族语言"Mòoré"，发出深沉、从容的隆隆之音，偶尔还会被短促的咕哝声所打断。但即便不识字，萨瓦多戈却是以树木为基础的耕作方法的先驱，这种方法在过去二十年中彻底改变了西萨赫勒地区。

　　"关于气候变化这个话题我有话可说。"萨瓦多戈说。不同于大多数当地农民，他对这个词汇有自己的理解。他身着一件棕色的棉袍，坐在金合欢树和枣树下，树荫遮蔽着一个珍珠鸡栏，两头牛正在他的脚边打盹，山羊的咩咩声在傍晚宁静的空气中飘荡。他在布基纳法索北部有0.2平方千米（50英亩）家族世代相传的农场，按照当地的标准是很大的。在20世纪80年代那场骇人的干旱后，他的家人们弃之而去。当时，萨赫勒地区的年降雨量下降了20%，粮食产量锐减，大片的热带草原变成了沙漠，数百万人死于饥饿。对萨瓦多戈来说，抛弃农场是不可想象的。"我的父亲就埋葬在这里。"他简单地说。在他看来，20世纪80年代的干旱标志着气候变化的开始，而他可能是对的：科学家们仍在分析人为因素导致的气候变化始于何时，其中一些人认为始于20世纪中叶。不管怎样，萨瓦多戈表示二十年来他一直在适应更热、更干燥的气候。

　　"在干旱的年代，人们的处境过于糟糕，以至于他们不得不以新的方式思考问题。"萨瓦多戈说道。他为自己是一名革新者而自豪。举例来说，当地农民长期以来就有挖一种浅坑的习惯，他们称之为"zai"，用于收集稀少的雨水，并将其集中到作物的根部。萨瓦多戈把他的"zai"扩大，希望能收集更多的降雨。但据他所说，他最重要的创新是在旱季给"zai"施肥，这种做法被他的同伴们嘲笑为一种浪费。

　　萨瓦多戈的实验取得了成效：作物产量如预期的那样增加了。但他并没预料到最重要的成果：由于粪肥中含有种子，树木开始在他成排的小米和高粱中发芽。随着一个又一个生长季的到来，这些现在只有两三米高的树显然进一步提高了谷子和高粱的产量，同时还恢复了退化土壤的生命力。萨瓦多戈告诉我："自从我开始使用这种恢复退化土地的技术以来，无论年景好坏，我的家庭都能够保证粮食安全。"

　　通过使用树木这种在富裕地区经常被忽视的秘密武器，萨赫勒西部的农民取得了令人瞩目的成就。他们并不植树，只是养育它们。克里斯·雷吉（Chris Reij）是阿姆斯特丹自由大学的荷兰环境专家，在萨赫勒地区研究农业问题已有三十年。他与其他研究过该技术的科学家都认为，将树木与作物混合的方式——他们将其命名为"农民管理的自然再生（farmer-managed natural regeneration, FMNR）"或复合农林管理——会带来一系列的好处。例如，树木的树荫和躯干能够保护农作物免受酷热和阵风的侵袭。"过去，农民有时不得不播种三四次甚至五次，因为风沙会覆盖或摧毁幼苗，"有着传教士般的热情、满头银发的荷兰人雷吉说道，"有了树木来缓冲风沙、固定土壤，农民现在只需要播种一次。"

　　树叶还能另作他用。落地后，它们覆盖地面，提高土壤的肥力；它们也能在缺乏其他食物的季节为牲畜提供饲料；在紧急情况下，人们还可以用树叶充饥。

　　萨瓦多戈发明的改良种植坑和其他简单的集水技术

雅各巴·萨瓦多戈

使更多的水能够渗入土壤。令人惊讶的是，20世纪80年代那场干旱后急剧下降的地下水位现在已经重新充盈起来。"20世纪80年代，布基纳法索中部高原地区的地下水位平均每年下降1米，"雷吉说，"而自从农民管理的自然再生（FMNR）和集水技术在20世纪80年代末开始得到普及以来，尽管人口不断增长，许多村庄的地下水位仍至少上升了5米。"

一些分析人士将地下水位的上升归因于1994年开始的降雨量增加，雷吉补充道："但这是说不通的，因为地下水位在那之前就已经开始上升了。"有研究记录下了尼日尔村庄出现的相同现象，在20世纪90年代初到2005年期间，那里采用广泛的集水措施，帮助地下水位提高了15米。

随着时间的推移，萨瓦多戈对树的迷恋与日俱增。时至今日，他的土地看起来不像是一个农场，而更像是一片森林，尽管其中的树木相当稀疏、参差不齐。树木是可以收获的，它们的枝条被修剪、出售，然后又重新长回来；它们滋养土壤，使其能够孕育更多的树木。"树这种东西，拥有的越多，得到的也越多。"萨瓦多戈解释道。木材是非洲农村地区的主要能源，随着他的树木的覆盖面积不断扩大，萨瓦多戈开始出售木材用于烹饪、家具制造和建筑，从而让他的收入增加并趋于多样化——这是一项关键的适应策略。他说，树木也是一种天然药物来源，在现代医疗保健稀缺且昂贵的地区，这是一个不小的优势。

"我认为树木至少是解决气候变化的一部分答案，我尝试与他人分享这一信息。"萨瓦多戈补充说，"根据个人经验，我坚信树木就像肺。若不对它们加以保护并增加其数量，那将与世界末日无异。"

萨瓦多戈并不是一个特例。在马里，随处可见在一排排农田中种植的树木。据附近的一位农民萨利夫·阿里（Salif Ali）所说，随着成功的消息传开，复合农林管理便风靡了整个地区。他讲道："二十年前的旱灾过后，这里的情况相当危急，但现在我们的生活好多了。过去，大多数家庭只有一个粮仓，现在都增加到了三四个，但耕种的土地面积却没有增加。我们的牲畜也变多了。"在萨利夫对树木提供的多重好处——包括遮阴、作牲畜饲料、防旱、烧火、甚至包括让野兔等小型野生动物重新回归——进行盛赞过后，我们小组的一名成员几乎难以置信地问道："这附近还能找到不从事这种复合农林管理的人吗？"

"祝你好运！"他回答，"现在，每个人都这么做。"

澳大利亚传教士和发展工作者托尼·里诺多（Tony Rinaudo）是"农民管理的自然再生（FMNR）"的最初倡导者之一，他说："复合农林管理的绝妙之处在于它是免费的。树木不再被视为杂草，而是一种资产。"但前提是这种做法不会受到惩罚。

复合农林管理的传播很大程度上依靠自身。从农民到农民，从村庄到村庄，人们亲眼见到了效果，随后便纷纷效仿。直到美国地质调查局（U.S. Geological Survey）的格雷·塔潘（Gray Tappan）将1975年的航拍照片与2005年同一地区的卫星图像进行了比较，人们才清楚地看到，复合农林管理的应用已经变得多么广泛。雷吉、里诺多和其他支持者都惊讶于卫星提供的证据；他们未曾知晓，这么多农民已经在这么多地方种植了这么多树。

"这可能是萨赫勒地区乃至整个非洲最大规模的积极环境转变。"雷吉说道。将卫星证据、地面调查与传闻相结合，他估计，仅在尼日尔，农民就种植了2亿棵树，修复了5万平方千米（1 250万英亩）土地。他说："许多人认为萨赫勒地区只有厄运与阴霾，我自己也能讲很多关于厄运与阴霾的故事。但得益于农林领域的创新，萨赫勒地区的许多农民现在比30年前过得更好。"

雷吉补充说，使复合农林管理如此强大且可持续的原因在于，这是非洲人自己拥有的技术，简单地认识到作物旁边培育树木会带来许多好处。"这趟旅程之前，我总是在思考增加粮食产量需要哪些外部投入。"加布里埃尔·古里巴利（Gabriel Coulibaly）在我们的实地考察结束后的一次汇报会上说。古里巴利来自马里，曾担任欧盟和其他国际组织的顾问。他补充说："但现在我看到农民可以自己创造解决方案，而这才是使这些方案变得可持续的根本原因。农民掌握着这项技术，没人能将它从他们手中夺走。"

复合农林管理的成功并不依赖于外国政府或人道主义组织的大量捐赠。当资金紧张时，捐款往往无法兑现，甚至可能被撤回。这是雷吉认为复合农林管理优于千年村模式（the Millennium Villages）的原因之一。千年村项目由哥伦比亚大学地球研究所（Columbia University's Earth Institute）所长、经济学家杰弗里·萨克斯（Jeffrey Sachs）提出，选择非洲地区的12个村庄，免费提供所谓的发展基石：现代种子和肥料、清洁水井和医疗诊所。"阅读他们的网站使人热泪盈眶，"雷吉说道，"他们对于终结非洲饥饿问题的愿景非常美好。问题在于，目前这暂时只适用于选定的少数几个村庄。千年村项目需要持续不断的外部投入，不仅是肥料和其他技术，还包括购置这些资源的资金，因此并不是一个可持续的解决方案。很难想象外界会向每一个有需要的非洲村庄提供免费或补贴的肥料和水井。"

不过，外部人士同样可以发挥作用。海外政府和非政府组织可以鼓励非洲政府进行必要的政策改革，例如赋予农民树木所有权。他们还能够以极低的成本推动基层信息共享，从而在萨赫勒西部有效地推广复合农林管理。尽管农民尽力向同行宣传复合农林管理的好处，但关键的援助还是来自像雷吉和里诺多这样的少数活动家，以及萨赫勒—生态（Sahel-Eco）和澳洲世界宣明会（World Vision Australia）等非政府组织。雷吉说，这些倡导者现在希望通过一项名为"重新绿化萨赫勒（Re-greening the Sahel）"的倡议来鼓励其他非洲国家采用复合农林管理。

如果人类要对气候变化进行管理并避免其影响，就必须寻求现有的最佳选择。复合农林管理显然是其中之一，至少对于人类大家庭中最贫穷的成员们来说是这样。"让我们着眼于非洲的成就，并在此基础上继续努力吧！"雷吉敦促道，"到最后，非洲的命运还是掌握在非洲人的手中，因此这个过程必须由他们自己来进行。至于我们，则需要认识到非洲农民的聪明才智，并从他们身上学习。"

改编自马克·赫兹加德（Mark Hertsgaard）的著作《热：地球未来五十年》。版权所有©2011 Mark Hertsgaard。经Houghton Mifflin Harcourt出版公司许可使用。保留所有权利。

多年生生物能源作物
PERENNIAL BIOMASS

#51

截至2050年的排名和结果

减少二氧化碳排放33.3亿吨；净成本779亿美元；净节约5 419亿美元

春天播种、夏天成长、秋天收获，这样的韵律已经在人类农耕史上存在超过一万年了。我们一直是这样认识生产周期的，但这并不适用于所有作物。园丁们对多年生植物和一年生植物的区别了如指掌：水仙花一季接一季地盛开，而大丽花则要为此付出一年的努力。这还只是喜好和时间的问题。对于农田来说，起作用的是更关键的动态因素。与一年生植物相比，多年生植物能够避免养分流失和土壤侵蚀，还无需喷洒合成肥料以及经常运行柴油设备。生物能源作物提供了将一年生植物换成多年生植物的机会，在这个过程中可以降低碳排放。

植物材料的产能方式多种多样，包括燃烧产热或产电、厌氧消化产甲烷、转化为乙醇和生物柴油，或将氢化植物油用作燃料。在交通运输中，生物能占燃料消耗的2.8%，在电力部门则占总量的2%。整个生物能产业都处于增长势头。

用作生物能源的植物材料是一年生还是多年生，抑或是废物含量不同，都会带来完全不同的结果。美国在生产液体生物燃料方面处于世界领先地位，全国40%的玉米都用于生产乙醇。这种一年生作物获得了巨额补贴，但由于能源投入太高，几乎没有任何气候效益。以玉米为原料生产乙醇可能会对供水产生威胁，还会提高食品价格，但在减排方面一筹莫展。

多年生生物能源作物则不同。如果种植得当，它们可以比玉米乙醇减少85%的排放。柳枝稷、喷泉草和银草（Miscanthus giganteus）是健壮的草本植物，它们不需要粮食作物那么多的水和养分，不用播种就可以年复一年地收获。杨树、柳树、桉树和刺槐等短轮伐期木本作物的寿命为20~30年，它们可以通过一种被称为矮林作业的方法收获，接近地面的地方被刈割，然后迅速再生。最重要的是，多年生植物对土壤碳的影响与一年生植物完全不同。如果用多年生植物取代现在的一年生能源作物，它们可以通过碳封存做出净贡献。除此之外，许多多年生植物还是不适合粮食生产的退化土地的首选作物。与玉米和其他一年生植物相比，多年生植物的植物材料总产量更低。它们能防止侵蚀、维持更稳定的产量，不易受到害虫的伤害，并能为传粉者和生物多样性提供支持。

关于生物能的激烈争论仍在继续——人们想要知道在不危及食物供应或侵占森林的情况下，生物能源是

芒草（Miscanthus）能够在一个季节内长到3米（10英尺）高，因为其高度有时也被称为大象草（elephant grass）。图中，一位农民在收获季节站在自家的农田里。

否以及在多大程度上有利于气候。生物能的故事并不单一，而多年生植物虽然很少被讨论，却能对结果产生至关重要的影响。这并不意味着它们是灵丹妙药。考虑到我们使用的能源和我们生产的食物的数量，根本没有足够的土地来满足我们对植物燃料的所有需求。然而，这并不是一个非此即彼的命题：我们需要一系列的解决方案来扭转全球变暖。在太阳能和风能等更高效的可再生能源可以取代化石燃料的地区，它们就应该被采用。而当涉及诸如飞机燃料等更棘手的用途时，生物能源则可以成为重要的替代品。在许多值得关注的解决方案中，多年生生物能源作物是一个经过深思熟虑和精心设计的解决方案。如果加以深思熟虑和精心设计，多年生生物能源作物便能跻身值得关注的解决方案之列。

影响： 多年生作物为生物质能发电提供原料，使减排成为可能。通过取代一年生作物并吸收更多的土壤碳，它们到2050年还可以产生相当于减排33亿吨二氧化碳的气候影响。我们的分析假设，到2050年，多年生作物的种植面积将从目前的2 023平方千米（50万英亩）增加到58万平方千米（1.43亿英亩）。虽然多年生植物的种植成本比一年生植物高，但30年的回报可达5 419亿美元。

泥炭地
PEATLANDS

"这块土地自身便是块黑色黄油。"谢默斯·希尼（Seamus Heaney）在他1969年的诗《沼泽地》（"Bogland"）中这样写道。虽然希尼脑海中的形象是爱尔兰，但他对世界各地的泥炭地都做出了生动的比喻。泥炭地又被称为沼泽或泥沼，它们既不是坚实的地面也不是水，而是介于两者之间。泥炭是一种黏稠、泥泞、浸水的物质，由死去和腐烂的植物组成。它们的形成需要上百年甚至上千年的时间，是在几乎没有氧气的情况下，湿地苔藓、草和其他植被相互混合并在活植物层下慢慢腐烂形成的。这种酸性厌氧环境保存了铁器时代以及更早期的人类遗骸，又被称为"泥潭尸体（bog bodies）"。在足够的时间、压力和热量下，泥炭会变成煤。

泥炭层的深度从0.6米（2英尺）到20来米（60多英尺）不等，含有大量的碳，典型含碳量超过50%。正是由于这个原因，再加上易于获取的特性，泥炭成了第一种被广泛使用的化石燃料。从爱尔兰到芬兰再到俄罗斯，将干泥炭砖燃烧用来取暖、做饭和发电是一个古老的、在一些地方仍然保留着的习俗。泥炭在17世纪的荷兰黄金时代（the Dutch Golden Age）中扮演了关键角色。这种丰富、廉价、便于运输的能源让荷兰的工业和国际市场商品生产蓬勃发展。今天，尽管这些独特的生态系统只覆盖了地球陆地面积的3%，但它们所储存的碳有500亿~600亿吨——仅次于海洋，两倍于全球的森林。虽然森林在最近几十年得到了更多的关注，但社会正逐渐意识到泥炭地作为碳库的宝贵作用……前提是它们需要保持潮湿。

为了有效地储碳，泥炭地必须依靠植物通过光合作用吸收和储存碳，还要有水来创造厌氧条件，防止碳逃逸回大气中。世界上85%的泥炭地具有至关重要的蓄水能力。作为完整的古老生态系统，它们可以有效地收集碳，同时吸收和净化水。它们还能够抵御洪水，保护生物多样性，不论是狐狸还是猩猩。通过土地保护和火灾防护来对泥炭地进行保护，是管理全球温室气体的一个主要机会，而且相对来说更具有成本效益（虽然未受破坏的泥炭地确实会排放一些甲烷，但它们吸收的碳远远超过它们释放的甲烷）。

当然，虹吸和储碳的能力也有相反的一面。这些湿地每英亩的碳含量是其他生态系统的10倍，一旦受到破坏，它们就会成为强大的温室气体"烟囱"。其中有15%已经是了。当泥炭暴露在空气中时，其中所含的碳会被氧化成二氧化碳。泥炭地的形成需要数千年的时间，但一旦退化，温室气体的释放仅需几年时间。干涸的泥炭地只占世界陆地面积的0.3%，但它们产生的二氧化碳排放量却占人类排放总量的5%。

泥炭地退化的原因多种多样。这些沼泽生态系统主要分布在北半球的温带和寒带，覆盖了北美、北欧和俄罗斯的大片地区，同时也存在于印度尼西亚和马来西亚等热带和亚热带气候区。在东南亚，森林火灾、纸浆木材种植园和为获取棕榈油而进行的砍伐是泥炭地被破坏的主要驱动因素，而这种破坏还在继续。事实上，这就是印度尼西亚的温室气体排放量如此之高的原因。如果将产生于土地利用变化和林业的排放纳入国家排放总量，印度尼西亚就将常驻世界前五名，与印度和俄罗斯并列。随着全球变暖的加剧，泥炭地火灾的风险也在增加。在气候更加温和的地区，开采泥炭用于燃料、提取泥炭苔藓作为园艺商品以及排干泥炭地用于生产木材和放牧则是罪魁祸首。

尽管不如在退化发生前就加以阻止那样有效，将干涸和遭到破坏的泥炭地加以恢复也是一项重要的策略。

该图展示了一些已适应泥炭地的植物。其中包括莎草（sedges）、苔藓、食肉茅膏菜（the carnivorous sundews）、兰花、香杨梅（bog myrtle），以及许多能在营养贫瘠的淹水环境中茁壮生长的植物。

#13

截至2050年的排名和结果

减少二氧化碳排放215.7亿吨；全球成本和节约金额变化太大，无法确定；保护二氧化碳12 303.8亿吨

首要的任务是让泥炭地再湿润（Rewetting）。这个过程的命名十分恰当，它的目的是通过保留水分和提高地下水位来使大面积的泥炭恢复饱和。换句话说，就是阻止水分流失，重新浸润土壤。一旦泥炭地恢复湿润，氧化和碳释放便得到了抑制。"Paludiculture"是一种恢复泥炭地的方式——在拉丁语中，"palus"意为沼泽，"cultura"意为生长——它建立在再湿润的基础上，通过培育生物质来保护泥炭并使其再生。这是一种对腐烂植物的巧妙创造。随着时间的推移，泥炭层能够得到更新，成为柑橘和茶树等作物生长的沃土。总的来说，恢复措施能够帮助生态系统重新变得完整。

对泥炭地的保护仍处于起步阶段。定位和监测至关重要，我们需要知道它们地处何方、有何遭遇，方能用知识采取行动。的确，一个团队在刚果共和国布拉柴维尔的偏远地区发现了一片和英格兰一样大小的沼泽，但科学家需要学习的仍有很多，泥炭地将如何响应气候变化仍是未知数。关键是要制定激励措施以维持或恢复其生态完整性，特别是如果这意味着放弃从种植粮食或木材中获得的其他经济收益。从瑞典到苏门答腊，各种各样的国家和跨境举措如雨后春笋般出现，致力于保护和恢复泥炭地。这些措施包括全面保护完整的泥炭地、禁止进一步排水、再湿润计划、公众意识提升和负责任的管理实践培训。数千年来，泥炭地一直是神圣的仪式场所，有时被视为通往神的大门。今天，类似的崇敬可以让充斥着死亡和腐烂的泥炭层继续作为生命的源泉。

影响： 到2050年，如果受保护的泥炭地面积从3万平方千米（790万英亩）增加到246万平方千米（6.08亿英亩），即目前所有完好的泥炭地的67%，就可以避免216亿吨二氧化碳的排放。在246万平方千米的泥炭地中，受保护的碳储量能够达到3 360亿吨，如果释放到大气中，则约为12 300亿吨二氧化碳。虽然泥炭地只占全球土地面积的3%，但它们富含的有机质却是最多的。一旦降解，它们会释放出大量的碳。由于不产生在土地所有者层面，我们不对资金进行预测。

从无人机上可以看到爱尔兰经过收获的泥炭地。泥炭地生态系统占爱尔兰共和国国土面积的17%。自罗马时代以来，人们一直在泥炭地上进行人工收割，这种方法被称为"在苔藓中工作"，产物被用作燃料和在冬季取暖。如今，Bord na Móna公司用机器取代了人力，给沼泽地造成了不可弥补的损害。2015年，该公司宣布到2030年逐步停止所有的泥炭砍伐，并向生物质、风能和太阳能等可持续能源过渡。

土地利用 123

土著居民的土地管理
INDIGENOUS PEOPLES' LAND MANAGEMENT

土著社群是受气候变化影响最严重的群体之一，尽管他们对其成因的贡献最小。由于他们以土地为基础的生计、曾经的殖民历史和边缘化的社会地位，因此特别容易受到环境变化的负面影响。他们的家园可能在更脆弱的地方，如原始森林、小岛屿、高海拔地区和沙漠边缘。随着生态系统的变化，这些社群正在做出响应。他们利用当地知识、传统实践和科学技术调整其生计和对当地资源的管理，以适应这种变化。除了适应具体环境，他们还在一定程度上减缓了全球变暖，让每个人都成为受益者。

土著社群长期以来一直站在反对森林砍伐的前线，包括对矿产、石油和天然气的开采以及单一作物种植园的扩张。他们的反对阻止了陆基碳排放，维持甚至增加了碳封存量。土著居民的传统做法和土地管理方式能够保护生物多样性、维持一系列生态系统服务，并保护丰富的文化和传统的生活方式。土著及其社区拥有的土地

#39

截至2050年的排名和结果

减少二氧化碳排放61.9亿吨；全球成本和节约金额变化太大，无法确定；保护二氧化碳8 493.7亿吨

占全球土地总面积的18%，其中包括至少486万平方千米（12亿英亩）的森林（约占全球森林面积的14%）。这些森林的碳储量达到377亿吨。

对土著居民来说，气候变化影响的不仅仅是他们的自然景观，还挑战着他们的人权、文化、知识储备和治理习俗。政府间气候变化专门委员会意识到了气候变化对这些社群特别的影响，也意识到了传统知识与技术在制定适应和遏制气候变化战略时的重要性。世界各地的许多倡议都在努力支持土著和地方社群的有效参与，使传统知识和实践成为符合当地实际情况并能响应最弱势群体需求的全球变暖解决方案。

传统的体系具有通过一系列做法增加地上和地下碳储量并减少温室气体排放的潜力。当地土著社区在生态系统边界内实践了许多不同的生存方式，包括刀耕火种或轮耕农业、农林复合、畜牧业、渔业、狩猎和采集，以及传统的森林管理。这些传统中有许多都与自然界的循环与资源长期和谐共存，而非将其消耗殆尽。在其中的一些地方，人类甚至已经生存了上千年。

家庭耕种。这种做法通常出现在森林附近的居住区，代表了一种小规模的农业形式。自古以来，世界上许多地区都实践过这种做法。在南亚和东南亚，家庭耕种在耕地中占据很大一部分，其中印度尼西亚约5万平方千米（1 270万英亩）、孟加拉国约0.5万平方千米（130万英亩）、斯里兰卡约1万平方千米（260万英亩）。家庭耕种体系能为农民和当地景观提供很多好处，如高效的营养循环、较高的产量、多样化的物种组成，并能维护社会和文化价值。这些不同的系统有助于保护生物多样性，保障地方粮食安全，保护土壤和水资源。与单一作物生产系统相比，家庭耕种具有更高的碳汇潜力，碳封存率可以与成熟森林相媲美。

农林复合。复合农林体系将树木和作物生产结合在一起，封存了大量的碳。该体系已经得到了充分的研究，并以其保护土壤免受侵蚀、循环利用有机质和土壤养分、保护小农收入不受市场和天气事件影响以及保持高物种多样性的能力而闻名。

刀耕火种。这是一种需要每年迁移耕地的原始耕作方式。"刀耕火种"一词指的是焚烧和清理林地以进行每年度的耕种，然后休耕一段时间使其再生。各国政府曾试图取缔轮作，认为这种耕作方式效率低下，还会对森林和土壤造成破坏。然而研究表明，相较于土地功能转换，轮作并不是毁林的主要原因，而且还会比每年种植封存更多的碳。

畜牧业。世界各地的土著牧民管理着广阔的、甚至常常是地形恶劣的牧场，有效地利用这些传统体系来满足他们的生存需求，并维持着封存了大量碳的生态系统。牧场占据了全球土地面积的大约40%，是世界上最大的单一功能土地类型。这些土地中的大部分在历史上一直被土著群体用于狩猎、采集、放牧和进行季节性农业。以畜牧业为生的土著群体往往过着游牧生活，人口密度低、流动性高。牧场支撑着1亿~2亿牧民的生计，这些牧民管理着全球超过486万平方千米的牧场。这些系统管理的土地物种丰富、生产力高，并具有大量的碳储量。文献表明，这些土地储存了世界上30%的土壤碳，如果改进牧场管理措施，到2030年还有可能吸收更多的碳。此外，在相似的环境中，畜牧业的亩产量已被证明高于商业牧场或圈养牲畜。与其他土地利用系统（如一年一度的作物生产和生物能源作物生产）相比，暂时的畜牧有助于固定可能释放到大气中的碳。

由于气候变化和牧民社区现代化的压力，目前的传统游牧体系被迫需要做出改变。牧民为地方、区域和国家经济做出了重大贡献，但在历史上一直遭到消极对待，这种态度延续至今。他们的生存方式和文化被认为

上页照片和第127页上的照片都是由加拿大国际保护基金会（International Conservation Fund of Canada，ICFC）牵头拍摄的，该基金会与卡亚波人（Kayapo people）合作，保护他们10.5万平方千米（2 600万英亩）的土地免受伐木者、矿工和巴西边境社会的侵犯。从卫星照片上看，位于马托格罗索州（Mato Grosso）和帕拉州（Pará）的传统卡亚波土地是亚马孙地带一颗完美无瑕的祖母绿宝石。他们土地的边缘交错着道路、空地、边境城镇，以及从清理牲畜和农业用地的大火中升起的滚滚浓烟。卡亚波人的努力并非无往不胜：2011年3月，在经过长达数十年的法律和政治抵制后，位于帕拉州兴谷河（Xingu River）的贝罗蒙特大坝（Belo Monte Dam）终于启动建设，这将为自然生态带来巨大的破坏。大坝仍持续受到法律争议。

效率低下、不合理、技术含量低、原始并且会对环境产生破坏。建立在这些根深蒂固的观点上，一些政策生根发芽，如努力将传统牧场国有化，企图剥夺牧民的土地和传统习俗。在最坏的情况下，这些对牧民的刻板印象可能滋生种族排斥，从而导致强迫驱逐和对人权的侵犯。即便社会与政治力量对牧民们施加压力，要求他们定居并走向现代化，游牧和传统牧场管理在世界上的许多牧场仍然存在。制定公共区域保护协议、授予土地所有权或将故土归还给土著居民等现代的举措正在帮助确保牧民继续使用牧场的权利。

林火管理。出于各种原因，从古至今，全世界的人们一直在实践火生态学。为了利用燃烧过程，北美各地的原住民进行了广泛的土地管理实践，在历史和考古证据中都有迹可循。在广阔的土地上，人们用复杂的燃烧技术为获取某些食物来源、猎物和植物材料创造有利的环境。在太平洋西北部，土著居民利用林火管理来影响从森林空地到大草原的一系列生态系统，以便为对人类有益的植物和动物创造栖息地并提高产量。在澳大利亚北部，土著居民实践了调节季节性火灾的技术。火被用来让森林和乡村保持开放、控制植被生长、使猎物充足，并成了履行文化义务的一部分。传统的林火管理采用旱季早期的低强度燃烧来清理植被，这可以降低自然或人为火灾的强度。

森林的社区管理。土著和社区对林地的管理已经实践了几个世纪。这些土地也许会，也许不会被国家作为土著人民或当地社区拥有或管理的区域而得到正式承认。然而，许多土著或社区对林地的管理是在传统做法和习惯下进行的。据估计，全球有4亿~5亿人依靠森林为生，其中包括来自拉丁美洲、西非和东南亚的6 000万土著居民。不论归谁所有，公共林地的总面积估计能够达到3 237万平方千米（80亿英亩）。

土著或社区森林管理有一系列广泛的做法，包括休耕地管理、有驯化物种的森林、神圣树林、对森林动植物的选择性培育以及森林集约管理。本土管理包括独立的森林管理，并涉及关于森林使用与保护的集体决策。在土著或社区管辖下发生的毁林与森林退化背后，森林保有权的丧失和缺乏保障的土地权发挥着推波助澜的作用。大量研究表明，有森林保有权作为保障的社区森林比缺乏保障的森林具有更低的毁林率，并能维持更健康的生态系统。社区管理有助于降低森林退化率、促进生物量增长、提高碳封存率并降低森林排放。一项基于118个案例的研究对土地保有权与森林变化之间的关联进行了评估，发现土地保有权密切关联着健康的森林生态和低毁林率。另一项研究表明，与未加管理的森林相比，社区管理的森林每年每英亩平均增加2吨碳储量。

尽管森林面积总体呈下降趋势，但在全球范围内，为土著人民和社区所管理或拥有的森林已从2002年的385万平方千米（9.51亿英亩）增加到了2013年的486万平方千米（12亿英亩），在林地中所占的比例从10.8%增加到了15.4%。虽然全球趋势整体向好，但不同国家

的土著和社区森林所占比例差别很大。

尽管比例差别很大，但鉴于支持土著和社区森林管理和所有权的政策方兴未艾，预计这些指定林地的全球总面积和所占比例都将扩大。除了在法律上承认森林权利外，还需要政府采取行动，提供技术援助、让土著人民参与到决策进程中、为社区进行划分和定位、驱逐非法定居者并促进社区森林管理以加强森林安全。为了加强土著土地管理，需要土地保有权政策以及政府间合作提供支持，保护土地权利。

影响：在全球范围内，土著居民拥有526万平方千米（13亿英亩）受保障的土地，尽管他们生活并管理的土地远超于此。我们的分析假设土著管理的土地具有更高的碳封存率和更低的毁林率。到2050年，如果具有保有权的林地面积增加368万平方千米（9.09亿英亩），毁林率的降低可避免61.9亿吨二氧化碳排放。这一解决方案将使土著居民管理的森林总面积达到890万平方千米（22亿英亩），使约2 320亿吨的碳储量受到保护，如果释放到大气中，大致相当于超过8 494亿吨的二氧化碳。

温带森林
TEMPERATE FORESTS

世界上四分之一的森林位于温带，纬度在30~55度之间，其中大部分在北半球。一些森林会在冬季落叶，另一些则四季常青。直到19世纪末，温带森林一直在毁林行动中首当其冲。在历史的进程中，99%的温带森林都在某种程度上被人为改变了——遭受砍伐、转作农耕、被开发破坏。然而，森林可以自我修复。它们是能够从自然和人类的影响中不断恢复的动态系统，尽管这一过程可能需要几个世纪。

如今，在温带大片地区，森林的面积正在增加。原因是多方面的：人们对进口木材的依赖增加了；农业生产力的提高使得已开垦的土地遭到了废弃；森林管理方法得到了改进；森林保护行动也做出了很多努力。这些趋势将一些退化或被毁的土地从其他功能中解放出来，让森林恢复成为可能，无论是通过自然过程还是人为干预。生物量密度的上升和整体面积的增加赋予了全世界769万平方千米（19亿英亩）的温带森林大约每年8亿吨的碳吸收量，使其成了一个净碳汇。通过森林恢复，还有机会封存更多的碳。根据世界资源研究所（WRI）的数据，超过567万平方千米（14亿英亩）的土地都有机会得到恢复，或是成为大规模的封闭森林，或是被改造为包含森林、稀疏树木和农业等其他土地用途的混合用地。

世界资源研究所、国际自然保护联盟和南达科他州立大学合作编制了"全球森林和景观恢复机会地图集（Atlas of Forest and Landscape Restoration Opportunities）"，对我们面前的前景进行了量化和可视化。当在目前和潜在森林覆盖区的图层之间进行切换时，美国东半部和欧洲大陆从斑点状变成了深绿色。该地图集将爱尔兰84%的土地都划分为可以进行大规模修复或混合修复的地区。爱尔兰，这片被称为翡翠岛的土地曾经几乎完全被森林覆盖，然而在18世纪，大部分林地都转变为了牧场。顺应当下趋势，美国也拥有大量的森林恢复机会。从20世纪90年代到21世纪初，美国的碳

#12

截至2050年的排名和结果

减少二氧化碳排放226.1亿吨；全球成本和节约金额变化太大，无法确定

吸收量增加了33%。从乔治亚州到缅因州，古老的阿巴拉契亚山脉沿线的森林不断扩大规模、茁壮生长，使美国东海岸成了一个复兴之地。森林在遭到遗弃的农田上发荣滋长，成为恢复的主要推动力，这是一种典型的被动恢复。

虽然温带森林没有受到困扰热带地区的大规模毁林的威胁，但它们也不断被人类发展所分割。全球变暖为恢复工作带来了新的挑战。有些人认为，这是一个"大干扰"的时代，使温带森林面临不断增大的压力。温带森林正在经历着温度更高且更频繁的干旱、更持久的热浪、更严重的野火，以及持续恶化的昆虫和病原体爆发。这些扰动可能会不断加剧，将温带森林推出自我修复的舒适圈，并且已经取代过度开发，成为森林持续存在并保持健康的主要威胁。为了应对这一威胁，恢复工作需要不断改进。

相比于设法恢复森林和治愈被夷平的土地，预防森林破坏永远是更好的方式。因为恢复的森林永远不会完整地重获其原有的生物多样性、结构和复杂性，又因为毁林一举失去的碳储量需要几十年的时间来重新封存，所以恢复并不能取代保护。

影响： 我们预测，通过自然再生，额外的95万平方千米（2.35亿英亩）温带森林也将得到恢复。尽管这一数字远低于热带森林的潜在恢复面积，但到2050年，仍有226亿吨二氧化碳能够被吸收。

这是新西兰南岛峡湾国家公园（Flordland National Park）的苔藓、蕨类和南方山毛榉。这片1.2万平方千米（300万英亩）的森林景观从山顶一路延伸到大海，湖泊和雨林穿插其中。据说，峡湾地区的降雨量是以米为单位计算的。陡峭的险坡、深邃的沟壑和连绵不绝的雾霭，使得除了最顽强的人之外，无人能够将其征服并定居于此，直到1952年它成了公园。

树木的隐秘生活
彼得·沃雷本

几年前，我在我管理的森林中一片老山毛榉保护区里偶然发现了一块爬满苔藓的石头。回想起来，我曾无数次从它们身边经过，却未曾留意驻足。但那一天，我停下脚步，弯下腰细细察看。这些石头的形状不同寻常，曲线柔和，在一些地方有小小的凹坑。我小心翼翼地掀开一块石头上的苔藓，发现苔藓下面竟是树皮——原来这不是石头，而是老树桩。我惊讶于这些"石头"的坚硬，因为通常来讲，山毛榉在潮湿的地面上只需要几年时间就会腐烂。但最让我吃惊的是，我竟无法抬起这些木头。显然，它们以某种方式附着在了地面上。

我拿出小刀，小心翼翼地刮去一些树皮，直到出现了绿色。绿色？这是叶绿素的颜色，仅仅存在于新叶和活树的树干中。这只能说明一件事：这块木头还活着！突然，我注意到，其余的"石头"们形成了一个明显的图案——它们排列成了一个直径约为1.5米（5英尺）的圆圈。我偶然发现的原来是一个巨大的古树桩虬曲的残骸，如今只剩边缘还留有一些残余，内部早已完全腐烂成腐殖质。这清楚地表明，这棵树至少在四五百年前就被砍伐了。但是，这些遗骸怎会如此长久地留存？

活细胞必须依靠含糖的食物才能生存，它们还必须呼吸、必须生长，即使只长一点点。但在没有叶子，也就是不能进行光合作用的情况下，这是不可能的。在我们的星球上，没有任何生物能够绝食长达几个世纪，连一棵树的残骸都不能，更别提一个不得不独立生存的树桩了。很明显，这个树桩上还发生了其他事情。它一定从邻近的树木，特别是从它们的根部中获得了帮助。研究类似情况的科学家们发现，很可能是根尖周围的真菌网络通过远程作用促进了树木之间的养分交换，或者说，这些树木的根部本身就是相互连接的。就说我偶然发现的那个树桩吧，因为不想在挖掘的过程中伤到老树桩，我无法弄明白究竟发生了什么；但有一点很清楚：周围的山毛榉正在向树桩输送糖分来维持它的生命。

看看路边的路堤，你可能就会明白树木是如何通过根系相互连接的了。在这些斜坡上，雨水往往将土壤冲刷殆尽，将地下的根系网络暴露无遗。德国哈兹山（Harz Mountains）的科学家们证实了这种相互依存的机制。生长在同一林区的大多数同种树木都通过它们的根系相互连接以进行营养交换，并在有需要的时候对邻居出手相助。这便导向了这样一个结论，即森林是一种内在联系机制与蚁群十分相像的超级有机体。

当然，我们有理由存在这样的疑问：树根是否只是在地下漫无目的地游荡，碰巧偶遇了同类便彼此相连，从而除了营养交换外别无选择？它们仿佛创造了一张社会网络，但却仅有纯粹偶然的给予和收获。在这种情况下，饱含感情、相互扶持的形象便被意外的偶遇所取代。尽管偶遇也会为森林生态系统带来好处，但大自然比这要复杂得多。根据都灵大学教授马西莫·马费伊（Massimo Maffei）的说法，包括树木在内的植物能够完美地将自己的根与其他物种，甚至是有亲缘关系的个体的根系区分开来。

但是为什么树木会如此具有社会性？为什么它们要与同类分享食物，有时甚至还要哺育竞争对手？原因和人类社会是一样的：合作会带来好处。独木不成林，一棵树的生存受风和天气的支配，单靠它本身无法形成稳定的当地气候。但许多树木聚在一起便能够构成一个生态系统，缓和极端的冷热天气、储水增湿。在这种受保护的环境中，树木可以活到很老。为了达到这种状态，无论如何都要保证群落的完整性。如果每棵树都只关心自己的生存，那么相当一部分树木将永远不会达到老龄。经常性的死亡会导致树冠层出现许多大缺口，为风暴进入森林提供可乘之机，导致更多树木被连根拔起。夏日的酷热将波及森林地表，将其蒸干，每棵树都在劫难逃。

因此，每棵树对群落来说都无比宝贵，值得尽可能长时间地留存。这就是为什么即使病木也能得到支持和哺育，直到恢复健康。下一次，角色可能就会调换过来，让曾经的支持者成为受助者。茂密的银灰色山毛榉此举让我想起了一群大象。和象群一样，它们也彼此照应，帮助生病和虚弱的同伴重新站起来，甚至连死者都不愿意抛弃。

每棵树都是群落的成员，但等级不同。例如，大多数树桩都会腐烂成腐殖质，并在几百年内消失，这对于一棵树来说不是很长的时间。只有少数能够像我刚才描述的那些长满苔藓的"石头"那样存活几个世纪。区别在哪里呢？树木的社会也像人类社会一样有二等公民吗？看来是有的，虽然"等级"的概念在此并不适用。确切地说，是纽带甚至情感的紧密程度决定了一棵树会得到多大的支持。

你只需要抬头看看森林的树冠就可以看到这一点。一般的树木都会伸展枝条，直到触碰到邻树一样高的枝

梢。这时,它便不会再向两侧延伸,因为那里的空气和光线都已经被占用了。然而,延伸出去的枝梢却继续茁壮生长,给人一种发生了激烈推挤的印象。然而,真正的朋友是不会从彼此身上夺取任何东西的,所以它们只在树冠的外缘——"非朋友"的方向——长出粗壮的树枝。这样的伴侣经常从树根开始就紧密相连,有时甚至一起死去。

树木的根系延伸得很远,是树冠的两倍以上。因此,相邻树木的根系会不可避免地相交相生,但总有一些例外。即便是在森林里,也有一些独来独往、不愿意与他人打交道的"隐士"。这种避世绝俗的树会仅仅因为没有参与就无法收到来自同伴的警告吗?幸运的是,不会。通常情况下,真菌可以作为信息快速传播的媒介。这些真菌就像光纤互联网电缆一样,它们的细丝穿透地面,以几乎难以置信的密度在其间编织。一茶匙大小的森林土壤就含有数英里长的这种"菌丝"。几个世纪以来,仅仅一种真菌便可以覆盖许多平方英里,在整个森林里建立起网络。真菌网络在树木之间传递着信号,帮助它们交换关于昆虫、干旱和其他危险的信息。"木维网(Wood Wide Web)"这一概念被用来描述这种遍布森林的根系网络,由苏珊娜·西马德博士(Suzanne Simard)在《自然》杂志上首次提出,现已被科学界广泛采用。然而,关于树木之间交换了什么信息、信息量有多大,我们的研究才刚刚起步。例如,西马德发现互为竞争对手的树种之间有时也存在联系。而真菌也有一套自己的准则,似乎非常乐意从中调解并公平分配信息和资源。

树冠下,戏剧性的事件和动人的爱情故事每天都在上演。这是大自然的最后一块残存之地,就在我们的家门口,等待我们探索它的秘密。谁又知道呢,也许有一天,树木的语言终将被破译,更多精彩绝伦的故事将在我们的面前徐徐展开。在那之前,当你下次在森林里散步时,就让你的想象自由驰骋吧——毕竟,很多时候,想象与现实并没有那么遥远。

摘自《树木的隐秘生活:它们的感受和沟通方式,来自秘密世界的发现》(*The Hidden Life of Trees: What They Feel, How They Communicate, Discoveries from a Secret World*),作者彼得·沃雷本(Peter Wohlleben),2016年(Greystone Books)。

造林
AFORESTATION

树木在生长过程中能够通过光合作用合成并封存碳，这使得造林成了全球变暖时代的重要行动。造林运动的目标是在至少50年没有树木的地区创造新的森林。退化的牧场和农田，或是其他因采矿等用途而伤痕累累的土地上，都适合战略性地种植树木和多年生植物。受侵蚀的山坡、工业地产、废弃的地段、高速公路中间地带和各种类型的荒地也是如此——几乎所有无人问津或遭到遗忘的空间都有减碳潜力。

造林运动中，最成功的是那些种植本土树种的项目。然而，再种植其实可以采取许多形式，可以密集地播种各种本土树种，也可以引入单一的外来物种作为种植园作物，比如生长速度快、在世界上种植最广泛的辐射松（Monterey pine）。无论种植结构如何，它们都具有碳汇的功能，可以吸收和固定碳，并将其分散到土壤中。每年有多少碳能够得到封存取决于具体的物种、地点、土壤条件和种植结构。

牛津大学最近发表的一篇论文作出了保守的估计，到2030年，造林运动每年可以吸收10亿~30亿吨的二氧化碳。全球土地可得性是一个关键变量，它受人口、饮食、作物产量、生物能源需求等多种因素的影响，非常难以预测。虽然植树造林项目具有巨大的碳封存潜力，但所有森林都很容易受到火灾、干旱、虫害、斧头或木锯的伤害，无论是新林还是老林。

迄今为止，人工种植一直是造林项目的主要方式，在全球范围内方兴未艾。人们通过种树来获取木材和纤维，并越来越多地用于碳补偿（虽然人工林在全球森林覆盖总面积中只占7%，但却生产了约60%的商业木材）。人工林一直以来都饱受争议，因为人们往往只是出于纯粹的经济动机而种植它们，很少考虑土地、环境或周围社区的长期福祉。一些人工林取代了天然森林或

#15

截至2050年的排名和结果

减少二氧化碳排放180.6亿吨；净成本294亿美元；净节约3 923亿美元

其他重要的生态系统，在其间生活的生物群落等级也低得多，如鸣禽和蜗牛一类。它们容易感染疾病，往往需要化学制剂来控制虫害，还会使地下水逐渐枯竭。在这种情况下，地方和土著社区的权力与利益可能被忽视甚至被故意侵犯，特别是在不断被外国利益集团以建设为目的收购土地的低收入国家。这引发了对这种造林方式的强烈抵制，也引发了人们对《巴黎协定》之后由利益驱动的土地热潮，以及可能随之而来的强制搬迁、文化贬损和人权侵犯的担忧。

这些问题的存在激发了增强人工种植的可持续性的不懈努力，比如禁止天然林转化的第三方认证计划。但人工种植带来的好处毋庸置疑。除了在木材生产和碳封存方面的作用，林场还具有一种"种植园保护效益"——它们实际上可以减少对天然森林的采伐。据2014年的一项研究计算，由于人工种植森林，全世界天然林采伐减少了26%。世界自然基金会（World Wide Fund for Nature，WWF）发起的"新一代种植园（New Generation Plantations）"等倡议正在努力让精心设计的人工林和包容的管理方式成为主流，从而优化种植园的产品和好处，同时确保生态系统和社区的完整性。世界自然基金会这样的组织知道，正是因为种植

上页图：俄勒冈州乌马蒂拉（Umatilla）一个典型的单层棉白杨树种植园，树与树间隔两米多（8英尺），迫使其向上无节生长。

下图：单层造林包括单作松树、杨树和其他速生树木，它们中的一些经过基因改造，生长速度有了显著提升。虽然单层种植园能吸收大量的碳，但由于其生物多样性的缺乏和对土壤的快速消耗和酸化，它们实际上与丛林沙漠无异。下图所示的是宫胁林或所谓的模拟林，一种模仿自然森林形成过程的造林技术。它创造了一个在上、中、下层都有种类丰富的树冠、灌木和植物的多层次森林，形成了可持续百年甚至更久的生态系统。这种造林法的物种更加丰富、产量更高，并能封存更多的碳。但是，这种方法并不适用于所有树木都被同时种植和采伐的工业林场。

园会长期存在下去，与公司和政府等关键角色合作并确定适宜造林的退化土地才变得至关重要。多功能种植园可以满足社会、经济和环境的多项目标（包括在几乎没有岗位的地方提供就业机会），前提是在构思和实施项目时必须将这些目标纳入考虑。

人工种植并非唯一的选择。单一树种林场常常会引入具有潜在负面影响的入侵物种，为了应对其带来的生态沙漠，杰出的日本植物学家宫胁昭（Akira Miyaaki）设计了一种截然不同的造林法。在20世纪70年代和80年代，宫胁昭仔细地研究了日本的寺庙和神社，以便对国内的原始森林产生更深刻的了解。几十年来，甚至几个世纪以来，当地的橡树、栗树和月桂树几乎完全由被引进用作木材的松树、柏树和雪松所取代。他意识到，这些人造林并不能适应气候变化。通过借鉴一种叫作潜在自然植被的德国技术，宫胁昭成了创造原汁原味的本土森林的热情拥护者。他现在已经在世界各地参与种植了超过4 000万棵树。

宫胁造林法需要将数十种本地树种和其他本地植物紧密地种植在一起，通常在缺乏有机物的退化土地上进行。随着这些树苗不断生长，自然选择开始发挥作用，形成了生物多样性丰富、适应性强的森林（被称为宫胁林）。宫胁林除了在前两年需要除草和浇水之外，完全能够自给自足。而且，与需要几个世纪才能再生出森林的自然环境不同，宫胁林只需10~20年就能达到成熟。在同样的空间里，它们具有相对于传统人工林100倍的生物多样性、30倍的密度，同时能够封存更多的碳。它们还能提供美、栖息地、食物和海啸防护。

我们常常认为植树造林需要在大片土地上进行，但其实每个人随时随地都可以这样做。受宫胁造林法的启发，并借鉴丰田的装配线流程，企业家舒本杜·夏尔马（Shubhendu Sharma）成立了Afforestt公司，试图开发一种开源方法，让任何人在任何一块土地上都能创造出森林生态系统。在只有6个停车位大小的区域，仅仅花费一部苹果手机的成本，就能够让一片有着300棵树的森林焕发生机。

贾达夫·帕扬（Jadav Payeng）被称为"印度的森林人"，他仅凭一人之力在世界最大的河洲岛马朱利岛（Majuli）上种植了5平方千米（1 300英亩）的森林。在没有任何补贴或财政支持的情况下，贾达夫凭借传统知识，在布拉马普特拉河已被侵蚀殆尽的沙坝上耕作并种植本地物种，为自然再生铺平了道路。今天，贾达夫的森林是种类多到令人叹为观止的动植物的家园，同时也成了岛屿控制自然侵蚀的途径。

许多适合造林的土地都位于低收入国家，在这些地方，造林能够带来的影响是多方面的。新的森林可以吸收碳，保障生物多样性，解决人类对柴火、食物和药物的需求，并提供防洪和抗旱等生态系统服务。通过让当地社区意识到森林的社会经济和环境效益，可以让他们参与到造林项目中，这是成功的关键。由于植树造林是一项长达数十年的工作，若想要合理地实现这一目标，需要提供前期成本、开发森林产品市场、确保明确的土地权利，以维持种植和产出之间的连续性。新兴的地理空间和遥感技术，以及移动地面验证系统都可以作为有力的监测工具，保障人工林健康生长。这些技术的应用不仅可以减少大气中的碳，还能够以生态无害、社会公正和经济有益的方式创造新的森林。

影响：截至2014年，全世界的造林面积达287万平方千米（7.09亿英亩）。到2050年，在另外的83万平方千米（2.04亿英亩）边缘土地上建立木材种植园还可以吸收181亿吨的二氧化碳。利用边缘土地造林也间接避免了传统体系中的毁林行为。凭借着294亿美元的实施成本，到2050年，这一额外的种植面积可以为土地所有者带来超过3 923亿美元的净利润。

交通运输系统

　　交通运输业是一把双刃剑。飞机、火车、轮船、汽车和卡车将继续依赖于化石燃料,而在本章你会找到可以显著提高它们燃料效率的解决方案。然而,除非减少使用这些运输方式,否则效率提高将被使用增加所抵消。本章还包括一些其他解决方案,可以使交通运输不依赖于化石燃料:电动汽车的效率是汽油车的4倍,如果以目前的价格,由风力涡轮机给电动车供电的话,(同样的行驶里程下)相当于消耗每加仑汽油仅需30~50美分;自行车无须燃料便可以移动。交通工具的使用和可持续性与人们生活、工作和娱乐的方式、地点密不可分;未来的两个主要影响因素将是城市环境设计和减少过度消费。

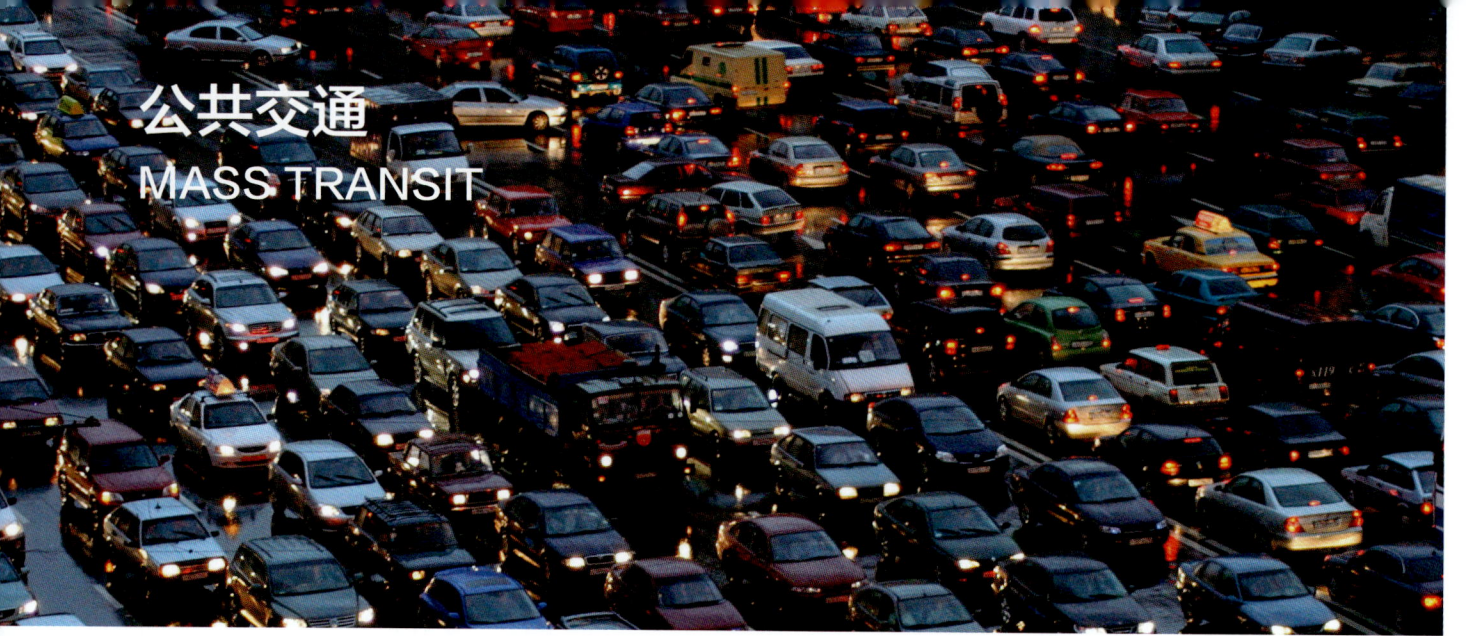

公共交通
MASS TRANSIT

巴西库里蒂巴在建立公交网络时并没有考虑到气候变化。1971年，年轻的建筑师杰米·勒纳（Jaime Lerner）成了这座城市的市长，他受任于当时的巴西独裁政府，人们错误地以为他也会遵循独裁路线。当然，像他这样富有创造力的人很少这样做。地铁和轻轨在当时的城市规划者中很受欢迎，但勒纳认为，实施任何基于铁路的系统都过于昂贵和缓慢（他曾说过一句著名的话："如果你想要创造力，就从预算中削减一个零；如果你想要可持续发展，就减两个零吧！"）。

勒纳设计了一个替代方案，他专注于一种完全不时髦的东西——公交车，但他赋予公交车以铁路交通的优势。它的主要优点是沿着主干道有专门的车道——单独的通道可以让公共汽车避免陷入车流的拥堵，且安装成本比铁路低50倍。然后，在20世纪90年代初，库里蒂巴重新设计了公交车站，使得它更像地铁站，而且加速了客流。乘客不用在车上付钱，而是在车站完成支付；车站不只有一个入口，而是有多个。现在，这些标志性的管状车站遍布城市地表（并将其品牌深植于当地），每天有200万乘客通过它们出行（与之相比，伦敦地铁平均每天有300万乘客）。

库里蒂巴开创了所谓的快速公交系统（bus rapid transit, BRT），这一模式在整个拉丁美洲复制推广（如波哥大的名声大噪的新世纪公交系统"Trans Milenio"），并遍布全球200多个城市。BRT是目前正在与汽车竞争乘客和里程的公共交通方式之一。无论何种形式，公共交通都利用规模来实现其排放优势。当有人选择乘坐电车或公共汽车而不是开车或乘坐出租车时，就可以避免温室气体排放。用技术上的术语来说，这一切都关于"运输形态转换（modal shift）"。

交通运输业的排放量占全球的23%。城市交通是唯一的最大排放来源，而且还在增长——很大程度上是因为汽车的使用量在增加。当然，在第二次世界大战之前，大多数交通工具都是公共交通工具，这种情况一直持续到高收入国家的广大群众开始有钱购买汽车。汽车使人们从固定的路线和时间表中解脱出来，由此带来的自由曾经并将继续具有强大的吸引力，而围绕汽车设计的城市和郊区空间使汽车越来越重要。汽车和城市扩张成了同谋，在美国尤其如此。虽然美国大都市地区确实有公共交通，但只有不到5%的日常通勤者在使用。相比之下，在新加坡和伦敦，一半的出行都使用公共交通工具。在低收入国家，尽管汽车使用量在新兴经济体（甚至在库里蒂巴）正在上升，公共交通仍然是城市交通的主要形式。公共汽车，无论是BRT系统的一部分还是与其他车辆混合行驶，都是全球最常见的公共交通方式。

除了减排，公共交通还有很多好处。也许最明显的是缓解交通拥堵：公共交通能以更小的占地空间比汽车运送更多的人；还有一些其他方式，比如地铁，可以把大量的旅客完全从公路转移到独立的轨道上。伦敦地铁（London Underground）和曼谷轻轨列车（Bangkok's Skytrain）都体现了第二种优势。开车的人越少，事故和死亡就越少；司机、骑行者和行人更安全。因为公共交通在空间上比以汽车为中心的系统更精简（想想停车位），它保留了更多的城市土地用于其他更好的用途——绿地、住房、商业场所——以及更多的经济活动。总体而言，能够降低空气污染。历史上，公共汽车一直使用污染环境的柴油发动机；较新的公交车更清洁，它们部分使用电力或天然气作为动力来源。

公共交通还有一个至关重要的社会优势：它使城市更加公平，因为它为那些不能开车的人——年轻人和老年人、身体有缺陷的人和买不起汽车的人提供服务。虽

#37

截至2050年的排名和结果

减少二氧化碳排放65.7亿吨;净成本由于数据可变性太大而难以估计;净节约2.38万亿美元

然他们远不是它仅有的用户,但如果没有公共交通,他们可能会无法出行。公共交通是公共场合的一种表现形式,在其中各行各业的人们相遇并共享空间。正如亚当·戈普尼德(Adam Gopnik)在《纽约客》中所说:"火车是一个小型的社会,人们几乎在同一时间到达某地,几乎都坐在一起,也或多或少共享同一窗口的风景、拥有共同的观点和单一的目的地。"——这是一种交通方式,也是一种独特的生活体验。

尽管公共交通具有诸多优势,但它也面临着各种各样的挑战。在很多地方,汽车的吸引力很强,而且在文化上根深蒂固(在年轻一代中不那么明显),而且改变开车的习惯很困难,尤其是在行为改变需要更多努力、更多时间或更多金钱的情况下。公共交通最成功的地方是它不仅可行,而且高效并有吸引力。一个关键的点是让多种交通模式无缝衔接,比如一张卡可以支付地铁、公交、共享单车和拼车,或者使用一个智能手机应用来规划使用多种方式的出行。除了要对乘客有吸引力,公共交通还依赖于整体的城市设计。一个城市的建筑密度是关键因素,适宜的建筑密度将确保人们居住和工作的距离足够近,以便使用公共交通工具(这就是所谓的第一英里/最后一英里问题),以及实现高占座率(使交通工具有利可图和高效)。空空如也的公交车不是解决办法。要达到一定的建筑密度,一些城市可能需要根本性的重新规划和"再密集化",而那些仍在扩张的城市则有机会提前规划。紧凑的城市空间可以很容易地以较低的成本相互连通。

即使在理想的条件下,投资交通基础设施在财政或政治上都可能是一项挑战,但这些投资会带来回报。公共交通的好处惠及所有城市居民,而不仅仅是那些使用公共交通的人(缺少公共交通会给所有人都带来无法逃避的负担)。如果不把钱花在公共汽车、地铁和有轨电车的基础设施上,运输形态的转变可能会倾向于私家车及其带来的拥堵和污染,而不是低排放的交通工具。公共交通与骑行和步行——以及支持它们的基础设施——结合起来,可以增强城市的流动性、宜居性和公平性。四处活动是人类天性的一部分,去别的地方也许是出于必要,也许是为了快乐或好奇。流动性给个人生活和整个城市带来活力;为了增强流动性,并不需要牺牲城市的氛围。

影响:随着低收入国家财富的增加,公共交通在城市出行中所占比例预计将从37%下降到21%。如果到2050年,公共交通使用量增加到城市交通的40%,那就可以减少汽车排放的66亿吨二氧化碳。我们的分析包括不同的公共交通选择(公共汽车、地铁、有轨电车和通勤铁路),并考察了旅行者支付的成本(购买并使用汽车与购买车票相比较)。

上页图:晚高峰时间,俄罗斯莫斯科的花园环(Garden Ring)。

下图:一列东行的大都会区快速轻轨列车(Metropolitan Area Express)停靠在美国俄勒冈州波特兰市中心的岩希尔街(Yamhill Street)和第二大道。它拥有97个车站,最大客流量约为每周12万人。

高速铁路
HIGH-SPEED RAIL

为了庆祝奥运会，日本于1964年在全长515千米（320英里）的大阪—东京线路上开通了世界上第一条高速"子弹头"列车。今天，它是世界上最繁忙的高铁线路之一，每天有超过40万名乘客。根据国际铁路联盟（International Union of Railways）的数据，全世界有超过2.98万千米（1.85万英里）的高速铁路。目前的建设完成后，这一数字将增加50%；更多的铁路正在计划和考虑中。到目前为止，中国拥有全球最多的高铁线路——占总数的50%以上，其次是西欧和日本。中国、日本和韩国已经引进了一种高速铁路的变种——磁悬浮列车。它利用磁铁将列车从支撑结构上抬起来，在上海市中心和它遥远的机场之间以惊人的、平稳安静的高速——约每小时435千米（270英里）的速度运行。

高铁几乎完全由电力驱动，而不是柴油。与开车或坐飞机相比，这是在相距几百英里的两点之间旅行的最快方式，而且可以减少高达90%的碳排放。高铁的市场优势在于7小时以内的行程。高铁站位于城市中心和主要郊区。目前，安全问题还不算严重。此外，新的列车有舒适的车厢、良好的视野和四通八达的连接性。高铁的长期成功是建立在中等距离（4小时）的高密度通道上。在西欧和亚洲某些受欢迎的市场，高速列车已经占据了这些线路总出行业务的一半以上。高铁实际上垄断了伦敦—巴黎、巴黎—里昂和马德里—巴塞罗那的线路。2013年，全球高铁旅客里程达到3 541亿千米（2 200亿英里），约占铁路市场总里程的12%。

美国位于马萨诸塞州和罗德岛的农村地区拥有总长45千米（28英里）的高速铁路，由美国铁路公司的阿西乐客运快线服务（Amtrak's Acela service）运营。加州对高铁的热情可能是全国最高的，选民们批准了100亿美元作为建设最先进高铁系统的首付。对加州高铁系统建成后的预测显示，该系统每年可减少58亿千米（36亿英里）的汽车旅行——相当于每天减少30万辆汽车上路，减排220万吨温室气体。不过，建设进展缓慢，阻力依然存在。该项目预计于2028年完工，但没人认为会

截至2050年的排名和结果　　　　　　　　　　　　　#66

减少二氧化碳排放14.2亿吨；净成本1.05万亿美元；净节约3 108亿美元

高铁的支持者声称，高铁将结束对石油的依赖，并大幅减少排放。这些都是不切实际的期望。

高铁需要许多乘客乘坐才能实现收支平衡，但世界上只有某些地方有足够的人口密度来支撑高铁。高铁的碳足迹低于飞机和汽车，但只有在它取代了大量的航空和汽车出行时才会实现减排。另一个需要考虑的因素是：高铁建设会产生大量的温室气体排放，特别是需要大量水泥来建造足以支撑列车高速行驶的铁轨（飞机跑道和公路也是如此）。

高铁相对于飞机、汽车和传统铁路的优势之一是，随着时间的推移，它的能源有可能变得更清洁。随着各国政府在全球范围内推动无碳发电，高铁可以变得越来越清洁。随着电动汽车越来越普遍，汽车旅行的碳排放强度也越来越低，这必然会削弱高铁的优势。航空出行不太可能在效率上取得巨大进步，然而，只要高铁的客流量达到或超过预期，高铁的人均排放就能保持不变或降低。

此外，高铁可以成为智能增长的重要组成部分，帮助振兴城市中心。高铁的中心辐射式设计让城市中心车站与公共交通共享空间，并在附近合理规划综合功能区域，可以促进更广泛的气候、健康和社会效益。作为可持续交通系统的一部分，高铁可以扩大其减排效益。

推广高铁出行还有其他的经济和环境效益。例如，随着旅客从传统铁路转向高铁，将有更多的货物可以通过铁路运输。这可能会减少使用燃烧柴油的卡车运输货物的成本和温室气体排放，从而有助于经济增长。其他优势包括，与汽车和飞机相比，乘坐高铁旅行相对容易和舒适，以及它可能使更多人能够获得出行服务。这些额外的好处很难量化，也很难纳入传统的效益成本分析，但进一步的研究可能会证明，它们将使高铁更占优势，并成为基础设施发展的最佳选择。

2016年1月19日，一列日本中部铁路公司（Central Japan Railway Co., JR Central）的新干线高速列车抵达东京站。日本机车车辆制造商一直在与日本铁路局（Japan Railways）合作，利用新干线"子弹头"列车系统所用的技术和标准，在全球范围内扩大业务。得克萨斯中央铁路公司（Texas Central Partners LLC）计划使用新干线高速列车技术，建设休斯敦和达拉斯之间的得克萨斯中央铁路（Texas Central Railway）高速铁路项目。

实现：预期成本已经从330亿美元翻了一番，达到680亿美元。

其中存在的一个主要障碍是成本。高铁本身很贵，任何新车站也是如此。铁轨的价格通常在每英里（1英里≈1.61千米）1 500万~8 000万美元；还有桥梁、隧道和高架桥。在东北走廊，美国铁路公司（Amtrak）估计，建设一个时速354千米（220英里）的高速铁路系统将耗资约1 500亿美元，更低速的每小时257千米（160英里）的系统也只能节省一点点。考虑到这些成本，政府补贴和消费税是必要的，但高铁的反对者以补贴作为证据，证明高铁是不经济的。然而，任何评估都应该包括如果没有建成高速铁路的成本，因为我们所有的交通系统都享受着巨额的政府补贴，不管是隐性的还是其他。是公众，而不是私人企业，为新的高速公路、旧高速公路的新车道、更大的机场、交通堵塞、路上浪费的时间和更多的温室气体买单。任何高铁项目减免的公共成本都需要从高铁系统的资本成本中扣除。

影响：如果高铁建设和客流量继续以预期的速度增长，到2050年，这个解决方案可以减少14亿吨的二氧化碳排放。一个10.3万千米（6.4万英里）的全球轨道网络，平均旅行长度为299千米（186英里），每年可支持60亿~70亿乘客。就区域而言，大部分影响将来自亚洲，尤其是中国。如果高铁集中在繁忙的短途航线城市之间，影响可能会更大。高铁建设的实施成本高达1万亿美元。然而，高铁基础设施在30年内和全生命周期的运营节约分别可达到3 108亿美元和9 800亿美元。

交通运输系统　139

船舶
SHIPS

按质量计算，80%以上的全球贸易都是通过轮船运输的。9万艘商业货船——油轮、散货船和集装箱船——使2015年的货物运输总质量达到了100多亿吨。在那些没有高效的铁路系统或由于地理原因无法使用铁路的地方，船舶是我们将材料从一个地区运送到另一个地区最低碳高效的方式。一架飞机要把同样数量的货物运输相同的距离，会排放多出47倍的二氧化碳。尽管航运业对世界经济至关重要，但它在很大程度上不受人们关注。

通过海洋运输石油、铁矿石、大米和跑鞋产生了全球3%的温室气体排放，而且随着世界贸易的持续增长，这些排放还在增加。据预测，到2050年，这一数字可能会高出50%~250%，这取决于经济和能源变量。虽然人们对车辆排放给予了相当大的关注，但海洋货运的影响并没有成为气候方面的优先事项。这种情况正在开始改变。业界、政府和非政府组织正在研究如何使海洋运输不产生如此高的排放。

由于运输量巨大，因此提高运输效率会产生举足轻重的影响。这要从船舶的设计开始。最高效的船舶要比其他的更大更长。它们削减了结构中不必要的部分，并采用轻质材料。一些新船尾部装有一种从船尾延伸出来的扁平结构——鸭尾尾翼，可以降低阻力，并将压缩后的空气泵送到船体底部形成气泡层，降低船体与水面接触的阻力。根据船型的不同，仅这两项创新就可以减少7%~22%的燃料消耗。高效的船舶还可能配备额外的机械设备，如太阳能电池板和自动化管理系统，前者提供电力，后者消除优化船舶性能过程中的人为猜测。有些设计和技术方法只适用于新船的建造；另一些则可用于改装——这一点尤其重要，因为这可以使目前使用的船舶继续工作几十年。

改进的关键在于船舶的设计和船上的技术。2011年，国际海事组织（International Maritime Organization，一个负责让航运更安全、更清洁的联合国机构）为新建船舶建立了能源效率设计指数（Energy Efficiency Design Index, EEDI）。与汽车的燃油经济性标准一样，EEDI要求新船舶至少达到一个最低的能效水平，并随着时间的推移提高这一标准。"可持续航运倡议（Sustainable Shipping Initiative）"是由15家领先的航运公司、世界自然基金会和未来论坛（Forum for the Future）组成的合作伙伴关系，共同致力于在2040年前构建一个完全可持续的航运业。2011年，RightShip（一个崇尚安全和效率的船舶评估机构）和碳作战室（Carbon War Room, CWR）共同努力，针对新老商船制定了

截至2050年的排名和结果

#32

减少二氧化碳排放78.7亿吨；净成本9 159亿美元；净节约4 244亿美元

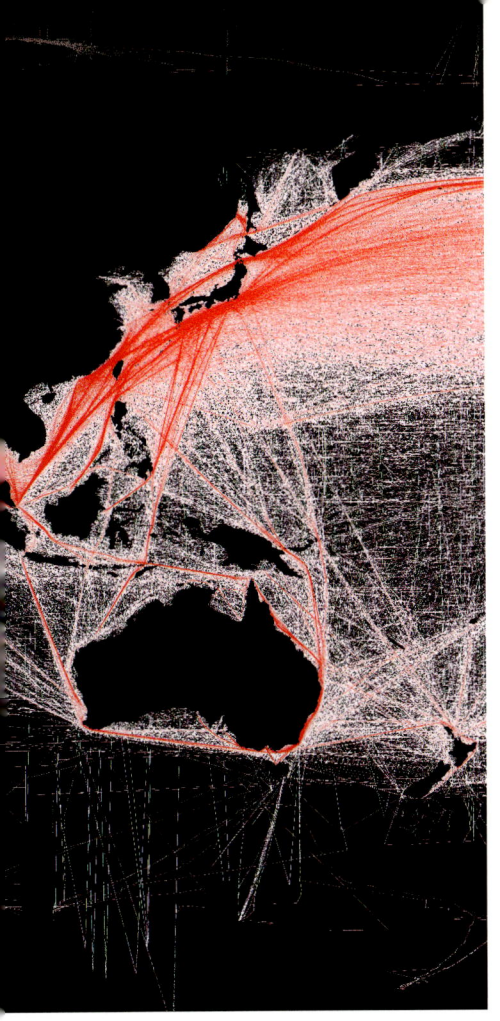

商船每天需要500万桶燃料才能完成这张地图上显示的航线。在一年的时间里，国际航运业总共排放了8亿吨二氧化碳和其他等效的温室气体，占运输业总排放量的11%。

学性能和能源效率的众多技术之一。降低船舶的运行速度——业界称之为"慢速航行"——比其他任何做法都更能降低燃料消耗，最多可达30%。2009年全球经济衰退的一个好处是，慢速航行已经成为整个行业的标准。路线和天气规划也很重要，当设计、技术、维护和操作的微小收益得到综合应用时，行业领先的船舶的效率可能是落后者的两倍。总而言之，现有的效率方法可以在2020年前减少20%~40%的船舶排放，在2030年前减少30%~55%。

除了改善气候健康，提高海洋运输效率对空气质量和人类健康也很重要。船舶是由低等级的船用燃料驱动，这些炼油工业的渣油所含的硫是汽车和卡车所用柴油的3 500倍。船舶聚集的港口城市受其排放到空气中的一氧化二氮、硫氧化物和颗粒物的影响最大。研究人员认为，每年有6万人死于船舶排放的颗粒物引起的心血管和肺部疾病。一些港口要求船只在靠近海岸时改用更清洁的柴油燃料，这一做法可以极大地减少人们接触到来自船只的有害污染物。同样，越来越多的港口要求停泊的船只接入岸上的电力，而不是使用燃油发电机发电。

A–G温室气体排放评级系统（A-to-G Greenhouse Gas Emissions Rating system），以二氧化碳污染为基准，对每艘船进行比较。与其他专门指数一样，该评级方案提高了透明度，并解决了提高船舶效率的一个关键挑战：对激励的分散。由于运送货物的公司支付了大部分燃料成本，船东几乎没有理由升级船只，尤其是在性能不透明的情况下。温室气体排放评级产生一个新的影响：租船者的成本降低，绿色供应链可以相应地选择船只。已经有20%的全球贸易在使用该系统，银行、保险公司和地方港口当局也在使用该系统，比如不列颠哥伦比亚省的两家港口机构给更清洁、评级更高的船只的港口费用打折。

维护和操作对船舶燃油效率也至关重要。技术可以很简单，比如清除螺旋桨上的碎片，或者在船体表面涂上一层像鲨鱼皮一样的涂层。海洋生物很容易在船壳上扎根，增加船只重量，产生阻力，降低燃料效率。这种生物淤积可能增加40%的燃料消耗。鲨鱼粗糙的牙齿状鳞片可以防止藻类和藤壶附着在它们的皮肤上。利用鲨鱼皮的这些特性，佛罗里达大学教授安东尼·布伦南（Anthony Brennan）开发了一种仿生涂层，以保持船体清洁，使航行更加平稳。它是提高货船的流体力

归功于设计创新和温室气体评级倡议，航运业正在发生变化。然而，全球气候变化协议并不包括船舶排放，也没有制定或达成全球排放目标。2016年10月，国际海事组织召开会议，将有关碳排放上限的所有讨论推迟到2023年。鉴于海事行业预计到2050年将产生全球17%的碳排放，这个讨论被认为是太迟了。考虑到每年数万亿美元的货物运输都是通过航运实现的，将该行业转型为一个负责任行业的担子可能就落在了运输货物公司的身上。RightShip和碳作战室的倡议也许是在可行的时间内减少全球碳排放的手段。减少航运的温室气体排放仍然是一项自愿行动，仅凭这一点还不足以迅速推动变革。就像鱼类、建筑、食品和木材一样，可能是时候出台清洁运输认证了。低碳海运的经济性有利于改善现状。燃料成本是船舶运营的主要支出，这意味着承运方、使用船舶的公司，以及最终购买运到的货物的企业和消费者都希望燃料使用尽可能少，以减少碳排放。

影响： 如果国际航运行业的效率提高50%，到2050年可以避免79亿吨的二氧化碳排放。这将在未来30年节省4 244亿美元的燃料成本，在船只的使用寿命内节省1万亿美元。

电动汽车
ELECTRIC VEHICLES

自1828年制造出第一辆原型车以来，电动汽车已经风靡了近两百年。1891年，亨利·福特在底特律爱迪生照明公司（Edison Illuminating Company）为托马斯·爱迪生工作。爱迪生和福特成了终身挚友，在福特事业的早期，正是爱迪生支持并鼓励他的朋友制造汽油动力汽车。具有讽刺意味的是，爱迪生一直在努力制造更好、更便宜的电池，其中一些是专门为电动汽车设计的。爱迪生一度希望扭转福特的想法，他写道："电就是这样的东西，没有呼哧呼哧的齿轮和无数使人困惑的杠杆，没有强大的内燃机那种骇人的、不稳定的震动和嗡嗡声，没有会出问题的水循环系统，没有危险难闻的汽油，也没有噪声。"

年轻的福特没有被说服，继续创造了A型车和T型车。售价360美元的T型车在1914年的销售额超过了25万美元，但在那一年，爱迪生的激励似乎起了作用。福特相信爱迪生很快就能生产出一种廉价、轻便的电池，于是宣布他将与爱迪生合作生产一种电动汽车——爱迪生-福特。几个月过去了，一年又一年过去了，爱迪生-福特一直没有出现，因为爱迪生没能制造出那种轻便耐用的电池。

事实上，电动汽车不是由某个人发明的，而是随着时间的推移，通过一系列来自世界各地的技术突破而发展起来的。19世纪早期，英国、荷兰、匈牙利和美国的发明家都发明了各种类型的小型电动汽车，但直到19世纪下半叶，才出现了第一辆实用的电动汽车。1891年，来自艾奥瓦州的化学家威廉·莫里森制造了一辆6人的电动汽车，时速可达23千米（14英里）。到19世纪末，美国已经有了汽油、电力和蒸汽动力的车辆。电动汽车的销量超过汽油车和蒸汽车的原因有很多：电动汽车不需要手动启动，不需要换挡，行驶里程比蒸汽车长。就像今天的电动汽车一样，它们更安静，也没有污染。

到了20世纪20年代，由于道路网络的改善，美国人的出行距离越来越远，因此电动汽车比汽油车行驶里程短开始成为一种限制。与此同时，汽油车的吸引力增加了：亨利·福特开始大规模生产，使其比电动汽车更便宜。查尔斯·凯特林（Charles Kettering）发明了电动启动器，使汽车不再需要手动曲柄，而且在得克萨斯州发现了原油，使普通消费者能够负担得起汽油。自那以后，内燃机车一直主导着汽车领域。地球的大气为今天在路上行驶的10亿多辆汽车付出了高昂的代价。幸好，目前已经有超过100万辆电动汽车在路上行驶，两者产生的影响差异是显著的。

世界上三分之二的石油消耗被用于汽车和卡车的燃料。作为二氧化碳的来源，交通排放仅次于发电，占所有排放的23%。随着发展中国家的工业化，预计到2035年机动车数量将超过20亿辆。

电动汽车由电网或分布式可再生能源提供动力，其中包括使用燃料电池在车上发电的氢动力汽车。它们的效率约为60%，而汽油动力汽车的效率约为15%。电动汽车的"燃料"也更便宜。

日产聆风是一款全电动汽车，每千瓦时的电可行驶5.3千米（3.3英里）。如果汽车在半夜充电，电费是每千瓦时7美分。日产阳光每加仑汽油可行驶55千米（34英里），油价是每加仑2.30美元；而日产聆风行驶55千米的电费是0.72美元。相比之下，日产聆风可以节约69%的成本。

每加仑汽油的二氧化碳排放量是11.34千克（25磅），而每10千瓦时的电力排放量平均是5.53千克（12.2磅）——如果用电网供电，二氧化碳排放量将减少50%；如果电力来自太阳能，二氧化碳排放量将减少95%。

电动汽车正逐渐成为人们的首选，其销售额在不到十年的时间里翻了10倍。2014~2015年，销量从31.5万辆跃升至56.5万辆，这主要得益于中国的电动汽车爱好者。全球三分之二的电动汽车销量来自三个最大的乘用车市场：美国、中国和日本。电动汽车领先者特斯拉（Tesla）在2016年震惊了汽车业，当时它的紧凑型汽车Model 3几乎瞬间就吸引了32.5万份订单，每一份订单都附带1 000美元的首付。为了巩固地位并降低成本，特斯拉在内华达州建立了世界上最大的锂离子电池工厂。世界各地的政府项目都在鼓励购买电动汽车，美国也为本土生产的每辆电动汽车提供了7 500美元的补贴。美国和中国现在要求政府购买的汽车至少30%是无污染的。印度希望到2030年实现汽车全电动，而且它有动力实现这一目标。

由于电动汽车制造更简单，机械部件更少，需要的维护更少，也不需要化石燃料，因此它将颠覆汽车和石油这两个美国最大的经济部门的商业模式。但这种颠覆不会很快发生，电动汽车仍只占汽车总销量的很小一部分。这种不平衡反映在可供选择的车型数量上：目前有数百种汽油车，但电动汽车只有35种。在电动火车、地铁和工业设备（如叉车等）的悠久传统基础上，重型车

#26

截至2050年的排名和结果

减少二氧化碳排放108亿吨；净成本14.15万亿美元；净节约9.73万亿美元

辆市场正在以更快的速度发生变化。商业经营者更有能力也更愿意进行额外的资本投资，因为成本可以摊销。车队运营商的车场易于改装以供充电，因此很自然地成了全电动卡车、货车和汽车的潜在顾客。数千辆电动巴士和送货卡车，包括部分联合包裹（UPS）和联邦快递（FedEx）车队，在北美、亚洲和欧洲城市的街道上穿梭。中国有超过17万辆电动公交车；伦敦标志性的双层巴士很快也将加入这个行列。

这其中隐藏着什么困难？对于电动汽车，这就是"续航里程焦虑"。为了让第一批电动汽车的价格保持在可承受的水平，这些车型的电池被设计成每次充电行驶不到160千米（100英里），今天的典型续航是129~145千米（80~90英里）。一辆插电式混合动力车一次充电可行驶约80千米（50英里）。雪佛兰在谈到它的沃蓝达（Volt）时说，其续航足够完成90%的行程，包括日常通勤。未来，续航性能会变得更好。汽车制造商们已经承诺，未来续航里程可达320千米（200英里）。

续航问题的最终解决方案是充电站网络。2012~2014年，全球充电站的存量增加了一倍多，达到10万个以上，而且随着需求的增加，充电站的数量将大幅增加。这些充电站本身并不昂贵，每个3 000~7 500美元。它们可以在用电最便宜的非高峰时段给汽车充电，或者在电网有充足的太阳能或风能时给汽车"加油"。商场和连锁店正在他们的销售点安装充电桩，应用程序将能够精确定位最近的公共或私人充电站。充电网络将推广、创新和改进，缓解续航焦虑，同时提供21世纪电网需要的电力存储。

人们对电动汽车市场的预测各不相同。在几十年内，会有1亿辆电动汽车上路吗？还是1.5亿？彭博社（Bloomberg）基于2015年电动汽车的销售额60%的增长率进行预测，在未来25年里，也就是到2040年，电动汽车的累计销售额将达到4亿美元，其中包括35%的新销售额。当电动和自动驾驶都成为汽车上的软件平台时，两者之间的自然协同作用将如何发挥也有待观察。苹果和谷歌正在研究汽车设计；如果你已经对标准的电动汽车有所想象，可以肯定的是它们绝不会是你想象中的样子。电动汽车的创新速度保证了它们将引领未来。对于那些关心全球变暖和二氧化碳排放的人来说，问题是未来多久会到来。

影响： 2014年全球共售出30.5万辆电动汽车。如果到2050年，电动汽车的使用量上升到乘客总里程的16%，那么就可以避免燃料燃烧产生的108亿吨二氧化碳。我们的分析包括发电的排放，以及与内燃机汽车相比，生产电动汽车所增加的排放。由于电池成本下降，我们预计电动汽车价格将略有下降。

拼车
RIDESHARING

自1908年福特T型车上市以来，人们已经将汽车的载客范围扩展到了家人和朋友之外。2015年，《牛津英语词典》将动词"ride-share（拼车）"添加到官方词典中。"拼车"虽是新词，但这种做法早就出现了，它指的是把有共同出发地、目的地或途中停靠点的司机和乘客配对，填补空余座位的简单行为。（它不包括由普通人提供的类似出租车的服务，这些服务经常被冠以相同的名称。）第一个为共同利益拼车的例子出现在第二次世界大战期间，汽车共享俱乐部出现了。美国人被告知："当你一个人开车时，'希特勒'坐你旁边！"拼车是为了给战争节省资源，雇主负责帮助乘客和司机相互联系，通常是通过工作场所的公告板。当20世纪70年代石油危机爆发，同时公众对空气污染的担忧日益加剧时，由雇主和政府资助的拼车举措又一次激增。为了节省燃料，多座客车（high-occupancy vehicle，HOV）车道鼓励人们一起乘车，一场称为"任意拼（slugging）"的非正式拼车活动在华盛顿特区的通勤者中流行起来并向外推广。20世纪70年代是拼车的全盛时期，五分之一的人拼车上班。

2008年，当美国人口普查局（U.S. Census Bureau）

#75

截至2050年的排名和结果

减少二氧化碳排放3.2亿吨；零成本；净节约1 856亿美元

乍一看，没有比这样展示拼车更不负责任的图片了。其实，这辆吉普车已经停下，人们上车摆好姿势，只是为了取乐。我们展示这张图片另有原因：车辆和它便于移动的能力是稀缺的商品，就像木材和水产一样。富裕国家的人往往认为他们拥有汽车是理所当然的，为了一些小事和短程差事随意使用它们。我们把这幅图放在这里是为了说明，便于移动的能力是多么珍贵，以及我们如果要节省资源，就需要学会如何共享。

再次调查拼车的情况时，拼车上班的趋势已经大幅下降。尽管在20世纪90年代和21世纪初，为了解决交通拥堵和空气质量问题，美国政府鼓励拼车，但只有10%的美国人拼车通勤。不过，多亏了全球经济困难、智能手机和社交网络的普及，以及城市千禧一代对汽车的兴趣下降，拼车再次盛行。考虑到气候危机，拼车的复苏像是及时雨。在拼车出行时，人们分摊成本、缓解交通拥堵、减轻基础设施的负荷，并可能减少通勤压力，同时减少人均排放量。在今天的美国，每100辆开车上班的汽车中，只有5辆搭载了其他的通勤者。想象一下稍微改变这个数字的影响——每周仅仅有一天，司机变成乘客。通过解决"第一英里和最后一英里"的挑战，缩小A点、公共交通和B点之间经常存在的距离，拼车也可以使其他形式的交通更加可行。

虽然拼车的想法并不新奇，但一波新的技术浪潮正在促进人们拼车。智能手机让人们能够实时分享他们所在的位置和将要去的位置的信息，将人们与他人匹配并绘制最佳路线的算法每天都在改进。社交网络带来的舒适会增加信任，所以人们更有可能和他们没有见过的人拼车，或者为陌生人开门。通过达到一定的临界用户量，确保可靠性、灵活性和便利性，流行的拼车平台使人们能够在需要的时间和地点找到车辆——这在过去是拼车的一个长期限制因素。事实上，无论是一次性的还是长期的拼车，匹配同路的人都是众多点对点商业模式的重点。"BlaBlaCar"让来自20个国家的2 500万会员共享长途旅行。优步拼车（UberPool）和来福车（Lyft Line）都将乘客按上下车地点分组并连线，它们使用算法将去往同一方向或临近目的地的人配对。从2015年起，谷歌的位智（Waze）就开始在以色列为通勤者配对拼车，现在正在旧金山试点这一概念。（来福车在旧金山湾区测试了一项类似的拼车通勤功能，结果很差。）有了密集的用户基础，这些公司可以尝试一些有趣的事情，他们打赌，如果司机能赚钱或节省时间，他们就会共享座位，如果乘客可以轻松实惠地乘坐，他们就会很乐意AA制。

让两三个人一起拼车并不容易。正如过去一个世纪所证明的那样，当燃料便宜时，拼车就会减少。大量的免费或廉价停车场也会吸引人们独自出行。对自主权、隐私和方便的渴望也是如此，尽管拼车的好处显而易见。从这个意义上说，独自驾驶似乎是社会学家罗伯特·帕特南（Robert D. Putnam）所说的"不参与社区活动（bowling alone）"的一种形式，它反映了现代生活中社会资本和社区的衰落。当涉及陌生人时，可感知的安全风险也可能是一种阻碍。好消息是，当乘客和司机发生真正的联系时，社群、社交和参与感就会在一路上被催生出来。除了四处走走，拼车还能激发想象。对许多人来说，汽车在日常生活中似乎不可或缺，但有些人开始将出行概念化为一种可获得的服务。当汽车被更多地协同使用，成为一种共享的东西，而不是每个人都必须拥有的东西时，你就可以瞥见未来——一个总体上汽车更少的未来。

那么，当汽车在路上跑的时候，怎样才能填补车上的空座位呢？在石油定价和城市设计等领域的宏观变化肯定会在未来的拼车中发挥作用，但其成功的关键是使拼车变得更有活力、更灵活、更有成本效益。这意味着技术将对拼车服务的未来产生重大影响，就像它现在的影响一样，尤其是因为它可以帮助达到一定的客户数量，而这是至关重要的。世界上最好的算法在没有众多用户的情况下也是无法工作的；尽管可能不利于商业利益，但跨平台共享数据可以实现迄今为止最有效的匹配。除了企业家和程序员，雇主和政府也要发挥作用，就像他们曾经在共享汽车的美好时光中所做的那样。促进和鼓励拼车的政策包括从拼车费用的免税计划到减少拼车通行费和停车费。最终，如果和别人一起乘一辆车就像自己开车一样或更加简单实用，拼车就能成为一种自我强化的持续行为——同时还能减少二氧化碳排放。

影响：我们对拼车的预测只关注美国和加拿大的通勤人群，这两个国家的汽车拥有率和独自驾驶的比例都很高。我们假设拼车通勤者的比例从2015年的10%上升到2050年的15%，平均每次拼车人数从2.3人上升到2.5人。因拼车没有实施成本，所以可以减少3亿吨二氧化碳的排放。

电动自行车
ELECTRIC BIKES

电动自行车在中国风靡一时。这一趋势可以追溯到20世纪90年代中期,当时中国蓬勃发展的城市实施了严格的污染控制规定,试图挽救一些污染最严重的城市的空气。目前,世界上有数千万人骑电动自行车出行,中国电动自行车车主的数量是汽车车主的两倍。那么,中国的电动自行车销售量占全球约95%也并不意外。据一位专家称,这是"历史上采用替代燃料车最多的一次"。在世界的许多地方,随着城市居民寻求方便、健康、负担得起的交通方式以在拥挤的城市里穿行,这些脚踏+电动的混合动力车越来越流行,同时减少了碳排放。

在所有的市内出行中,有一半不到10千米(6英里),这是电动自行车很容易到达的距离。但是很少有人住在完美适合骑自行车出行的非常平坦、气候温和的地方。也有些人因年纪较大或体力较弱,还有一些人则面临着很长的通勤路程或有时间限制,或者需要在到达目的地时不能大汗淋漓。通过在骑自行车的人身后提供相当于强风的力量,电动自行车可以使得山地易于对付,出行更快捷,长途出行也更加可行,那些不太愿意骑传统自行车的人都可以考虑一下电动自行车。事实上,随着电动自行车变得更有效、更便宜,人们越来越多地放弃污染更严重的交通方式,比如独自驾驶。

2012年售出的3 100万辆电动自行车有多种样式。有的是带着大篮子的沙滩车,有的造型优美、运动感十足,

#69

截至2050年的排名和结果

减少二氧化碳排放9.6亿吨；净成本1 068亿美元；净节约2 261亿美元

就像是两个轮子的特斯拉（Tesla），也有的看起来更像小型摩托车。无论哪种风格，它们都有相同的底层技术。在电动自行车上，仍然可以脚踩踏板转动曲柄，从而带动链条转动轮子。但电动自行车不只靠这些典型的自行车部件提供动力，它们配有一个小型电池驱动的马达，用以加快速度〔通常最高可达32千米（20英里）每小时〕，或者在人们疲劳时帮助他们提供动力。（如果没有限速，电动自行车在自行车道上行驶时可能速度过快，不利于安全。）

当然，它的电池可以就近充电，其电力来源多种多样，从燃煤电厂到太阳能。这意味着电动自行车的排放量不可避免地高于普通自行车或步行，但它们仍然比汽车（包括电动汽车）和大多数公共交通工具更出色。（有时，拥挤的火车或公共汽车比电动自行车有更高的每乘客英里的能源效率。）当涉及碳排放时，人们选择不同的出行方式就会产生完全不同的影响。随着其他装有发动机的交通工具逐渐从内燃机转向电动机，电网更多地转向可再生能源，电动自行车目前所享有的巨大排放优势将会缩小，虽然现在还存在。

电动自行车的电池是其效率的核心，也是其面临的挑战。电动自行车很贵，几乎是传统自行车的5倍甚至更多。电池是成本的一个主要驱动因素，尽管不同类型的电池成本差别很大。密封铅酸电池价格相对便宜，但也造成了环境污染问题，尤其是高效的电池回收过程很难保持一致。锂离子电池解决了这些污染问题，提高了性能，但其成本要高得多。随着电池技术的进步和规模的扩大，价格因此会下降，电动自行车将变得越来越有吸引力。为了跟上潮流，有效的电池回收也势在必行。

人们对1895年第一个申请电动自行车专利的人知之甚少，他是俄亥俄州的一位发明家，名叫奥格登·博尔顿（Ogden Bolton）。尽管他的发明已经有125年以上的历史，但他的设计却非常现代。也有其他人在努力给当时流行的脚踏车装上电机。今天，电动自行车和普通自行车一起随着时代发展。在未来几十年里，为普通自行车修建的基础设施和自行车日益增长的文化影响力也将使电动自行车受益。自行车比较容易管理，而电动自行车在监管方面却造成了复杂的问题，具体来说，就是什么时间、地点允许驾驶电动自行车。由于电动自行车的样式和功能多样，政策制定者一直在努力制定车道（或自行车道）的规则。清晰、一致的法规使它们安全、可用，会有助于它们的发展。电动自行车已经是地球上最常见、最畅销的替代燃料车。考虑到电动自行车是当今世界上最环保的装有发动机的交通工具，它的流行预示着其使用量将继续增长。

影响：2014年，电动自行车的骑行里程达5 794亿千米（3 600亿英里），其中大部分在中国。根据市场调查，我们预计到2050年电动自行车的骑行里程将增加到每年1.9万亿千米（1.2万亿英里）。从汽车转向电动自行车将推动里程的增长，这一增长预计在亚洲和高收入国家最为强劲。到2050年，电动自行车可以减少10亿吨二氧化碳的排放，为它们的车主节省2 261亿美元。

左图：一位德国自行车技工在柏林的店里试用最新款的电动自行车。

下图：俄亥俄州坎顿市的小奥格登·博尔顿（Ogden Bolton, Jr.）设计的电动自行车在1895年的专利中包含的插图。

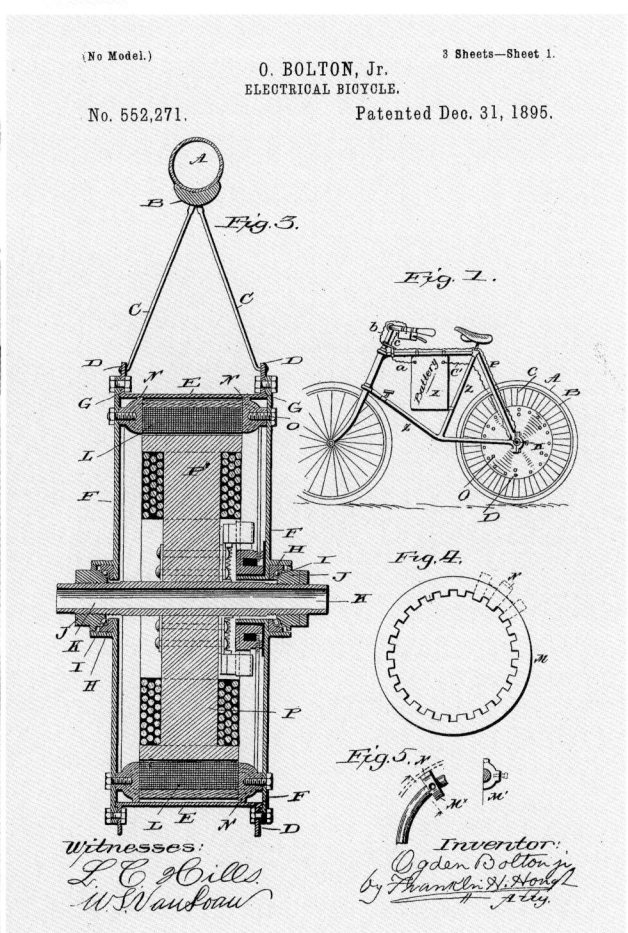

交通运输系统　147

汽车
CARS

全球2013年大约生产了8 300万辆汽车。几乎所有汽车都装有传统的内燃机——这是工业革命的典型产物，它将化石燃料转化为动力并排放温室气体。在美国，所谓的"轻型"汽车的年排放量占全国的15%以上。在全球范围内，交通运输业的排放占由使用能源产生的总排放的四分之一，而汽车占了其中很大一部分。

在2013年推出的新车中，有130万辆是装有电动马达、电池和内燃机的混合动力汽车，其本质是为了更好的燃油经济性和更低的排放。汽油或柴油发动机在保持高速（在高速公路）行驶方面表现出色，但需要克服惯性使其启动比较困难。电动马达在低速和启动时效率特别高，它还可以在等红绿灯时、内燃机没有运转的情况下，马达空转供电，让汽车的空调和其他部件保持工作；它还能捕捉通常在刹车时以热量形式释放的动能，并将其部分转换回电力，并提高发动机的性能，使其更小、更高效。混合动力汽车融合了两者的优点，弥补了缺点。电动马达和内燃机互相配合，相辅相成。

混合动力汽车，顾名思义，就是两种动力来源的配合，这意味着内燃机只需要做一部分的功；因此，汽油只需要提供所需的部分能量。电池储存的电力增强了汽车的性能，使其每单位油耗能行驶更多的里程，产生更少的排放。根据国际能源署的数据，混合动力汽车的燃油经济性比纯发动机汽车提高了25%~30%（如果主要在城市里驾驶则提高更多）。电动汽车已经在崛起，它是大势所趋。但现在混合动力车是一种关键车型，主要是因为它不受纯电动汽车面临的各种问题的限制，从有限的续航里程到额外的基础设施需求。在社会完全过渡到非化石燃料车之前，混合动力是提高汽车燃料效率的最有效的技术。

几乎同义于"混合动力"的丰田普锐斯（Prius）于1997年在日本上市。这是第一款商用混合动力汽车，但它最早的前身早在近一个世纪前就推出了。1900年，费迪南德·保时捷（Ferdinand Porsche）将电池驱动的轮毂发动机和两个汽油发动机结合在一起，设计了一款电动汽车。这款名为"永动（Semper Vivus）"的跑车可以"完全依靠电池动力行驶更长的距离，直到必须启动内燃机给电池充电"。同样的基本技术可以在今天的雪佛兰沃蓝达（Volt）和新推出的现代（Hyundai）Ioniq中找到。1901年，保时捷在巴黎汽车展上首次展示了它的混合动力原型车，然后将其改进为罗纳—保时捷混合汽车（Lohner-Porsche Mixte），并在年底前售出了5辆。混合汽车的技术复杂性使得它的价格和维护成本居

截至2050年的排名和结果

减少二氧化碳排放40亿吨；净成本−5 987亿美元；净节约1.76万亿美元

#49

高不下，而那个时代的电池又贵又重。最终，保时捷的混合动力车无法与传统的汽油车竞争。

在20世纪的大部分时间里，由于技术复杂性、电池、成本以及油价低廉等问题，混合动力技术在市场中逐渐衰落。它在过去20年里的重新崛起和增长得益于世界上成熟经济体采用的燃油效率标准，现在中国也采用了这些标准。这样的标准——企业平均燃油经济性（Corporate Average Fuel Economy, CAFE）标准最早是由美国在1975年建立的。截至2014年，全球83%的汽车市场有燃油经济性规定。这些强制性的标准迫使汽车制造商努力解决能源效率低下的问题。受到发动机热损失、风阻和滚动阻力、刹车、空转以及其他降低性能的因素的影响，一辆汽油车平均只有21%的能耗用于推动自身前进。在这部分有效的动力中，95%作用于汽车，而不是司机。从本质上讲，汽车消耗的能量99%是浪费掉的：为了移动一个68千克（150磅）重的人，汽车需要连带着1 361千克（3 000磅）的钢铁、玻璃、铜和塑料。

混合动力汽车部分消除了低效率。除了混合动力技术，发动机还可以小型化，车身可以设计成流线型并采用更轻的材料，机械部件也可以进行微调以减少摩擦。由于这些额外的降低燃料消耗的技术只能分散地带来几个百分点的效果，它们可以是混合动力车或纯电动汽车更好的补充，却无法成为传统汽车上的独立技术。

燃油经济性标准、石油价格、新车标识和财政激励（如对高效率汽车的差别税率）会影响人们对混合动力汽车的采用。随着燃油效率法规提高了标准，混合动力汽车和纯电动汽车将占据更大的市场份额。它们的增长也将取决于价格，具体来说就是电池的价格。混合动力汽车比传统汽车更贵，尽管随着电池成本的下降，混合动力汽车正变得越来越有竞争力。国际能源署估计，虽然混合动力车的平均价格比传统汽车高3 000美元，但在汽车的全生命周期内，燃料成本的降低会给混合动力车车主带来总体上的节省。尽管如此，较高的前期成本可能令人望而却步。还有一些人担心，混合动力车可能会增加汽车行驶里程（人们可能会去更远的地方），从而导致总体油耗的增加。然而，研究表明，这种所谓的"反弹效应"通常很小，对个人交通只有几个百分点的影响。

目前，全世界有超过10亿辆机动车，到2035年，这一数字将超过20亿。虽然拼车、共享汽车、远程办公和公共交通越来越多，但汽车并没有衰落。相反，人们继续被它所提供的自由、灵活、方便和舒适而吸引。我们能否在增加汽车数量的同时减少排放，尤其是在中国和印度等新兴经济体？混合动力车被称为能源革命的先锋，因为它提高了燃油效率，并促使汽车行业加快创新；但只有在它为纯电动汽车铺平道路的情况下才是如此。虽然世界上97%的汽车仍然只有内燃机，但这个数字正在发生变化。混合动力车可以更快地转向完全不需要内燃机的纯电动汽车。

影响： 如果根据现状来预测，到2050年将有2 300万辆混合动力汽车投入使用，不到汽车市场的1%。我们预计的是，混合动力汽车2050年的市场份额能增长到6%，即3.15亿辆。到2050年，新增的3.15亿辆混合动力汽车可以减少40亿吨二氧化碳排放，在未来30年为车主节省1.76万亿美元的燃料和使用成本。

2007年，通用汽车在北美国际车展（North American International Auto Show）上推出了雪佛兰沃蓝达概念车，这是一款插电式混合动力汽车。根据通用汽车公司当时的估计，这款车仅靠电池驱动马达可以行驶64千米（40英里），之后启动内燃机为电池充电，续航里程达1 030千米（640英里）。如果通宵充电，每天行驶97千米（60英里），燃料效率可达惊人的每加仑241千米（150英里）。

交通运输系统　149

飞机
AIRPLANES

移动性是一项不可否认的社会福利，也是全球经济不可或缺的组成部分，然而那些伴随着飞行轨迹的污染物——二氧化碳、氮氧化物、尾迹中的水蒸气、炭黑却不是。在第一次商业飞行（跨越佛罗里达州坦帕湾的23分钟的飞行）一个世纪后，航空业已经成为全球交通和全球排放的固定组成部分。2013年全球售出了超过30亿张机票，航空旅行的增长速度比其他交通方式都要快，客运量和货运量都在上升。（大约一半的航空货运量是在客机的"腹部"运输的；另一半则在专门的货运飞机上。）目前全世界大约有2万架飞机在服役，每年的排放量至少占总排放量的2.5%。到2040年，预计将有超过5万架飞机服役，而且使用会更频繁。如果要减少排放，燃料效率将不得不大幅提高。

现在燃料效率正逐渐提高，主要是因为燃料占航空公司运营成本的30%~40%，而选购飞机的决定往往取决于效率。2000~2013年，美国国内航班的燃油效率提高了40%以上。与此同时，使用重型飞机的国际航班的燃油效率也提高了17%。这些增长主要归功于机队的更新换代，而航空公司也在寻求最大限度地增加每架飞机上的乘客数量。推进技术、符合空气动力学的飞机外形、轻量化材料和操作的改进都可以进一步推动燃油效率的提高。

与所有交通方式一样，发动机也是航空业的关键所在。喷气发动机的工作原理是吸入空气，空气被压缩后与燃料混合并燃烧，燃烧产生的能量可以带动发动机的涡轮并产生推力。位于发动机前部强力无比的涡轮风扇会将一些空气吸入发动机核心，为这一过程提供动力。它们还能使发动机核心周围的空气分流，提高推力和效率，并降低噪声。具有高空气旁通率的发动机可以提高大约15%的燃油效率。对于发动机制造商普拉特惠特尼（Pratt & Whitney）来说，在涡轮风扇发动机设计中增加一个齿轮可以额外减少16%的燃料消耗。该齿轮允许发动机风扇独立于发动机的涡轮运行，因此它可以以最佳速度旋转，以获得更好的空气旁路。其他公司正在使用复合陶瓷来减少燃料的使用，它们具有很强的耐热性，允许燃料以更高的温度更高效地燃烧，同时也降低了发动机的重量。劳斯莱斯在其最新一代的轻型发动机中使用了强度高、重量轻的碳纤维。如果重量问题能够得到解决，采用混合动力或电池动力引擎可能会带来更彻底的改变。

飞机设计的变化有小有大。像鸟翼一样向上翘起的尖状物——波音称之为"小翼（winglets）"，空中客车称之为"鲨鳍（sharklets）"，可以提高机翼的空气动力学性能——在新机型和改装后的旧机型上都能减少高达

#43

截至2050年的排名和结果

减少二氧化碳排放50.5亿吨；净成本6 624亿美元；净节约3.19万亿美元

5%的燃料消耗。一个小翼向上弯曲，另一个向下弯曲，分开的弯刀小翼（以弯曲的半月形刀剑命名）可以在此基础上再减少2%。目前，小翼是高效设计的基础。

美国国家航空航天局（NASA）正在与研究型大学和企业工程团队，在一系列更广泛的技术发展上进行合作，包括发动机的位置、机身宽度和机翼的长度、宽度及位置，甚至对机身也进行了全面的重新设计。例如，波音公司和NASA正在合作研制一种类似于蝠鲼的飞机，这种飞机将机翼无缝地融合到机身中。今天，一个6%比例的模型在NASA的亚音速风洞中飞行，但这种飞机可能在十年后才真正投入使用。这两个组织还在研究一种更长、更薄、更轻的机翼设计，采用支架或桁架来增强支撑。通过将发动机移到机身的后部，更细的机翼变得可行。据估计，诸如此类重大的重新设计将使得燃油效率提高50%~60%，它们预示着未来的飞机并不遥远。

现有的飞机通过简单操作上的改变，将滑行、起飞和降落视作独特的耗油过程分别处理，就可以实现显著的燃油节约。麻省理工学院的一项研究表明，地面滑行时只开启一个引擎而非两个，是减少地面燃料消耗的最有效措施。飞机在地面上的滑行时间占整个飞行时间的10%~30%，飞机在登机口和跑道之间降低40%燃料消耗，每年可以为一家大型航空公司节省1 000万~1 200万美元。将飞机的引擎关闭并用绳索拖曳是另一种有效的滑行策略，尽管这更耗时。连续下降和后期下降的着陆方式可以增强牵引力。它们通过减少飞机在效率最低的低空飞行的时间来节省燃料。越来越多的飞机还可以通过机载电脑相互通信，有效地进行自我空中交通管制，并减少飞行路径之外低效的"之"字形迂回。另一组研究人员最近调查了在滑行和飞行的各个阶段对飞行员采用行为经济学方法的情况。当航空公司的机长每个月都得到有关燃油效率的数据以及相应的目标和个性化反馈时，燃油效率提高了9%~20%。每减少1吨二氧化碳排放，航空公司就能节省250美元。

因为在可预见的未来飞机将继续依赖液体燃料，人们正在增加对飞机生物燃料的投资，比如从藻类中提取的生物燃料。碳作战室称，可持续航空燃料是"最具挑战性的减排机会"，也是"实现航空碳中和增长的最大潜力"。如今，虽有航空生物燃料可供选择，但其成本高，供应有限，基础设施薄弱。碳作战室指出，机场对于加大规模的需求并协调供应至关重要。该组织正在尝试实现一种可行的商业模式。不过，就目前而言，生物燃料对航空排放的影响仍不确定。

尽管燃油效率能给航空公司带来明显的经济利益，但也需监管发挥作用。当国际清洁运输委员会（International Council on Clean Transportation, ICCT）调查燃油效率和航空公司盈利能力之间的关系时，发现它们并不必然相关，更没有因果关系。事实上，2010年最赚钱的美国航空公司却是燃油效率最低的。正如ICCT所言："仅靠燃料价格可能不足以推动效率……固定设备成本、维护成本、劳动协议和网络结构有时都会产生相反的压力。"要求航空公司报告它们的燃油效率数据将是为创新和政策制定提供信息的第一步，航空公司和航线的燃油效率评级将有助于消费者和投资者做出更明智的选择。由于航空公司的运营方式各不相同，因此政策可以促进和鼓励它们更一致地采用高效的运营方式。

多年来，飞机（和船舶）对气候变化的贡献一直没有受到国际监管。2016年10月，191个国家同意通过国际航空碳补偿和减排计划（Carbon Offset and Reduction Scheme for International Aviation, CORSIA）限制航空排放。该协议没有为排放设定上限或收费，而是让航空公司加入一个计划——起初是自愿的——通过碳封存项目抵消航空公司的排放。（以2020年的排放量作为基准，超过这一基准的大多数排放都必须抵消。）此举旨在让航空公司与减少行业排放有更大的利害关系：通过提高燃料效率，航空公司可以避免碳补偿成本，预计碳补偿成本约占航空公司年收入的2%。要使行业取得足够的进展，还需要其他变革手段。

影响： 这项分析的重点是采用最新和最省油的飞机；用小翼、更新的发动机和更轻的内饰改装现有飞机；以及让老飞机提前退役。这些改变在30年的时间里，可以避免51亿吨的二氧化碳排放，节省3.2万亿美元的航空燃料和运营成本。其他提高效率的措施可以提供更多的减排和节约。

长期以来，NASA一直是未来飞机设计的主要实验者。他们认为，在未来几十年，新的设计可以为航空公司节省2 500亿美元。除了减少70%的燃料和污染，这些原型机制造的噪声比传统客机少50%。这里展示的飞机是几种"N+3"设计之一，这种飞机可供未来三代人使用。麻省理工学院的"双气泡"模型，在双单元机身的后部安装了3个引擎，使机翼更小、更轻。后置发动机使得发动机更小并减轻重量。大型飞机上的每一项优化都对其他部件产生了连锁效应，带来了燃料效率的突破。

卡车
TRUCKS

截至2050年的排名和结果

#40

减少二氧化碳排放61.8亿吨；净成本5 435亿美元；净节约2.78万亿美元

"不用来燃烧的汽油、柴油、燃料油和煤是最环保的。"已故的英特飞公司创始人兼首席执行官、企业可持续发展领域的杰出人物雷·安德森（Ray Anderson）如是说。把"最环保的"换成"最便宜的"，这句话同样成立。不用来燃烧的燃料是最便宜的——不需要买。节能措施的核心就是将节约资金和防止污染相结合。对于全球货运卡车行业来说，在气候变化的时代，这种经济和环境效益的融合尤其重要。

卡车从马车和铁路等前身逐渐发展而来，直到第一次世界大战时，卡车成为军事行动的关键。卡车技术的改进和更好的道路使它们更适合运输。柴油卡车在20世纪30年代首次出现，在20世纪50年代大行其道，现在大约占陆地货运量的一半。卡车运输的货物占美国国内货物总吨位的近70%，每年超过80亿吨。甚至当货物通过铁路或水路运输时，开始和结尾的旅程也通常是通过卡车来运输的。

在美国等世界各地运输这些货物需要大量的柴油燃料。仅在美国，卡车每年要消耗1 895亿升（500亿加仑）的柴油，它们在温室气体排放中的占比就像它们的体型一样大。虽然它们仅占美国汽车的4%多一点，占总行驶里程9%，却消耗了25%以上的燃料。在世界范围内，公路货运的排放量约占总排放量的6%。近几十年来，交通运输的碳排放量激增，卡车运输的碳排放量远远超过了个人交通。由于货运活动似乎随着收入的增加而增加，而公路货运排放预计将继续攀升，因此大幅提高效率势在必行。

有两种主要方法可以降低每吨货物的燃料消耗比：一是将其纳入新卡车的设计考量中，二是升级现有的卡车。2011年，奥巴马政府为2014~2018年生产的新型重型卡车颁布了首个燃油效率标准。之后的第二轮标准的目的是推动创新和采用节能技术。这需要更好的发动机和空气动力学设计、更轻的重量、具有更小滚动阻力的轮胎、混合动力和引擎自动关闭技术。顶级的自动变速器可以克服手动操作时不良的驾驶习惯。根据美国2010年的价格，对一辆新卡车进行改造升级的成本约为3万美元，但每年节省的燃料成本几乎与此相当。有些技术的回收期很短，只有一到两年。

牵引卡车的平均寿命比较长，在美国平均为19年，在低收入国家通常更长。考虑到卡车的长寿命，提高现有车队的效率至关重要，在那些卡车年代久远、效率低下的地区尤其如此。有一系列措施可以减少卡车能源浪费，提高燃油性能：改进卡车的空气动力学性能、安装防空转设备、进行升级以减少滚动阻力、升级变速器，并安装自动巡航控制设备。每一项措施本身的效果可能相对较小，但当它们一起改进时，就会产生可观的影响。

提高现有卡车效率的成本相对较低，却能带来巨大的投资回报。根据碳作战室的数据，对于一辆典型的美国重型卡车来说，减少5%的燃料使用量每年可以节省4 000多美元。在一个油耗和净收益紧密相关的行业，综合成本节约事关重大。不过，预先投资的资金可能是一个挑战，尤其是对那些往往难以获得融资的小公司来说。分散的激励也会带来问题：如果愿意掏钱升级能效的车主不支付燃油费用，那他们就没有什么理由采取这些措施。关于各种节能技术的性能缺乏可用、可靠的数据，这是采取升级措施的另一个障碍——碳作战室和其他机构正在努力克服。

除了提高新卡车和现有卡车的效率，优化从A点到B点的最佳路线、避免空载拖车、对司机进行节约燃料的培训和奖励等措施也可以减少总行驶里程并提高每加仑汽油的行驶里程。从长远来看，向使用低排放燃料或电动发动机的卡车转型势在必行。制造能够承载更重货物的更大卡车也可以带来可观的变化。在此过程中，社会将受益于空气污染的减少——二氧化硫、一氧化二氮和颗粒物困扰着许多城市地区，影响公众健康。从自愿改造卡车到制定燃油效率标准的国家政策，提高公路货运效率的持续努力将同时对行业和气候产生有利影响。

影响：到2050年，如果采用节油技术的卡车的比例从2%增长到85%，这个解决方案可以减少62亿吨的二氧化碳排放。这一解决方案需要5 440亿美元的投资，可以在未来30年节省2.8万亿美元的燃料成本。

MAN的概念S卡车（concept S truck）比传统的40吨级卡车减少了25%的油耗。卡车—拖车一体化的空气动力学设计可以减少阻力，它还可以防止骑自行车的人被卷到车轮下面，前挡风玻璃大大提高了司机的能见度和安全性。

交通运输系统

远程呈现
TELEPRESENCE

#63

截至2050年的排名和结果

减少二氧化碳排放19.9亿吨；净成本1 277亿美元；净节约1.31万亿美元

科幻作家罗伯特·海因莱因（Robert Heinlein）1942年的短篇小说《沃尔多》（"Waldo"）催生了远程呈现（telepresence）的概念，即利用技术进行远程互动。人工智能领域的领军人物、麻省理工学院已故教授马文·明斯基（Marvin Minsky）从海因莱因虚构的原始系统中获得了灵感。对于明斯基来说，这样的灵感似乎是再合适不过的了。明斯基很喜欢自己在人工智能方面"亦真亦幻"的工作，探索务实和想象之间的灰色地带。他在1980年的一篇文章中创造了"远程呈现"这个词，并清晰地表达了他的愿景，即让个人有置身于遥远地点的感觉，并有能力在那里采取行动。关于这项未来技术，他写道："你的远程存在拥有巨人般的力量和外科医生般的精细。"

明斯基还指出了远程呈现领域一直在努力解决的核心问题："发展远程呈现最大的挑战是实现那种'在场'的感觉。远程呈现真的能代替真实的东西吗？"很多人会说，没有什么能胜过面对面的交流，但远程呈现的目标是以假乱真。通过集成一系列高性能的视觉、音频和网络的技术和服务，地理上分隔的人们可以进行交互，重现面对面交流最重要的部分。想象一下"Skype"或"FaceTime"的增强版。当人们可以远程呈现和工作时，就不太需要出行了：这就是它对气候的潜在影响。在一个充满全球商业足迹和国际合作的世界里，如果人们在不同的地方也可以一起工作，就可以避免与出行相关的大量碳排放。根据以前的碳披露项目CDP（Carbon Disclosure Project）显示，如果激活1万个远程呈现单元，到2020年，美国和英国的企业可以减少600万吨二氧化碳的排放——"相当于每年100多万辆乘用车排放的温室气体"——并在这个过程中节省近190亿美元。

这个世界并没有像明斯基在1980年想象的那样发展得如此之快，但现在，远程呈现正以各种方式和场景出现在人们的生活中。从公司、学校到医院和博物馆，虚拟互动正在打开新的可能性。使用可移动的远程呈现机器人，外科医生可以实时为高难度的手术提供建议，而无须长途跋涉；高管们聚集在悉尼和新加坡的远程呈现会议室，不用坐飞机就能讨论收购。热衷于远程呈现的公司发现，虽然并不是所有的出行都可以节省，但很多都可以。除了避免碳排放，远程呈现还提供了许多其他好处：减少旅行带来的成本节约，员工的日程安排也不那么紧张，远程会议效率更高，能够更快地做出决定，并增强了跨地理区域的人际关系。

为了充分实现这些好处，就需要大量的初始投资，这比标准的视频会议投资要高。尽管远程呈现系统的初始成本和持续支出更高，但它们的使用量往往更大，因此单次使用的成本基本相当，投资回报也很快——只需一到两年。远程呈现还依赖于强大的网络基础设施、熟练的技术支持，如果使用特定的会议室，还需要专门的空间。一旦安装了远程呈现技术，公司可以通过教育员工、制定避免差旅的政策、跟踪和奖励其使用来鼓励员工采用它。虽然成本在下降，简单性、可靠性和有效性在上升，但技术的采用和伴随的行为变化——接纳并好好使用它——仍然需要时间。随着这些趋势的持续、技术的改进并产业化，降低成本和减排的压力越来越大，以及更多的人拥有的良好体验，远程呈现递增的采用曲线应该会变得更陡峭。我们将越来越多地能够不去任何地方就能上班，并避免潜在的碳排放。

影响： 通过避免商业航空旅行的排放，远程呈现可以在30年内减少20亿吨二氧化碳的排放。这一结果假设到2050年，超过1.4亿次与商务相关的旅行将被远程呈现所取代。对企业来说，对远程呈现系统的投资将带来价值1.3万亿美元的节省，同时节省820亿小时无产出的旅行时间。

多伦多普华永道的工作人员向一位来自布拉格的团队成员挥手。这种两轮移动踏板车可以在办公室里四处走动，这样来自布拉格的工作人员就可以随意与多伦多办公室的其他人会面交谈。

火车
TRAINS

#74

截至2050年的排名和结果

减少二氧化碳排放5.2亿吨；净成本8 086亿美元；净节约3 139亿美元

火车虽在铁轨上行驶，但它们也消耗燃料。大多数火车依靠柴油发动机驱动，也有些接入电网。近几十年来，火车的燃料使用效率稳步提高。从1975年到2013年，客运和货运铁路的能源消耗分别下降了63%和48%，排放量分别下降了60%和38%。尽管如此，在2013年，铁路排放仍占运输行业排放总量的3.5%，超过2.6亿吨二氧化碳。铁路运输了全球8%的旅客和货物，继续提高其效率至关重要。

铁路公司已经采取了一系列技术和操作上的措施。随着旧的机车退役，更高效的车型取而代之，其中许多采用了更符合空气动力学的设计。在某些情况下，这些车型包含混合柴油—电力发动机和电池，其效率与混合动力汽车类似，可节省10%~20%的燃料。一些列车还配备了再生式制动系统以捕获和利用以热量形式损失的能量，以及限制空转期间燃料使用的"停启（stop-start）"技术——就像节能汽车所做的那样。美国客运服务公司美铁（Amtrak）利用再生式制动降低了8%的能源消耗。将火车头的动力分散到整个列车上也可以提高燃料的使用效率。

如果在组装时更讲策略，将性能更好的火车头与更轻、更符合空气动力学、能够承载更多货物、配备低扭矩轴承的车厢搭配在一起，则会如虎添翼。消除车厢之间的间隙可以减少阻力，而更长、更重的列车通常效率更高。轨道本身可以更好地润滑以减少摩擦。即使有了高效的设计，如何驾驶火车依然是关键。软件可以控制列车的速度、间隔和时间安排，也可以为机车工程师提供效率信息和相关的"指导"，以提高性能。

电动火车的数量正在增加，但减少排放的程度取决于供电电网的效率。根据国际能源署的说法，"在全生命周期内，铁路电气化可以带来约15%的效率提升"。随着电力生产转向可再生能源，铁路有潜力提供接近零排放的运输。

与此同时，提高火车的燃料效率，无论是柴油还是电力驱动，都能降低成本，使其更具竞争力，尤其是在货运方面。正如落基山研究所指出的："（火车）是（世界上）最古老的交通方式之一……单位油耗和负载下可以比卡车多运输4倍的距离，而且成本通常更低。"成本优势可能会鼓励企业用火车而不是卡车运输货物，从而

一辆喷漆之前的通用电气进化系列（Evolution Series）Tier 4机车，位于得克萨斯州沃斯堡的工厂。这款柴油—电力机车是世界上排放效率最高的机车之一，与Tier 3机车相比，可减少70%的颗粒物和一氧化二氮排放。〔Tier 4是美国环境保护署（U.S. Environmental Protection Agency）对新型机车的标准，自2015年1月1日起生效。〕这个200吨（44万磅）重的庞然大物用3.79升（1加仑）燃料就能运送1吨货物行驶805千米（500英里）。遍布整个发动机的传感器收集实时数据，以诊断和提高性能和效率。在其他地方，可以看到许多Tier 4机车沿着洛杉矶和西雅图之间的铁路运送货物。

减少大宗货物运输的排放（当然，在发电转向可再生能源之前，一个核心悖论将持续存在：许多货运列车运载煤炭和石油，因此提高效率可能有利于化石燃料公司的利润。）。

影响：在全球范围内，铁路电气化的里程为26.7万千米（16.6万英里）。如果到2050年，这一数字增加到100万千米（62.1万英里），仅货运业务的燃料消耗排放的二氧化碳就可以减少5亿吨。这一额外的电气化将花费8 086亿美元，在30年时间里节省3 139亿美元，在基础设施的生命周期内节省7 750亿美元。优先升级高使用率的铁路可以降低净成本。

材料

20世纪关于材料最重要的见解来自生物学家约翰·托德（John Todd），他创造了"废物即食物（waste equals food）"这一说法。其实，这恰恰就是所有生物系统的实际情况。但在托德的时代，这与制造业的实际情况形成了鲜明的对比。从那时起，工业已经取得了长足的进步，如今公司有责任密切关注他们的材料来源和用后处置。也就是说，社会正开始重新设计和想象用于产品和结构的材料，也不断思考着可以将其减量化、再利用和再循环的方法。当然，本章并不能包含最新的发现，只对一些常用技术和工艺进行了详细介绍，这些技术和工艺对于扭转全球变暖至关重要——排名首位的解决方案就包含在本章中。

HOUSEHOLD RECYCLING

"回收"这一概念在20世纪以前不需要拥有自己的名字。为了充分利用有限的资源,人们避免浪费、修理坏掉的东西,并找到方法给其他物品第二次生命。这个词直到20世纪60年代才在废弃物管理的背景下开始使用,但此后它很快便成了现代环境运动的标志。成立较早且影响广泛的加拿大环保组织"污染调查(Pollution Probe)",创造了"减少、再利用、再循环(reduce, reuse, recycle)"这一表述。这一"3R"原则成了应对消费废物挑战和限制材料流向垃圾填埋场和焚烧厂的口头禅——先减少,然后再利用,然后再循环。现在,家庭回收是一种有意义的方式,可以引导材料回到价值链,并在这个过程中减缓气候变化。

随着世界城市化进程的加快,城市垃圾也在以更快的速度增长。过去的一个世纪中,垃圾产量增长了10倍。专家预计,到2025年,这一数字将再翻一番——作为收入增长和消费增长的副产品。这些垃圾中有一半或一小半产生于家庭层面,其管理往往是地方政府的责任。低收入城市是该规则的例外,那里以非正规的垃圾捡拾体系为主,而不是采用高度人性化和高科技的收集

———

苏丹的达萨纳赫人(the Dassanach peoples of Sudan)是世界上比较完整的文化群体之一。曾经是牧民的他们现在主要靠农业为生,因为他们失去了自己的牧场。无论传统与否,达萨纳赫妇女在回收废品制成头饰和项链方面有着惊人的创造力,这些头饰和项链由瓶盖、手表带和SIM卡制成。随着小城镇和酒吧在奥莫河(Omo River)定居点附近雨后春笋般涌现,瓶盖变得非常丰富,以至于妇女们开始向来访的游客出售她们的头饰。

#55

截至2050年的排名和结果

减少二氧化碳排放27.7亿吨；净成本3 669亿美元；净节约711亿美元

和处理系统。废物流包括食品、庭院垃圾、纸张、纸板、塑料、金属、衣服、尿布、木头、玻璃、灰烬、电池、家用电子产品、油漆罐、机油、散装物品等。尽管各地情况迥异，但在高收入国家，纸张、塑料、玻璃和金属占据了废物流的一半以上——它们都是回收利用的主要对象（许多使用没有那么普遍的物品也应该得到回收，因为它们具有毒性或含有高价值成分。）。

是否对可回收的家庭垃圾进行回收会对温室气体排放产生影响，因为用回收材料生产新产品通常可以节约能源，同时还能减少资源开采、降低污染物排放并创造就业机会。例如，锻造回收的铝制品要比使用原始材料节约95%的能源。当然，即使是最高效的回收，比如铝，也并非不会产生排放。目前，收集、运输和加工废弃物仍主要依靠化石燃料。然而，一旦考虑到污染，回收仍然是处理排放同时管理废弃物的有效方法。

转移和回收废料的过程有时称为"价值化（valorization）"。这一术语指的是将被丢弃物品中保留的价值提取出来的过程（因此说是"丢弃"其实并不恰当）。回收材料实际上有两种价值来源，一是作为商品，二是作为"汇"。第一种是人们通常会想到的：例如，纸张中留存的纤维可以加工成再生纸浆。这种商品价值促使垃圾拾荒者继续捡拾，激发了回收企业创业。它刺激了可回收材料的全球市场。第二种价值常常为人们所忽视，即回收利用作为"汇"的价值。它吸收了将垃圾送往填埋场或焚化炉所产生的经济、社会和生态成本。通过这两种方式，废弃物（尤其是金属和纸张）的转移创造了价值，节省了一系列成本，并创造了收入。

回收率（成功回收的垃圾比例，通常将堆肥包括在内）在世界各个城市差别很大。让落后者与领先者保持一致的机会就在眼前。有趣的是，许多低收入城市及其非正规系统的回收率已经可以与高收入国家的正规系统相媲美。印度德里和荷兰阿姆斯特丹的回收率都徘徊在三分之一左右；美国旧金山和澳大利亚阿德莱德的回收率达到65%甚至更高，常常被认为是回收领域的领袖，但菲律宾奎松市和马里的巴马科也达到了同样的水平。必须指出，非正规回收往往能够支持城市穷人的生计（尽管并非不产生健康影响），并节省资源匮乏的城市在废物管理方面投入的资金。微型企业，例如来自尼日利亚、通过货运自行车提供家庭回收服务的Wecyclers，正在成为越来越重要的行动者。

高收入城市中的先驱者对于如何成功在居民区进行正规回收已经掌握了很多经验。提高公众意识是必要的，但永远不够。虽然没有万能公式，但最有效的系统会让收集简单化，并使用激励来推动行为。例如一些垃圾按量收费（Pay-as-you-throw）项目，旧金山的回收项目是对送往填埋场的垃圾收取费用，但免费收取回收物和堆肥（旧金山的回收项目中还包括服装，这是一种增长迅速但经常被忽视的废物流）；要求消费者在购买时支付押金的机制可以在从瓶子到电子产品的广泛领域得到应用，同时提高回收率。然而，也有常见的方法产生了好坏参半的结果。许多市政当局现在提供大型路边垃圾箱，以容纳更多混合所有材料的单流回收，但额外的空间催生了更多"富有创造性"和"一厢情愿"的回收——这里是花园软管，那里是泡沫塑料容器——产生的污染使回收处理成本更高。

家庭垃圾回收面临着另一个全新挑战：垃圾本身的组成。从饮料瓶到婴儿食品容器，包装经历了"轻量化"。新的产品设计需要更少的原材料投入，运输成本也得到了降低（并且通常还会减少温室气体排放）；但与此同时，它们很难回收，而且要达到同样数量的适销商品需要更多的塑料包装。报纸曾经是回收商收入的主要来源，如今却数量骤降。这些变化加上全球商品市场不可避免的波动，让这个行业保持警觉。尽管如此，"零浪费（Zero Waste）"运动仍在继续。从德国引进的绿点（Green Dot，或称"Der Grüne Punkt"）标签系统的采用率持续增长，它从制造商那里筹集资金，以支付回收和再循环费用。同样方兴未艾的还有更严格的城市回收率目标，如欧盟提出的到2030年达到65%的目标。再循环和另外两个首要的"R"——减少和再利用——将是在不使世界进一步变暖的情况下管理废物的关键因素。

影响：家庭和工业回收解决方案被放在一起建模，模型中包括金属、塑料、玻璃和其他材料，如橡胶、纺织品和电子垃圾。纸制品和有机废物使用了单独的废物管理解决方案处理。减排的来源是避免了与垃圾填埋相关的排放，以及用回收材料替代了原始原料。由于大约50%的可回收材料来自家庭，如果全球平均回收率提高到可回收垃圾总量的65%，到2050年，家庭回收可以避免27.7亿吨二氧化碳的排放。

工业回收
INDUSTRIAL RECYCLING

2012年，模块地毯制造商、跨国公司英特飞与伦敦动物学会（Zoological Society of London）建立了合作伙伴关系，以探索一个不同寻常的问题：制造地毯是如何解决世界上的不平等问题的？答案就在这两张照片之中。英特飞与发展中国家沿海社区的人们合作，购买了散落在珊瑚礁和环礁上的废弃渔网——这是海洋中64万吨废弃渔具中的一部分，这些渔具会继续捕杀鱼类（也被称为"幽灵渔捞"）。直到现在，当地社区还没有可持续的方法来回收或处理使用过的渔网。

这项计划被称为"网工程（Net-Works）"，其核心的社区银行可以帮助管理资金、贷款、海岸清理工作、销售存款和当地保护项目的融资。废弃渔网交由Aquafil公司处理，该公司将尼龙废料转化为100%再生地毯纱。然后，英特飞将纱线融入一系列的设计中，你在下页图中看到的这块地毯就是其中之一，它模仿的是回收渔网地区的海域。截至2016年，35个社区已经建立了"网工程"，累计收集了137吨废弃渔网，并为900个家庭提供了小额贷款和银行服务。

　　掠夺、制造、浪费——工业时代的作风。掠夺所需的资源，将它们制造成物品，丢弃副产品，最终将使用过的物品浪费。今天，一种新的循环思维方式开始取代这种逻辑。在自然界中，循环比比皆是。水和营养物质在闭环中流动，没有产生一点浪费；相反，废弃物变成了资源。循环商业模式借鉴了大自然的智慧，将旧物和废料视为新产品的宝贵资源。他们开始改变从原材料到垃圾填埋场和焚化炉的线性流动，使工业系统更像一个生态系统一样运作。公司可以把他们的废弃物送去回收，同时自己也可以成为回收商。通过减少材料的使用以及回收和再利用废弃物，他们可以降低开采、运输和加工原材料过程中的温室气体排放。由于目前全球经济对这些材料的使用速度远远超过地球的再生速度，这种做法同时应对了资源短缺的挑战。

　　至少有一半的垃圾产生于家庭以外，有时甚至更多。工商业废弃物的来源不计其数：各类制造业、建筑工地、矿山、发电厂和化工厂、商店、餐厅、酒店、办公楼、体育和音乐场馆、学校、医院、监狱、机场等，它们都是使用和排放的场所。产生的废物流包括来自食物和景观美化的一般废物，以及纺织品、纸张、纸板和其他包装、塑料、玻璃、金属，还包括大量的工业固体废物，如混凝土、钢铁、木材、灰烬和轮胎，以及电子垃圾——电脑、屏幕、打印机、电话和更多信息时代产生的含有汞、铅和砷等有毒物质的垃圾（世界上大部分的电子垃圾都在低收入国家，在那里，监管和执行都相对松懈，黑市猖獗。）。并不是所有这些废物都能通过回收获得第二次生命，至少目前如此，但大部分可以做到。

　　为帮助商业和工业废弃物形成闭环，人们正在进行一系列努力（这其中的一些也会对家庭废弃物产生影响）。生产者延伸责任制（Extended Producer Responsibility，EPR）是一种逐渐风靡的政策方法，它要求企业不仅要负责产品的生产，还要负责产品用后的管理。否则，公众将首当其冲。EPR可以是纯粹财务上的，向生产商收取回收和再循环的费用；也可以是物质上的，让生产者直接参与到这个过程中。从2006年起，荷兰开始将EPR制度用于包装行业。在该制度存在的地方，生产者回收相关法律（"take-back" laws）有助于解决电子垃圾问题。一些公司自愿回收他们的

#56

截至2050年的排名和结果

减少二氧化碳排放27.7亿吨；净成本3 669亿美元；净节约711亿美元

产品，比如模块地毯制造商英特飞，这样废弃的地毯就可以为新地毯提供原料了。户外服装品牌巴塔哥尼亚（Patagonia）将旧衣收集起来进行修补，如果损坏实在太严重，就用于回收利用。但自愿承担这样的责任并不是普遍现象。将其正式确定下来可以鼓励公司现在就考虑接下来会发生什么，并能使他们的产品更持久、更容易修理，并尽可能地被回收利用。换句话说，虽然回收发生在生命周期的末端，但最好从初始就开始考虑。

加强可回收和可再用物品的交换至关重要。作为朝这个方向迈出的一步，美国材料市场作为再生材料配对商于2015年启动。该项目积极寻找机会将相关方联系在一起，如有需要，还会帮助公司进行交易协商。与此同时，回收利用的技术和工艺也必须不断发展。瑞士建筑师沃尔特·斯塔赫尔（Walter Stahel）在《自然》杂志上撰文敦促："要实现回收闭环，我们需要新的技术来实现材料的去聚合、去合金、去压层、去硫化和去涂层。"创新的转换技术可以显著提高回收率。当然，回收只是所需的综合战略的一部分；用回收材料替换原始材料、更有效地利用材料、通过良好的设计和坚固的结构来延长产品寿命也是战略的组成部分。垃圾不能总是变成宝藏，但越来越多的证据表明，当转型管理和循环路径融入工业时，便可以实现显著的环境和经济收益。

影响：如上一节所述，家庭和工业回收被放在一起建模。两者的额外实施总成本估计为7 340亿美元，而30年来净运营共节省1 422亿美元。平均而言，50%的可回收材料来自工商业部门。在65%的回收率下，到2050年，工商业部门可避免27.7亿吨二氧化碳的排放。

来自班塔延群岛收集中心的妇女正在检查她们的劳动成果——用100%回收渔网制成的地毯。妇女们对渔网进行清理、称重和分类，然后打包和储存，为出口到宿务市做好准备。

材料 161

替代水泥
ALTERNATIVE CEMENT

在美国西部建成胡佛大坝和大古力水坝的几个世纪前，混凝土工程的辉煌已经造就了罗马的桥梁、拱门、竞技场和渡槽。罗马混凝土建造了宏伟的罗马万神殿。万神殿建于公元128年，以其5 000吨重、43米（142英尺）高的无钢筋混凝土穹顶而闻名——近两千年过后仍然是世界之最。如果用今天的混凝土建造，万神殿在罗马陷落之前，也就是在其落成三百年之后，就会倒塌。和它的现代亲戚一样，罗马混凝土中含有沙子和岩石的混合物，但同时混合在一起的还有石灰、盐水和一种名为"pozzolana"的火山灰，这种火山灰产生于一座特定的火山。把火山灰混入罗马混凝土中，甚至使水下施工成为可能。

混凝土的艺术和科学在很大程度上随着罗马帝国本身的衰落而消亡了，直到19世纪才得到复兴和发展。今天，混凝土主宰着世界建筑材料，几乎存在于所有的基础设施中。它的基本配方很简单：沙子、碎石、水和水泥，全部混合并硬化。水泥——一种由石灰、二氧化硅、铝和铁组成的灰色粉末——作为胶凝材料，将沙子和岩石包裹凝结，使其固化成具有一定形状的石质材料。水泥还能用于砂浆和建筑产品，如铺路材料和屋顶砖。如今水泥的使用量持续增长，其增长速度远远快于人口增长，这使得水泥成为世界上使用最多的物质之一，仅次于水。

在为基础设施提供强度支撑的同时，水泥也向大气中排放温室气体。为了生产世界上最常见的硅酸盐水泥，需要在一个大约1 470摄氏度的巨大窑炉中焙烧碎石灰石和铝硅酸盐黏土的混合物。这样做会引发一种分解石灰岩中碳酸钙的反应，将其分解成作为石灰成分所需的氧化钙和作为废气的二氧化碳。从窑的另一面出来的是被称为"熟料"的小块，它们随后被冷却，与石膏一同被磨成我们称之为水泥的面粉状粉末。石灰石脱碳造成水泥行业约60%的排放，剩下的排放是能源利用的结果：生产1吨水泥所需的能量相当于燃烧0.18吨（400磅）煤。把这些排放加起来，每生产1吨水泥，就有近1吨的二氧化碳腾空而出。总的来说，这一行业每年生产约46亿吨水泥，在这个过程中产生的碳排放每年占全社会人为碳排放量的5%~6%。

效率更高的水泥窑和替代窑燃料，如多年生生物

质，可以帮助解决耗能过程中的排放问题。减少脱碳过程排放的关键策略是改变水泥的成分。部分材料可以替代传统熟料，包括火山灰、某些黏土、细磨石灰石和工业废料（即高炉炉渣，一种炼铁的副产品，曾用于建造帝国大厦和巴黎地铁；以及飞灰，燃煤电厂的一种粉末状残留物，被用于胡佛大坝的建造中）。由于这些材料不需要窑加工，它们跳过了水泥生产过程中碳排放最

#36

截至2050年的排名和结果

减少二氧化碳排放66.9亿吨；净成本−2 739亿美元；数据过于不确定，无法建模

强、能源密度最高的步骤。目前，已有超过90%的高炉矿渣被用来替代熟料。飞灰的比例是三分之一，而且还能继续上升。根据水泥的最终用途和所用飞灰的类型，飞灰和硅酸盐水泥熟料可以以不同的比例混合在一起，其中飞灰通常占混合料的45%。

世界终将抛弃煤电和如影随形的排放，但只要煤还在燃烧，制造飞灰水泥便是对其副产品的一种有益利用，远好于把它们送到垃圾填埋场或废料池。可用性是一个关键因素。各地区情况各异，在燃煤电厂停运的地方，飞灰便很难找到了。尽管成本更高，在垃圾填埋场开采过去的飞灰可能是未来的一个潜在来源。运输成本和质量参差也是飞灰作为熟料替代品重获新生的决定性因素。对于飞灰对人类健康的影响，人们仍心存疑虑。作为煤的副产品，它含有有毒物质和重金属，这些成分是能够被安全地固定在混凝土中还是存在渗出的可能，以及在建筑寿命结束时可能产生什么风险，都是科学家们持续研究的课题。

根据联合国环境规划署的数据，全球熟料的平均替代率（占所有替代材料的比例）实际上可以达到40%，每年可避免多达4.4亿吨二氧化碳的排放。由于其特殊成分，硅酸盐水泥替代品的优势还不止于大气。它们更容易操作，用水量更少，密度更大，更耐腐蚀和防火，使用寿命也更长。尽管它们的凝固速度较慢，早期的强度较低，但它们的最终强度实际上会更高。

政府和企业已开始将使用熟料替代品的可能性变成现实。在地区标准下，欧盟重复利用了大部分的可用飞灰。在政策改变之前，利用率差异很大，有些地方甚至低至10%。纽约市已将磨砂瓶玻璃作为一种新兴的替代品，这种替代品可以区域性采购，并节省了垃圾填埋场的空间——这是一项有望实现增长的创新。从市政层面到国际层面，标准和产品规模是改变建筑行业实践以及推动替代水泥使用的关键，不论是人行道还是摩天大楼、道路还是跑道。

影响：飞灰是煤炭燃烧的副产品，每产生1吨飞灰就会排放15吨二氧化碳。在水泥中使用飞灰只能抵消其中的5%。即便如此，如果2020~2050年生产的水泥中有9%是由传统硅酸盐水泥和45%的飞灰混合而成的，到2050年，就可以避免66.9亿吨的二氧化碳排放。而2 739亿美元的生产节省主要是由于水泥寿命的延长。

万神殿是两千年前马库斯·阿格里帕（Marcus Agrippa）担任罗马执政官期间建造的一座神庙，因火灾，部分被毁，大约在公元128年由哈德良皇帝（the emperor Hadrian）重建。在将近两千年后，它仍然是世界上最大的无钢筋混凝土圆顶。更引人注目的是，混凝土仍完好无损、坚固如初、经久不衰。现在的万神殿成了一座教堂，圆顶中央的圆孔高达43米，每年迎来约600万参观者。

材料 163

制冷
REFRIGERATION

每个冰箱、超市冷柜和空调都含有可以吸收和释放热量的化学制冷剂，用于冷却食物和使建筑物与车辆保持凉爽。制冷剂，特别是氟氯烃（CFCs）和含氢氟氯烃（HCFCs），曾经是消耗平流层臭氧的罪魁祸首，而臭氧层是吸收太阳紫外线辐射的关键。多亏了1987年《关于消耗臭氧层物质的蒙特利尔议定书》（简称《蒙特利尔议定书》），氟氯烃和含氢氟氯烃（还有那些曾经在喷雾罐和干洗店里常见的臭氧消耗物质）已逐步停止使用。自发现南极上空的臭氧层空洞起，到国际社会采取具有法律规定的行动方案，仅用了两年时间。现在，三十多年过去了，臭氧层已经开始愈合。

然而，制冷剂继续给地球带来麻烦。大量氟氯烃和含氢氟氯烃仍在流通，它们还保留着对臭氧层产生破坏的潜力。它们的替代化学品，以氢氟烃（HFCs）为主，对臭氧层的危害极小，但使大气变暖的能力是二氧化碳的1 000~9 000倍，具体数字取决于确切的化学成分。

2016年10月，来自190多个国家的官员齐聚卢旺达基加利，就解决氢氟烃问题的协议进行谈判。尽管面对全球政局的挑战，他们还是达成了一项令人瞩目的协议。通过对《蒙特利尔议定书》的修正，世界将开始逐步停止使用氢氟烃，其中高收入国家自2019年率先开始，低收入国家紧随其后——有的在2024年，有的在2028年。市场上已经有了氢氟烃替代品，包括丙烷和氨等天然制冷剂。二氧化碳本身也可以用在专门设计的高压系统中。

与《巴黎协定》不同的是，《蒙特利尔议定书基加利修正案》（简称《基加利修正案》）是强制性的，有具体的行动目标和时间表，对不遵守协议的国家规定了贸易制裁，也使富裕国家对提供用于转型的资金做出了承诺。这是减排道路上的一项里程碑式的成就，时任美国国务卿约翰·克里（John Kerry）称其为"我们（在气候问题上）能一蹴而就的最大成果"。科学家估计，这项协议将使全球变暖的幅度减少约0.6摄氏度。

尽管如此，逐步淘汰氢氟烃的过程仍将持续多年，与此同时，它们将盘踞厨房和冷凝机组。随着空调使用率的飙升，特别是在快速发展的经济体中，氢氟烃的储量将在所有国家停止使用之前大幅增长。根据劳伦斯伯克利国家实验室的数据，到2030年，全球将有7亿台空

#1

截至2050年的排名和结果

减少二氧化碳排放897.4亿吨；数据过于不确定，无法建模；净节约 –9 028亿美元

调机组投入使用。所有这一切都意味着需要双线并行采取行动：合理处置不再使用的制冷剂，同时对已经投入使用的制冷剂进行转型过渡。

目前，制冷剂在其整个生命周期中都会产生排放——生产、填充、使用和泄漏——但处置时造成的损害是最大的。制冷剂90%的排放发生在生命末期。如果这些化学物质（或使用它们的器具）没有得到有效的处理，这些物质就会逃逸到大气中，导致全球变暖。另一方面，制冷剂回收具有巨大的减缓排放潜力。在被小心地移除和储存之后，制冷剂可以被净化再利用，或者转化成其他不会引起变暖的化学物质。后者的正式名称为销毁，是减排的一种明确方法。这种方法昂贵又有很强的技术性，但它需要成为一种标准方法。

在不到一个世纪的时间里，空调在美国从奢侈品变成了一种普遍的商品。今天，86%的美国家庭都有冷气供应系统。在仅仅15年的时间内，在中国的城市家庭中即便没有家家都拥有空调，这一商品也变得很常见。为什么不呢？在炎热和潮湿的季节，空调可以提高舒适度和工作效率，还能在热浪来袭时挽救生命。然而，全球变暖的一大讽刺就在于，保持凉爽的手段使变暖加剧了。随着气温上升，人们对空调的依赖程度也在提高。在各种规模的厨房以及食品生产和供应"冷链"中，冰箱的使用也在出现类似的扩张。随着冷却技术的激增，发展制冷剂及其管理势在必行。《基加利修正案》确保了一个阶段性变化的到来，而其他针对现有储量的做法还能进一步减少排放。

影响：我们的分析包括通过管理和销毁已经流通的制冷剂实现的减排。在未来30年里，如果将可能释放的制冷剂的87%控制住，就可以避免相当于897亿吨二氧化碳的排放。若遵循《基加利修正案》逐步淘汰氢氟碳化合物，还可以额外避免相当于250亿~780亿吨二氧化碳排放（不包括在本文所示的总量中）。制冷剂防泄漏与销毁的操作成本很高，预计到2050年，净成本将达到9 030亿美元。

上页图：马里奥·何塞·莫利纳-帕斯奎尔·恩里克斯（Mario José Molina-Pasquel Henriquez）是一位墨西哥化学家，1995年因其在揭示和解释氟氯烃气体对臭氧层造成的威胁方面所做出的贡献而获得了诺贝尔化学奖。他与诺贝尔奖获得者舍伍德·罗兰（Sherwood Rowland）共同发现了氟氯烃在大气中持续存在的原理，以及排出气体的氯原子对大气臭氧层的破坏机理。《蒙特利尔议定书》建立在他们的工作成果上，对氟氯烃提出了禁令。最终，197个国家在2016年通过了《基加利修正案》，这份协议提出到2028年逐步淘汰氢氟烃。氢氟烃对臭氧层基本上无害，但它们是人类所知的增温效应最强的温室气体之一。

下图：新加坡市中心，展示了亚洲街道上无处不在的空调。

再生纸
RECYCLED PAPER

摄影师克里斯·乔丹（Chris Jordan）在2011年用9 600份邮购目录创建了一座"曼陀罗"。它代表着每3秒之内被印刷、运输和邮递的目录数量，其中97%在到达当天就被处理掉了。这张照片是"运转时间：美国自画像（Running the Numbers：An American Self-Portrait）"系列的一部分，它的名字叫《三秒钟冥想》（Three Second Meditation）。

#70

截至2050年的排名和结果

减少二氧化碳排放9亿吨；净成本5 735亿美元；数据过于不确定，无法建模

记账、捕捉故事、分享信息、记录历史、探索想法……沟通是人类的天性，两千年来，纸张一直是沟通的主要载体，起源于中国并逐渐向西方传播。自19世纪造纸工业化以来，纸一直是一种广泛使用的廉价商品。就算电子产品转移了对印刷品的一些需求，全球纸张的用量仍在增加，尤其是在包装材料领域。如今，大约一半的纸张在使用一次后就被丢掉了，而另一半则被回收并重新利用。在北欧，纸张回收率达到75%。韩国则在2009年实现了90%的纸张回收率。如果可以将世界其他地区的纸张回收水平提高到这一水平或更高，将为减少造纸工业排放提供一个重要的机会。据估计，造纸工业的排放量占世界年总排放量的7%，比航空业还要高。

纸张回收改写了纸张的典型生命周期。它让纸张的生命循环起来，而不仅仅是从伐木场到垃圾填埋场的一条直线。对于松木制成的标准纸张，其生命旅程的每个阶段都会产生排放：获取、制造、运输、使用和处置。但是再生纸可以通过把这些阶段连接起来以干预并改变排放，特别是在初始和终末。再生纸不依靠新鲜的木材来制造纸浆——以及在砍伐的过程中释放碳——而是利用现有的材料，这些材料要么是在送到消费者手中之前就被丢弃，要么是在更理想的情况下，在实现了成为杂志或备忘录的预期用途后被丢弃。逃脱了一边在垃圾堆腐烂一边释放甲烷的命运，废弃纸张找到了新的生命。它不再被视为垃圾，而是被视为一种宝贵的资源——过于宝贵以至于无法送往垃圾填埋场或焚化炉。

一旦被回收，废纸可以进行再加工。经过粉碎、制浆、清洁和去除诸如订书钉和涂层等污染物后，这些本可能被填埋的纸张可以变成各种各样的产品，从办公用纸、新闻纸到卫生纸卷。与像铝这样的可回收材料不同，纸张不能无限地被回收制成同等质量的产品。它的纤维会随着时间的推移而分解，因此废纸本质上是一种质量较低的产品，适用于较短、较弱的纤维。一张特定的纸大约可以再加工五到七次。即便如此，回收仍是一种有效且高效的替代方法，可替代仅用原始材料造纸。

再生纸大有裨益。森林得以幸免于难，栖息地完好无损，或许还能保护古老的生态宝藏。用水量降低，缓解了日益受到威胁的水资源的压力。进入水道的漂白剂和化学物质越来越少。研究显示，回收创造了更多的工作岗位，比填埋或焚烧产生了更多的经济价值。最重要的是，再生纸产生的温室气体排放远远少于原生纸。具体减排量取决于所使用的材料、所替代的原料以及避免的报废处理。当然，制造任何纸张都需要能源，原材料和最终产品的运输也是一样。是否选择使用可再生能源和可持续的运输方式，对于原生纸浆和回收纸浆同样重要。

欧洲环境纸张网络（European Environmental Paper Network）开展的一项研究计算出，每吨原生纸产品平均排放10.67吨二氧化碳（或其他温室气体的二氧化碳当量），而再生纸仅排放2.92吨。这一差异超过了70%。最近的一项生命周期评估将消费后的再生纸与它的原生纸替代品进行了比较。分析发现，再生纸的生产过程产生的气候影响仅为原生纸的1%。此外，它消耗的水是生产同样数量原生纸所需水的四分之一，而制浆和造纸所需的能源可减少20%~50%。

作为对从整体上减少纸张使用的补充，再生纸的情况很明朗。这一过程的效率更高，上游需要的资源更少，下游产生的废物和排放也更少。随着越来越多的废纸被回收和再循环，伐木以及填埋或焚烧的需求下降了。但是，要使再生纸达到可用的规模，成本必须降低。随着产量的增长，这种情况可能会发生。通过降低传统垃圾处理的吸引力、提高处理成本，政策也可以对回收起到促进作用，如低可持续性替代品的补贴等回收的不利因素也应该得到解决。从零售到批发的客户需求对于将行业投资转向这一方向也至关重要。如果担忧的声浪越来越大，再生纸没有理由不占据市场的主导份额。

影响：在三十年的时间里，再生纸可以减少9亿吨的二氧化碳排放量。两个关键假设说明了这一结论：（1）再生纸产生的总排放量比原生纸少25%左右；（2）到2050年，再生纸的比例将从55%上升到75%。尽管增加再生纸比例会消耗更多的电能，但对于使用原始木料的纸张而言，与采伐和加工相关的排放量以及制浆和生产的总排放量更高。这一解决方案的减排不包括因使用再生纸而幸存下来的树木的碳封存。

生物塑料
BIOPLASTIC

从石器时代到铁器时代,再到钢铁时代,我们用主要制造材料来描绘社会的各个时期。我们的时代可以被称为塑料时代。在全球范围内,塑料的年产量约为3.1亿吨,且预计到2050年还将翻两番。这种材料无处不在,从服装到电脑,从家具到足球场,几乎全部是由化石能源制成的石油塑料。事实上,世界石油年产量的5%~6%都被用于制造塑料。但能够合成塑料的聚合物在自然界无处不在,而不仅仅是以化石的形式。专家估计,目前90%的塑料制造可以用植物或其他可再生原料代替。这类生物基塑料自大地而来,许多可以重返土地,其碳排放量往往低于由化石能源制成的同类产品。

塑料一词的英文"plastic"词根是希腊语动词"plassein",意为"塑造或成形"。赋予了塑料延展性的是聚合物,这是一种具有链状结构的物质,由很多相互连接的原子或分子构成,大多数以碳作为骨架,连接有氢、氮、氧等其他元素。我们可以人工合成聚合物,但它们也能够在我们周围和体内自然生成;它们还存在于所有生物体之中。纤维素,地球上含量最丰富的有机物质,是植物细胞壁中的一种聚合物;甲壳素是另一种丰富的聚合物,存在于甲壳类动物和昆虫的外壳或外骨骼中;土豆、甘蔗、树皮、藻类和虾中都含有可以转化为塑料的天然聚合物。

尽管石油塑料现在主导着市场,但塑料最早的原料是植物纤维素。在19世纪的美国和欧洲,打台球是富人的一种习惯,他们所用的台球是百分之百由纯象牙制成的。市场贪得无厌,人们屠宰了上千头大象,而每头大象的象牙只能制成寥寥几个台球。这一风气引发了公众的强烈抗议,同时推高了台球行业的成本。台球玩家兼大亨迈克尔·费兰(Michael Phelan)发起了一项挑战:为任何能够开发出象牙替代品的人提供价值10 000美元的黄金。这一提议激励了印刷商和修补工约翰·韦斯利·海厄特(John Wesley Hyatt)开始进行尝试。他使用棉花中的纤维素研发出了一种物质,名为"赛璐珞(celluloid)"。事实证明,赛璐珞并不是理想的台球材料——海厄特终究没能得到赏金——但它恰好适合于梳子、手镜、牙刷柄和电影胶片等产品。

亨利·福特(Henry Ford)也在生物塑料领域进行了尝试,成立了一个对使用大豆制造汽车零部件进行研究和开发的重要项目。1941年,福特推出了他的大豆汽车,但终究没能抵抗住化石燃料价格低谷以及带来巨大消耗的第二次世界大战。"赛璐珞"不仅是生物塑料处女作,还给了利奥·贝克兰德(Leo Baekeland)灵感,发明了第一种石油基塑料——酚醛塑料(Bakelite)。随着石化工业的出现,酚醛塑料在20世纪早期石油聚合物的迅速兴起中充当了引领者的角色。突然间,用低成本制造耐用、轻便且形态各异的产品成为可能。

像许多化石燃料替代品一样,生物塑料一直被边缘化,直到20世纪70年代的石油危机让人们重燃兴趣。20世纪90年代绿色化学的出现伴随着石油价格的上涨,使得生物塑料的商业生产正式开始。今天,人们正在生产或开发具有不同配方、性能和应用的生物塑料。它们中的大多数被用于各种包装,但它们也在包括纺织品、药品和电子产品在内的各个领域取得了一席之地。这些生物基塑料至少部分由生物质制成。然而,生物基塑料并不一定可生物降解,由甘蔗或玉米制成的聚乙烯(PE)

第一辆,也是唯一一辆生物塑料汽车由亨利·福特(Henry Ford)于1941年在密歇根州的迪尔伯恩市推出。汽车的灵感来自二战争导致的金属短缺,以及将工业与农业相结合的想法。当时亨利·福特已经在格林菲尔德村建立了大豆实验室(Soybean Laboratory),并以大麻籽油为原料制造了汽车燃料。车体框架由管状钢制成,车身是塑料,车窗为丙烯酸,由传统的60马力发动机驱动。成品车的重量比传统的全钢车轻0.45吨(1 000磅)。尽管这种汽车被制造出来的部分原因是为了援战,但大部分汽车还是在战争期间停产了,生物塑料汽车也从此销声匿迹。

截至2050年的排名和结果

减少二氧化碳排放43亿吨；净成本192亿美元；数据过于不确定，无法建模

#47

购物袋就不行。但是另一些塑料，比如用于一次性纸杯的聚乳酸（PLA）和用于医用缝线的聚羟基脂肪酸酯（PHA），则既是生物基塑料又可生物降解（PLA只能在高温下降解，在海洋或家用堆肥箱中则不能）。对生物塑料的研究持续推动其原料、配方和应用的发展，找到合适的可持续原料并避免石油密集型农业至关重要。

与石油塑料相比，生物塑料可以减少排放并封存碳，当利用废弃生物质（如纸浆、纸张或生物燃料生产过程中的残留物）充当原材料时，尤其如此。为了使气候效益最大化，需要考虑生物塑料从原料到报废处理的整个生命周期。除了减少温室气体排放，生物塑料还提供了石油塑料所没有的其他优势。有些产品具有技术优势，比如非常适合3D打印的热性能。在低温下可生物降解的塑料可能有助于解决全球塑料垃圾危机，特别是在河流和海洋中。目前，三分之一的塑料最终进入了生态系统，只有5%被成功回收，其余的则被填埋或焚烧。如果延续目前的趋势，到2050年，海洋中塑料的重量将超过鱼类。

也许，生物塑料面临的最大问题是它们并非传统的塑料。除非生物塑料与其他塑料分离，否则就无法堆肥，能在花园中进行堆肥的更是少之又少。想要进行分解，它们需要高温或特殊的化学方式。如果生物塑料与传统塑料掺混在一起，传统的回收塑料则会受到污染，变得不稳定、易碎、难以使用。如果缺少源分离和适当的处理，生物塑料的优势便无从发挥，在大多数城市垃圾流中除了垃圾场外无处可去。

然而，快速转型是可能的：杜邦（Dupont）、嘉吉（Cargill）、陶氏（Dow）、三井（Mitsui）和巴斯夫（BASF）都在投资生物基聚合物，因为他们相信自己拥有有力的推广平台。因为生物塑料是一种能够取代现有材料的替代技术，它能够从全世界对塑料的需求中获益。与此同时，生物塑料需要克服的最大挑战来自化石能源塑料产业。当油价较低时，由于缺乏规模经济，生物塑料在利基市场之外很难产生竞争力。石油塑料的优势还在于可以利用管道和油罐车进行更集中的生产。为了获得优势，生物塑料必须拉近原料生产和制造之间的距离。生物塑料优先的项目和有针对性的禁塑令也可以支持生物塑料和塑料行业的发展。

影响：我们估计塑料总产量将从2014年的3.11亿吨增长到2050年的至少7.92亿吨。这只是保守预测，有其他来源估计，如果保持当今的趋势，这一数字将超过10亿吨。在我们的模型中，生物塑料快速增长，到2050年将占据49%的市场份额，从而避免43亿吨二氧化碳的排放。虽然技术潜力更高，但该解决方案受限于在没有额外土地用来种植时生物质原料的有限性。在这种情景下，30年内生产生物塑料的成本为192亿美元。虽然目前生产商的财务成本较高，但这一成本正在迅速下降。

家庭节水
WATER SAVING—HOME

截至2050年的排名和结果

减少二氧化碳排放46.1亿吨；净成本724.4亿美元；净节约1.8万亿美元

#46

家庭用水，包括淋浴、洗衣、浇花，都会耗能；净水和输水、必要时的加热以及废水处理都需要能量。全世界四分之一的住宅用能来自热水。除了可以在政府层面采取节能措施外，还可以逐户解决效率问题。

在家中，美国人平均每人每天消耗371升（98加仑）的水，远远超出世界平均水平。其中大约60%用于室内，主要用于厕所、洗衣机、淋浴和水龙头。30%用于室外，几乎全部用于浇灌草坪、花园和植物——尽管灌溉并非必需，但这类用水量多于其他所有住宅用途。剩余的10%则通过泄漏损失。

室内节水有两项关键技术：节水马桶和节水洗衣机，可以分别减少19%和17%的用水量。改用低流量水龙头和淋浴头以及安装更节水的洗碗机也能为节水做出贡献。总的来说，节水器具和低流量设施可以节约45%的室内家庭用水。与热水有关的措施对相关能源的使用有巨大的影响。美国环境保护署（EPA）估计，如果每一百个美国家庭中有一个家庭将老式厕所换成新的节能厕所，就将为国家节省3 800多万千瓦时的电力，足以给43 000个家庭供电一个月。

这些技术的优势在于可以进行一次性升级。如果房主或房东愿意进行投资并等到回收期结束，则无须采取其他行动。但个人行为也可以减少室内用水。将平均淋浴时间减少到5分钟、让洗衣机满载运行、每户每天减少3次冲水，这些做法中每一种都可以减少7%~8%的用水量。当然，缺点在于，只有让这些行为转变为习惯，才能产生长期影响，而养成良好习惯的挑战性人尽皆知。

在室外，可以通过使用收集的雨水、种植不需要浇水的植物、安装更节水的滴灌系统或完全关闭龙头来减少或淘汰灌溉用水。

节水的成功案例证明了哪些措施能够发挥作用。地区用水限制和对节水管道的政策要求是非常有效的。像美国环境保护署的"Water Sense"计划这样为产品打上标签，可以使消费者知情；而激励措施，即为购买节水器具和装置提供折扣，则可以对自愿行为产生鼓励。所有这些措施都具有同时减少能源使用和耗水量的双重好处。随着越来越多的人在获取可用水资源上苦苦挣扎，政府需要加倍努力，气候变化的影响加剧了人口压力。比如在干旱期间，灌溉需求上升，而水资源供应的质与量却下降了。

这一解决方案侧重于直接减少家庭用水，但其他选择和技术也能够产生间接影响。能源使用就是一个很好的例子：核电站和化石燃料工厂使用大量的水用于冷却，几乎占美国取水总量的一半。每产生1千瓦时的电就会用掉95升（25加仑）冷却水。水和能源之间的紧密联系意味着，一方效率的提高往往会带动另一方。

影响： 到2050年，如果有95%的家庭采用低流量水龙头和淋浴头，便可以通过降低加热被浪费水的能耗，减少46.1亿吨的二氧化碳排放。推广其他节水技术将进一步减少用水。我们对热水建模仅仅是为了计算节能。

Nebia淋浴喷头的设计和开发历时5年，其微雾化技术来自航空航天工程。该喷头能够产生数百或更多的水滴，其分散面积可达普通淋浴的5倍。与传统淋浴喷头相比，它的热效率（身体感受到的热量）提高了13倍，用水量减少了70%，与美国环境保护署的"Water Sense"淋浴喷头相比减少了60%。

未来展望

这个章节包含了对未来世界的展望，是本书中我们最喜欢的部分，篇幅原本可以更长。在讨论其他80个既有的解决方案时，我们制定了明确的标准：它们必须有丰富的关于其效益与成本的科学资讯和财务信息。然而，在关注那些已经形成规模的解决方案的同时，我们并不认为单凭既有的知识和方法就能解决全球变暖的问题。本章节提供了一个窗口来了解即将出现的未来趋势。本章所介绍的发明和创新程度都是非常惊人的，其全部潜力仍未可知。许多有前瞻性的概念都是未能被进一步实现的科学计划。不过，接下来要介绍的一些科技和方案，则可能成为名副其实的关键变数。

猛犸草原复育
REPOPULATING THE MAMMOTH STEPPE

雅库特马（Yakut）是一种多毛、矮小且粗壮的西伯利亚马，看起来仿佛是从电影《星球大战》（Star Wars）中走出来的角色。雅库特马有着厚厚的脂肪层、超凡的嗅觉，以及坚硬如石的巨大蹄子，在零下56摄氏度的北极圈内，雅库特马在冬季的黑暗中推开积雪然后啃食枯萎干瘪的牧草维生。在这一点上，它们提供了一条关于如何防止永久冻土融化的线索。

为了保持地球的凉爽，极圈周围地区需要种植的是牧草而非树木，重新引进食草动物则有助于牧草的生长。这是谢尔盖·吉莫夫（Sergey Zimov）和尼基塔·吉莫夫（Nikita Zimov）在他们的更新世实验公园（Pleistocene Park）中亲眼见证的：牧草恢复生长，灌木及树木则被抑制。食草动物创造了牧场，牧场则养育着食草动物。如果动物可以保护永久冻土，并且帮助北极地区扭转其变暖趋势和开始降温，那会怎样呢？

在北极圈周围地区埋藏着1.4万亿吨的碳，是全世界森林的两倍之多。永冻土是一种厚厚的地下常年冰冻的土壤层，覆盖了北半球24%的地区。然而"永冻"却不再是既定事实——它正在融化。当温度升至1.5摄氏度时，永冻土将向大气层中释放大量的碳和甲烷。一旦温度超过2摄氏度，永冻土释放排放物将成为一个正反馈循环[①]，加速全球变暖。

当马、驯鹿、麝牛和其他栖息于寒冷北方的动物推开积雪，使下面的草皮露出时，土壤便不再拥有雪层为其进行保温，其温度会下降1.7~2.2摄氏度，这正是世界摆脱化石燃料所需的安全温差。吉莫夫父子是俄罗斯契尔斯基（Cherskii）附近的东

一位鄂温克族（Evenks）的牧民正驱赶森林地区的驯鹿穿越萨哈共和国的奥伊米亚康村（Oymyakon），该村落位于俄罗斯的因地基尔喀河流域（Indigirka River Basin）。鄂温克族人以骑乘驯鹿和放牧而闻名。他们将独特的鞍座置于驯鹿的肩膀上，并且不装设马镫，他们借由下页图中的长棍来保持平衡。

北科学站（Northeast Science Station）的科学家，他们对永冻土进行了广泛的研究和分析。他们在西伯利亚的科力马河（Kolyma River）流域创立了更新世公园，以展示数十年来的研究成果：重新引进曾经栖息于北极圈周围地区的各种食草动物，将可以防止永冻土的融化。该提案的契机和意义在于，一旦成为现实，这将是本书所描述的100个解决方案中规模最大且最具潜力的一个。

通往科力马河流域的道路，即科力马公路，被称为"白骨之路"。被流放到科力马的囚犯通常被认为无法撑过这里严寒的冬天。除了人骨，这片流域还埋藏着数以万计更早之前栖息于此的动物。对骨骸计数可以推测每平方千米牧场上的平均动物数量：2万~10万年前，1平方千米的草地上，住着1只猛犸象、5只美洲野牛、8匹马以及15只驯鹿。麝牛、麋鹿、毛犀牛、雪羊、高鼻羚羊（赛加羚羊）和驼鹿则分布得更为广泛。穿梭在这些动物之中的是狼、洞狮和狼獾等掠食者。每平方千米的牧场上，约有共计9吨（2万磅）的动物在繁衍，这个惊人的数字证明了这片被视为边缘、几乎不适合居住的地区，有着强大的生命力。

如今，冰冻的尸体随着温度上升而融化，成群的虫子和细菌吞噬着这些腐烂的残骸。永冻土融化散发的恶臭是一个警讯，预示着如果不阻止融化，将会有更大的危险降临。永冻土融化的池塘像刚倒出的苏打水般咕咕冒泡。如果你把一个碗或罐子倒过来捕捉气体，其中的甲烷可以像煤气灯一样被点燃。深10米且含冰量丰富的土壤，是一座巨大的有机物质储藏库，其加热原理也差不多。解冻后微生物复生，在分解有机废物的同时，将释放出二氧化碳和甲烷。

科力马流域属于一个更大的草原生物群落，即猛犸草原（Mammoth Steppe）。猛犸草原曾一度是世界主要栖息地之中最大的动植物群落。它从西班牙延伸到斯堪的纳维亚地区，横跨整个欧洲，直到欧亚大陆、太平洋陆桥和加拿大。在凉爽干燥的十万年期间，草原主要由野草、柳树、灌木和草本植物组成，是数百万食草动物以及尾随其后的食肉动物的栖息地。在一万一千七百年前，它经历了一连串迅速的变化。温度上升，降雨量增加，除了因海平面上升而产生的两个存活在岛屿上的种群外，猛犸象这一物种已经基本灭绝。草原缩小至极地周围地区，矮桦树、落叶松、苔藓和浆果取代了曾经滋养动物的大部分牧草。直到最近，科学家们都仍认为猛犸草原群落的减少是气候变化和牧草减少所致。谢尔

雅库特马是一种生长在西伯利亚的罕见耐寒品种。它的身长约有14个手掌宽（一手掌约4寸），是一种矮小、精实且粗壮的马。图中是雅库特马的亚种，称为中科力马（Middle Kolyma）。它们在13世纪时被雅库特人带到了科力马河谷，并迅速适应了极度寒冷的环境。它们通过用蹄子推开积雪，啃食底下的嫩芽来熬过冬天。雅库特人有一个神话，说当时造物主正在分配世界的财富，当他到达西伯利亚时，他的手被冻僵了，于是将所有东西落在了这里。这就解释了为什么这个钻石产地拥有着丰裕、富饶和非凡的生物。

盖·吉莫夫跋山涉水，探索该流域的每个角落，归纳出了与以往截然不同的结论。

谢尔盖认为灭绝理论是恰好相反、因果倒置的。冰河时代结束前，大约一万三千年前，猎人遍布欧亚大陆并进入美洲，动物被捕猎，直至灭绝。在短时间内，俄罗斯、北美洲和南美洲的50种大型哺乳动物被猎杀至灭绝，尤其是行动缓慢、多肉的猛犸象。食草动物与反刍动物消失后，草原上的植物群也发生了变化。牧草消失，取而代之的是矮树和多刺灌木，不适合食草动物食用。

在谢尔盖看来，显然是猛犸象和食草动物首先被灭绝，从而改变了景观。因为猛犸草原生物减少发生的时代过于久远，他的说法只是一种推测，不过这种推论是建立在几十年来在西伯利亚寒冻地区的奔走和观察之上的。1831年亚历山大·冯·洪堡（Alexander von Humboldt）对气候变化的描述，是在他穿越俄罗斯和欧亚大陆的漫长旅途后得出的结论，而并非基于某个假设的理论。在观察性科学中，发生或出现了什么，远比某件事物代表的含义更加重要。只有在对某一现象、物种或生态系统进行彻底检查、调查和使自己对其更加熟悉时，我们才可以理解事物代表的含义。谢尔盖正是这样的一位科学家。正如同僚科学家亚当·沃尔夫（Adam Wolf）所观察到的那样，谢尔盖在猛犸草原上的游历和考察并没有受到趋同思维或已发表论文对当地已发生情况描述的影响。因此他得以认识到关于气候变化导致猛犸象灭绝的理论是错误的。猛犸象的重量和惯性足以摧毁落叶松、荆条和矮桦树，再加上食草动物的压力，可以阻止植物群组成的变化。

北部针叶林向北蔓延，正在改变气候动态。热量被树木和树叶吸收并重新辐射到土壤中，而非被雪反射回空中。虽然大气层在1.8万米（6万英尺）处均匀变暖，但在地面上，北极地区的变暖速度比温带和赤道地区快得多，植物群的变化就是其中一个原因。

为了将动植物引入更新世公园，谢尔盖不得不向各方请求、借用和购买。猛犸象在很久以前就灭绝了，白令野牛（Beringian bison）和原生麝牛也同样消失了。他从南方引进了雅库特马，加拿大政府则捐赠了野牛。他希望能从瑞典获得驯鹿，并从阿拉斯加获得更多的麝牛。他购买了一辆老化的俄罗斯坦克，在保护区内行驶，如同猛犸象般碾压摧毁灌木和落叶松，沿途在随后的几年里长出了一条翠绿的草道。谢尔盖需要一艘载满5 000只加拿大野牛的船只，并征收世界范围内的碳税，来为猛犸草原的复育提供资金。按每吨二氧化碳5美元的低价计算，冰冻的猛犸草原价值8.5万亿美元。

吉莫夫父子提出的猛犸草原复育的提案，包含了先进、多元的牧场放牧和再生农业，是一种可以扭转长期地力退化趋势的土地利用方式。人们很难想象，北极圈周围的荒芜地区实际上是一种退化的景观，但这正是吉莫夫父子向我们展示的。如今，所有动物的饲养总量接近10亿吨，其中绝大部分被囚禁在动物工厂的笼子中，其代价是资源减少、生物多样性丧失、土壤退化、肉质不健康，以及气候变化。猛犸草原的复育，乍一看似乎是一个艰难的目标。但实际上，它与其他复育计划并没有什么不同，只是规模更大。野化荒芜的北方土地，并使动物回归，让它们重新创造庞大、曾占支配优势、有强大碳封存能力的草原，借此实现土地再生的目标。一旦食草动物能够自由徜徉，地球就有能力孕育比现今牧场、饲养场和动物工厂多出一倍数量与重量的动物。除了少数的耐寒生物外，猛犸草原并不适合居住，将其恢复到原始野生的状态将带来巨大的增益。

译者注：
①原本封存在土壤和植被中的二氧化碳，因为全球变暖而被释放到大气层后，加剧全球变暖的现象。

草粮间作
PASTURE CROPPING

科林·塞斯

8平方千米（2 000英亩）的农场被烧成一片废墟，建筑物、树木、32千米（20英里）的围栏、3 000只羊……所有一切都付之一炬，这样的经历也是一种启发。20世纪70年代时，科林·塞斯（Colin Seis）从他父亲手中继承了祖父位于澳大利亚新南威尔士州的威诺纳（Winona）农场。幼年，他看着父亲运用新的农业技术来提高产量和生产效率，但是化肥、除草剂和耕犁逐渐使农田衰退。土壤酸化并且变得紧实，表层土仅有10厘米（4英寸），含碳量则不足1.5%。成本飙升，化学药剂的用量不断增加，树木逐渐枯黄，而农场也开始赔钱。紧接着，1979年的一场丛林大火，将三代人的耕耘化为灰烬。

当塞斯从火灾烧伤中恢复过来后，他与同为农民的达里尔·克鲁夫（Darl Cluff）来到一家酒馆。他们各自种植（一年生）谷物，并在牧场上放羊，这两种活动都是在他们农场的不同区域进行的。这边是谷物，那边是牧草。但为什么要这样呢？牧场经常被过度放牧，而谷物种植区的土壤因为每年的耕作和除草而变得干燥，含碳量也越来越少。十杯啤酒下肚后，他们都想知道：为什么一年生植物和多年生植物不能在同一块土地上同时生长？为什么不能在作物间隔中通过放牧来给土地施肥？

那天晚上浮现的设想，成了现在草粮间作的基础。种植作物的牧草土地上，土壤永远不会损坏。在多年生的牧草之中种植一年生的作物，可以创造出越来越健康的生态系统。非草本植物、真菌、牧草、草本植物和细菌之间的复杂关系，重新编织出了一个生态网，并且提升了土壤、作物、牧草和动物的健康、恢复力和活力。农民在同一块土地上可以收获两种产品：谷物以及羊毛或肉类。

第二天早上，塞斯和克鲁夫醒来之后，仍然认为这是一个好主意。塞斯立即停止使用化肥、除草剂和杀虫剂——对于已经破产的他，这是一个十分简单的决定。经历了接下来几年的过渡期，土地就像一个正在恢复的酒鬼，原本成瘾于磷酸铵，现在慢慢地康复了。起初，塞斯放任原生牧草在田地上生长，但是收成并不出色。由于多年生植物的蛋白质含量较低，动物们一开始也拒绝食用。邻居们并不看好塞斯，但他决定继续坚持。他开始在牧场采用大规模轮牧的方式。事情开始出现转机，利润、生产率、动物和土壤健康状况逐渐好转。很快地，所有人都察觉到了农场的重生：成本下降了，塞斯不再需要燃料和化学品，这每年为他节省了6万美元；土壤的含水量和含碳量增加了3倍；虫害肆虐的情况也几乎消失了；牧羊的利润随着羊毛产量和质量的提高而上升；鸟类和原生动物也开始出现。

如今，澳大利亚有2 000多个农场采用了草粮间作，并且扩散至整个温带农业地区。当世界越来越依赖一年生作物时，想要恢复失去的土地肥力和含碳量，农业耕作就必须转变为可持续和再生的方式，这对于农业学校和大型农业公司而言可能是无法想象的。草粮间作的奇特之处就在于，它通过双重收获（谷物和动物）提高了土地的利用率，同时减少了环境影响，并增加了碳封存。

增强矿物风化
ENHANCED WEATHERING OF MINERALS

数十亿年前,地球的大气中并没有氧气分子,大气层是由氮、水蒸气和二氧化碳(或许还有一些甲烷)组成的。随后吸收二氧化碳进行光合作用的蓝细菌出现,开始产出氧气。从浮游生物到松树,各式各样的生命接连诞生,它们吸入二氧化碳后将其转化为固体物质,并将其中一些物质分解回土壤或海洋沉积物之中。生物封存碳的循环是造成冰期的部分原因:随着二氧化碳浓度的降低,大气层捕捉的热量减少,导致气温急剧下降。紧接而来的冰期大幅减少了微生物的活动,最终阻止了二氧化碳的减少。数十亿年后,活火山将二氧化碳重新释放到大气中,造成地球温度上升,如此循环往复。换句话说,生物在全球变暖和变冷之间扮演了重要角色。

如今,由于美国国家宇航局(NASA)的研究,公众可以观看每年碳循环波动的模拟影像。这些动画生动地呈现了在深秋、冬季和早春期间,北半球植被处于休眠状态的同时,人们启动化石燃料加热系统,排放出大量二氧化碳。而在春末至初秋这段时间,情况则正好相反。尽管森林砍伐、汽车和电力的使用持续增加排放,但草皮、灌木、树木以及温水中的蓝细菌仍可封存大量的二氧化碳——相当于总量的0.000 5%~0.000 6%,每年封存的二氧化碳总量约为400亿吨。

还有一种较为缓慢的碳循环。这个故事通常鲜为人知:地球历经37亿年,才达到了今日非凡的生物多样性,在这段旅程中,岩石从空气中封存了数万亿吨的二氧化碳。自然界的岩石风化作用每年除去大气中约10亿

吨的二氧化碳。地表上各种类型的硅酸盐岩石被弱酸性的二氧化碳风化并溶解在雨水中，从而将二氧化碳转化为无机碳酸盐。这些碳酸盐进入溪流、河流和海洋，最终形成碳酸钙。

增强矿物风化（enhanced weathering of minerals）是一种旨在以可持续的方式加速上述过程的技术。橄榄石是其中一种能够有效增强该风化过程的硅酸盐，它是一种淡绿色的矿物，蕴含丰富的镁和铁。增强风化的传统方式包括开采和研磨含有橄榄石的硅酸盐岩石，并将岩粉撒在土地和水中，这样土壤、海洋和生物群就可以成为加速风化的"反应堆"。我们可以策略性地将岩粉运用在各种地貌之上，特别是农业用地、海滩和活跃的浅海。增强风化作用所需的关键技术已经被局部运用在农场和森林土壤的施肥以及酸度控制上。

通过增强风化作用来完全终止二氧化碳的积累需要巨大的努力，其中就包括要将数十亿吨的矿物撒在广阔的地表之上。谨慎选址并且利用现有的地表资源，例如昔日采矿场的尾矿堆，可以在最大限度减少成本和风险的同时，持久地封存一部分排放。增强风化可能会对环境和生物活动产生无法预料的负面效果，因此需要详细的监测和风险管理。

据信，在热带地区的农业用地上使用橄榄石矿物，可能会产生很强的效果，因为那里的土壤较为温暖潮湿，且抑制溶解的矿物质也较少。广义上讲，如果将橄榄石应用于1/3的热带土地，将可以在2100年减少大气中0.003%～0.03%的二氧化碳。农业土壤的关键优势就在于它们已经得到集中管理，可以相对容易地进行监测，并且也已经具备了基础设施。在热带农田上增强矿物风化来改良土壤，对农业生态系统有着潜在的协同效益，因为岩粉还可以作为农作物的肥料。

在温带地区，1～2吨的橄榄石粉将可以持续固碳约三十年。其他研究表明，最适合施用橄榄石的地点是酸性土壤或酸雨地区，因为较低的酸碱度会加速矿物溶解的速度。这些区域包括欧洲的大部分地区以及美国和加拿大的部分地区。东欧因为数十年的燃煤而产生了地球上最酸的雨水，增强风化作用也可以用于当地受损森林的再生。在已经关闭或废弃的矿场地区，利用残余尾矿提取矿物，将是一种有利于社区经济发展的策略。

一些科学家认为，橄榄石的风化效率经常被低估，因为自然界的风化速度往往比实验室里快得多。一项研究表明，过去对于增强风化溶解效率的假设是过于悲观的，并指出自然界中二氧化碳的封存量比在实验室中发现的要多出10~20倍。加速风化的生物因素包括苔藓、土壤细菌和菌根真菌的影响，它们提供的糖基渗出物，能够让细菌更快地溶解矿物。

重要的限制因素包括实施增强风化的碳成本，以及扩大规模生产所需的基础设施的资金成本。生产橄榄石并将其粉碎到能够最佳溶解二氧化碳的颗粒，可能需要大量能源，足以抵消其80%的积极作用。所需的基础设施将包括新的矿场、铁路和航运设施。这样的规模究竟有多大？1吨橄榄石可以移除2/3吨的二氧化碳。为了封存110亿吨的二氧化碳（约占化石燃料排放量的30%），每年需要开采、研磨并且运输160亿吨的岩石，比煤炭工业产量的2倍还多。

"传统"增强风化的方法是在陆地（和海洋）上铺设硅酸盐粉尘以捕获二氧化碳，现在则有了替代方案。这项技术目前没有名称，但已经有了概念验证。在冰岛的雷克雅克能源公司（Reykjavik Energy）和美国能源局下属的太平洋西北国家实验室（Pacific Northwest National Laboratory，PNNL）进行的测试中，液体二氧化碳被放置在地下的玄武岩火山岩洞中。如同橄榄石风化，二氧化碳与玄武岩融合后，形成了固态的碳酸盐，即铁白云石（ankerite）。科学家们将这个过程称为高速风化（high-speed weathering）。亚利桑那州立大学负碳排放中心（Center of Negative Carbon Emissions）的负责人克劳斯·拉克纳（Klaus Lackner）教授称这一结果是"巨大的进步"。他还表示："陆地和海平面下的玄武岩非常充裕，如果能被充分利用，我们将拥有无限的（二氧化碳）储存容量。"

不过目前为止，增强矿物风化尚未经过实地测试。所有的数据和预测都是基于实验室资料、自然类比、资料分析和模拟。基本假设是每开采和施用1吨的橄榄石，将可以封存大约1吨的二氧化碳。根据目前的分析，封存成本很高，为每吨88~2 120美元。如同本章所包含的许多解决方案，将这一方案全球化似乎会造成不确定性、冲击性，甚至是足以抵消其益处的潜在负面效果。然而，这其实与在土壤中施用石灰或硅矿石几乎没有什么不同，后者已经被运用于世界各地。从在热带农田和酸化的温带土地上进行试验开始，橄榄石的应用将可能大有所获。

位于阿拉斯加杜克岛（Duke Island）的层状超镁铁橄榄岩。

海洋永续农业
MARINE PERMACULTURE

"依赖海藻生存的生物数量非常可观。要描述这些栖息于海藻之间的生物，需要极大的篇幅……我只能把这座壮观的水生森林……与热带地区的陆地森林相比较。不过我认为，任何一个国家的森林被摧毁，其严重性都不及海藻破坏造成的动物物种灭亡。"

——查尔斯·达尔文（Charles Darwin），节选自《小猎犬号航海记》（*Voyages of the Adventure and Beagle*）

比尔·麦吉本（Bill McKibben）在他1989年的著作《自然的终结》（*The End of Nature*）一书中，描述了自然是如何从一种独立于人类活动之外的力量，变成一个服从于人为改变之下的过程的，而这一过程大部分都是对生命的破坏。近来科学家们宣布，人类文明已经进入了新纪元，即"人类世（Anthropocene）"，其特点是人类支配地球环境。这也标志着"全新世（Holocene）"的结束。全新世是一段长达一万一千七百年的气候温和且稳定的"黄金时代（Goldilocks）"，不太冷也不太热，正好有利于人类文明的诞生。

关于人类活动的通常假设是，无论意图是否良善，它都会使自然恶化。但情况并非总是如此。北美大平原（Great Plains）地区内高茎草原的生产力，可以归功于原住民所实行的野火生态学（fire ecology）。诺曼·麦尔斯（Norman Myers）在《第一手资料》（*The Primary Source*）一书中，描述了其与一位民族植物学家一起进入一座"未开发"原始森林的经历，这座森林位于婆罗洲（Borneo，今加里曼丹岛），有着四万年历史。两人在某个地方待了一整天，那位民族植物学家为麦尔斯指认了高耸的龙脑香树和其他植物群。最后发现整片森林都是上个冰河时期之前的人类所种植的。瑞士农业生态学家恩斯特·戈奇（Ernst Gotsch）致力于修复巴西被砍伐和荒漠化的土地，并且花费好几年的时间，将其恢复成茂盛且蕴含丰富食物的森林农场。在某部描述自己工作内容的影片中，戈奇捧起深色潮湿的土壤，宣称："我们种植的是水。"

换句话说，人类的干预也可以增加野生动植物种群、土壤肥力、碳储存、生物多样性、淡水和降雨量。我们这整本书都在探讨，人类是否可以扭转全球变暖。要达到这个目标，就必须扭转现有生态系统走向灭亡的趋势。海洋永续农业或许是众多解决方案中最不寻常的一个。

我们通常不会把海洋和森林联想到一起，但是如果能够在海洋中重新造林呢？布莱恩·冯·赫森（Brain Von Herzen）博士一生都在为这个提案而努力。他拥有普林斯顿大学的物理学学士学位和加州理工学院的博士学位，并且拥有丰富的电子设计和系统工程领域的咨询顾问经验。他曾为英特尔、迪士尼、皮克斯、微软、惠普和杜比设计方案。在探险的时候，他则驾驶着双引擎的塞斯纳天空大师337型（Cessna 337 Skymaster）横跨大西洋。

消防队广泛使用337型作为侦察机。在一位冰川学家朋友的请托下，冯·赫森于2001年飞越格陵兰岛冰原，寻找融池的踪影。当时他发现了几个小的融池。两年后，当他再度造访时，融池已达数百个之多。至2005年时更高达成千上万个。隔年，超过10千米（6英里）长、30米（100英尺）深的湖泊出现。到2012年，97%的冰原表面已经融化。这促使冯·赫森开始专注于利用唯一可能的手段来扭转全球变暖：增加生命系统的初级生产，特别是海洋。初级生产是指通过光合作用吸收水或大气中的二氧化碳来制造有机化合物的过程。这是由海洋之中蓬勃的微小漂浮植物完成的，也就是海藻和浮游生物。一杯海水里约有25亿个这样的生物。

我们讨论的海藻森林，是位于近海水面之下数十万英亩的种植园，是海洋中间的漂浮森林。目前，海藻森林覆盖面积达7.7万平方千米（1 900万英亩）。漂浮的海藻森林最终可以为世界上大部分地区提供食物、饲料、肥料、纤维和生物燃料。它们的生长速度比树木或竹子快上数倍。冯·赫森希望借助成千上万新的海藻森林来恢复亚热带海洋沙漠及其渔产量。他将此称为海洋永续农业（marine permaculture）。

海洋的现状不忍卒睹。大气之中半数的二氧化碳被封存于海洋，导致其表面酸化。而全球变暖产生的热量有90%以上被表层水域吸收，这一趋势正在逐步侵蚀海洋生物链。深海寒冷且富含养分的上涌水流可以使海洋更具生产力。自然涌流分布在世界各地，例如世界渔产量最大的纽芬兰大浅滩（Grand Banks of Newfoundland），拉布拉多寒流（Labrador Current）与墨西哥湾暖流（Gulf Stream）在此相遇，这种现象被称为转向环流（overturning circulation）。

随着海水的升温，海洋沙漠也不断扩张。99%的亚热带与热带海洋基本没有海洋生物。海洋里的风力和洋流驱动的生物泵正在被一个个关闭。在大西洋，卫星图像侦测到的生物活动每年下降4%~8%，已经超过了全球变暖模型的预估数字。

海藻生态系统中的生物数量相当惊人。像海藻般的枝状珊瑚，会在每一个叶片上覆盖硬皮；墨鱼进进出出；五颜六色的海鞘是微小的无脊椎动物滤食者，点缀和黏附在挥舞的叶片之上。在光滑的表面上，将会看到海螺、帽贝、软体动物以及蚌类。潜入随波浪起伏的海藻景观里面，将会发现磷虾、小虾、藤壶、木虱、墨鱼和螃蟹。海胆会啃食海藻茎部，狼鳗、海星和鲍鱼则以它们为食。此外还有细小的饲料鱼、胡瓜鱼、半喙鱼和银鱼，大型鱼类则在海藻周围环绕准备掠食它们（受达尔文的启发）。

温暖的海水减少了斜温层的转向环流。斜温层即海洋之中的温度斜面。随着表层水的升温,洋流趋缓或停止,富含营养物质的上涌水流也随之减少或完全停止。浮游生物和海藻的产量急剧下降,水中的食物链因此遭到破坏。浮游生物虽然微小,但海洋中的浮游生物和海藻每年1%的衰减却影响极大:这些生物占据了地球有机物质的一半,并且制造了至少一半的氧气。

冯·赫森的提案致力于恢复亚热带地区的转向环流。在离岸和远离陆地的地方,采用1平方千米(0.4平方英里)大小的海洋永续农业阵列(MPAs),将可重建整个海洋生态系统。这就好比在沙漠中重新造林一样,差别在于,这个沙漠在海洋里。想象一下,一个由相互连接的管子组成的轻型网格结构,浸没在海平面以下25米(82英尺)的深度,方便海藻附着在上面。这个阵列可以拴在陆地附近,或者在大海中自行漂浮。由于远在海面以下,即便是最大的货轮和油轮都可以直接从上面经过,除了少许被切碎的海藻,不会造成任何其他损伤。

附着在阵列上的浮标随着波浪起伏,为生物泵提供动力,将海平面以下数百或数千英尺深处的冷水向上传送。当富含营养的海水来到阳光照射下的海面时,海草和海藻吸收了这些养分并生长。随之而来的就是所谓的营养金字塔。随着浮游生物的出现,更多的水草、海藻和海草也接踵而至。这些生物滋养了食草鱼类、滤食性动物、甲壳类动物和海胆。肉食性鱼类以较小的食草动物为食,海豹、海狮和海獭则以它们为食。最上层的则是海鸟、鲨鱼……以及渔民。没有被吃掉的浮游生物和海藻死亡后,大部分沉积于深海,以溶解碳或是碳酸盐的形式将碳封存数个世纪之久。

通常海洋被认为是一个流动的单一整体,但这与事实相差甚远。人类活动所排放的大部分碳都被包含在深度152米(500英尺)以内的海洋中,即所谓的透光层。这里的碳累积速度明显快于海洋的其他部分。从整体上看,海洋储存的碳,是整个大气层的55倍。换个角度看,就算大气层中所有的碳都被移至海洋中储存,那么海洋所增长的碳也不会超过2%。因此,问题在于如何将碳从海面周围的透光层转移到中间层和深海地区。海洋可以自然完成将碳从表层水移至深处的工作,这一过程就是生物泵。海洋永续农业支持生物泵的运作,使海洋能够持续完成这一过程。

种植海藻可以生产食物、鱼、饲料、肥料(包括硝酸盐、磷酸盐和钾盐)以及生物燃料。每一吨的海藻可以封存一吨的二氧化碳。鱼类数量将大幅增加,此外我们还将拥有更加多样化的、野生的、未受污染而且饱含Ω-3脂肪酸的鱼类。规模较大的阵列将能够保护海岸线免受季节性飓风的损害,因为它可以降低飓风所需的表面水温以及能量,也可以保护珊瑚礁免受温度上升所导致的白化。鉴于仅卡特里娜飓风就造成了1 080亿美元的损失,而2015年发生了22次4级或5级飓风,这将是一个有效降低损失的解决方案。每平方英里(1平方英里≈2.59平方千米)的材料成本预计为260万美元。如果100万个海洋永续农业阵列可以持续使用30年,那么减少的二氧化碳将大约等同于0.121%浓度,或是1 020亿吨。经济回报将超过10万亿美元。从理论上看,渔业恢复所生产的蛋白质将可以供应地球上大部分人口的需求。或许随着海洋永续农业阵列的实施,人类可以恢复并且提高鱼类和海藻的生产力。

密集式混牧林业
INTENSIVE SILVOPASTURE

混牧林业是一种常见的农林形式，目前在全球超过142万平方千米（3.5亿英亩）的土地上施行。其理论很简单：将树木或灌木与牧草结合起来，以提高产量。与其他系统相比，混牧林业中的牛群成长得更快，而且肉质更加美味。畜牧业和减缓气候变化很少被联想在一起，然而混牧林业所封存的碳是纯牧场的三倍之多。在热带地区，每英亩可封存1~4吨，在温带地区则平均封存2.4吨。

如果使混牧林业更加密集会发生什么呢？例如添加更多的牛，种植不同品种的树木，并加快轮耕速度？如果说这样做对土地、气候以及人类健康有益，似乎有悖常理，但事实确实如此。有大量的数据表明，传统的畜牧系统，包括饲养场和加速育肥过程，是气候变化的主要因素之一。令人难以置信的是，牧场主们已经开发出一种密集式混牧林业（intensive silvopasture）系统，这种系统是已知的最有效的碳封存手段之一。该方法于20世纪70年代首先在澳大利亚发展起来，接着传播到热带地区。对于非专业人员而言，它看起来像是一团乱麻；而对于习惯了整齐的稻田以及激光引导的行间作物的人来说，密集式混牧林业看起来就像是未经梳理的丛林。在那些畜牧业和农业受到波动较大且不确定降雨和高温影响的地区，密集式混牧林业系统则充满了生命力。极端的气候变化增加了畜牧业的风险，因为草地完全依赖于降雨等自然资源。相比之下，密集式混牧林业可以通过增加动植物的密度来增强适应能力。

大部分的密集式混牧林业系统都以快速生长的可食用豆科灌木为核心。银合欢（Leucaena leucocephala）以每英亩种植4 000株的密度，与牧草和原生树木交错种植。这种密集式的系统需要快速轮牧的管理模式。它们采用电子围栏，允许作为牧场放牧一至两日，两次放牧之间需间隔40日的休牧时间。树木能够挡风并且提高保水能力，从而增加生物量。在热带地区，混合植物可以将环境温度降低8~13摄氏度，从而增加湿度和促进植物生长。在密集式混牧林业系统中，物种的生物多样性增加了1倍，放养率增加近3倍。以磅为单位，每年每英亩的肉类产量比常规系统多出4~10倍。银合欢内含有的单宁酸似乎可以保护蛋白质免于在牛的反刍过程中被降解，并减少甲烷排放，这部分解释了以混牧林业方式饲养的动物重量明显增加的原因。而在旱季期间，则可以收获银合欢的种子，每英亩净收入可达1 800美元。在佛罗里达州和其他许多地方，银合欢是外来物种，对于人类和马等单胃动物而言具有毒性。在美国和世界各地的热带高地，正在尝试使用其他物种。密集式混牧林业的关键在于生长迅速且富含蛋白质的灌木，可以承受动物大量食用，并能在短时间内重新发芽。在澳大利亚和拉丁美洲的热带地区，银合欢已经通过了检验。

如今，密集式混牧林业已经在澳大利亚、哥伦比亚和墨西哥超过2 000平方千米（50多万英亩）的土地上施行。在哥伦比亚和墨西哥，生产者种植果树、棕榈树和林木，以进一步提高收入。这听起来似乎已经过于美好，但更加不可思议的是，一项为期5年的针对树木、牧草和银合欢交错种植的密集式混牧林业的研究显示，该系统每年每英亩的碳封存率大约为3吨，这对任何土地利用形式而言，都是很高的数字。

人造树叶
ARTIFICIAL LEAF

数十年来，一群科学家致力于以人造植物叶片取代自然光合作用，直接从大气之中创造燃料，由太阳光提供能量驱动。这种做法的收益是显而易见的，因为几乎所有的能量都来自太阳，而其中大部分则来源于光合作用（我们取得能源的形式，包括由植物而来的食物，以及植物的衍生物，例如石油、天然气、泥炭、煤炭、木材和乙醇。）。光合作用看似简单：吸收水、阳光和二氧化碳，排出碳水化合物和氧气。然而，单凭自然光合作用，想要满足世界对于能源日益增长的需求，则是不可行的。

为了制造生物燃料而种植玉米、杨树或是柳枝稷，就能源效率而言，其不利因素显而易见。植物能毫不费力地转换阳光，但是如果涉及将光子转换为可使用的储存能量时，其效率仅为1%。以玉米为例，农民必须用柴油供能的拖拉机耕地，用除草剂来抑制杂草生长，用联合收割机来收割作物，然后用卡车将作物运到好几英里外进行加工。在加工厂内，玉米被研磨成泥，与酶和氨混合，煮熟以杀死细菌，液化后放入酵母发酵数日，将糖分转化为乙醇。接着蒸馏并分离物质。固体被分离出来，液体则进入分子筛。二氧化碳被捕获并出售给软饮制造商。在饮料制作过程中添加变性剂可使其变为免税但无法饮用的物质，存放在储罐中，之后被放入油罐车中，载往炼油厂，加入汽油之中。

业界称之为再生燃料，但实际上是过度延伸了再生燃料的定义。因为整个过程严重依赖柴油、石油、汽油、电力和补助。充分计算下来，玉米基乙醇产生的能量只略高于生产它所需的能量。如果再加上使用土地时的排放、地下水耗费、生物多样性的丧失以及氮肥等方面的影响，对大气层是否有益就值得商榷了。玉米最符合效益的用途就是作为人们饥饿时的主食，而不是作为SUV车辆的乙醇动力。

试想，如果可以略过农场、肥料、拖拉机、卡车、加工厂和补助，无论你和水源处在何方，都可以直接用水和二氧化碳制造燃料……这就是二十多年前丹尼尔·诺切拉（Daniel Nocera）发起的人造树叶项目的目标。

丹尼尔·诺切拉

诺切拉是哈佛大学能源科学的教授。自20世纪80年代初在加州理工学院攻读研究生以来，他就一直致力于将水分离成氢和氧。他的计划起初是为了推动氢气经济。该技术的最初版本使用的是其中一面镀有钴镍催化剂的细长硅片，当硅片被投入到一个水容器中，将在其中一面的表层产生氢气，另一面则产生氧气。早期的媒体对这项技术及其可能带来的影响大加赞扬。诺切拉本人预言该技术将对穷人有益。他表示氢气可以用来烹饪，或通过燃料电池转化为电能。但是一罐氢气对于穷人来说有什么用呢？没有……除非他们有燃料电池，然而这是一项昂贵的科技。该技术是一个科学上的突破，但却并没有经济上的实用性。

氢是宇宙中最轻的元素，如磷火般稍纵即逝。尽管一磅氢气所含的能量是一磅汽油的3倍之多，但获得一磅氢气的过程相当棘手，并且需要高压罐和压缩机等设备。要想产生足够一个家庭使用的能量，需要一块胶合板大小的硅片和一个相当于三个浴缸大小的水箱。诺切拉专注于如何为穷人提供平价的能源，却很少考虑到穷人如何生产电力。尽管如此，他仍决心创造出一种人人都能享用的能源技术，而这一想法源于他在20世纪70年代时作为一名乐队粉丝的经历。美国的部分乐队早在数十年前就提出了"音乐共享"这个影响整个行业的概念。这些乐队允许并且鼓励人们录制他们演唱会上的曲目，至今仍有一些网站专门致力于分享和交换这些歌曲。这样的概念有可能适用于能源技术吗？

诺切拉深以为然。

他相信专注于那些对最贫困群体有益的技术，会使整个社会受益更多。许多年来，他回应质疑的方式就是指出，如果能在人工光合作用上投入和电池研发一样多的资金，那么突破将来得更快一些。

突破确实发生了。2016年6月3日，诺切拉和他的同事帕梅拉·希尔弗（Pamela Silver）宣布，他们通过结合太阳能、水和二氧化碳，成功地制造出了蕴含高能量的燃料。他们采用了两种催化剂，从水中免费制造出氢气，并用其喂养能够合成液体燃料的真氧产碱杆菌（Ralstonia eutropha）。用纯二氧化碳喂养这些细菌，该过程比光合作用的效率高10倍。如果二氧化碳取自空气，其效率也能多出3~4倍。

直到最近，诺切拉仍一直专注于从无机化合物中产生氢气。他和哈佛团队不将氢气看作是提供给人类的能源，而是用来喂养细菌的能源原料，因此向他最初的目标迈出了一大步：利用阳光和水制造廉价的能源。对了，还有细菌。也许经济上可行的人工光合作用，到头来也并不完全是人造的。

自动驾驶汽车
AUTONOMOUS VEHICLES

> 我绕着这辆神奇的车打量一圈，最后决定坐上车……我爬进去坐下，没有方向盘和换挡杆使我感到一丝诡异。仪表板上是琳琅满目的刻度盘，机器内部的某个地方有东西在悄悄地滴答作响。一阵咔咔咔声和引擎的呼唤声之后，汽车缓缓驶离路边，开到街上，加速，然后在拐角处向右转。它为两个穿过马路的女士减速，并避开了一辆向我们迎面驶来的卡车。坐在这个东西里面并让它自动载着我四处打转的感觉，令人毛骨悚然。我突然意识到，我独自一人坐在这个陌生的机器里面，在陌生的街道和城市里狂飙，速度太快以至于无法跳下车去。很快，我便远离了自己所熟悉的出发地。
>
> ——迈尔斯·J. 布雷尔（Miles J. Breuer）医生，《天堂与铁》（Paradise and Iron）（1930）

自动驾驶汽车（AVs）也许是终极的颠覆性科技。自动（autonomous）一词的来源是希腊语的"autonomos"，意思是"拥有自己的法律"。应用于车辆，它意味着车辆有自己的法则，而非遵从驾驶者的命令。自动驾驶汽车正在以前所未有的速度进行编程、设计、测试以及准备，这是一项价值数万亿美元的科技。虽然自动驾驶汽车的想法可以追溯到90多年前，但直至近来运动传感器、全球定位系统（GPS）、电动汽车、大数据、雷达、激光扫描、计算机视觉和人工智能的融合，才从根本上改变了我们的城市、公路、家庭、工作和生活。美国电气电子工程师协会（The Institute of Electrical and Electronics Engineers）预测，到2040年，自动驾驶汽车将占据道路车辆的75%；尽管要实现这样的目标，目前仍需克服许多法律和监管障碍。我们仍不清楚它对于社会的影响是正面、负面或是好坏参半，专家们的意见也莫衷一是。

如今，汽车的拥有和使用方式毫无效率可言。大约96%的汽车是私有的；美国人每年花费2万亿美元用于购车；而使用汽车的时间只有4%。现代的汽车不是用来驾驶而是用来停车的，仅在美国就建造了约7亿个停车位，其面积相当于整个康涅狄格州。如果大众能够转变观念，将交通视为一种服务，而不是私人拥有的车辆，不再花费高昂保险费，不再需要由两吨重的钢铁、玻璃、塑料和橡胶组合而成，不再排放二氧化碳和有害健康的污染物，那么节省下来的材料、基础设施和医疗保健将是非常可观的。但这样的结果并不会从天而降。就总体能耗而言，电动汽车的效率比燃油汽车高出至少4倍，这将是自动驾驶汽车在温室气体减排效益方面的主要优势。

要探讨自动驾驶汽车的基本科技能力，就不能忽略另外三个同时进行且相互补充的研究和实践领域：共享汽车（shared vehicles）、随需汽车（on-demand vehicles）和互联汽车（connected vehicles）科技。

共享汽车： 通过让前往同一方向的乘客更轻松地共享路程，可以提高车辆使用率。来福车（Lyft）和优步拼车（UberPool）是其中两个提供这项服务的常见平台。

随需汽车： 乘客依照需求叫车，司机会在合理的时间内抵达，目前已经有应用程序提供这项服务。自动驾驶汽车意味着车辆将在没有司机的情况下到达。

互联汽车： 配备车辆之间以及车辆与基础设施间的通信能力，使车辆能够与其他车辆、道路、交通信号灯等实时收集并分享数据，以提升交通流畅性和安全性。很可惜的是，到目前为止，角逐这块市场的各公司仍未就此达成协议。这种通信与车载人工智能相结合，将使汽车能够不断学习并对地理、街道、环境和目的地变得更加灵敏。

自动驾驶汽车对于环境的潜在益处很多，但也并非必然。目前大多数的自动驾驶汽车示范模型都是在现有车辆上装配售后的传感器零组件。正在测试和推广的自动驾驶车辆的概念模型体积更小、更符合空气动力学，如果有专用车道，它们可以组成车队，即一排车辆前后紧跟在一起，借此获得气流上的优势，就像自行车手的车队一样。然而，过渡到专用车道可能还需要耗费数十年。如果自动驾驶汽车是由多人共享，将可减少交通阻塞。汽车将不再需要绕着街区寻找停车位，而是去接下一个乘客。自动驾驶将会加速电动汽车的普及，因为大部分的行程都是在当地进行的，因此在电池续航范围内。更小、更高效的车辆将能够缩短道路宽度，将土地释放给其他用途。

然而，向自动驾驶汽车的转变也可能是十分混乱的，转型过程中会存在无数的障碍。首先，这项技术价格昂贵，而且涉及司机、乘客和路人的生命安全，因此不容一点差错，必须保证在各种状况下完美运转。关于自动驾驶汽车能力和监管环境的反复讨论也会十分缓慢，而且各地的法规也将有所不同。在相当长的一段时间内，自动驾驶汽车将无法与非自动驾驶汽车内的司机进行通信或资源共享。最大的障碍或许会是人们的强大欲望，迫切想拥有专属于自己的汽车。私人拥有的传统汽车在文化和功能上，都可能是自动驾驶汽车最强大的竞争对手。私人汽车象征着个人自由——这不仅在美国如此——因此对于未来的四轮机器人来说，取代它们并

图为一名使用手机的女性在一辆自动驾驶汽车前面走过。在2016年10月11日的一场媒体活动中，自动驾驶汽车在伦敦北部米尔顿凯恩斯村（Milton Keynes）的行人区中进行测试。当天，无人驾驶的汽车首次搭载乘客驶上英国的街道，这一具有里程碑意义的测试将会是自动驾驶汽车引进英国的第一步。

图为位于法国里昂汇流区（Lyon Confluence）的纳夫力（Navly）自动驾驶班车。这是一辆无人驾驶、自动、完全电动驱动的班车，载着乘客往来购物区和半岛尾端之间。纳夫力班车搭载了激光器、摄像机和高度精确的GPS，其时速可达25千米，可以同时兼顾乘客与行人的安全。

不是简单的任务。这可能需要整整一代人的态度转变。家里没有车的人们，可能会感到与世隔绝。

反对自动驾驶汽车的民粹主义抵抗也可能会发生，一如欧洲城市和加州的出租车司机愤怒地抵制优步。如果出租车里没有司机，成本就会大幅减少，这是不可阻挡的趋势。另一方面，禁止人们驾驶的时代也有可能到来，因为在自动驾驶和互联汽车组成的世界里，个人司机对他人而言存在很大危险。未来学家托马斯·弗雷（Thomas Frey）列出了一份在无人驾驶汽车时代将消失的事物清单，其中排在首位的就是司机。汽车不再需要司机，比如出租车、优步、UPS快递、联邦快递、巴士、货车和城市汽车。同时被淘汰的还有：保险中介、汽车销售员、信贷经理、保险理赔员、银行贷款和交通新闻记者。方向盘、里程表、油门踏板、加油站、美国汽车协会，以及提供个人维修汽车服务的汽车修理厂到洗车店等许多店家，都将步上磁带的后尘。同时，我们也可以摆脱路怒症、车祸、90%或更多的受伤以及与汽车相关的死亡、驾驶考试、迷路、汽车经销商、罚单、交通警察和交通堵塞。

汽车和货车产业对气候有着不成比例的影响。汽车和货车占所有温室气体排放量的五分之一，这还不包括街道、高速公路和其他基础设施的建设和维护。自动驾驶汽车普及后，伴随着温室气体减少的，可能还有数百万人的失业〔对比现已倒闭的百视达（Blockbuster）与网飞（Netflix），就可以感受到这对整体就业意味着什么〕。

就像高速公路和汽车产业改变了城市一样，自动驾驶汽车也会如此。自动驾驶汽车实际行驶里程将会增加而不是减少，原因很简单：当某项服务或物品的成本降低时，消费必然增加。随时可以出现在家门口的自动驾驶汽车，可以允许人们搬到远离城市的地方生活，特别是行程中他们可以在车里工作而无须驾驶。

共享汽车和自动驾驶的融合，是业界先驱共同的愿景。据此估计，美国的汽车总数将减少50%~60%。来福车的联合创始人约翰·季墨（John Zimmer）称其为"第三次交通革命"，城市和郊区景观将依照人们而不是汽车的需求而打造。随需的自动驾驶汽车将使绝大多数的城市居民放弃拥有汽车，因此为自己和城市节省可观的资金。考虑到在城市环境中拥有汽车的麻烦，以及美国有车阶级每年平均9 000美元的花费，随需汽车的付费模式将对富人和穷人都充满吸引力。这一切的困难在于出行高峰期。除非人们愿意使用共享的自动驾驶汽车，比如现有的来福车拼车服务，否则在密集的城市环境中以及位于郊区的大型公司总部闲置的自动驾驶汽车数量，将会掩盖这些优势。

另一个转变是城市化。到2050年，将会有超过1亿人居住在美国城市。这些城市将会是怎样的状态？显然会更加拥挤。或许人均车辆将减少，不过已有一些具有说服力的论据来反驳这一设想。城市景观可能逐渐演变成以人为本的区域，有更宽的人行道、更窄的车道、更多的树木和植物，以及更充足的自行车道，停车场也将被改造成公园。城市的重点将从交通转向社区。

如果自动驾驶汽车的设计良好且能发挥功用，那么城市的形式，包括其布局、道路、结构和实体样貌都将发生巨大的变化。如今所有的城市都是嘈杂拥挤的，而这种嘈杂和拥挤的绝大部分来源于车辆。相比之下，电动车产生的噪音很小。如果自动驾驶汽车只搭载一人甚至无人乘坐，那么它们对城市或地球就并无益处。但如果它们能够在没有人类司机驾驶的专用车道上投入运营，其效益将会十分深远。城市规划师彼得·卡尔索普（Peter Calthorpe）称之为"自动化的大众运输"。

固态波浪能
SOLID-STATE WAVE ENERGY

海洋的动能非比寻常，每年涌动着大约8万太瓦时的能量。这样惊人的能量足以满足人类至少100倍的需求。1太瓦相当于1万亿瓦特，足以供应3 300万个美国家庭的年电力需求。由于水的密度是空气的近1 000倍，所以就技术上而言，水力涡轮机比风力涡轮机更有效率。波浪能技术的问题在于经济效益不佳，它需要能够承受深海压力和腐蚀的运转部件。在海洋中发现的原始能量很容易成为波浪能的弱点。

西雅图的奥希拉能源公司（Oscilla Power）创造了一种能够将海洋动能转化为波浪能的技术，而且不需外部运转部件。该技术的原理很简单：它包括一个水面上的大型固态浮标。浮标表层的内部是磁铁，外部则是由铁铝合金制成的杆子。当杆子被压缩以及释放压力时，会发生压力转变，这些压力便通过缠绕在杆子上的线圈转化为电能。导致压缩的是一块以电缆固定在水下的大型混凝土升降板。这个过程就像是利用锚来阻止固态浮标随着表面海浪的起伏而移动，从而在浮标内部产生压缩的动能。海洋表面的升降、颠簸、浪谷、浪峰和滚动产生了持续不断的压缩，从而产生了电力。为了响应海洋表面的动能，升降板重量的计算、磁场配置的部署，以及系统的整体规模分布等都是复杂的计算，其目的是实现产出最大化。不过，参数设定之后，该科技的机械原理是十分简单明了的，因为没有涡轮、叶片、发动机和其他运转部件。

如果人们能够负担得起如此高昂的费用，即便只攫取海洋动能的一小部分，这样的科技也将是一项惊人的成就。可负担性必须考量到维护、更换零件、外海维修以及传输电力到海底电缆。海洋能源的独特性质使得波浪能具有如此迷人的吸引力，但同时也让它难以被人类获取。这是一种剧烈、随机且强大的力量。固态波浪能消除了困扰该产业其他新创公司的一些关键问题。它可能会带来突破，又或者说，波浪能的突破总有一天会到来。无论是现在还是未来，海洋仍是地球上未被开发的最大再生资源。

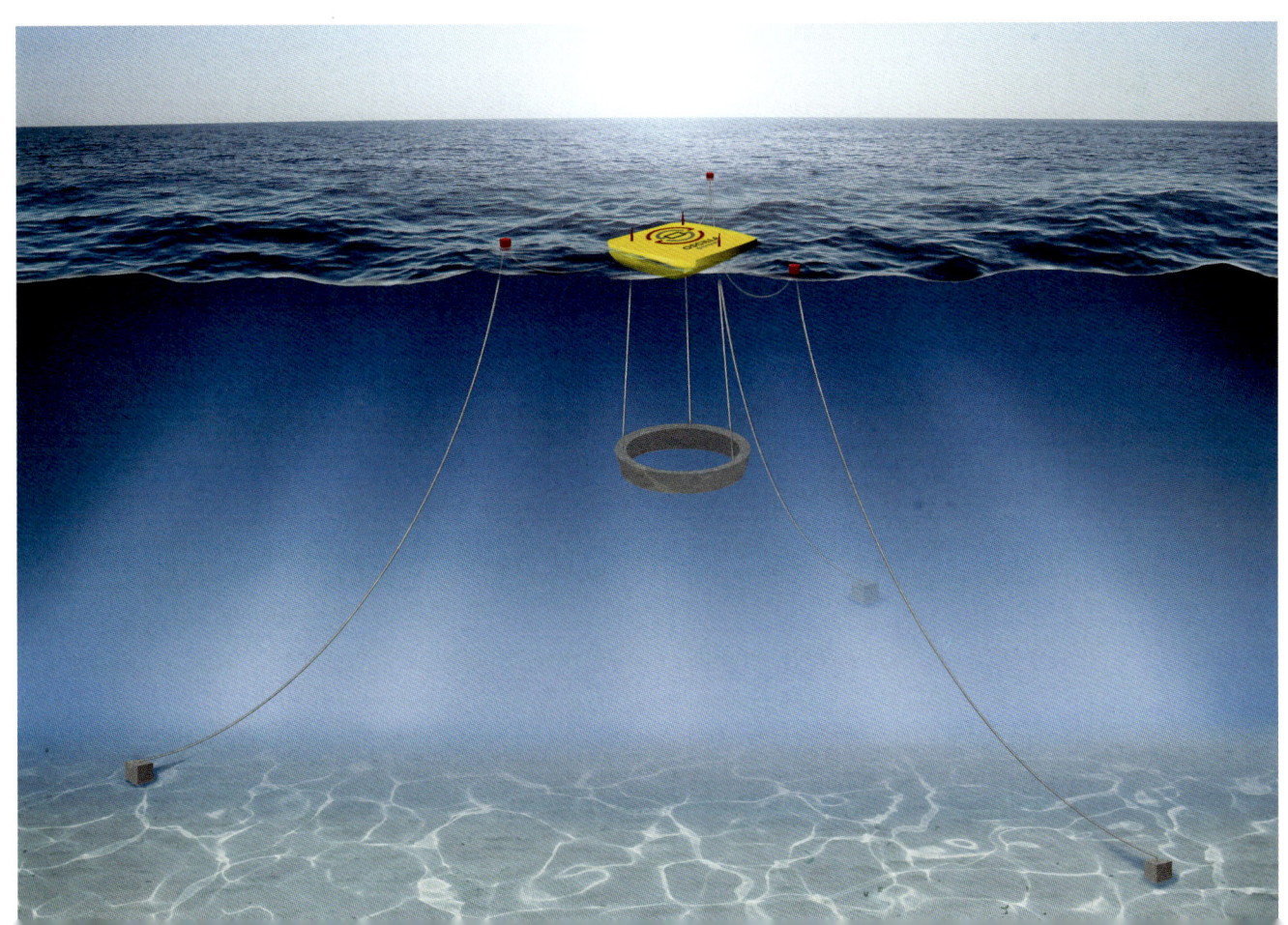

生态建筑
LIVING BUILDINGS

美国绿色建筑协会2000年公布了其能源与环境设计先锋（LEED）认证系统，用来评估与表彰更多的可持续建筑。LEED以各种金属类型评级（银级、金级和铂金级），培育并挑战建筑产业，改变其衡量建筑价值的方式，并且制定出规范性的评分，试图量化和评估建筑对环境和栖息生物的影响。LEED认证涵盖了设计、建造、维护以及运营，评分指标包括流明、水、能源利用、清洁产品、采光、室内空气质量、可再生能源等。

在LEED标准建立六年后，建筑师杰森·麦克伦南（Jason McLennan）和卡斯卡迪亚绿色建筑协会推出了另一套不同的标准：生态建筑挑战（Living Building Challenge, LBC），目前由国际生态未来研究所（International Living Future Institute）拥有并运营。这也是一套拥有核心原则和表现类别的建筑认证系统，被称为"花瓣"的7个类别分别是：地点、水、能源、健康与幸福、原料、公平以及美观。LEED重视可持续性，即减少建筑环境造成的负面影响；LBC则以再生为基础概念，即建筑可以为自然界和人类社群重新注入活力，获得新生。

从根本上说，LBC的重点不是领先，而是在于生活。建筑物应该像森林一样发挥作用，在功能和形式上创造积极的净效益，并且向世界释放价值。换句话说，建筑可以做到的，不只是减少负面影响，它们可以做出更大的积极贡献。LBC公布了生态建筑的标准，以及如何使人类和地球受益。7个"花瓣"中的每一个都包含了建筑物应该实现的标准，共计20条。这些标准并不是一份检查清单，而是一些预期成效。这些成效基于一个简单的问题，用以界定建筑的整体性能，这个问题是：如何设计并建造一座建筑，使其每个行为和结果都能造福世界。

例如，生态建筑应该种植食物，制造净正废弃物（net-positive waste，能够滋养生态系统和土地的废水），创造净正水，利用可再生能源制造多于使用需求的能量。它们必须纳入亲生物设计，满足人类天生亲近自然原料、自然光线、自然景观、水声等的倾向。在非自然事物方面，生态建筑必须避免使用所有"红色清单"原料，如聚氯乙烯（PVC）和甲醛。它们必须满足人类的空间规模而非车辆的空间规模，并且意图教育和启发他人——建筑物应该是导师而不只是容器。

在温室气体排放方面，生态建筑可以通过生产多于消耗的能源并抵消其中所含的碳产生的最大影响。为了向世界供应能源，生态建筑需要十分高效，比起传统的"绿色"建筑，建造生态建筑所需的能源明显更少，并且整合了当地可再生能源，如太阳能或地热能。

实现净正能源以及其他19个标准的方式并非事先规定好的，而是每个生态建筑都应集结当地人才智慧，根据具体情况量身定做。标准的审定也与当地情境有关。

归根结底，LBC认证并不是基于符合规范性的设计清单或是预计的建筑成果。相反地，重点在于，基于至少12个月的入住情况和实际表现，即一个生态建筑是如何展现其生命力的。

与许多创新一样，生态建筑挑战最初的接受度并不高。一如其名，对于设计师、建筑师、工程师、建筑检查员、银行和承包商来说，生态建筑是一个几乎无法完成的挑战。急速上升的学习曲线拉平了最初的采纳曲线。然而，目前已有超过350座建筑取得了不同阶段的认证，涵盖了20多个国家的数百万平方英尺土地。如同LEED，随着设计师和承包商掌握了取得认证的方法和原则后，成本将减少，信心则增加。最近的经济研究显示，生态建筑的初期成本正在下降，同时，与成本等值的回报也证明生态建筑有其经济效益，而不只是一种远见。

按LBC的模式进行建造并非没有挑战，它需要前期投资，回收期长，并且需要卓越的技术来处理每个项目的独特动态。有时，它需要克服将生态建筑判定为违法的建筑法规限制（例如并不是每个地方都允许现场处理污水）。通过激励措施、政策变化以及培养更多的专家来解决这些难题，将是实现LBC愿景的关键；LBC项目也促成了许多正面的法规改变。如果社会能理解，我们建造的实际上是人类的栖息地——为我们设计、由我们打造的生态系统——那么有生命的建筑才是真正有意义的。

最后一片花瓣是：美观。经过LBC认证的建筑物，无论从外观上看还是住在其中的感觉都是非凡的。建筑师大卫·塞勒斯（David Sellers）完美地总结了这一点：通往可持续发展的道路是美，因为人们将会维护并照料那些滋养他们精神和心灵的事物；所有其他的建筑迟早会被拆毁。

生态建筑项目标准：

（1）限制成长：只在已开发场地上进行建筑，而不在未开发地或其邻近地区。

（2）城市农业：生态建筑必须拥有与其容积率相匹配的种植和储存食物的能力。

（3）栖息地交换：每开发一英亩土地，就必须永久保留一英亩的栖息地。

（4）人力生活方式：生态建筑必须致力于建立可行走、可骑行、对行人友好的社区。

（5）净正水：收集和回收的雨水必须多于使用水。

（6）净正能源：至少有相当于使用能源的105%来自现场可再生能源。

（7）文明环境：生态建筑必须拥有可操作的窗户，以获得新鲜空气、日光和景观。

（8）健康的室内环境：生态建筑必须拥有完美且新鲜的空气。

（9）亲生物环境：设计必须包含滋养人与自然联系的元素。

（10）红色清单：生态建筑不得含有LBC红色清单列出的有毒原料或化学物。

（11）包含碳足迹：建造过程中产生的碳足迹必须被抵消。

（12）负责任的产业：所有的木材都必须经过森林管理委员会（Forest Stewardship Council）认证，或是来自废料或建筑工地本身。

（13）可持续的经济来源：材料和服务的采购必须支持当地经济。

（14）净正废料：建造过程必须转化90%~100%的废料。

（15）人类规模与人性化处所：项目必须符合特定规范，从而实现以人而非车辆为导向。

（16）自然与场地的共用权：基础设施必须对所有人平等开放，并且提供新鲜空气、阳光和自然水路。

（17）公平投资：一半的投资款必须用于捐赠慈善事业。

（18）JUST组织：至少包含一个经过JUST组织认证的团体参与，显示商业运作的透明化和社会公平。

（19）美观与心灵：必须融入提升心灵愉悦的公共艺术和设计。

（20）启发与教育：项目必须致力于教育儿童和公民。

由切萨皮克湾基金会（Chesapeake Bay Foundation）打造的布洛克环境中心（The Brock Environmental Center），位于弗吉尼亚州弗吉尼亚海滩的乐屋点公园（Pleasure House Point）。该中心于2014年竣工，所有的饮用水全部来自降雨，用水量比同等规模的商业建筑少了90%，产生的能源比消耗的多出83%。布洛克环境中心是美国第一个被许可供应和处理雨水、并且达到联邦饮用水标准的商业建筑。

直接空气捕获
DIRECT AIR CAPTURE

数亿年来，植物一直在利用光合作用的力量，从空气中捕获二氧化碳，并利用可再生的太阳能将其转化为植物世界的一部分——生物量。直到最近，人类才开始研发类似的直接空气捕获（direct air capture，DAC）系统。他们的目标是通过捕获和浓缩大气中的二氧化碳来"开采天空"。短期目标是捕获制造业和工业过程中的二氧化碳，长期目标则是利用直接空气捕获和二氧化碳储存技术，来帮助实现和维持二氧化碳的增长逆转。

概念上而言，直接空气捕获装置运作的方式，就像筛子与海绵二合一的化学物。大气之中的空气经过固态或液态物质，其中的二氧化碳与该物质中选择性"黏着"的化学物结合，而其他气体则可以任意穿过。当化学物捕获的二氧化碳完全饱和后，系统便会利用能源，将纯净的二氧化碳释放出来。释放二氧化碳后的化学物再度恢复筛选能力，因此整个过程得以循环往复。

直接空气捕获的根本技术挑战是如何更有效率，并且更具成本效益。首先，空气中的二氧化碳是非常稀薄的，仅有0.04%。分离出相当数量的二氧化碳需要大量的空气与负责采集的化学物接触。其次是捕获—释放的循环过程需要消耗能源。因此，需要找到并且有效运用低成本、低碳且没有竞争性用途（例如优先帮助减少碳排放）的能源。

尽管如此，世界各地的创新者仍在追求各种直接空气捕获的设计，他们相信有一天能够推出价格合理的空气中二氧化碳捕获技术。对于捕获阶段，许多公司都以胺（类似氨的合成物）的化学作用为基础，这是传统工业二氧化碳采集过程中常用的方式（数十年来，工程师们一直在使用以胺为基础的系统，采集各种燃料和化学制造过程中浓缩排放的二氧化碳）。一些直接空气捕获的创新者正在使用新型材料来捕获二氧化碳，如负离子交换树脂。此外，由于材料科学在金属有机骨架和硅酸铝材料等领域的一系列进展，也为更有效率地捕获空气中的二氧化碳开辟了新的战线。

围绕收集的二氧化碳的再生过程，正在发生重大的创新，也就是直接空气捕获系统如何把二氧化碳挤出采集的"海绵"。可以运用温度、压力和湿度，将采集材料中饱和的二氧化碳，以纯的方式释放。直接空气捕获系统的设计者正在研发尽可能节省能源的再生技术，或是依靠风力、太阳能、水力或工业废热等能源。

在短期内，直接空气捕获装置中释放的纯二氧化碳可以被广泛运用在制造过程中。例如，某些直接空气捕获创新公司正致力以空气中捕获的二氧化碳制造人工运输燃料，而其他公司则希望将大气之中的二氧化碳用于温室之中，来提高室内农业的产量。但这仅仅是个开始。直接空气捕获系统中采集的二氧化碳也可以用于制造塑料、水泥和碳纤维，甚至用于永久处理地下地质构造中过量的二氧化碳。

在未来，直接空气捕获系统可以在应对气候变化的斗争中发挥关键作用。如果可持续的生物燃料供应有限，直接空气捕获过程生产出的燃料可以帮助满足对低碳长途运输日益增长的需求，而且这种燃料可以在一系列制造过程中取代化石燃料的使用。此外，直接空气捕获系统可以为难以实现去碳化的经济部门提供一个强大、可测量的抵消与中和机制，并最终可以作为一种封存技术，帮助清理大气中的二氧化碳。

但同样，直接空气捕获企业家目前面临的主要商业挑战仍是经济因素。现在各个地区缺乏强有力的碳管制，企业利用直接空气捕获二氧化碳的市场很小，没有人愿意花钱打造直接空气捕获储存的试验工厂。

压缩二氧化碳目前已有市场，其范围包含了从强化石油生产到饮料碳酸化、温室和其他小范围的基础应用。不过，其他地方也有丰富的廉价、浓缩的二氧化碳供应。沉积在地质构造中的天然二氧化碳，以及高度集中的工业供应，如乙醇和化学制造，降低了顾客愿意为二氧化碳购买支付的价格。例如，在美国，用于石油制造的管道规模的二氧化碳，价格可以低至每吨10~40美元，远远低于直接空气捕获初期阶段的每吨100美元（或更高）。

根据学术界的计算，大规模采用直接空气捕获系统，可以将价格降低到有竞争力的范围。然而，企业家们目前陷入了活动停滞的外部循环：整体而言研发资金普遍短缺，市场无法支持运用这一技术，并且需要更多的学习和创新来使系统在技术上更趋成熟。此外，直接空气捕获系统设计上的进步，有助于在与工业排放系统竞争二氧化碳捕获时降低成本，这仍然是二氧化碳价格的下行压力。直接空气捕获系统可以设置在各种地点，减少二氧化碳运输的相关成本，从而提升整体成本的竞争力，但这种优势需要因地制宜。

这是由全球恒温器公司（Global Thermostat）创造的一个碳捕获装置。它将胺基化学吸附剂与多孔蜂窝陶瓷结合，共同起到吸碳海绵的作用，有效吸收大气或烟囱中的二氧化碳，并且利用低温蒸汽，除去并收集被捕获的二氧化碳，产出在正常温度和压力下纯度达98%的二氧化碳。过程之中耗费的只有蒸汽和电力，并且不会产生废水排放，整个过程温和、安全、负碳。

未来，直接空气捕获的研发人员将须开发具有创造性的工程和商业模式，并且获得专注于长期气候目标的政策支持，以便与现有的低成本二氧化碳供应源，以及日渐增长的从电厂和工业中采集的压缩二氧化碳相竞争。

此外，直接空气捕获行业必须加倍努力，以确保监管机构将它与其他减碳和除碳方案一视同仁。目前，针对直接空气捕获的规范很少能对捕获的二氧化碳给予气候相关信用认证，更不用说储存的二氧化碳。而要取得相关认证，该技术必须符合政策框架，帮助世界实现净零排放。在各种利益相关方和各类看法中找寻出路是可能的，但这绝不轻松。

即便有着经济、技术和政治方面的挑战，许多无畏的企业家和研究人员仍在努力改进直接空气捕获技术。许多公司的目标是在北美和欧洲实现直接空气捕获技术商业化。亚利桑那州立大学的克劳斯·拉克纳教授建立了负碳排放中心，以研究直接空气捕获技术，美国能源部也在2016年启动了其有史以来第一个直接空气捕获研究项目。

这些早期的直接空气捕获研究和商业化投资的演进过程相当有趣。这些努力与直接空气捕获的早期市场，能否激起一个新的、可持续的过程工程产业，从空气中直接捕获并储存数十亿吨的二氧化碳？时间将会证明人类是否能够完成这项任务。

氢-硼聚变
HYDROGEN-BORON FUSION

英国物理学家亚瑟·爱丁顿爵士（Arthur Eddington）1924年提出理论，认为核聚变是太阳辐射能量的核心所在。他并未意识到自己开启了历史上最昂贵的科学探索之一：利用核聚变反应堆创造一个星球的能量。与分裂重原子以产生热量的核裂变不同，核聚变则是将轻原子相互撞击，创造出可供应星球运作的能量。有人说，世界已经拥有了一个完美的核聚变反应堆，虽然并不在地球上。来自太阳一天的能量，将可以为地球供应数年的能源。目前，一小部分的太阳能被太阳光伏采集，或者间接转换为生物质能、水力、波浪和风力。化石燃料本身就是来自天空中巨大的核聚变反应堆的储存能量，尽管其制造过程耗费数百万年，而且转换效率很低〔2003年生态学家杰弗瑞·杜克（Jeffrey S. Dukes）在一项研究中估计，平均每加仑的汽油需要90吨以上的史前生物质作为原料〕。然而，可再生能源多变无常，电力公司希望有一个稳定的能源来源，并且供应不会中断。为此，自20世纪30年代以来，科学家和工程师们一直在追求物理学的圣杯：一种清洁、几乎是无限的能源，它将带领世界告别煤炭、天然气和石油的时代，并持续供应未来世界上千年的能源。2015年，列夫·格罗斯曼（Lev Grossman）在《时代》杂志中宣称：如果成功创造一个星球的能量，"将是人类历史上的一个拐点"——"这样的能源奇点"将意味着石油时代的终结。

在地球上制造星光极为困难。50多年来，理论家和工程师们想象并建造了他们认为可行的核聚变反应堆。经历数以百万计的试验以及远超1 000亿美元的投资之后，距离成功仍然很遥远。直到最近，也就是近二十年，私人企业进入该领域。由于资金较少，这些企业必须灵活地利用高科技创业中采用的创新方法——以更少的花费，更快、更好地失败。

2015年6月，一家因其非传统作风而被视为独行侠的公司宣布，它已经完成了追寻圣杯旅途的二分之一，而且是比较困难的部分，被称之为"足够长"。这家名为三氢能源（Tri Alpha Energy，TAE）的公司，在其过去18年的历史中一直保持神秘，这是因为核聚变能源的历史充满了夸大其事、幻想和落空的妄言。最好闭上嘴巴做事，一如三氦能源那样。在其宣布消息的时候，三氦能源已经完成了超过45 000次的实验。

三氦能源富有远见的联合创始人，即已故的诺曼·罗斯托克（Norman Rostoker）和首席技术官米希尔·本德鲍尔（Michl Binderbauer），在创办公司时就把这项事业作为目标。他们提出的问题看起来很简单：电力公司需要的是什么，而不是等离子体物理学期刊希望刊登什么。电力公司需要的是安全、小巧、经济、可靠的能源发电设备，可以在有需求的各地建造。安全是最关键的。尽管核聚变反应堆不像核裂变反应堆那样产生辐射，但迄今为止，核聚变反应堆一直依赖着氘和氚燃料，以及会产生自由中子的氢的同位素。随着时间的推移，中子会使反应堆变得具有辐射性，这意味着起作用的成分衰变，必须每6~9个月更换一次。

罗斯托克和本德鲍尔决定冒险尝试，选择氢-硼作为他们的燃料，除了因为安全，更因为容易取得。氢-硼不会产生任何中子；反应堆将可以持续使用几十年甚至是一个世纪；它可以安全地放置在任何地方；即使关闭也不会发生任何事。或者可以说，如果发生什么事，关闭就好。关闭后，它可以用家用发电机重新启动；氘和氚是稀缺的，而硼至少可以供应十万年，而且价格便宜。三氦能源在解释时半开玩笑地说，如果购买反应堆，将免费提供燃料。

氢-硼聚变产生三个氦原子，剩余质量的一小部分转化为能量，巨大的能量。原子可以通过两种方式制造能量：分裂或结合，裂变或聚变。爱因斯坦预言，在适当的条件下，质量可以转变为能量，反之亦然。一小块质量蕴含的能量，对于人类而言相当惊人。氢-硼聚变每单位的燃料质量可以产生的能量，是核裂变的3~4倍，而且几乎没有废弃物。这意味着不会产生钚、辐射、熔毁和扩散。

一些等离子体物理学家对三氦能源选择的燃料嗤之以鼻，因为氢-硼聚变需要的热量是传统核聚变反应堆中"仅仅"1亿摄氏度的30倍，准确地说，氢-硼聚变需要30亿摄氏度。对于氢-硼来说，这"足够热"，也是核聚变成功的另一半条件。当你有了"足够长"和"足够热"，就可以在地球上制造星光。

"足够长"指的是核聚变反应堆无限期维持等离子体的能力。等离子体是物质的第四种状态（其他三种是固体、液体和气体）。当你看到云状星系、太阳或地平线上跳动的北极光时，那就是等离子体。这是一种电离气体，加热后将变得无法控制。如果等离子体接触到任何东西，将在一纳秒之内消失。这就像试图抓住一只猫的尾巴。等离子体是一团被剥去电子的亚原子粒子，它构成了宇宙的99%。核聚变必须加入并且控制等离子体，并且将其加热到超临界的温度。但这是两种相反的力量：等离子体的温度越高，就会变得越不稳定。如何控制它一直是等离子体物理学家和工程师面临的挑战。

本德鲍尔通过一种绝妙的方式实现了"足够长"，即可以无限期地维持等离子体状态。通过在等离子场域的外围放置六个发射氢原子的粒子束喷射器，他创造出不断旋转的等离子体陀螺。每个孩子都知道，陀螺旋转得越快，就越稳定。同样，等离子体在旋转、加热的时候变得更加稳定，并且产生自己的磁场。在三氦能源的反应堆中，只要能够维持旋转速度，就能使等离子体稳定。旋转得越快，温度就越高；温度越高，等离子体就越稳定，这与先前核聚变技术的发现与推崇正好相反。

到2017年底，三氦能源已经建成其历史上的第四个反应堆，大小足够实现核聚变。他们完成了稳定等离子体的"足够长"理论，就差如何达到"足够热"了。当太阳的最高温度为1 400万摄氏度时，要怎样才能创造30亿摄氏度的温度呢？根据本德鲍尔的说法，让等离子体来完成剩下的事。位于瑞士的大型强子对撞机能够创造数万亿摄氏度的温度，是三氦能源所需要的上千倍。这些数据是在强子粒子加速器中得到的，粒子环绕着26千米（16英里）的圆周运行并产生巨大能量。因此，本德鲍尔认为，对于三氦能源来说，剩下的挑战都是工程问题而非科学问题。知道了等离子场域的周长，你就可以用一张便笺纸（以及一个等离子体物理学学位）计算出新的三氦能源反应堆需要的温度。

核聚变反应堆所产生的丰富、清洁的能源将是惊人的。就能源而言，一个可行的核聚变反应堆将是未来的发电站：氢-硼聚变无碳、安全且可持续。目前，该公司预测成本为每千瓦时10美分，未来将降至5美分。最新的风能购电合约中是每千瓦时2美分，太阳能稍高。不过，可再生能源必须配合可调度能源或是储存来实现。在天然气和煤炭的稳定代替物出现，或是实现有效的大规模储能之前，对于由高碳燃料提供的可调度能源的需求将持续存在。然而，无论核聚变成功与否，能源革命都已在酝酿当中。如果核聚变加入其他可再生能源技术的行列，将对化石燃料造成重大打击。届时，这些能源将会促成各产业价格的下降。

在加州欧文市的三氦能源公司大厅内，有一篮子长着翅膀的粉红色橡胶小猪，生动展现了该公司面对各界质疑的态度。显然，小猪很快就会飞起来。

智能高速公路
SMART HIGHWAYS

菲利普·拉芬（Philippe Raffin）与瓦特路（Wattway）的一段合影。这条太阳能道路是用太阳能地砖贴在现有道路上来产生电力。它由法国研发，一段宽3米（10英尺）、长6米（20英尺）的路就可以满足一个普通法国家庭的用电需求。

美国国家高速公路系统（U.S. National Highway System）由超过26万千米（16万英里）的沥青路构成。其中，自亚特兰大向南延伸至佐治亚西部的29千米（18英里）公路上，一项名为"雷（The Ray）"的计划正在重新勾勒高速公路的模样。该公路是以英特飞公司已故的创始人和首席执行官雷·安德森之名命名；该公司生产方块地毯，自20世纪90年代中期以来，一直以企业的可持续发展为经营目标。安德森和英特飞公司的社群从根本上改变了他们的经营方式，将一个以石油为基础的制造公司，转型为一个恢复性企业。他们的第一个可持续发展任务就是让英特飞公司不产生危害，接着则是创造净效益。

正如其名，"雷"计划也将颠覆企业的常规。目前，高速公路是不可持续生活的缩影。汽车和货车在能源密集的沥青路面上飞驰，燃烧石油并且排放污染物，或者，更糟糕的是，困在（拥挤的）交通中处于闲置状态。高速公路本身切割了生态系统，并且促成了毫无章法、以汽车为中心的发展模式。看着高峰时段的高速公路，尤其是在这个气候变化的时代，你将不禁思索，难道这就是人类社会的最佳状态吗？"雷"计划的设计目的，是成为一个有生命的实验室，其目标是证明我们可以做得更好。即便有越来越多的交通替代方案，机动车及其所需的基础设施对于移动和连通来说依然重要。明白这一点之后，"雷"计划旨在将这一段路程转变成一种积极的社会和环境

力量，并且成为世界上第一条可持续的高速公路。只要在这里证明其可行性，这条"智能"高速公路将激起革命性变化，一如英特飞公司曾经做到的那样。

车辆和它们行驶的路面往往是同步演变的。起初，人们在罗马铺设了相当于当代美国高速公路系统三分之一大小的道路网络，使轮式车辆能够在整个帝国运送武器和货物。20世纪汽车大规模生产之后，高速公路随之出现；美国的德怀特·艾森豪威尔国家州际和国防公路系统（Dwight D. Eisenhower National System of Interstate and Defense Highways）便是一例。面对气候变化和能源革命，高效、电动的自动驾驶车辆也开始出现在现代公路上。确实，几乎所有试图改变汽车运输的努力都集中在汽车之上。"雷"计划背后的团队则假设，这些汽车所依赖的基础设施，即高速公路，也必须演变，以使清洁的运输成为现实。"雷"计划运用地方和国际专业知识，开始试行这种演变。

电动汽车是这个实验室的重点项目。目前，在这条29千米长的廊道上，每年排放的二氧化碳超过10万吨。为了改变这一数据，"雷"计划正在建造电动汽车（最清洁的汽车）所依赖的基础设施。在高速公路沿线的路边游客中心安置一个太阳能光伏充电站，电动汽车可以在45分钟内免费充电。"雷"计划的最终目标是为电动汽车整合专属车道，在他们经过时自动收费而不用停车。目前，佐治亚州的电动汽车注册数量已经位居美国第二。更多的电动汽车基础设施将意味着更多人驾驶电动汽车出行，这意味着排放将会减少。新一代的汽车已经出现，智能高速公路将面临着追赶潮流、甚至超前思考的任务。

"雷"计划的设计核心还包括未来能源。太阳能技术是高速公路两旁闲置空地的理想选择，因此"雷"计划将沿着道路安装一个1 000千瓦光伏的太阳能发电站，这种方法已经在其他地方被采用。道路表面90%的时间都处于暴露状态，非常适合太阳能发电。名为瓦特路的太阳能光伏铺料是一项法国科技，使"雷"计划可以生产清洁能源，用于LED照明和电动汽车充电，同时改善轮胎抓地力和路面耐久性。沿着太阳光伏路面铺设隔声板是"雷"计划的另一个双赢方案，在创造能源的同时控制当地社区所承受的噪声污染。

在创新方面，"雷"计划在大西洋彼岸有着志同道合的伙伴。设计师丹·罗斯格德（Daan Roosegaarde）和欧洲建筑服务公司海曼斯（Heijmans）在荷兰合作进行了一项智能高速公路先导计划，该计划获得了大奖。"未来的66号公路（Route 66 of the future）"运用的科技包含了能量采集技术、气象传感器以及动态涂料，其中动态涂料包括生物荧光的"发光标线（glowing lines）"，能在白天吸收阳光，并在晚上发光。由于不需要路灯，因此可以省下所使用的能源。他们的工作成果如今正在荷兰扩展，并且延伸到中国和日本。

自从现代高速公路首次出现以来，在设计上几乎没有任何进步。如今，气候变化以及电动和自动驾驶汽车的出现，对高速公路提出了与时俱进的要求。高速公路需要一个更加智慧的发展方式。像罗斯格德和"雷"计划这样的努力，体现了先见之明，证明原来肮脏的基础设施也可以变得干净、安全、高效，甚至是优雅。由于高速公路几十年来一直停滞不前，因此充满了创新的机会。然而，高速公路规范严格，因此实现这一机会意味着需要动员官僚机构，并将可持续性与安全视为道路的关键优先项。智能高速公路这个名词令人联想到科技，但促进制度变革对其成功也同样重要。

超回路列车
HYPERLOOP

大多数人都过于年轻，因此不记得人们曾经是如何利用真空管将钢罐里头的信息、存款和文件运送至建筑物与城市各地。直到1953年，纽约市的西城和哈林区东部之间，仍使用气动管信件系统连接。这些位于街道下面的管线，由名为"火箭发射员（Rocketeers）"的操作员操作，可以在4分钟内将包裹和邮件从中央车站运送至邮政总局。

现在，想象一下自动驾驶的座舱，直径2.3米（7.5英尺），配备着符合人体工程学的座椅，播放着美妙的世界音乐，并且设有安全带，以每小时1 223千米（760英里）的速度推进，穿越钢质管道，从旧金山到洛杉矶，只需要35分钟，费用等同于一张公共汽车票。这就是超回路列车的愿景。超回路列车穿梭在加州长达1 127千米（700英里）的低压管道中，它的提出是基于2013年埃隆·马斯克（Elon Musk）发表的《超回路列车一号》（"Hyperloop Alpha"），这是一份宣扬第五种交通模式的报告。马斯克挑战了高速铁路的概念，并且呼吁全世界范围内的开源设计合作，希望在加州建造一个价值60亿美元的由太阳能供电的超回路列车系统。它成功了。目前世界上已有许多公司正在致力于创建完整的超回路列车系统。

1910年，以火箭科学而闻名的罗伯特·戈达德（Robert Goddard）最早提出了对真空列车的想象，这是一种在真空管内以每小时约1 545千米（960英里）的速度飞行的磁悬浮火箭。它一直没有付诸实践，但这与马斯克在一个世纪后想象的系统并没有太大不同。超回路列车，一如它所宣称的，效率极高，其原因之一是没有空气的存在。现有的所有交通运输方式都是在空气或水中进行的，因此速度越快，阻力也越大。在每小时966～1 127千米（600~700英里）的速度下，就阻力来说，海平面之上的空气比水更厚。每个小孩都曾将他或她的手放在飞驰的汽车外面，感受过这种力量。真空系统的挑战就是移除最后10%的空气。

创造和维持完全真空的状态，需要大量的能源，所以马斯克和其他人退而求其次，重新设计一套在部分真空情况下运行的系统。座舱前面安置一个风扇，借此消除空气的积聚，并且将其中一部分空气通过尾部排出，剩余部分则沿着两侧流动，类似轴承功能，以防止座舱碰触到管道的内壁。乘客舱将被加压并且密封。

超回路列车的承诺是速度，优势是利用极少的能

当埃隆·马斯克写下《超回路列车一号》这份邀请世界投入加速超回路列车系统发展的战帖之后，一组来自代尔夫特大学（Delft University）的工程系学生决定参加最佳座舱设计的比赛，最后获得第二名，仅次于麻省理工学院团队。33位团员中的10位，以一年的时间在加州霍桑的测试轨道上建造座舱，与其他优胜者竞争。

源来运送人员和货物。据估计，运载一位乘客的每英里能耗比飞机、火车或汽车低了90%~95%。就速度而言，车轮实在是一大阻力。超回路列车借由太阳能和风能供电的磁铁悬浮，唯一真正的摩擦是管道内剩余的空气量。线性感应电机，也就是机场班车系统中所使用的那种，将被用来启动和加速乘客舱。座舱将由碳纤维制成，重量不到乘客和行李的三分之一。两侧中间有一条磁带，作为高速行驶中的稳定器，并在必要时充当紧急制动系统。有些设计融合了LED屏幕的虚拟窗口，呈现车外景象的虚拟全景图。

不是每个人都欣赏这个计划。通往洛杉矶的管路没有明显的停止和紧急逃生方式，激起了许多人的幽闭恐惧症。然而，这也正是飞机的特点：高速移动的座舱令人无法逃离，臣服于不可控制的力量，例如风切变、闪电、结冰和鸟群的影响。相反地，超回路列车座舱有可以开启的门，以及在必要时将你载往最近逃生舱的线性感应电机。更艰难的挑战可能是乘客在转弯处承受的力量。在时速超过1127千米（700英里）的情况下，即使是微小的方向变化，也会使乘客受到类似战斗机飞行员的重力作用。商用飞机通常在许多英里的距离内缓慢转弯，以尽量减少对乘客的影响；而需要跟随地势的超回路列车可能无法这样做。

除了安全问题，超回路列车还可能面临基础设施成本、许可等其他挑战。毕竟，建造高速铁路已经是既昂贵又困难的，而超回路列车的设计需求大部分与高速铁路相同，而且只会要求更高，例如平直的轨道、耐用的地基、高峰值功率需求。这并不是说不可能或是不值得。美国在第二次世界大战后修建了大量的高速公路，但是我们可以看到它对城市和郊区造成的影响。超回路列车网络的影响又是什么？或者说它是否会成为一个网络？它所连接的城市中心将会发生什么？当大部分路权被占用时，它的走向将如何？越来越快的速度是否有帮助？然而，超回路列车的"首飞时刻"尚未到来。当莱特兄弟的固定翼飞机只能达到3米（10英尺）的飞行高度和37米（120英尺）的飞行距离时，他们面临着许多质疑，法国人嘲笑他们虚张声势。而这一切都随着他们在北卡罗来纳州海岸的首次成功飞行而改变。

如今，超回路列车公司十分忙碌。在露天的环境下，超回路列车一号以每小时531千米（330英里）的速度，在其位于北拉斯维加斯的轨道上成功试运行。它已经与迪拜的杰贝阿里港（Jebel Ali）签署了一项协议，探讨如何快速且安全地运输每年在该港口登陆的1 800万个集装箱。超回路列车也提出了一个上门车舱服务，自动驾驶车舱将前往迪拜乘客家中接送，接着直奔至超回路列车，并在12分钟内抵达阿布扎比。这间公司还规划了从洛杉矶到拉斯维加斯、从赫尔辛基到斯德哥尔摩以及从莫斯科到圣彼得堡的货运路线。斯洛伐克的经济部长也正在规划从布拉迪斯拉发到布达佩斯和维也纳的超回路列车路线。最具创新性的或许是超回路列车运输科技（Hyperloop Transportation Technologies）这间集资虚拟公司，由来自世界各地的500多名科学家和工程师组成，他们分文不取，而是以获得这间新创公司的股份代替报酬。

支持者认为，信息技术加快了通信速度，拉近了世界的距离，现在是时候着手改进交通了。"交通是新的宽带"就是他们的七字箴言。在加州的超回路列车计划中，你可以住在洛杉矶并在硅谷工作。这其中存在所谓的杰文斯悖论（Jevons paradox）：当某种服务或产品的价格越来越便宜时，人类并不一定会节省支出；相反地，他们会花费更多，例如廉价的电力，或者购买其他东西——汽车、度假屋，或者为每个房间都配置平板电视。悖论是节省昂贵的能源，为人们提供了更多的现金来消费。节省的能源甚至因为消费者行为而全部流失。换句话说，超回路列车可以创造出想象中最有效的可再生运输系统，它也可能催化出另一波已经吞噬了世界大部分地区的物质主义洪流。

微生物农业
MICROBIAL FARMING

想象一下，一个农民驾驶着一辆4吨重的皮卡车来到当地的肥料店，离开时带着一袋4.5千克（10磅）重的固氮菌，这些细菌可以在空气之中制造生物可利用的氮，并滋养0.6平方千米（150英亩）的小麦。人们尚未发现用于小麦的固氮细菌，但是科学界已经动身寻找。豆科植物如大豆、紫花苜蓿以及花生都已经被发现拥有厌氧菌，可以将大气中的氮分解成为可用的硝酸盐。豆科植物的根部庇护着这些细菌，避免它们受到氧气的影响，并且为它们提供所食的糖类分泌物，这些细菌则为植物提供重要的氮作为回报。正如戴维·蒙哥马利（David Montgomery）和安妮·贝克尔（Anne Biklé）在他们的共同著作《看不见的大自然》（*The Hidden Half of Nature*）中明确阐释的那样，对于土壤微生物群的强烈关注和研究，与人类微生物群的发现同时发生。两者都是具有难以想象的复杂性的生态系统，也是健康和福祉的基础。

1克土壤中的生物量可能多达100亿个，包括5万~8.3万不同种类的细菌和真菌。在这一小撮土壤中，有着世界上最多样化的生物系统。在短短几英尺内，这些地下生态系统就有可能出现剧烈变化，这取决于土壤之上是高粱、橡树还是鼹鼠丘。

众所周知的是：土壤中的细菌、病毒、线虫和真菌的潜力是不可估量的，并且在解决农业对全球变暖的影响方面具有广泛的可能性。它们对于气候方面的重要性在于微生物能够大幅减少对人工肥料、杀虫剂和除草剂的需求，同时改善作物产量、植物健康和食品安全。

世界上所有的大型农业公司都在研究土壤的微生物群，相互合作并试图吞并土壤微生物鉴定与测试领域的初创公司。他们正在寻找对自己一直以来在做的事情有所帮助的微生物，即让工业化农业更加有利可图。讽刺的是，这种研究的趋势却是找出具有"杀戮"能力的微生物。该阵营的研究人员将微生物描述为对付粘虫、根虫、蚜虫、螨虫、白菜环虫和杂草的"武器"。转基因玉米和大豆添加了苏云金芽孢杆菌（Bacillus thuringiensis），借此创造能够杀死毛虫、飞蛾和蝴蝶的晶体蛋白。作为杂草"杀手"的微生物已经被商业化。

虽然大型农业公司幻想将微生物武器化，但微生物世界的本质却与此恰恰相反：这是一个互助的世界，两个有机物之间的活动对彼此有益，而非互相竞争，即一个物种压制另一个物种。

一个健康的土壤生物群落含碳量丰富，因为土壤的微生物以植物根部富含糖分的分泌物为食；反过来，细菌会分解岩石和矿物质，且转换为植物可利用的营养物质。健康的生物群落充满了有机物，比起退化的土壤，能够锁住3~10倍的水分，因此更具恢复力和抗旱能力。它也创造了更健康的植物，并在地面产生更丰富的生物多样性。本书中提出了再生农业和保护性农业的方案，此外那些涉及农林业、树木间作和放牧管理的方案，都能为土壤微生物群提供养分，从中获益，并大幅减少或消除对化石燃料衍生肥料的需求。

目前，将氮气转化为制作肥料所用的氨气，需要消耗世界能源的1.2%。这个过程中会产生来自化石燃料能源发电的排放，而大部分的氮气最终以氮氧化物的形式逸散在空气之中，这是一种在一个世纪内比二氧化碳强大298倍的温室气体。或者，它会渗入地下水和水道之中，导致藻类过度生长，以及形成让海洋生物因缺氧而窒息的死区。

恢复性的农业应该与生物和自然联手，而不是与之对抗。当一粒种子被埋入土壤时，一系列复杂的土壤生物就会起身协助它的生长，随着它的成熟、开花、结果和播种共同演化。土壤微生物群使农业能够更好地从土壤中获得想要的健康、美味、丰富的食物，方法是在农业种植与土壤的需求之间达到和谐。这归结为一个简单的道理：植物和土壤相互依存，彼此滋养。如果这个循环被肥料或者杀虫剂等合成物打断，植物将会衰弱，而土壤也会失去肥力和生命力。

微生物农业革命到来的时机再恰当不过。据估计，农业约占温室气体排放总量的30%。在过去，根据已知情况和既有科技，减少农业排放可能意味着减少世界粮食生产。但随着人类在2050年向90多亿人口迈进，这不再是选项之一。

世界土壤质量正在下降，带给人类的挑战是：尝试用更多的化学品来修正这种情况，或者重建一个健康的土壤生态系统。通过在退化的土壤中添加与作物和食物共生的有机物组合，农业可以创造良性循环、效仿生命。根据生物学家珍妮·贝尼（Janine Benyus）所说，生命创造有利生命的条件，我们有理由相信，一个新的农业时代正在开始，它将完成两个任务：以真正可持续的农业方法生产干净、充足、有营养的食物，并持续为所有人创造一个更有活力且充满关怀的地球。

上页图：鱼塘淤泥中的铁与锰氧化细菌。

下图：科学家在肯尼亚的安博塞利国家公园（Amboseli National Park）内采集细菌。

工业大麻
INDUSTRIAL HEMP

将工业大麻称为"未来展望"似乎有些奇怪,因为它早在一万年前就被用于纺织制作人类衣物的纤维。它之所以被纳入本章,不是因为它能做什么,而是因为它能取代什么。1937年,美国有效地禁止了所有类型大麻的种植,当时带头反对的新闻报道和纪录片中,以骇人听闻的方式,述说大麻作为一种毒品如何滋生暴力与精神错乱。由于人们对麻绳和其他用工业大麻制成的产品感到满意,对神经起作用的那些品种(大麻学名为Cannabis sativa)就被单独命名为"marihuana",这是墨西哥的俚语,除了用来形容其摧毁性效果,也隐含了种族歧视。目前,越来越多的州批准使用休闲和医疗用大麻,工业大麻却因缺乏联邦缉毒局的批准,在美国仍然被禁止栽种。在世界其他地方,大麻是具有许多用途的商品作物。与休闲或医疗用大麻相比,工业大麻中的大麻素含量微不足道。

数千年前,工业大麻因其富含纤维的茎秆而引起人们的注意。其茎的内部韧皮部,即树皮,含有长而结实的纤维,可以单独纺纱和编织,或是与亚麻和棉花结合起来制作服饰。19世纪40年代,人们开始使用木浆制作纸张;在此之前,纸张几乎完全由废弃的麻类服装制作而成。寻找废弃布料的拾荒者,在欧洲城市之间来回穿行,捡拾街头垃圾以谋求生计。这些破旧的衣物被卖给类似今日的回收中心,在那里,工业大麻被分类出来,清洗和捆绑后卖给造纸商使用。

工业大麻可以生产强壮且可持续的纤维。用途涵盖纸张、纺织品、绳索、填缝剂、地毯和帆布(canvas)。帆布这个词源于大麻(cannabis,法语为canevas)。韧皮部是最有价值的部位,被用于纺织品和绳索,其产量在每英亩0.36~1.09吨(800~2 400磅),比棉花的产量还高。这两种植物之间的影响差异也很显著。棉花是世界上对环境最有害的作物,因为其种植过程中使用大量的化学物质,而且相当依赖化石燃料的投入。虽然棉花的种植面积仅占所有耕地的2.5%,但它占每年杀虫剂用量的16%之多。当我们再把每年约两万人死于农药中毒、水污染、农药引起的疾病,大量使用的人工肥料和除草剂,以及干旱地区灌溉造成的土壤盐碱化等问题纳入计算,你就会感受到这种作物对社会、环境和气候的影响之大。全球近1%的温室气体排放来自棉花生产,一件白色的棉衬衫从田间到顾客手中的总排放量为0.036吨(80磅)二氧化碳。

当韧皮部从工业大麻中移除后,剩下的是种子和麻屑(hurd)。麻屑可以制成多种产品,包括纤维板、建筑材料、绝缘材料、石膏和灰泥。这种植物的多功能性使一些人认为它是农业的万灵丹。其实不然。工业大麻是一年生植物,所以必须轮耕使土壤恢复肥力。不过它不需要像典型的一年生作物那样的耕作。种植密集且快速成长的工业大麻,可以驱逐并遮蔽蓟草等杂草,因此发挥了除草剂的作用,此外也无须使用杀虫剂。按照当前的价格计算,它每英亩的收入是小麦的2~3倍。但它需要相当多的水,以及深厚且营养充沛的土壤,而且不适合用来恢复退化的土地。工业大麻的环境效益很高,但是却不便宜,至少在美国如此。举例而言,如果使用联合收割机收割工业大麻以提高效率,就会损坏其韧皮部纤维。虽然韧皮部的用途多元,但工业大麻纤维的成本是木浆的近6倍。

当工业大麻作为棉花的替代品时,才是它真正发挥作用的时候,而其他用途则可以支撑其经济性。工业大麻种植面积的增长将取决于大麻纺织品的生产能否达到价格低廉、时尚与舒适的标准。就纤维柔软度而言,它不是棉花的对手,但是如果在成本上具有竞争力,它确实可以取代世界上一半的棉花,用于日常服装的制作,例如牛仔裤、夹克、帆布鞋、帽子等,如此一来,将对碳排放产生显著影响。

利用工业大麻纤维制作帆布、绳索和服装已有数千年的历史。其质地如亚麻,但却可以通过梳理获得与棉花一样的质感。就可利用纤维的收获量而言,工业大麻的产量是棉花或树木的10~100倍之多。

多年生作物
PERENNIAL CROPS

位于堪萨斯州萨利纳土地研究所的肯萨麦（中间偃麦草）。成熟的小麦将被打包成捆，丢入打谷机进行脱粒。

人类并不是一直食用种子的，早期的饮食是由肉（包括所有的内脏、骨髓和脂肪）、块茎、蘑菇、海产品（包括海藻、海洋哺乳动物和贝类）、四处找到的蛋、蜂蜜、鸟、蜥蜴、昆虫、浆果，以及各式各样的野生蔬菜和草本植物组成。人类在某些地区偶尔也会食用野生的谷物。当时并没有"正餐"，一天的食物很大程度上取决于季节和运气的好坏。最后一个冰河时期结束之际，也就是一万二千年到一万一千年前，人类开始种植一年生作物作为粮食，最早种植的是小麦的祖先，即位于新月沃地的二粒小麦（emmer）。一万年前，亚洲开始种植水稻；九千年前，美索不达米亚出现玉米种植。这三种作物都成为世界上的主食作物，并且一直保持到今天。这三种作物都是一年生植物。

如果谷物是多年生作物，将对土壤、碳排放和成本造成截然不同的影响。在任何农业系统中，多年生作物都是碳封存最有效的方式，因为它们能保持土壤不受损害。一年生作物和多年生作物之间的区别就在于，一年生作物每年都会完全枯萎，包括根部和所有其他部位，并且只通过种子再生；而多年生草本作物也会枯死，但其根部仍然持续在土壤底下生长。它们也可以通过种子进行繁殖，因此世界各地的研究人员都在寻求某种可能性：可以成为多年生粮食作物的谷物或油籽植物。

堪萨斯州萨利纳市的土地研究所（Land Institute）以及中国云南省农业科学院这两个机构都成功培育出了多年生的主食作物。云南省农业科学院培育的重点是水稻，它有4个通过根或地上茎（类似草莓）蔓延的野生原种，并且可以在几年内产生作物。水稻生长在被水浸满的水田，或是无须灌溉的高地稻田中，两种情况下的水稻都有较深的根系，可以抵抗干旱，高地水稻更可以防止水土流失。多年生的高地水稻将可以最大限度地减少农民对森林的砍伐，因为这些农民种植几年水稻后就会因土壤缺乏肥力而前往其他地方。

堪萨斯州萨利纳市的土地研究所四十多年来一直致力于培育多年生小麦，看起来他们似乎成功研发出了名为肯萨麦（Kernza）的变种。该研究所的创始人韦斯·杰克逊（Wes Jackson）对当地麦农的土地与原生高草草原肥沃土壤之间的差异印象深刻。植物遗传学家李·德翰（Lee DeHaan）于2001年加入土地研究所，并从原产于欧洲和西亚的小麦草的中间变种中研发出肯萨麦。这种小麦的原始品种曾被农民称为"高麦草（tall wheatgrass）"，并被广泛种植，作为动物食用的饲料草，但是在20世纪80年代，罗代尔研究所将其评估为多年生小麦作物。21世纪初期，德翰开始种植经过罗代尔试验的种子，并从那时起一直在挑选、种植并重新挑选拥有理想特征的种子。土地研究所的肯萨麦是它们中第一个被种植、贩卖，并在精选餐馆和面包店被制成松饼、玉米饼、意大利面和淡色啤酒出售和食用的。

传统小麦和肯萨麦在田间的差异十分显著。传统的小麦耕作方法是将碳封存在土壤的表层，在土壤被耕种的前后碳都会释放到空气中。相较于一年生小麦纤细、长1米不到（3英尺）的根，肯萨麦的根部却很粗壮，并且向下延伸3米（10英尺），可以封存数倍的碳并将它们深埋在地底之中。埋藏碳或许是错误的说法；而应是肯萨麦的根部与细菌交换碳，细菌又将岩石和石头酸化形成矿物营养，供小麦使用。这对于植物和土壤来说都是一笔好买卖，而且不需要翻耕。

对土壤健康和碳封存（或减排）最有益处的，莫过于不扰乱土壤的耕作能力。无论采用何种施肥方法，土壤养分循环在未受干扰的土壤中总是运作得更有效率。而且，多年生作物农地比较像是分水岭，这意味着附近的溪流更有可能维持栖息地的生物多元，因此有更好的生物多样性。此外，多年生作物或许也能够在废弃的土地上耕种。

但肯萨麦尚未达到上述阶段，密歇根州立大学（Michigan State University）、华盛顿州立大学（Washington State University）、国际水稻研究所（International Rice Research Institute）和其他机构研发的多年生谷类作物也是如此，谷粒仍小且产量不高。但好消息是世界各地都在共同努力创造新的多年生主食作物，而肯萨麦只有十四年的历史，在植物育种的世界中，还算是个新生儿。

走在海滩上的牛
A COW WALKS ONTO A BEACH

从古希腊到冰岛，人们使用海藻作为牲畜饲料已有数千年的历史，特别是在冬季粮草贫乏的时候。畜牧业者和牧民早就注意到它的增肥效果。在今日的爱德华王子岛（Prince Edward Island），加拿大奶农乔·多根（Joe Dorgan）察觉到，位于海边牧场的奶牛比远在内陆放牧的奶牛更加健康，产奶量也更大。他开始收集被风暴席卷上岸的海草，并将其喂给他的所有动物。没过多久，多根就认识到他正掌握着一个巨大的商机，前提是他能让他的海藻饲料获准销售。科学研究员罗伯·金利（Rob Kinley）接手进行了必要的测试，并且发现海藻确实帮助了多根的奶牛，让它们的消化更有效率。甲烷是奶牛消化食物时产生的主要废弃物，而多根的喂食使甲烷下降了12%，减少了生产甲烷所需的热量，使奶牛的消化更有效率，从而产生更多的牛奶。在研究了被冲上岸的海藻后，金利在思考其他品种的海藻是否能更好地协助奶牛减少消化过程产生的不必要的甲烷。

奶牛属于反刍动物的一种，这些动物因为拥有相同的器官瘤胃而得名。瘤胃是胃的一部分，咀嚼过的食物在这里被细菌消化，然后变成反刍物被再次咀嚼和吞咽。这样一个会产生气体的微生物过程，使奶牛、绵羊、山羊和水牛能够消化纤维素含量高的食物，例如草。其结果是甲烷废气从动物排泄和进食的两端排出，

都对甲烷的产生有不同程度的影响，但是研究人员很快就把目光投向了海门冬藻（Asparagopsis taxiformis）。这种红藻生长在世界各地的温暖水域，被冲上昆士兰海岸的海藻也是它，它在某些地方是原生品种，在其他地方则被视为外来入侵品种。当测试结果出来后，金利和他的团队一度怀疑他们的仪器是否发生故障。在人造瘤胃中，海门冬藻减少的甲烷可达99%，而且只需要2%的饲料剂量就能做到。在活羊上实验，同样的剂量可以减少的甲烷达70%~80%（尚未对活牛进行实验）。

海门冬藻的关键成分是三溴甲烷。在反刍动物消化的关键步骤中，瘤胃里的细菌通常会使用产生甲烷废气的酶。三溴甲烷与维生素B_{12}发生反应，并且阻断了上述过程。在没有海门冬藻及三溴甲烷的情况下，反刍动物将其饲料中2%~15%的能量浪费在甲烷废气上（具体损失因饮食而异）。像所有的排泄物一样，甲烷代表了系统效率低下：反刍动物所消耗的部分食物没有被转化为身体质量。通过减少废气，三溴甲烷可以避免排放并且提高产量。由于三溴甲烷的功效将随饲料类型和品质而改变，因此仍有许多实验室内外的研究需要进行。

当今地球上栖息着超过14亿头奶牛和近19亿只绵羊及山羊，利用海门冬藻控制甲烷排放的规模将是一个重大挑战。要生产足够处理澳大利亚10%牲畜的海藻，就必须建立60平方千米（23平方英里）的海藻养殖场。在哪里以及如何进行如此大规模的生产？干燥和储存是否会影响三溴甲烷的效果？像金利这样的倡导者承认这些挑战确实存在，但也主张值得一试。广泛的海藻生产可能是海洋的福音，它可以吸收造成酸化的二氧化碳，排放氧气，并且创造出海洋栖息地。然而，所需的规模仍然非同小可。另一个未来展望——海洋永续农业，将使以平方英里为单位来培养海门冬藻成为可能，即便离海岸很远也可以实现。将这两种解决方案结合起来，可以产生具有全球效应的影响。

同样值得注意的是，甲烷并非反刍动物和其他牲畜制造的唯一温室气体。饲料生产和加工是另一个罪魁祸首，占畜牧业相关排放的45%。除了帮助动物更有效率地消化之外，改变牲畜的饲养方式也有助于减少排放，例如混牧林业和放牧管理，以及减少人类饮食对于动物制品的总体摄入量。尽管如此，海门冬藻仍展现出巨大的前景。在夏威夷，它被称为"limu kohu"，意思是令人愉悦的海藻，并且被用来作为生鱼的调味料。如果用来喂养全球的反刍动物，将提高生产力并减少大豆、玉米和牧草作为饲料的需求，从而减少养殖业对于土地的影响。最关键的是，海门冬藻可以极大减少牲畜的甲烷排放，目前牲畜每年排放的甲烷占全球温室气体的6%~7%。

其中90%是通过打嗝排出。在世界各地，这些小小的排气累积起来，占全球畜牧业生产过程中所有排放物的39%，以及世界甲烷污染的四分之一。在澳大利亚，该国农场和牧场产生的甲烷，占所有温室气体排放量的近10%。身体结构的自然特性意味着反刍动物必然得通过肠道发酵来处理它们的食物，但是金利在爱德华王子岛的研究结果显示，肠道发酵可能并不必然产生如此之多的甲烷。

在澳大利亚北昆士兰的一个研究机构中，金利加入了一个由海洋藻类和反刍动物营养专家组成的团队，利用人造的牛胃，即一种小型的发酵槽，测试各种海藻品种与饲料混合的效果。投入大量海藻的情况下，各品种

海洋养殖
OCEAN FARMING
布伦·史密斯

数十年来，环保人士一直在为拯救世界上的海洋，使其免受过度捕捞、气候变化和污染的危害而进行宣传和努力。如果我们以相反的角度思考问题呢？如果问题不是我们如何保护海洋的原始状态，而是如何开发海洋，让它有能力保护自己和地球呢？

一个由世界各地的科学家、海洋养殖业者和环保人士组成的日益壮大的网络，正为这个问题绞尽脑汁。近90%的大型鱼类种群因过度捕捞而面临威胁，加上35亿人依赖海洋作为他们主要的食物来源，海洋养殖的支持者们已经得出结论：水产养殖应该引领风潮。

不过，他们想象的并不是单一的工厂化鱼类养殖，而是小规模的养殖场，培育互补的品种来提供食物和燃料，并且净化环境、扭转气候变化。他们恪守可持续发展的伦理标准，正在重新构想我们与海洋之间的关系，以设法解决同时发生的气候、能源和食物危机。

海洋养殖并不是一个现代的创新。几千年来，包括古埃及、罗马、阿兹特克和中国等不同文化的各地都在养殖鳍鱼、贝类和水生植物。自16世纪初，苏格兰就开始养殖大西洋鲑鱼；海藻也曾是美国移居者的主食。

曾经的可持续渔业模式，已经转变为现代化的大规模工业化养殖，就像我们现在的工业化农业一样。传统水产养殖的运营模式效仿陆地上的工厂化畜牧业，渔产品品质低下、食之无味，并且这些鱼用抗生素和杀菌剂处理，污染了当地的水道。根据《纽约时报》最近的一篇社论，水产养殖"重复了太多工业化农业的错误，包括减少基因多样性、漠视保育，以及在完全了解其后果之前，就贸然将密集型养殖的方法推广到全球"。

一小群海洋养殖业者和科学家正在开拓一条不同的路线。新的海洋养殖场正在率先尝试所谓的多营养层级水产养殖（multitrophic agriculture），海洋养殖业者在其中培养不同的水产物种，它们彼此为其他物种提供食物和饲料。

长岛海湾（Long Island Sound）的养殖业者正在以多种海藻品种增加小规模有机贝类养殖场的多样性，这些海藻可以过滤污染物，缓解氧气耗竭，并且成为可持续的肥料和鱼类食物来源。在西班牙南部，维塔拉贝玛（Veta la Palma）公司设计的养殖场，不仅能恢复湿地，并且在此过程中逐渐成为西班牙最大的鸟类保护区，当中有超过220种鸟类。

海藻养殖场有能力培育数量庞大、营养丰富的食物。荷兰瓦赫宁根大学（Wageningen University）的罗纳德·奥辛格（Ronald Osinga）教授计算过，一个总面积为18万平方千米（7万平方英里）、大约相当于华盛顿州面积的全球海洋植物养殖场网络，可以为全世界人口提供足够的蛋白质。而这仅仅是个起点，因为海洋中还有超过1万种可食用的植物。

根据主厨丹·巴伯（Dan Barber）的说法，他们的目标是创造一个养殖场，一个"恢复而非消耗"的世界，让"每个社群都能够养活自己"。海洋农场不存在消耗淡水、伐林以及施肥这些陆地农业的主要缺点，即便与环境最敏感的传统农场相比，也保证更为可持续。此外，由于它们可以使用垂直的养殖水柱，因此占地面积较小，产量高，并且对景观上的影响也较少。

环保海洋养殖场的主要作物不是鳍鱼，而是海藻和贝类，这两种生物很可能是大自然之母赋予我们对抗全球变暖的秘方。海藻就像是海岸生态系统里面的树木，利用光合作用吸收大气和水中的碳，有些品种能够吸收的二氧化碳，比陆地植物要多上5倍。

海藻是世界上生长速度最快的植物之一。举例而言，海藻在短短3个月之内就可以长到2.7~3.7米（9~12英尺）长。这种较短的生长周期使养殖业者能够迅速扩大其碳汇规模。当然，为了减少碳排放而种植的海藻，必须被采收并且制作成碳中性的生物燃料，以确保碳不会简单地再被回收到空气之中，因为如果海藻在水中与陆地上被吃掉或被迅速分解，就会出现这种情况。

虽然牡蛎吸收碳，但它们真正的贡献是过滤养殖水体中的氮。一氧化二氮或许是人们未曾注意到的温室气体，它的效力是二氧化碳的近300倍。根据《自然》杂志报道，就超过"地球边界（planetary boundary）"最大容许值而言，一氧化二氮的排名是第二差的。与碳一样，氮是生命的重要组成元素，植物、动物和细菌的生存都需要它，但是过多的氮则会对土地和海洋生态系统造成毁灭性的影响。

主要的氮污染源是农业化肥的排放物。总的来说，人工肥料和杀虫剂的生产，每年向大气排放超过4.5亿吨（1万亿磅）的温室气体。这些来自化肥的氮大部分最终流入了海洋，目前海洋中的氮含量已经比正常水平高出50%。据《科学》期刊称，过量的氮"消耗水中必要的含氧量，并对气候、粮食生产和世界各地的生态系统产生了显著影响"。

针对上述影响，牡蛎将是救星。一只牡蛎每天可以过滤114~190升（30~50加仑）的水。马里兰大学的罗杰·纽维尔（Roger Newell）的近期报告显示，一个健康的牡蛎栖息地可以减少20%的多余氮。那么，一座1.2万平方米（3英亩）的牡蛎养殖场就可以过滤掉相当于35个沿海栖息生物产生的氮负荷。

目前有一系列的项目正在兴起，利用海藻和贝类的组合来清理被污染的城市水道，并且帮助社区应对气候变化的影响。一个由康涅狄格大学的查尔斯·亚里什（Charles Yarish）博士主持的项目，在纽约布朗克斯河（Bronx River）中的浮绳上养殖海藻和贝类，借此过滤该市有毒水道中的氮、汞和其他污染物，其目标是使这些水道变得更健康、更有生产力，并且更具经济价值。

再则是新兴的"牡蛎架构（oyster-tecture）"领域，致力于打造人工的牡蛎礁和漂浮花园，以帮助保护沿海社区免受未来飓风、海平面上升和风暴潮的侵袭。来自设计公司景色（Scape）的景观设计师凯特·奥尔夫（Kate Orff）正在研发城市水产养殖公园，利用浮筏和悬挂贝类的长线，在改善环境的同时建立更多的城市绿色空间。她理想中的新城市海洋养殖业者，既是照顾牡蛎礁石的贝类渔夫，也是照料水漂浮公园的景观设计师。

在康涅狄格州，支持者们正在推动扩大该州既有的氮信用交易计划，包括贝类养殖场在内，从而补偿牡蛎养殖业者每年从长岛湾过滤的氮气。随着新的牡蛎养殖模式在全国各地兴起，奖励"环保渔民"的养殖场对于环境的积极影响，将可成为刺激就业增长与创造碳汇的新模式。

寻找现有生物燃料的清洁替代品正变得越来越紧迫。一份欧盟委托的报告发现，大豆制成的生物燃料，可能产生比同等化石燃料多4倍的温室气体排放量。越来越多的海藻和其他藻类看似是可行的替代品。海藻的重量中约有50%是油，可以用于制造供汽车、卡车和飞机使用的生物燃料。印第安纳大学的科学家们最近发现了如何以比其他生物燃料快上4倍的速度，将海藻转化为生物燃料。佐治亚理工学院的研究人员发现利用从海藻中萃取的海藻酸盐，能够将锂离子电池的存储功率大幅提高数十倍。

与陆地上的生物燃料作物相比，海藻养殖不需要化肥、砍伐森林、水、或是大量使用燃油的机械；因此，根据世界银行的说法，它的碳足迹是负的。该技术现仍处在发展阶段，不过养殖业者希望开始种植他们自己的燃料并且创造闭环的能源养殖场。

美国能源部估计，海藻生物燃料每英亩可产生比陆地作物（如大豆）多30倍的能源。《生物燃料文摘》（Biofuels Digest）中，"鉴于海藻丰富的含油量，大约4万平方千米（1 000万英亩）的海藻就足以取代美国目前的石油柴油燃料总量。这大约是如今美国牧场和农村总面积的1%"。

开发世界上3%的海洋用于海藻养殖，就可以满足世界的能源需求。加州大学伯克利分校微生物生物学教授塔西奥斯·梅利斯（Tasios Melis）表示："我想这就跟开采石油一样。"

依照目前的趋势，海洋正处于一个死亡的漩涡之中。根据国际海洋状况计划（International Programme on the State of the Ocean）这个由全球27位顶级海洋专家组成的协会指出，气候变化、海洋酸化和氧气耗竭的影响，已经引发了"人类历史上前所未有的海洋物种灭绝"。

扭转全球变暖可能会是发展海洋的机会，目的是拯救海洋。另一方面，如果我们坐视不管，海洋可能将会死亡。海洋水域因为有着地球上某些最后的野生物种而被珍视，这些物种未被管理，也未曾被人类触碰。如果我们开发海洋，总有一天养殖场将会遍布海岸线，映照出未来的农业景观。但是，面对不断上升的气候危机，我们必须探索新的方法，在延续人类的同时保护地球。

这意味着将部分海洋用于养殖，同时将大部分保留为海洋保护公园。我们需要的不是建立庞大的海洋工厂，而是创建分散的小型食物和能源养殖场网络，为当地社区生产食物、能源，并创造就业机会。虽然没有万全之策，但如果精心规划海洋养殖，它就可以成为扭转现状和打造更环保未来的关键角色。

智能电网
SMART GRIDS

21世纪是在20世纪的电网之上运转的。在全球大多数的高收入城市和地区，电网这个复杂的机器是由三个主要部分组成的：生产电力的发电厂、传输电力的输电线路，以及将电力输送到住宅、商业或工业终端用户的配电网络。电网基本上是一个单向的系统，旨在将电力从集中的供应商传输到广大的消费者手中。它的优势在于可靠性、覆盖范围和容量。但是20世纪的电网，正在努力应对21世纪对于清洁、可再生能源的需求转变。集中的化石燃料发电方便预测和管理，让电力公司配合需求来协调电力供应。但是，像太阳能和风能这样的可再生资源是多变且更加分散的，它们无法被标准化，也不能依照需求随时调度。要适应它们的波动并使其成功，就需要一个更加灵活、适应性更强的电网。

灵活和适应能力正是新兴的"智能电网"的特色。它对传统电网进行数字化改造，并且以清洁能源经济的需求为宗旨。智能电网的智能之处在于，它在供应商和消费者之间进行双向沟通，因此能预测、调整和同步电力供应和需求。今日，生产者和用户之间的平衡，发生在电力公司的运营中心。互联网的连接、智能软件以及响应技术可以协助甚至自动管理电力流动，在电网的各个方面进行实时协调。在光伏板和风力涡轮机的时代，智能电网可以确保电网的可靠性和恢复力，同时也使整个系统的能源效率最大化。这也是它能缓和气候变化的根源：智能电网可以减少整体耗费，同时加速摆脱集中式的化石燃料电厂及其产生的温室气体排放。它们还有助于管理来自插电式电动汽车的额外电力需求，使这样的科技得以成长。据国际能源署的资讯，到2050年，智能电网每年的净减排将可达到7亿~21亿吨二氧化碳。

智能电网是由众多部分组成的复杂系统，虽然没有硬性规定，但像韩国这样的智能电网先驱国家，为其定义了三个基本组成部分：

（1）配备传感器的高压电线，以监测和报告实况及多方电流。

（2）先进的电表，可以实时向电力公司和终端用户无线传达电力消耗与价格。

（3）与网络连接的电器、插头和恒温器，可以响应降低消耗或使用可用电力的需求。

这些智能电网的组成部分，使得我们有可能避免用电高峰的影响，并且纳入多变、分散的可再生能源。电力需求随一天之内不同时段以及季节的不同而有所变化。通常来说，高峰时期出现在每天下午晚些时候以及最热和最冷的月份。在目前以化石燃料为基础的系统中，这些峰值由所谓的"高峰电厂"来满足，即在紧要关头启动的小型电厂，以满足激增的需求。它们可以完成任务，但既昂贵又肮脏。相反地，智能电网可以利用动态定价，向数以百万计的智能设备发送信息，允许其进行小幅调整，例如将冰柜温度调升1摄氏度，从而使供电保持平稳。同样地，它们可以在晚上启动插电式电动汽车的充电，此时风力涡轮机仍在旋转，但用电的需求最低，或者在有需要的时候利用电池中储存的能量。电力流动的高峰和低峰越少，碳排放就会越少，电力公司和用户也越能节省资金。

目前的电网被称作是地球上最大、联系最紧密的机器，也是20世纪最伟大的工程壮举之一。未来数十年，随着智能电网中各种科技的出现，智能化会是一项庞大的工程，将要分阶段实现。研究表明，必要的投资将是非常值得的，这要归功于其减少排放、节约资金和提高电网稳定性的功效。以美国为例，在智能电网系统中投资3 400亿~4 800亿美元，将在20年内产生1.3万亿~2万亿美元的净收益。如何解决未经授权访问电网控制的安全风险以及个人家庭的数据隐私，将是至关重要的关键问题。许多人仍然怀疑可再生能源是否能够供应全世界所需的电力。但这是一个根本性的误解。最大的挑战并非太阳能和风能发电，而是一个能够适应它们独特性的电网，追求更加环保需要更加智能的电网。

木质建筑
BUILDING WITH WOOD

用设计师迈克尔·查特斯（Michael Charters）的话来说，"高层建筑已经过时了"。他的设计位于芝加哥的哈里森街和威尔斯街交接的转角。查特斯认为，芝加哥是摩天大楼的发源地，因此也适合孕育"大木头"，即大规模木材、碳中性的建筑，它们不仅能改变城市建筑的材料，而且也会改变建筑的形状。这座特别的建筑是芝加哥大学的多用途综合大楼，包括一座图书馆、媒体中心、三种形式的住房、零售店、体育场馆、停车场、公园，还有一个社区花园。

从柱子到屋椽，从地板到瓦片，木材是一种原始的建筑材料。大型木质建筑的建造可追溯到七千年前的中国，而日本斑鸠町拥有一千四百年历史的法隆寺（Hōryū-ji Temple）建筑群历经地震威胁和潮湿环境的考验，屹立至今，是古老的木质建筑群。随着工业革命的发展，钢铁和混凝土成为建筑主流，木材使用率逐渐下降，大多被用于单户住宅和低层建筑。如今，当人们提起城市中的建筑时，想到的是起重机将钢梁悬吊至天际线。但是这种情况即将改变。今日，城市里出现了几乎全部由木材建造而成的高层建筑，并且在此过程中封存碳。

挪威语中的"Treet"是"树"的意思，对于挪威卑尔根（Bergen）14层楼的公寓建筑而言，这是一个恰当的名字。它是当代木材建筑的先驱，其他还包括墨尔本10层楼高的"强音（Forte）"公寓，以及伦敦9层楼高的"斯塔特豪斯（Stadthaus）"住宅。不久之后，英国哥伦比亚大学18层楼高的学生宿舍，以及其他30层楼以上的雄心勃勃的工程，将超越前人的成就。所有这些建筑都是（或将会是）由大型木梁、组件和面板建造而成的，其中许多都是预制或预先切割，并在现场快速组装。胶合板，即胶合层压的木材，可以取代钢材，在一百七十五年前就被用于英国的教堂和学校。20世纪90年代，在奥地利出现了一种叫作错层压木材（cross-laminated timber, CLT）的板材技术，并因其强度和寿命被称为新的混凝土。在建造人们工作、聚集和居住的建筑时使用胶合板或是错层压木材，借此减少气候影响，这一手段越来越受到瞩目。

论及气候，用木材建造的房屋有两个关键优势。首先，随着树木的生长，它们会吸收和封存碳，并储存在木质建筑材料之中。每单位的干燥木材含有50%的碳，当木材被使用的时候，这些碳仍被锁在木材里面。当新的树木取代以可持续方式采集的木材，通过生长封存更多的碳时，这一循环就持续发生。其次，比起其他原料，制造木材产生的温室气体排放较少。用于混凝土和其他建筑材料的水泥，占全球排放量来源的5%~6%，是航空业的两倍。钢材的排放量也几乎同样高：生产钢梁需要的化石燃料是生产层压木材的6~12倍。此外，当木质建筑的寿命接近尾声，其组成部分可以在其他建筑物中找到新的生命，成为堆肥或者燃料。由于这些优点，适度增加木材的使用可以为气候带来相当大的好处。根据耶鲁大学2014年的一项研究，使用木材建造房屋，可以使全球每年的二氧化碳排放量减少14%~31%。

传统的观点认为，木材和高层建筑是不相容的，此外其易燃性是一个大问题。知识的进步以及木材加工制造的复兴，正在挑战这些限制。钢材在火中弯曲，而木材则在外围形成保护性的焦炭，维持其内部结构的完整性。新的高性能产品具有更强的耐火性，以及更高的成本效益和比以往更强的强度。胶合板和错层压木材将较小的木板结合在一起，形成一种强度类似钢铁的复合产品，能够承受更大的负荷，并且可以用于更高的建筑。另一个好处是它们可以预先制作，然后像大型家具一样组装起来。这意味着施工更快、成本更低，并且能大幅减少废弃物、噪声以及工地现场常有的交通阻塞。

相较于其他方法，有三个关键因素影响着木质建筑的效益，因此必须得到解决。首先，如果供应地点能够与建筑工地临近，那么距离就可以限制运输排放和成本。其次，以可持续发展的林业方式采伐木材，可以维护生态的完整性，并确保碳封存的最大化。如果采伐管理不善，使用木材作为主要的建筑材料可能会给森林和其中的动植物带来灾难。最后，在其生命周期的尽头，木质建筑材料需要被回收、再利用或以堆肥等方式处理。这样做可以避免储存的碳被释放，并防止木材发生厌氧分解而产生甲烷。日本三重神道（Mie）的宏伟神社伊势神宫（Ise Jingu, the Grand Shrine of Shinto），每隔20年就会被拆除，之后再以日本扁柏重建。日本扁柏是一种生长在附近的木材，用于祭拜仪式，尊敬死亡、无常和大自然的再生力量。没有任何东西被丢弃，每一块木头碎片都会成为其他建筑的一部分，并在两百年后成为神宫里头茶室的纪念品。

或许扩大木质建筑规模的最大挑战是既有认知。支持者如曾经设计帝国大厦木造版的温哥华建筑师迈克尔·格林（Michael Green），正在努力改变这种状况。高耸的木质建筑本身就是最有说服力的证词，而像美国高层木质建筑奖（U.S. Tall Wood Building Prize）这样的竞赛正在帮助宣传来自纽约与俄勒冈州波特兰市的示范项目。尽管层压板技术已经成熟，但它在许多市场上才刚刚开始拓展。随着供应链的发展，这些材料将越来越具有成本竞争力。然而，仍有许多建筑法规将木材的使用限制在四至五层楼的建筑。监管可以跟上工程，去鼓励而不是阻碍创新。正如地球滋养我们的食物一样，它也可以生产一流的建筑材料。

互惠

詹妮·本尤斯

攻读林业学位期间，我曾将喷漆罐对准一棵铁树光滑的树干。我要将这棵位于新泽西州实验森林中的树标记为"待伐"。橙色的砍痕是提醒伐木工人砍倒、毒害或束缚任何可能与我们的锯木作物竞争的东西。我们被灌输的理念是疏伐有助于橡树和胡桃树生长，使它们能够获得更多的水分、光线和营养物质。对于我们班上的许多人而言，砍伐一片树林是他们最喜欢的部分。而对我来说，却是一个痛苦且毫无意义的选择。

我一直在想象，在实验森林旁边的那片历史悠久的森林，它已经两百年没有被砍伐过了。我曾经看到过顶层的巨大树木，三三两两地组合在一起，中间层是硬木和针叶树，脚底下则是三叶草、蕨类植物，以及从灌木丛中冲出、腹部两侧呈褐色的红边塔雀。没有人将这些树木从竞争中释放出来，但是它们看起来一切都很好。

我对我的教授说："古老的森林不像这里这么空旷，也不像这里这么规整，但它看起来更健康。你认为这些树木群聚在一起是否有原因？或许它们正以某种方式协助彼此？"

他摇摇头表示否定，并且有些警觉。"别像个克莱门茨学派的人，"他说，"否则你将永远无法进入研究所。"他指的是弗雷德里克·爱德华·克莱门茨（Frederic Edward Clements），一位20世纪的生态

210　碳逆转

学家，他先是在生态学历史上最伟大的辩论中获胜，之后又败下阵来。众所周知，被比作克莱门茨是一个警告，说明此人过于天真无邪。

那是1977年，生态学家们在之前的三十年经历了一场范式转变，影响了我们的实验和对自然的描述，以及最重要的，我们如何管理林地、牧场和农场。树木必须从竞争的苦难中被解放出来，这是我们信奉的箴言，也是克莱门茨与同时代的亨利·格里森（Henry Gleason）辩论的结果。他们两人以非常不同的方式致力于描述组成植被群落的元素，以及植物共同生长的原因。

当克莱门茨研究海湾、丛林、硬木森林和大草原时，他发现不同的植物群落不仅对土壤和气候有反应，相互之间也有反应。他提出，植物既是合作者也是竞争者，以有益的方式相互帮助。树冠层的树木"哺育"着树枝下的幼苗，创造更安全、更营养的环境，这是一种植物互相帮助、被称为助长作用（facilitation）的过程。它们荫蔽幼苗，为其遮光、挡风，它们的落叶也让土壤变得更加肥沃。随着时间的推移，一个植物群落为另一个群落铺平道路；一年生植物为多年生灌木打造土壤，而多年生灌木又滋养树苗长成森林。在克莱门茨观察的每一个地方，群落彼此紧密交织，他称这样的现象为有机体（organismic）。

格里森则有不同的看法。他认为克莱门茨所谓的群落说纯属巧合，只是个体之间的随机分布，或是根据适应水分、光线和土壤的不同能力而排列，不存在所谓的互相帮助；植物们只是在互相竞争，取得一席之地。所谓彼此联结、相互依存的群体，以及以整体的视野研究植物，只是一种假象，个别检视才是真理。

在20世纪上半叶，克莱门茨的观点占了上风，生态学文献中充满了关于助长作用的研究，格里森的著作几乎被遗忘了。直到1947年，一小群研究人员复兴了格里森的利己主义观点，并将其与克莱门茨的整体论一决高下。格里森将植物看作个体的观点，使人们将其视为原子，并当作单纯的数据进行研究。

在十二年里，绝大多数生态学家否决了将积极的相互作用视为群落集合的驱动力的观点，而将焦点转向消极的相互作用上，比如竞争和捕食。科学期刊上的文字开始发生变化。当你申请进入研究所时，只有某些特定的研究问题会被认可，例如"如何解释竞争……"。鉴于当时的情境，这样的情况并不令人感到惊讶。

不过，我之所以喜爱科学方法的原因就在于此。尽管文化占尽了上风，但它却无法阻止对于重大真理的无穷探索。五十年来，以竞争为主题的全面研究，最终没有结论，于是，研究人员重返田野，去寻找其他方面的原因。

就在我赦免那棵铁树的同年，生态学家雷·卡拉威（Ray Callaway）正在内华达山脉的山脚下，将蓝橡树（blue oaks）从恶劣的环境中拯救出来。一般认为，点缀在加州牧场上的橡树应该被砍掉，目的是使牧草免受竞争，这也是格里森的观点。令卡拉威感到沮丧的是，成千上万英亩的蓝橡树因此被砍成木柴。

牧草与蓝橡树共同茁壮成长，已有悠久的历史。这个事实使卡拉威耿耿于怀。他花费了两年半的时间，测量橡树和草原之间的相互作用，他带着秤盘和水桶搜集树叶、细枝、树枝和来自树冠层的、蕴藏养分的雨水。他的论点显示，橡树底下的营养物质总量比空旷的草原多

出20~60倍。这些巧妙融入加州景观的绵延森林，是将矿物质从地下深处抽出的营养泵，又通过年年的落叶将这些物质散播开来。深入地底的主根，松动紧密的土壤，增加枝桠下的储水量，因此迎来了大量植物。卡拉威持续编汇了1 000多份研究报告，描述植物如何"陪伴"并强化其邻居的生存、生长和繁殖。阅读这些案例，就像发现了一本关于自然群落如何治愈和克服逆境的手册，是这个气候变化的世界中必不可少的经典读物。

随着未来几年干旱问题的加剧，了解哪些植物是植物群落中的帮助者和守卫者将非常重要。例如，亚马孙雨林如何以及为何即使在旱季也能创造云朵？事实证明，亚马孙的年降雨量的10%被某些分散的特定灌木的浅根吸收，然后通过深入的主根向下推送至土壤库的深处。当无雨的月份来临时，主根将水向上抽取到浅根中，将水分配给整个森林。世界各地许多种类的植物都进行这样的"抽水"，浇灌森林树冠下的众多植物。

环境压力越大，植物越有可能合作，以确保彼此的生存。在智利的山峰上，对于丘陵植物如何蜷缩在一起抵御有害紫外线和冷干风的研究，揭示了相互支持行为的复杂性。一株1.8米（6英尺）宽的亚勒塔（yareta，一种垫状植物）已经有几千年的历史，它庇护着几十个不同的花种，看起来就像是五颜六色的大头针，扎在一个鲜绿色的垫子上。

往山坡下走，如果一棵树能够坚韧不拔地在落石上站稳脚跟，它就能创造出一个保护性的避难所，阻挡强劲的风，让聚集的雪水灌溉被保护的幼苗，并且提供鸟类栖息与哺乳动物藏身的场所，这些动物的排泄物则带来养分和植物种子。落叶和针叶腐败后，形成了一块有机的海绵，并在夏季干燥的日子里释放出水分。

我承认，想象植物在资源匮乏的情况下彼此更紧密地生长在一起是违背直觉的，特别是当我们的竞争偏见和经济理论都告诉我们相反的说法。数年来，细心的实验者试图将此解释为一种反常现象，并在研究之中遗漏了生物之间的有益行为。现在我们知道，这不仅仅是一种植物在帮助另一种植物，它们在地表与地下互利共生，这种复杂的好处交换正以非同寻常的方式发生着。

当卡拉威在加州测量橡树的时候，林地森林管理员苏珊娜·西马德（Suzanne Simard）则不忍于不列颠哥伦比亚省的大规模伐林。在她看来，管理协定要求移除与花旗松一起生长的白桦树似乎是不对的。它们已经相伴着经历了久远的历史，或许它们在以某种方式相互帮助？

在她出色的研究中，将正在生长的幼苗暴露在两种碳的同位素之中：具有放射性的碳14用于花旗松，碳13则用于白桦树。幼苗会吸收二氧化碳并将其转化为糖类。她追踪碳，借此了解是否会存在任何交换行为。一个小时后就有了第一个结果。她描述说，当盖革计数器嘎嘎作响，白桦树的碳13跑到了花旗松上，花旗松的碳14也跑到了白桦树上。她在惊奇之余有一种近乎欣喜的感觉。

原因何在？当你下次进入森林里的时候，深入落叶堆底下，将会发现白色蜘蛛网状的细线附着在根部。这些是真菌位于地下的部位，能向树木输送磷并且换取碳。教科书将此形容为一种植物和一种真菌之间的交换行为。但是西马德的研究首次证明了，真菌从单一树木的根部分支出来，延伸至其他几十棵树、灌木和草本植物，这些植物不仅没有亲戚关系，而且完全是不同的物种。西马德称之为"树木全球资讯网"。这是一个地下的互联网，水、碳、氮、磷和防御化合物都通过这个网络进行交换。例如，当一只害虫侵扰某一棵树时，这棵树的警示化学物质就会通过真菌传达给网络中的其他成员，让它们有时间加强防御。

关于森林整体性的发现，对于林业、保育和气候变化有着巨大的影响。现在是时候把这些洞察力带到农田了。虽然80%的陆地植物都有与菌根真菌共同生长的根系，但在农田中很少能发现共同的菌根网络。耕地和草甘膦等除草剂扰乱了网络，而每年添加的人工氮肥和磷肥，仿佛在告诉细菌和真菌帮手：它们不被需要了，无论是传送水分、抵御害虫或是吸收身体所需的微量营养元素。

当植被群落吸入二氧化碳，将其转化为糖分，并滋养微生物网络时，它们可以将碳封存在土壤深处长达几个世纪。但要做到这一点，这些群落需要健康、多元和充足的伙伴。如果我们想要原生、发挥作用的景观，让它们能够回收已经流失到大气中的50%的土壤碳，那么在启动电锯、打开化肥，或是将某棵树苗标记为移除之前，我们应该先停下来想想：我们想不想要中断如此重要的交流？

为了帮助扭转全球变暖，我们必须以新的方式介入碳循环的流动，并且停止排出过多的二氧化碳，同时让地球生态系统在疗愈的过程中吸入长长的一口气。这将意味着我们必须学会协助那些微生物，进行将碳转化为生命的每日工作。我们需要对生态系统的实际运作有更细致的理解，包括不同生物扮演的互助角色与它们的互惠行为。好消息是，迷失在"所有植物都只为了自己"的思维数年之后，我们终于开始理解何谓"有机体"。

长达五十年专注于竞争的结果是，我们开始把所有的生物体划分为消费者和竞争者，包括我们自己。过去二十年来，我们的理解有所改变。终于，通过承认分享和照顾的行为无处不在，而集体生活是非常自然的事实，我们才能够重新看待自己，回到作为照顾者的角色，一如自然界其他的帮手们，共同参与地球集体疗愈的故事。

肇始

> 无论是富人还是穷人
> 生活中都充斥着越来越多的问题
> 其中大多数似乎没有真正持久的解决办法
> ……所有这些问题的最终根源在于思想本身
> 这个人类文明最引以为豪的东西
> 也是最为隐秘而不为人知的
> 因为在个人和社会生活中
> 我们都没有认真去思考
>
> ——大卫·博姆和马克·爱德华兹,《改变意识》(Changing Consciousness)

读这本书的合理方式是用它来确定自己怎样有所作为。每个人如何思考和感知自己在世界上的角色和责任,是变革的第一步,也是所有变革的基础。作为研究人员,我们对个人层面的解决方案所能产生的影响感到震惊,特别是涉及食物的生产和消费时。个人选择吃什么,怎么种植,竟然可以和能源一样,成为全球变暖的首要原因和解决办法。个人的责任和机会并不仅限于此,还包括如何管理家庭,选择怎样的交通方式,购买什么东西等。

然而,过于强调个人会让人们觉得自己有责任,以至于被手头的巨大任务压垮。挪威心理学家和经济学家佩尔·埃斯彭·斯托克尼斯(Per Espen Stoknes)描述了个人被用威胁和悲观的语言描述气候变化的科学包围时是如何应对的。他们会产生恐惧,并与内疚交织在一起,导致消极、冷漠和否认。为了更加有效地解决问题,我们需要且应该有一次对话来告诉大家现在有什么可能性和机会,而不是重复强调我们的失败。

这种对话需要超越个体层面,因为人们并不是孤立存在的。我们都是复杂社会结构和文化结构中错综关联的组成部分,更广泛地说,是整个生命之网的组成部分,是水、食物、纤维、药物、灵感、美丽、艺术和欢乐的最终来源。

可以说,没有一个人比比尔·麦吉本(Bill McKibben)在气候变化教育中做得更多。他是第一个写关于气候变化的畅销书的人——《自然的终结》(The End of Nature),于1989年出版。他是活动家的典型,不停地演讲、旅行、写作和组织拓展,以身作则展示作为个人能够做些什么。

麦吉本轻而易举地就能劝诫我们以个人的身份做更多的事,效仿他的模范生活,并采取扭转全球变暖所需的改变。但这并不是他所推荐的。他写道,问题出在"我"上。

个人无法阻止棕榈油公司焚烧印度尼西亚的雨林,也无法终结澳大利亚大堡礁的白化和珊瑚死亡。个人无法阻止世界海洋的酸化,也无法阻止煽动欲望和物质主义的广告的冲击。个人无法阻止向化石燃料公司提供利润丰厚的补贴,也无法阻止匿名的富有捐赠者对气候科学和科学家的刻意压制和妖魔化。

个人能做的应该是使逆转全球变暖成为一场运动。正如麦吉本所写的:"这场运动需要5%~10%的人,并且要能成为决定性因素。因为在一个冷漠的世界里,5%~10%的人是一个巨大的数字。"这场运动改变了我们思考和看待世界的方式,创造了更先进的社会规范。曾经被接受和认为是正常的事情会变得不可思议,被边缘化或嘲笑的东西会得到尊重,被压制的东西会被认为是原则。我们只有一个家园,如果要继续在地球上生存,我们必须一起小心谨慎,做出改变。要做到这一点,我们必须成为一个"我们",成为一个不可阻挡、无所畏惧的运动,用脚和手、用心和声音来表达梦想。

这就是为什么,在创作《碳逆转》及其相关网站内容时,我们想做的不仅仅是严谨的研究和信息公开。我们希望以一种新的方式呈现解决全球变暖的方案,着眼于将每个人吸引到一个连贯且更有效的人的网络中,从而加速逆转气候变化的进程。

未来,"碳逆转"项目的工作人员、研究人员和志愿者将建立再生就业、政策和经济复杂性的经济学模型，将气候解决方案映射到具体的国家经济中，并计算气候变化技术和过程如何能产生有尊严的、社会公正的、能够维持家庭开销的工作。我们收集的经济数据清楚地表明，现在全球变暖带来的损失超过了解决问题的成本。换句话说，通过建立可再生的解决方案所获得的利润，要大于造成全球变暖或照常不变的经济活动所产生的收益。例如，最赚钱、最多产的耕作方法是再生农业；此外，在发电行业，截至2016年，美国太阳能行业的就业人数超过了天然气、煤炭和石油的总和。重建比掠夺能创造更多的就业机会。我们可以很容易地建立一个治愈未来而不是窃取未来的经济结构。

"job"这个词很尴尬，因为它包含着责任和苦差事的意味。"work"可能是更好的词，因为它可以暗示职业或使命。我的一个朋友曾经在一个三年级班级上演讲，讨论世界上失业人数不断增加的问题。一个女孩举手问道："所有的工作都做完了吗?"事实上，地球上需要做的事情正前所未有得多，有数亿人需要这些工作。

我们很难眼看着环境系统加速崩溃，或是目睹世界文明在阵营、意识形态和战争中崩塌。然而，摆在面前的不是选择站在哪一边，而是认清我们作为地球管理者的角色。我们要么团结起来解决全球变暖问题，要么就可能作为一个文明而消失。为了合作，必须认清我们的位置，不是在等级意义上，而是在生物和文化意义上，并重新发挥我们作为生存下去的行为主体的作用。我们过多使用了战争的比喻，以至于听到"防御"这个词时，我们会想到"攻击"，但保卫世界只有通过团结、倾听和共同努力才能实现。

气候解决方案依赖于群体、协作和合作。归根结底，《碳逆转》中的每一个解决方案都是由一些人发起和推动的，这些人组成了新的可能不太寻常的联盟：开发商、城市、非营利组织、公司、农民、教堂、省份、学校和高等院校。粮食和土地利用解决方案的重点是如何与自然合作来固碳并改善生命质量。教育女孩和家庭生育计划是关于世界各地认识并支持女孩的潜力和妇女的力量。建筑师、工程师、城市规划者、活动家和发明家作为一个团队工作能提高能源和材料的效率。在"碳逆转"项目中，超过250人组成了一个联盟，这其中包括研究员、顾问、资助者、专家评审员和工作人员。我们深深地感激每一个帮助创建这个项目的人。

科学研究表明，几乎所有的儿童在会说话之前就表现出利他行为。事实证明，对他人幸福的关心是与生俱来的。我们是通过共同努力和互相帮助而成为人类的。今天依然如此。扭转全球变暖需要我们铭记自己从何而来，前赴后继。

——保罗·霍肯

方法论

"碳逆转"项目收集、分析并提供关于社会、生态和技术解决方案的最有效的研究和数据,这些解决方案可以实质性地降低大气中温室气体的浓度。为了努力降碳,每个解决方案都能做到以下一项或多项:

- 通过减少材料消耗、提高能源效率或资源生产力来减少能源使用。
- 用可再生能源系统替代现有能源。
- 通过再生农业、放牧、海洋和森林实践,在土壤、植物和海藻中实现碳捕集。

每个解决方案的研究包括三个步骤:

- 技术报告:对解决方案的详细分析,包括技术规格和基于财务和气候数据的预测情景。
- 评估流程:仔细评估各领域专家的所有技术报告和模型输入,以确保数据是准确、可靠、最新的。
- 集成模型:将解决方案模型集成到更大的行业模型中,以消除重复计算和解决方案之间的相互作用导致的不准确性。

我们采用多个数据集,包括知名国际组织和机构的研究,以及全球咨询机构和行业领袖的市场报告。政府间气候变化专门委员会(IPCC)、国际能源署(IEA)、国际可再生能源署(IRENA)、联合国粮食及农业组织(FAO)、国际应用系统分析研究所(IIASA)和其他被广泛引用的研究机构与同行评议的研究构成了我们全球分析的核心。

我们主要开发了两个模型以使用统计分析方法评估数据:一个是减少和替代模型,用于计算减少能源消耗或取代现有化石燃料发电的解决方案;另一个是土地利用模型,用于评估通过地上、地下生物量从大气中吸收二氧化碳的不同动态模式,同时也考虑到减少破坏性土地利用做法(如砍伐森林)所避免的排放。我们根据所分析的解决方案选择并定制合适的模型。

由于本项目的目标是考察所有解决方案的综合效果,我们为共享数据集和输入的解决方案分组,并开发了14个集成模型:

农业
建筑围护结构
建筑系统
发电
家庭生育计划
食品系统
森林管理
货运
供热/制冷
照明
牲畜管理
客运
城市交通
废弃物转移

情景

本书的数据展示了在未来三十年内,相比于市场规模的增长速度固定于当前水平的情况,雄心勃勃但合理地采用各个解决方案能够带来的的影响、成本和(或)节约。例如,可再生能源目前占世界能源使用量的24%,包括太阳能、风能、(大规模)水力发电、生物质能、垃圾发电、波浪能、潮汐能和地热。我们计算了各类别下能源产量占比相对于当前水平提高的百分比。由于人口和经济的增长,能源产量会增加。如果可再生能源的比例仍然是24%,我们将其变化衡量为零。我们称本书的情景为"可信情景"——一个模拟因更多采用这些解决方案而带来的各种影响的乐观、可行的框架和预测情景。

虽然情景是乐观的,但也是现实的。当涉及财政成本和排放影响时,我们采用保守估计,依赖于引用广泛、同行评议的科学研究结果。在确定影响前,我们会仔细审查数据来源,并结合元分析来评估一系列潜在影响。在这一过程中,我们总是倾向于保守。在金融建模方面,我们特意选择了与历史趋势相比较慢的成本下降速度。

要预测每个解决方案的全球影响,就需要对未来在市场中的潜在采用情况进行评估。对商品和服务的全球需求是通过对全球和区域市场的预测来确定的。市场需求的例子包括总发电量、总旅客行驶里程、住宅和商业建筑的总建筑面积等。因此,人口和经济状况对模型有深刻的影响。联合国《2015年世界人口展望修订版》对2050年的人口有低、中、高三个不同的预测。我们使用中等人口预测（97.2亿人）来衡量增长、需求和影响。

我们还完成了另外两个预测："减碳情景（Drawdown Scenario）"优化了可信情景中保守的碳排放和金融假设；"最优情景（Optimum Scenario）"代表了到2050年主要解决方案的最大采用潜力——特别是100%采用清洁的可再生能源。

一般假设

由于本项目是全球性的，我们对解决方案做了大量的假设。如下的假设允许我们在合理的时间框架内进行研究。特定解决方案的模型有一系列针对方案本身的额外假设，这些都在"碳逆转"项目网站上的单个技术报告中进行了详细描述。

- 假设1：在采用各解决方案当年，其所需的用于全球生产和规模化的未来基础设施已经到位，并且包含在行为主体（个人或家庭、公司、社区、城市、公用事业等）的成本中。因为有了这个假设，我们就不需要分析用于支持或增加制造业的资本支出。
- 假设2：在采用各解决方案当年，在地方、国家和国际层面实现、扩大或规范解决方案所需的政策已经到位。这一假设消除了对促进采用解决方案的直接政府干预进行国家层面分析的必要性。
- 假设3：碳没有定价。由于碳定价和确保其实施所需的政策的不确定性，我们在分析中尚未评估其潜在影响。
- 假设4：所有成本和节约是基于行为主体计算的。例如，与家庭LED照明相关的成本是根据业主的成本计算的，而与热泵相关的成本是由（商业或住宅的）建筑业主产生的。
- 假设5：由于生产效率和技术改进，价格将发生变化。由于缺乏可靠的未来成本预测，对于特定解决方案，我们从历史趋势中得到保守的学习率来调整价格。
- 假设6：在分析期间，解决方案可能会过时、显著改进或被新技术及做法取代。由于对此缺乏可靠的预测，我们没有在分析中考虑这些发展。

这里描述的一般假设不一定反映我们对未来的期望。例如，虽然我们为此项目假设没有实施碳定价的政策，但总量管制与交易和其他碳定价机制已经存在并不断发展。这样的政策可以极大地加速几乎所有解决方案的采用，这超出了本书建模所考虑的范围。

系统动力学

解决方案在复杂的耦合系统中运作。它们的影响不是离散的；相反，它们是相互依赖、相互作用、循环促进的。因此，我们试图描述并分析某个解决方案的影响对其他解决方案的影响程度。一个模型的输出可以作为该系统内其他解决方案的输入。

例如，减少食物浪费、堆肥、农业和甲烷消化池的解决方案之间存在着动态关系。当我们减少食物浪费时，我们就减少了可用于堆肥和在甲烷消化池中处理的有机物质的量。此外，减少食物浪费意味着现有的土地可以用来养活不断增长的人口，取代砍伐完整的森林作为耕地的需要。考虑某个解决方案的影响需要我们考虑其对更广泛的解决方案系统的影响。

重复计算

分析许多不同的解决方案时要小心，确保没有两个模型计算了相同的影响。如果我们同时计算太阳能光伏发电和太阳能驱动的净零建筑所避免的排放，太阳能就被算了两次。这就是重复计算，是建模计算方案的综合影响时需要解决的关键问题，我们已经确保避免了这一问题。

反弹效应

反弹效应是一个关于人性的原理：如果某一特定产品或服务的价格下降，人们通常会购买和使用更多，从而抵消了效率提高的影响。例如，如果能源效率提高导致消费者成本降低，消费者可能会使用更多能源。评估反弹效应是一项具有挑战性的工作，因为这很大程度上取决于人们如何应对这些变化。虽然我们没有直接建模，但我们在技术报告中讨论了潜在的影响，这些报告可以在网上找到。

更多关于研究的信息

本文是一个关于本书研究方法的简要提纲。正如您所想象的，在模型背后还有更多的东西，包括几百万个数据点。如果您有更多的兴趣和问题，请访问www.drawdown.org。在那里，您可以找到每个解决方案的技术报告、对每个解决方案如何建模的描述，以及关于该方法的其他有用信息。

——乍得·弗里施曼（Chad Frischmann）

这些数字告诉我们什么？

《碳逆转》所显示的定量结果是基于对每个解决方案的全球增长率的合理、乐观的预测，得到的其在三十年期间的总体影响。我们将这种情景称之为"可信情景"。如果我们采用这种方法，到2050年，避免和封存的二氧化碳*总量将达到10 510亿吨。

如下文所示，还有两个情景。"减碳情景"显示了当"可信情景"的保守偏差被消除后会发生什么：2050年减少的二氧化碳总量将增加到14 420亿吨。发电100%来源于可再生能源；然而，它也包括如生物质、垃圾填埋场甲烷、核能和垃圾发电等解决方案，这些方案虽然逐年衰退，但它们对实现减碳仍然很重要。我们之所以称其为"减碳情景"，是因为据估计，到2050年，大气中二氧化碳的净含量将减少5.9亿吨。

"最优情景"代表了解决方案最积极的潜力，尤其是可再生能源。它预计到2050年100%采用清洁的可再生能源——没有生物质、垃圾填埋场甲烷、核能或垃圾发电。这一情景中，大气中二氧化碳总共减少16 120亿吨。这样，2050年避免或封存的二氧化碳远远多于排放量。大气碳减少可能最早在2045年实现，届时大气中二氧化碳将减少9.9亿吨。

这些方案真的能实现大气中的碳逆转吗？"可信情景"不能，"减碳情景"也许可以，"最优情景"更有可能。在每种情景中，我们都没有模拟海洋、陆地或甲烷汇的影响。为了估计大气中的碳减少实际发生的时间点，我们需要知道当时的海洋和处于自然状态的陆地吸收了多少碳。由于气候变暖加剧，海洋可能无法吸收和储存那么多碳。化石燃料排放的二氧化碳大约有一半被海洋吸收了。吸收二氧化碳产生了碳酸，这正在损害整个海洋生命链——削弱海洋吸收碳的能力。同样的原理也适用于土地：随着气温上升，土壤、草原和森林会干旱、退化，排放的碳会超过它们吸收的碳。因此，我们只能大概估计海洋和陆地在未来几十年将如何变化。因为我们不知道海洋和陆地的碳汇还能吸收多久，要实现碳减少，就需要我们现在尽一切努力积极、完全、彻底地解决全球变暖问题。

以下是按解决方案和领域分类的排名总结。我们在研究中提出的一个问题是：扭转全球变暖需要多少成本？所有解决方案30年内的主要成本（总实施成本）是131万亿美元，相当于每人每年450美元。然而，一个更有启发性的数字是净成本——实施气候解决方案所需的资金与一切照旧的成本相比要多多少。净成本比主要成本低。例如，我们计算了太阳能发电厂和燃煤电厂之间的成本差异，以及电力运输系统和石油运输系统之间的成本差异。在可再生能源、净零建筑、LED、热泵、电池、电动汽车等方案的成本下降的推动下，在30年时间里，实现所有方案的净成本是30万亿美元。我们还研究了气候解决方案与一切照旧相比的净运营成本或节省。在30年的时间里，净运营节省是74万亿美元。

某些具体解决方案的计算结果可能看起来很高或很低，令人困惑。例如，很少有人会给出太阳能农场仅排在气候解决方案第8位的预测结果（如果把太阳能农场和屋顶太阳能结合起来，总太阳能光伏将排在第7位）。太阳能技术已经成为解决全球变暖问题的代名词，这过分简单化了。太阳能是一个关键解决方案，但仅靠它并不能解决问题。在我们的模型中，太阳能的采用潜力超过了其他几个主要模型对它的乐观预测；然而，还有其他更有影响力的解决方案。记住，所有方案我们都需要。

排在第6和第7位的解决方案是女性教育和家庭生育计划。为什么它们的影响是相同的？我们很难把家庭生育计划和女性教育的影响划清界限，因为它们相互关联，且都影响出生率，所以我们把二者的总影响平分。生育计划是指所有国家的所有妇女普遍获得避孕和生殖保健。接受过中学教育的女性生的孩子较少；具体少多少取决于不同国家。为女孩提供平等的受教育机会能使人人都享有平等的受教育权利，赋予女性终身参与生育计划的自由和知识。很难理清这两种解决办法之间的关系，我们可以简单地概括成：为妇女和女孩赋能。

这三种情景中每一个都基于各种因素对未来增长进行了不同的评估，如实施成本降低、政策变化或技术效率提高。因此，下面的结果中的解决方案排名将随情景不同而不同。例如，电动汽车从"可信情景"中的第26位跃至"最优情景"中的第10位。在每一种情况下，家

注释：*二氧化碳一词包括基于其全球增温潜势的等效温室气体，包括甲烷、一氧化二氮、二氯二氟甲烷（CFC-12）、一氯二氟甲烷（HCFC-22）和其他少量气体。

庭生育计划和女性教育的结果都是一样的。这是因为在为妇女提供平等权利和自由方面，不应该有积极或保守的路径。只有一种路径，而且是全球普适的。

因为数据是动态的，我们不断更新以显示最新变化，你在我们网站上看到的数据不一定和你在本书看到的一样。我们正致力于为每个解决方案生成一个数据表。那时，你就可以修改主要输入，并得出关于未来影响和成本的不同结论。同时，下面列出了每个情景前15名的解决方案。

解决方案	排名	可信情景 总二氧化碳当量减排量（×10⁹吨）	排名	减碳情景 总二氧化碳当量减排量（×10⁹吨）	排名	最优情景 总二氧化碳当量减排量（×10⁹吨）
制冷	1	89.74	2	96.49	3	96.49
风力涡轮机（陆上）	2	84.60	1	146.50	1	139.31
减少食物浪费	3	70.53	4	83.03	4	92.89
植物性饮食	4	66.11	5	78.65	5	87.86
热带森林	5	61.23	3	89.00	2	105.60
女性教育	6	59.60	7	59.60	8	59.60
家庭生育计划	7	59.60	8	59.60	9	59.60
太阳能农场	8	36.90	6	64.60	7	60.48
森林牧场	9	31.19	9	47.50	6	63.81
屋顶太阳能	10	24.60	10	43.10	13	40.34
再生农业	11	23.15	14	32.23	15	32.08
温带森林	12	22.61	12	34.70	11	42.62
泥炭地	13	21.57	13	33.51	14	36.59
热带主食树种	14	20.19	15	31.50	10	46.70
造林	15	18.06	11	41.61	12	41.61
合计（所有80个解决方案）		1 050.89		1 442.27		1 612.89

解决方案按排名汇总表

排名	解决方案	领域	总二氧化碳当量减排量（×10⁹ 吨）	净成本（×10⁹ 美元）	净节约（×10⁹ 美元）
1	制冷	材料	89.74	—	−902.77
2	风力涡轮机（陆上）	能源	84.60	1 225.37	7 425.00
3	减少食物浪费	食物	70.53	—	—
4	植物性饮食	食物	66.11	—	—
5	热带森林	土地利用	61.23	—	—
6	女性教育	妇女与女童	59.60	—	—
7	家庭生育计划	妇女与女童	59.60	—	—
8	太阳能农场	能源	36.90	−80.60	5 023.84
9	森林牧场	食物	31.19	41.59	699.37
10	屋顶太阳能	能源	24.60	453.14	3 457.63
11	再生农业	食物	23.15	57.22	1 928.10
12	温带森林	土地利用	22.61	—	—
13	泥炭地	土地利用	21.57	—	—
14	热带主食树种	食物	20.19	120.07	626.97
15	造林	土地利用	18.06	29.44	392.33
16	保护性农业	食物	17.35	37.53	2 119.07
17	树木间作	食物	17.20	146.99	22.10
18	地热能	能源	16.60	−155.48	1 024.34
19	放牧管理	食物	16.34	50.48	735.27
20	核能	能源	16.09	0.88	1 713.40
21	清洁炉灶	食物	15.81	72.16	166.28
22	风力涡轮机（海上）	能源	14.09	545.28	762.54
23	农田恢复	食物	14.08	72.24	1 342.47
24	改良水稻生产	食物	11.34	—	519.06
25	集中式太阳能	能源	10.90	1 319.70	413.85
26	电动汽车	交通运输系统	10.80	14 148.03	9 726.40
27	区域供暖	建筑与城市	9.38	457.07	3 543.50
28	多层复合农林	食物	9.28	26.76	709.75
29	波浪和潮汐	能源	9.20	411.84	−1 004.70
30	沼气池（大型）	能源	8.40	201.41	148.83
31	隔热	建筑与城市	8.27	3 655.92	2 513.33
32	船舶	交通运输系统	7.87	915.93	424.38
33	LED照明（住宅）	建筑与城市	7.81	323.52	1 729.54
34	生物质能	能源	7.50	402.31	519.35
35	竹	土地利用	7.22	23.79	264.80
36	替代水泥	材料	6.69	−273.90	—
37	公共交通	交通运输系统	6.57	—	2 379.73
38	森林保护	土地利用	6.20	—	—
39	土著居民的土地管理	土地利用	6.19	—	—
40	卡车	交通运输系统	6.18	543.54	2 781.63

续表

排名	解决方案	领域	总二氧化碳当量减排量（$\times 10^9$ 吨）	净成本（$\times 10^9$ 美元）	净节约（$\times 10^9$ 美元）
41	太阳能热水器	能源	6.08	2.99	773.65
42	热泵	建筑与城市	5.20	118.71	1 546.66
43	飞机	交通运输系统	5.05	662.42	3 187.80
44	LED照明（商业）	建筑与城市	5.04	−205.05	1 089.63
45	楼宇自动化	建筑与城市	4.62	68.12	880.55
46	家庭节水	材料	4.61	72.44	1 800.12
47	生物塑料	材料	4.30	19.15	—
48	小水电	能源	4.00	202.53	568.36
49	汽车	交通运输系统	4.00	−598.69	1 761.72
50	热电联产	能源	3.97	279.25	566.93
51	多年生生物能源作物	土地利用	3.33	77.94	541.89
52	滨海湿地	土地利用	3.19	—	—
53	水稻强化栽培系统	食物	3.13	—	677.83
54	步行友好城市	建筑与城市	2.92	—	3 278.24
55	家庭回收	材料	2.77	366.92	71.13
56	工业回收	材料	2.77	366.92	71.13
57	智能恒温器	建筑与城市	2.62	74.16	640.10
58	垃圾填埋场甲烷	建筑与城市	2.50	−1.82	67.57
59	自行车基础设施	建筑与城市	2.31	−2 026.97	400.47
60	堆肥	食物	2.28	−63.72	−60.82
61	智能玻璃	建筑与城市	2.19	932.30	325.10
62	女性小农	妇女与女童	2.06	—	87.60
63	远程呈现	交通运输系统	1.99	127.72	1 310.59
64	沼气池（小型）	能源	1.90	15.50	13.90
65	养分管理	食物	1.81	—	102.32
66	高速铁路	交通运输系统	1.42	1 049.98	310.79
67	农田灌溉	食物	1.33	216.16	429.67
68	废弃物能源化	能源	1.10	36.00	19.82
69	电动自行车	交通运输系统	0.96	106.75	226.07
70	再生纸	材料	0.90	573.48	—
71	供水	建筑与城市	0.87	137.37	903.11
72	生物炭	食物	0.81	—	—
73	绿色屋顶	建筑与城市	0.77	1 393.29	988.46
74	火车	交通运输系统	0.52	808.64	313.86
75	拼车	交通运输系统	0.32	—	185.56
76	微型风力发电	能源	0.20	36.12	19.90
77	储能（分布式）	能源	—	—	—
77	储能（公用事业）	能源	—	—	—
77	电网灵活性	能源	—	—	—
78	微电网	能源	—	—	—
79	净零建筑	建筑与城市	—	—	—
80	改造翻新	建筑与城市	—	—	—
	合计		1 050.89	29 620.82	74 305.09

解决方案分领域汇总表

领域	排名	解决方案	总二氧化碳当量减排量（×10^{9}吨）	净成本（×10^{9}美元）	净节省（×10^{9}美元）
建筑与城市	27	区域供暖	9.38	457.07	3 543.50
	31	隔热	8.27	3 655.92	2 513.33
	33	LED照明（住宅）	7.81	323.52	1 729.54
	42	热泵	5.20	118.71	1 546.66
	44	LED照明（商业）	5.04	−205.05	1 089.63
	45	楼宇自动化	4.62	68.12	880.55
	54	步行友好城市	2.92	—	3 278.24
	57	智能恒温器	2.62	74.16	640.10
	58	垃圾填埋场甲烷	2.50	−1.82	67.57
	59	自行车基础设施	2.31	−2 026.97	400.47
	61	智能玻璃	2.19	932.30	325.10
	71	供水	0.87	137.37	903.11
	73	绿色屋顶	0.77	1 393.29	988.46
	79	净零建筑	0.00	—	—
	80	改造翻新	0.00	—	—
		合计	54.49	4 926.62	17 906.26
能源	2	风力涡轮机（陆上）	84.60	1 225.37	7 425.00
	8	太阳能农场	36.90	−80.60	5 023.84
	10	屋顶太阳能	24.60	453.14	3 457.63
	18	地热能	16.60	−155.48	1 024.34
	20	核能	16.09	0.88	1 713.40
	22	风力涡轮机（海上）	14.09	545.28	762.54
	25	集中式太阳能	10.90	1 319.70	413.85
	29	波浪和潮汐	9.20	411.84	−1 004.70
	30	沼气池（大型）	8.40	201.41	148.83
	34	生物质能	7.50	402.31	519.35
	41	太阳能热水器	6.08	2.99	773.65
	48	小水电	4.00	202.53	568.36
	50	热电联产	3.97	279.25	566.93
	64	沼气池（小型）	1.90	15.50	13.90
	68	废弃物能源化	1.10	36.00	19.82
	76	微型风力发电	0.20	36.12	19.90
	77	储能（分布式）	—	—	—
	77	储能（公用事业）	—	—	—
	77	电网灵活性	—	—	—
	78	微电网	—	—	—
		合计	246.13	4 896.24	21 446.64
食物	3	减少食物浪费	70.53	—	—
	4	植物性饮食	66.11	—	—
	9	森林牧场	31.19	41.59	699.37
	11	再生农业	23.15	57.22	1 928.10
	14	热带主食树种	20.19	120.07	626.97
	16	保护性农业	17.35	37.53	2 119.07

续表

领域	排名	解决方案	总二氧化碳当量减排量 ($\times 10^9$ 吨)	净成本 ($\times 10^9$ 美元)	净节省 ($\times 10^9$ 美元)
食物	17	树木间作	17.20	146.99	22.10
	19	放牧管理	16.34	50.48	735.27
	21	清洁炉灶	15.81	72.16	166.28
	23	农田恢复	14.08	72.24	1 342.47
	24	改良水稻生产	11.34	—	519.06
	28	多层复合农林	9.28	26.76	709.75
	53	水稻强化栽培系统	3.13	—	677.83
	60	堆肥	2.28	−63.72	−60.82
	65	养分管理	1.81	—	102.32
	67	农田灌溉	1.33	216.16	429.67
	72	生物炭	0.81	—	—
		合计	321.93	777.48	10 017.44
土地利用	5	热带森林	61.23	—	—
	12	温带森林	22.61	—	—
	13	泥炭地	21.57	—	—
	15	造林	18.06	29.44	392.33
	35	竹	7.22	23.79	264.80
	38	森林保护	6.20	—	—
	39	土著居民的土地管理	6.19	—	—
	51	多年生生物能源作物	3.33	77.94	541.89
	52	滨海湿地	3.19	—	—
		合计	149.60	131.17	1 199.02
材料	1	制冷	89.74	—	−902.77
	36	替代水泥	6.69	−273.90	—
	46	家庭节水	4.61	72.44	1 800.12
	47	生物塑料	4.30	19.15	—
	55	家庭回收	2.77	366.92	71.13
	56	工业回收	2.77	366.92	71.13
	70	再生纸	0.90	573.48	—
		合计	111.78	1 125.01	1 039.61
交通运输系统	26	电动汽车	10.80	14 148.03	9 726.40
	32	船舶	7.87	915.93	424.38
	37	公共交通	6.57	—	2 379.73
	40	卡车	6.18	543.54	2 781.63
	43	飞机	5.05	662.42	3 187.80
	49	汽车	4.00	−598.69	1 761.72
	63	远程呈现	1.99	127.72	1 310.59
	66	高速铁路	1.42	1 049.98	310.79
	69	电动自行车	0.96	106.75	226.07
	74	火车	0.52	808.64	313.86
	75	拼车	0.32	—	185.56
		合计	45.78	17 764.32	22 608.53
妇女与女童	6	女性教育	59.60	—	—
	7	家庭生育计划	59.60	—	—
	62	女性小农	2.06	—	87.60
		合计	121.26	—	87.60

我们是谁——联盟成员

"碳逆转"项目成员

扎克·阿卡迪（Zak Accuardi，文学硕士）是一位政策研究员，在解决城市可持续发展挑战方面有五年的经验。他领导了一项重点关注政府与优步（Uber）等新兴出行服务提供商的合作关系的研究，并合作撰写了研究报告。

瑞汗·乌丁·艾哈迈德（Raihan Uddin Ahmed，数据科学硕士）是一位拥有超过十四年经验的环境专家。他的工作重点是基础设施项目、可再生能源技术和气候变化的影响评估。

卡罗琳·阿尔基尔（Carolyn Alkire，博士）是一位有三十五年研究和分析经验的环境经济学家，致力于推进改善土地和资源管理的相关政策。她曾与政府机构合作制定区域交通规划，以减少温室气体排放。

瑞安·阿拉德（Ryan Allard，博士）是一位交通系统分析师，在研究如何改善世界各地的交通系统方面有六年经验。他在同行评议的期刊和国际会议上展示并发表了关于运输技术和连通性的计算机模型。

凯文·贝尤克（Kevin Bayuk，文学硕士）重点研究生态学和经济学的交叉领域，根据合作组织要求进行满足人类需求的朴门永续设计。他是LIFT公司的合伙人，该公司致力于促进社会企业的发展，促进对有高度影响力的组织的投资。他还是旧金山城市永续农业研究所（Urban Permaculture Institute）的创始合伙人。

雷尼尔德·贝克（Renilde Becqué，工商管理硕士）是一名可持续发展和能源顾问，拥有超过十五年的国际工作经验。她目前与多个国际非营利组织合作，从事循环经济、碳和能源效率项目。

埃里卡·波音（Erika Boeing，文学硕士）是一位在能源技术方面有七年经验的企业家和系统工程师。她曾创办一家公司，开发一种新颖的屋顶风能技术并将其商业化。

乔瓦尼·卡比尼斯（Jvani Cabiness，发展实践硕士）是一位全球健康和发展领域的专家，尤其专长于家庭生育计划，在性和促进生殖健康方面有五年经验。她曾支援非洲的卫生系统加强和能力建设项目。

约翰尼·钱伯林（Johnnie Chamberlin，博士）是一位环境分析师，在环境科学、自然保护和研究领域有十年的工作经验。他也是两本旅游指南的作者。

德顿·陈（Delton Chen，博士）是一位土木工程师，在结构、地下水、系统、水资源和可持续性采矿计划等的建模方面有超过十五年的经验。他曾研究过澳大利亚的热岩地热能和岛屿含水层，是气候减缓金融领域的国际政策"Global 4C"的联合创始人和主要作者。

莱昂纳多·科维斯（Leonardo Covis，公共政策硕士）是一位项目分析师和经理，在经济发展和环境政策领域有八年的经验。他的工作为低收入社区带来了数百万美元的收入，恢复了自然栖息地，他还指导了加州燃料政策决策。

朴雅卡·德苏扎（Priyanka deSouza，理学硕士、工商管理硕士、技术硕士）是城市规划领域的研究人员，在各种能源技术和环境政策方面有超过七年的经验。她近期正在为内罗毕的学校建立一个低成本的空气质量监测网络。

杰·库马尔·高拉夫（Jai Kumar Gaurav，理学硕士）是一位研究分析师，在气候变化减缓和适应领域有八年的工作经验。他曾参与清洁发展机制和黄金标准的自愿核证减排项目（Gold Standard certified voluntary emission reduction projects）。此外，他还为废弃物行业制定了一项"适合本国的减缓行动（Nationally Appropriate Mitigation Action，NAMA）"提案。

安娜·戈尔茨坦（Anna Goldstein，博士）是一位拥有十年学术研究经验的科学政策专家。她利用自己的科学背景为清洁能源研究项目管理提出独到见解。

约翰·佩德罗·古伟亚（João Pedro Gouveia，博士）是一位环境工程师，对能源系统分析、低碳未来和新能源技术评估的研究与政策制定有十多年的经验，并发表了数篇同行评议的出版物。他拥有里斯本新大学（Nova University of Lisbon）气候变化和可持续发展政策及可持续能源系统博士学位。

阿莉莎·格雷夫斯（Alisha Graves，公共卫生硕士）是一位公共卫生专家，其工作重点是推广全球家庭生育计划。她是健康与发展风险战略（Venture Strategies for Health and Development，VSHD，一个总部位于加州的非营利组织）人口项目的副总裁，负责人口意识再兴项目（Rebirth of Population Awareness），也是绿洲倡议（the OASIS Initiative，一个加州大学伯克利分校和VSHD的联合项目）的联合创始人。

卡兰·古普塔（Karan Gupta，公共管理硕士）是一位高性能建筑领域的专家，在公用事业和建筑行业拥有七年的经验。他曾致力于研究模块化建筑系统，以推动住宅和商业领域的能效应用市场。

韩真（Zhen Han，理学学士）是康奈尔大学的生态学博士研究生，研究重点是农业生态系统中的营养循环，她进行了定量合成和实地测量，以调查各种农业管理措施对一氧化二氮的影响。她曾在联合国环境规划署担任环境政策研究员，从事基于生态系统的气候变化适应和性别主流化工作。

齐克·汉斯法勒（Zeke Hausfather，理学硕士）是一位气候科学家和能源系统分析师，其工作重点是节能和增效。他曾担任伯克利地球公司（Berkeley Earth）的研究科学家、Essess公司的能源分析主管和C3公司的首席科学家，并联合创立了基于行为的能源效率公司Efficiency 2.0。

尤伊尔·赫伯特（Yuill Herbert，文学硕士）在加拿大参与了超过35个社区的气候行动规划项目，以及许多其他社区规划和气候变化相关项目。他是可持续性解决方案集团（Sustainability Solutions Group）的董事和创始人。该集团是加拿大的一个工人合作组织，此前曾开发了备受推崇的能源、排放和土地使用规划GHGProof模型。

阿曼达·洪（Amanda Hong，公共政策硕士）是一位公共政策专家，她曾为加州包装垃圾减量、回收和堆肥提供政策建议，也曾为斯里兰卡红树林保护进行蓝色碳足迹评估，目前是美国环境保护署太平洋西南地区的有机回收专家。

阿里尔·霍罗威茨（Ariel Horowitz，博士）是一位能源分析师，在能源技术和系统方面有六年的经验。她拥有化学工程博士学位，研究方向是能量储存。

瑞安·霍特尔（Ryan Hottle，博士）是一位土壤碳储存和气候科学分析师，他的研究重点是通过生物碳封存来减缓气候变化。他的研究兴趣包括气候智能型农业、快速行动减缓战略、建筑环境的节能和效率，并曾担任世界银行和国际农业研究咨询集团（CGIAR）的气候变化和粮食安全项目的顾问。

特洛伊·霍特尔（Troy Hottle，博士）是美国环境保护署ORISE博士后研究员，在环境项目和研究方面有十年的经验。他曾致力于生命周期评估应用，包括生物聚合物降解、车辆减重和国家能源清单的开发。

戴维·贾伯（David Jaber，工学硕士）是一位战略顾问，在绿色建筑调查、温室气体分析和零废物实施方面有超过十五年的经验。他在食品加工、制造和零售领域建立了十多个温室气体清单，并提供减排策略。

达塔基兰·雅古（Dattakiran Jagu，技术硕士）是气候变化科学与管理领域的在读博士，在推广清洁能源技术方面有五年的经验。他是一家清洁能源初创公司的创始成员，该公司设计了印度第一个太阳能火车站。

丹尼尔·凯恩（Daniel Kane，理学硕士）是耶鲁大学森林与环境学院的博士研究生，拥有五年的农业研究经验。他专注于农业管理的开源工具的应用，以及如何管理土壤以增强农业对气候变化的适应能力。

贝姬·李（Becky Xilu Li，公共政策硕士）是一位有四年经验的能源政策顾问。她与美国和中国的政府、企业、研究机构合作，推动可再生能源部署的市场驱动解决方案。

苏梅达·马拉维亚（Sumedha Malaviya，文学硕士）是一位气候和能源领域专家，在气候减缓、适应和能源效率项目方面拥有超过七年的经验。她曾与几个国家合作制定并实施低排放发展战略。

乌尔米拉·马尔瓦德卡尔（Urmila Malvadkar，博士）是一名应用数学家和环境科学家，其研究和建模重点是水、生态保护和国际发展。她博士期间的研究重点是生态模型，从那时起，她的研究开始涉猎许多环境问题，包括大坝和取水口的安置、在干扰情况下进行人口管理、发展中国家的水问题以及有效保护区的规模。

艾莉森·梅森（Alison Mason，理学硕士）是一位机械工程师，在太阳能领域有十六年的工作经验。她帮助南达科他州的Oglala Sioux部落开展了太阳能安装培训和制造项目。

米希尔·马瑟（Mihir Mathur，商学学士）是一位气候变化领域的跨学科研究员，在金融、社区参与和政策方面有九年的经验。他目前在新德里能源与资源研究所（TERI）实践系统动力学建模的可持续性解决方案。

维克托·马克斯韦尔（Victor Maxwell，理学硕士）是环境金融领域的在读博士，在物理学和能源系统管理方面有九年的工作经验。他促进了智利、丹麦和南非农村社区分布式可持续能源系统的发展。

戴维·米德（David Mead，文学学士）是一位建筑师和工程师，在建筑行业拥有超过十三年的经验。他参与了超过五十个具有高可持续性目标的项目，如能源与环境设计先锋（LEED）、生活建筑、被动式住宅和净零能源。

玛姆塔·梅拉（Mamta Mehra，博士）是一位环境领域专家，在与农业部门相关的气候变化适应和减缓领域，拥有与国家和国际组织超过七年的合作经验。在博士就读期间，她开发了一个用于描绘和描述农业部门资源管理领域的GIS框架。

露丝·梅茨尔（Ruth Metzel，工商管理硕士）是一位生态学和进化生物学家，耶鲁大学森林与环境学院林业硕士在读。她重点研究农业森林复合以及为实现综合景观管理目标时多部门行为体相互作用的方式。

亚历克丝·迈克尔科（Alex Michalko，工商管理硕士）是一位企业可持续发展专家，在多个行业拥有十多年的经验，包括技术、媒体和零售。她曾与迪士尼、安伊艾和亚马逊合作，推动可持续行动，提高商业韧性，并对环境和当地社区产生积极影响。

艾达·米季奇（Ida Midzic，工学硕士）机械工程在读博士，有六年的研究和教学经验。她为机械工程师开发了一种方法，用于产品开发过程中概念设计解决方案的生态评估。

S. 卡提克·穆卡维利（S. Karthik Mukkavilli，理学硕士）是一位能源气象卫星数据同化的学术企业家，在计算科学和工程方面有八年的经验。他利用混合大气物理和人工智能模型，开发了澳大拉西亚上空的气溶胶感知太阳预报系统。

卡皮尔·纳鲁拉（Kapil Narula，博士）是一位电气工程师、发展经济学家、能源和可持续发展专家，在海事领域有十五年的经验。他曾在船上工作，在学术机构担任教员和研究人员。

德米特里奥斯·帕帕约安努（Demetrios Papaioannou，博士）是一位交通领域的土木工程师，专攻公共交通、需求建模、用户满意度和可持续性。他的博士研究集中于公共交通以及交通质量、用户满意度和交通方式选择之间的关系，在国际会议上发表了他的研究成果，并发表了同行评议的研究论文。

米歇尔·佩德拉萨（Michelle Pedraza，文学硕士）是一位全球市场的商业和战略分析师，目前致力于解决微型企业在扩大业务方面面临的挑战。她曾在克林顿全球倡议组织（Clinton Global Initiative）实习，期间审查和制定了市场基础方法和粮食系统轨迹的承诺。

切尔茜·彼得连科（Chelsea Petrenko，博士）是一位生态系统领域的生态学家，专注于森林资源和土壤碳储存。她的博士研究测量了美国东北部森林砍伐后土壤碳储量的变化，曾作为极地环境变化的见习人员前往格陵兰岛和南极洲研究寒冷环境下的碳循环。

努里·拉杰文西（Noorie Rajvanshi，博士）是一位可持续发展工程师，在使用生命周期评估方法进行环境影响量化领域有超过七年的经验。她曾与北美多个城市合作，评估实现2050年可持续发展目标的技术途径。

乔治·伦道夫（George Randolph，理学硕士）是一位有五年经验的能源政策分析师，在电力公用事业监管事务工作。他曾在加州、内华达州、亚利桑那州和科罗拉多州的公共事业委员大会前，就能源效率和住宅屋顶太阳能程序进行咨询。

阿比·罗宾逊（Abby Rubinson，法律博士）是一位有十多年经验的国际环境人权律师。她的工作重点是气候变化与人权之间的联系，包括保护土著人民权利的诉讼和倡导、学术出版物和国际条约谈判。

阿德里安·萨拉查（Adrien Salazar，文学硕士）是一位政治生态学家、组织战略家、倡导者和诗人，在环境和社区组织的项目与活动管理方面有超过八年的经验。在一个支持农民赋权和保护当地水稻品种的项目中，他与菲律宾北部的土著稻农合作，制定基于社区的评价指标。

埃文·萨特–梅洛伊（Aven Satre–Meloy，理学学士）环境管理硕士研究生，在能源和可持续性问题上有五年的工作经验。他在四大洲进行了可持续能源领域的研究或工作。

克里斯蒂娜·希勒（Christine Shearer，博士）是一位环境社会学家，有十多年的跨学科气候变化和能源研究经验。她从事能源政策、气候影响和适应方面的研究，研究成果发表在《自然》和《纽约时报》等报刊上。

戴维·赛厄普（David Siap，理学硕士）是一位在能效领域有五年工作经验的工程师。他是美国能源部能源节约标准和测试程序的首席技术分析师，预计净现值超过10亿美元，能源节约约四分之一。

凯莉·西曼（Kelly Siman，医学硕士）阿克伦大学仿生学领域的在读博士，在学术界和环境非营利组织有超过十年的经验。她正在研究气候变化弹性以及仿生学在适应和减缓领域的应用。

莉娜·达格姆（Leena Tähkämö，博士）是一位博士后科学家，在照明工程领域有六年的经验。她通过生命周期评估方法对照明系统的环境和经济可持续性进行了研究，以确定在减排中最重要的领域。

埃里克·托斯米尔（Eric Toensmeier，文学硕士）是一位经济植物学家，有25年研究农林复合系统和多年生作物的经验。他是《碳农业解决方案：减缓气候变化和粮食安全的多年生作物和再生农业实践全球工具包》（The Carbon Farming Solution: A Global Toolkit of Perennial Crops and Regenerative Agriculture Practices for Climate Change Mitigation and Food Security）的作者。

梅拉妮·瓦伦西亚（Melanie Valencia，公共卫生硕士）是一位创新和可持续发展官，在旧金山基多大学教授环境可持续发展。她是初创公司Carbocycle的联合创始人，该公司将有机废物回收再利用为可销售的植物油替代品。

欧内斯托·瓦莱罗·托马斯（Ernesto Valero Thomas，博士）是一位建筑师，在新兴城市可持续发展的环境战略方面有七年的经验。他开发了研究水、食物、石油、废物、通讯和世界各地城市人口流动的方法。

安德鲁·韦德（Andrew Wade，理学硕士）房地产金融与开发专家，在世界各地城市研究可持续城市发展项目有七年的经验。他在哈佛大学指导了一个关于房地产行业创新的小组。

玛丽莲·韦特（Marilyn Waite，哲学硕士）是一位有超过十年经验的工程师和清洁技术投资专家。她是《工作中的可持续发展》（Sustainability at Work）一书的作者。

夏洛特·惠勒（Charlotte Wheeler，博士）是一位热带生态学家，在森林恢复和减缓气候变化方面有六年的工作经验。她专攻大规模热带森林恢复的碳汇潜力。

克里斯托弗·沃利·赖特（Christopher Wally Wright，公共管理硕士）是一位研究员和分析师，在公共部门管理、环境教育和资源管理、社会和公共政策等领域有超过六年的工作经验。

杨亮（Liang Emlyn Yang，博士）是一位在人类与环境的相互作用方面有近十年经验的地理学家。他研究了中国和东南欧的长期历史气候和环境影响、自然灾害、社会和人类反应。

殷千惠（Daphne Yin，文学硕士）是一位环境顾问，在气候变化、自然资源管理和发展方面有五年的经验。她在印度与他人共同开发了自然资本和社会资本评估方法，重点关注牧场。

肯尼思·赞姆（Kenneth Zame，博士）是一位能源和环境可持续性研究员、教育家，有超过七年的研究经验。他曾担任QESST学者，研究美国太瓦规模光伏部署的可持续性，该项目由美国国家科学基金会（NSF）和能源部（DOE）赞助。

"碳逆转"项目顾问

梅扎宾·阿比迪-哈比卜（Mehjabeen Abidi-Habib）是巴基斯坦的一位气候恢复力学者和从业者，她致力于地区层级气候变化和适应能力的研究，并分析相关治理机制和机遇。她是巴基斯坦拉合尔政府学院大学可持续发展研究中心（Sustainable Development Study Centre of Government College University）的高级研究员，也是牛津大学的访问研究员。

温迪·艾布拉姆斯（Wendy Abrams）是一名环保活动家，也是非营利组织酷球（Cool Globes）的创始人。酷球利用艺术和教育媒介，致力于提高人们对气候变化的认识。自2007年以来，该组织的展览已在四大洲展出，并被翻译成九种语言。她帮助建立了芝加哥大学法学院的艾布拉姆斯环境法事务所（Abrams Environmental Law Clinic）以及布朗大学的艾布拉姆斯环境研究所（Abrams Environmental Research Fellows）。

戴维·艾迪生（David Addison）是维珍地球挑战赛（Virgin Earth Challenge）的负责人，该挑战赛由理查德·布兰森爵士（Richard Branson）捐资2 500万美元作为创新奖奖金，鼓励参赛者提出可规模化且可持续从大气中去除温室气体的方法。

戴维·阿拉韦（David Allaway）是俄勒冈州环境质量材料管理项目部门的高级政策分析师，他主要负责材料和废物管理以及温室气体核算。

林赛·艾伦（Lindsay Allen）是雨林行动网络（Rainforest Action Network）的执行董事。她呼吁并激励全球一些最大的公司保护热带雨林、人权和气候，在此领域有超过十年的经验。

艾伦·阿特基森（Alan AtKisson）是一位专注于可持续发展和变革的作家、演说家和顾问。他曾就可持续发展目标的实施向联合国秘书处提供建议，在欧洲委员会科学和技术咨询委员会任职，并多年为企业、公共部门和民间团体的客户提供咨询服务。

马克·巴拉施（Marc Barasch）是绿色世界运动（Green World Campaign）的执行董事和创始人，该组织致力于重新造林，提高农村贫困人口的生活水平，并应对全球气候变化。他是2011年联合国森林年咨询委员会（UN Advisory Committee for the Year of Forests）成员、书籍作者、杂志编辑、电视制片人和媒体活动家。

戴娜·鲍迈斯特（Dayna Baumeister）是《仿生资源手册：最佳实践种子银行》（Biomimicry Resource

Handbook: A Seed Bank of Best Practices，2013）的高级编辑，也是仿生3.8（Biomimicry 3.8）的联合创始人和合作伙伴，在仿生创新咨询、专业培训、教育项目和课程开发方面处于领先地位。她曾为一百多家公司提供关于可持续解决方案的咨询服务，包括耐克（Nike）、英特飞（Interface）、通用磨坊（General Mills）、波音（Boeing）、赫尔曼米勒（Herman Miller）、科勒（Kohler）、七世代（Seventh Generation）和宝洁（Procter & Gamble）。

斯潘塞·B.毕比（Spencer B. Beebe）是生态信托组织（Ecotrust）的执行主席和创始人，生态信托森林管理组织（Ecotrust Forest Management, EFM）的主席，保护国际组织（Conservation International）的创始主席。1980~1986年，他担任大自然保护协会主席。

贾宁·本尤斯（Janine Benyus）是仿生3.8（Biomimicry 3.8）的联合创始人，仿生研究所（Biomimicry Institute）的联合创始人，生物学家，创新顾问，以及六本书的作者，包括《仿生：受自然启发的创新》（Biomimicry: Innovation Inspired by Nature）。这本书于1997年出版后，本尤斯将仿生学从"梗"发展为"设计运动"，启发了世界各地的顾客和创新者去学习大自然的智慧。

玛格丽特·伯根（Margaret Bergen）是潘西项目（Panswiss Project）的科学政策顾问，该智库致力于加速瑞士必要的行为、文化和监管变革。她也是一名记者和公共关系专家。

萨拉·伯格曼（Sarah Bergmann）是传粉者通道（Pollinator Pathway）的创始人和主管，这是一个有远见的计划，也是一个挑战，旨在为本地传粉者连接全球现有的绿色空间。她是贝蒂·鲍恩奖（Betty Bowen Award）和陌生人天才奖（Stranger Genius Award）得主。

查亚·班迪（Chhaya Bhanti）是一位可持续发展战略家，在气候变化和林业方面有专长。她是Iora生态咨询公司（Iora Ecological Solutions，一家环境金融和政策咨询公司）和Vertiver（一家气候通信机构）的联合创始人。

梅·博夫（May Boeve）是350组织的执行董事，这是一个由188个国家的人们自下而上领导的关注气候变化的组织。她成为《时代》（Time）杂志《下一代领袖》（"Next Generation Leaders"）年度系列报道的美国首位人物。

詹姆斯·博伊尔（James Boyle）是可持续圆桌会议（Sustainability Roundtable）的创始人、首席执行官和主席，该公司是一家研究和咨询公司，致力于在更可持续的企业中加快最佳实践的实施和发展。他还是非营利组织企业领导力联盟（Alliance for Business Leadership）的主要联合创始人。

汤姆·布雷迪（Tom Brady）是美国国家橄榄球联盟（National Football League）和新英格兰爱国者队（New England Patriots）的四分卫，被认为是有史以来最伟大的四分卫之一。主张环境可持续性的汤姆为了尽量减少家庭对土地的影响，与妻子吉赛尔·邦辰（Gisele Bündchen）一起利用太阳能、灰水技术、堆肥技术建造了新房子，这栋建筑的80%由回收材料组成。

托德·布里连特（Tod Brilliant）是一位市场营销专家、作家、摄影师，担任抵押贷款公司家居资产（Peoples Home Equity）的营销副总裁和创意总监，曾任碳后研究所（Post Carbon Institute）的创意总监和社会策略师，这个研究所旨在引导过渡到一个更有恢复力、公平且可持续的世界。

克拉克·布罗克曼（Clark Brockman）长期以来一直是节能、气候响应型设计和建筑环境整体规划的倡导者，目前担任位于加州圣马特奥的SERA建筑事务所（SERA Architects）的负责人。他是国际生活未来研究所（International Living Future Institute）的创始人和前任董事会成员，波特兰州立大学可持续解决方案研究所（Institute for Sustainable Solutions）的顾问，以及旧金山SPUR的水和气候政策委员会（SPUR's water and climate policy board）成员。

比尔·布朗宁（Bill Browning）是绿色建筑和房地产行业首屈一指的思想家和战略家之一，也是企业、政府和民间团体各级可持续设计解决方案的倡导者。他是Terrapin Bright Green的创始合伙人，并为白宫绿化（Greening of the White House）、谷歌（Google）、迪士尼（Disney）、美国银行（Bank of America）、喜达屋（Starwood）、卢卡斯电影（Lucasfilm）、克里夫能量棒（Clif Bar）、大峡谷国家公园（Grand Canyon National Park）和悉尼2000年奥运村（Sydney 2000 Olympic Village）提供咨询服务。

迈克尔·布龙（Michael Brune）是美国最大、最有影响力的基层环保组织塞拉俱乐部（Sierra Club）的执行董事。他曾在雨林行动网络（Rainforest Action Network）工作，并著有《走向清洁：摆脱石油和煤炭瘾》（Coming Clean: Breaking America's Addiction to Oil and Coal）一书。

吉赛尔·邦辰（Gisele Bündchen）是一位模特、企业家、环保主义者和慈善家。她倡导雨林保护和清洁用水；创立了人道主义、教育和环境资助机构卢茨基金会；并于2009年被任命为联合国环境规划署亲善大使。她支持的慈善机构包括雨林联盟（Rainforest Alliance）、救助儿童会（Save the Children）、无国界医生组织（Doctors without Borders）等。

利奥·伯克（Leo Burke）是圣母大学门多萨商学院全球公地倡议（Global Commons Initiative）的负责人，该学院不仅在学院内提供教育，还与联合国等合作伙伴合作提供教育。他还曾担任圣母大学的副院长和高管教育主管，并曾在摩托罗拉（Motorola）工作。

彼得·拜克（Peter Byck）是一位电影导演、制片人、编辑和亚利桑那州立大学教授。他的第一部纪录片《垃圾》（Garbage）赢得了1996年西南偏南电影节（Southwest Film Festival）评审团奖。他的第二部电影《碳国家》（Carbon Nation）着眼于气候变化解决方案。目前他正在制作一系列关注土壤健康的牧场主的短片。

彼得·考尔索普（Peter Calthorpe）是一位城市设计师、作家，同时也是全球城市复兴、可持续发展和区域规划新方法的倡导者。他是屡获殊荣的卡尔索普设计事务所（Calthorpe Associates）的领导人，也是新城市主义大会（Congress for the New Urbanism）的创始人和首任董事会主席，最近还出版了《气候变化时代的城市主义》（Urbanism in the Age of Climate Change）一书。

莱恩勒·卡梅伦（Lynelle Cameron）是欧特克（Autodesk）基金会的总裁兼首席执行官，也是软件公司欧特克的可持续发展高级主管。在她的领导下，欧特克赢得了许多关于可持续发展、气候领导力和慈善事业的奖项。

马克·坎帕纳莱（Mark Campanale）是碳追踪计划（Carbon Tracker Initiative）的创始人和执行董事。碳追踪计划是一个独立的金融智库，为气候变化对资本市场和化石燃料投资的影响提供深入分析，绘制风险、机遇和通往低碳未来的路径。坎帕纳莱与联合创始人尼克·罗宾斯（Nick Robins）共同提出了"不燃碳资本市场（unburn carbon capital markets）"理论，该理论利用碳预算的科学来评估投资者对搁浅资产和迫在眉睫的碳泡沫的风险敞口。

丹尼斯·卡尔伯格（Dennis Carlberg）国际会计师，LEED AP BD+C认证专家，是一名建筑师和波士顿大学的可持续发展总监。他是波士顿大学地球与环境系的兼职助理教授和地球之家（Earth House）的教员顾问，地球之家是波士顿大学的一个生活学习社区。他是波士顿城市土地研究所气候恢复委员会的联合主席，该委员会致力于探索解决气候变化对社区所产生的影响的政策和解决方案。

史蒂夫·查迪玛（Steve Chadima）在先进能源和技术方面有近三十年的经验。他是高级能源经济协会（Advanced Energy Economy）负责对外事务的高级副总裁。高级能源经济协会是一个由商界领袖组成的全国性协会，致力于让全球能源体系更安全、更清洁、更廉价。

亚当·钱伯斯（Adam Chambers）是美国农业部自然资源保护署（USDA's Natural Resources Conservation Service）的一名科学家，他是该部门的空气质量和大气变化组的一员，致力于在管理的农业土地上实施保护措施。在过去的二十年里，他的工作重点是应用科学和减少大气中的空气污染物和温室气体。

艾梅·克里斯滕森（Aimée Christensen）是太阳谷恢复力研究所（Sun Valley Institute for Resilience）和克里斯滕森全球战略公司（Christensen Global Strategies）的领导人，拥有二十五年的气候经验，在美国能源部、世界银行、贝克麦肯齐和谷歌等工作过。她在谷歌担任气候专家。她促成了包括1994年美国哥斯达黎加协议在内的第一个双边气候变化协议，撰写了第一个关于气候变化的大学捐赠投资政策（1999年的斯坦福大学），并获得了2011年希拉里奖（Hillary Laureate）和2010年阿斯彭研究所卡托研究员奖（Aspen Institute Catto Fellow）。

卡特勒·J. 利夫兰（Cutler J. Cleveland）是一名作家、顾问、学者和企业高管，从事涉及自然资源、能源使用及其相关经济的研究。他是《能源百科全书》（Encyclopedia of Energy）的主编，也是波士顿大学的教授。

莉拉·康纳斯（Leila Conners）创立了大树媒体公司（Tree Media Group），筹划创建一家通过讲述鼓舞人心的故事来支持和维持公民社会的制作公司。

约翰·科斯特（John Coster）是多个低碳与碳封存项目的独立顾问。他曾在美国斯堪斯卡建筑公司（Skanska USA Building）担任绿色商务官。美国斯堪斯卡建筑公司是一家领先的建筑集团，除了提供建筑服务外，还开发从小型装修到数十亿美元项目的公私合作关系。

奥德丽·达文波特（Audrey Davenport）是谷歌公司房地产生态项目的负责人，此前曾在谷歌公司的能源和可持续发展团队领导内部企业可持续发展工作。她曾在马来西亚担任富布赖特学者，并在约翰霍普金斯大学和普雷西迪奥研究生院教授有关可持续商业战略的研究生课程。

爱德华·戴维（Edward Davey）是威尔士亲王国际可持续发展部门（Prince of Wales International Sustainability Unit）的高级项目经理，负责森林和气候变化工作。目前正在撰写一本名为《恢复地球：通向充满希望的未来的10条道路》（*A Restored Earth: Ten Paths to a Hopeful Future*）的书。他曾在哥伦比亚总统任期内担任首席环境顾问。

佩德罗·迪尼兹（Pedro Diniz）是一名商人和前F1赛车手。在巴西圣保罗洲（São Paulo），他把自己的家庭农场改造成了有机食品生产企业托卡农场（Toca Farm），并决心发展大规模农林生产。

阿什尔·西桑兹·埃尔德里奇（AshEL "SeaSunZ" Eldridge，又名优步说唱歌手，a.k.a. the Uber Rapper）是地球放大咨询公司（Earth amplified Consulting）的首席执行官，该公司为创业者、初创企业和非营利组织提供创造性战略，同时他也是旧金山州立大学（San Francisco State University）气候正义、种族和行动主义领域的兼职教授。他是草根音乐、说唱和雷鬼音乐团体"Earth amplified"的创始人，西非/西奥克兰乐队"Dogon Lights的"主唱，萨满教和素食健康教练，Purium的分销商，冥想、创造力方面的老师，是活动家、创意人士和企业家的典范。

约翰·埃尔金顿（John Elkington）是一位企业家、环保主义者，著有17本书，其中包括他的最新著作《突破性挑战：将今天的利润与明天的底线联系起来的10种方法》（*The Breakthrough Challenge: 10 Ways to Connect Today's Profits with Tomorrow's Bottom Line*）。他创立或联合创立了几家企业，其中包括可持续性（SustainAbility）、环境数据服务（Environmental Data Services），以及Volans，这是一家变革机构，旨在超越渐进性变革和解决大规模系统性挑战。

吉布·埃利森（Jib Ellison）是Blu Skye管理咨询公司的创始人兼首席执行官，该公司专注于商业的可持续增长。他与《财富》500强公司合作，改造市场、创造新市场，并利用可持续性揭示新的市场机会。

唐纳德·福尔克（Donald Falk）是亚利桑那大学自然资源与环境学院（University of Arizona's School of Natural Resources and the Environment）的副教授，专门研究流域管理和生态水文。他的研究领域包括火灾史、火灾生态学、恢复生态学、景观生态学、土地管理和全球变化对生态系统的影响，还有突变动态学。

费利佩·法里亚（Felipe Faria）是巴西绿色建筑委员会（Green Building Council Brasil）的首席执行官。该组织加速了巴西建筑行业的绿色发展，使巴西成为能源与环境设计先锋（LEED）世界五大市场之一，还影响了2014年世界杯和2016年奥运会等大型项目。他曾担任LEED指导委员会志愿者，该委员会由专业人士组成，负责维持LEED作为全球领导工具的地位。他目前是世界绿色建筑委员会美洲区域网络委员会的主席。

里克·费德里奇（Rick Fedrizzi）是美国绿色建筑委员会（USGBC）的创始人和前任首席执行官，也是绿色企业认证公司（Green Business Certification Inc, GBCI）的首席执行官。USGBC的LEED绿色建筑项目一直是他职业生涯的基石，自2000年项目启动以来，全球有超过55 000个总占地达9亿平方米（101亿平方英尺）的商业项目和超过154 000个住宅单元参与了LEED。

戴维·芬顿（David Fenton）于1982年创立芬顿（Fenton）公司，致力于环境、公共健康和人权方面的宣传活动。他帮助了"前进组织（MoveOn.org）"的崛起，刺激了有机食品销售的增长，曾与阿尔·戈尔（Al Gore）和联合国在气候变化问题上合作，并领导了反对烟草和内分泌干扰物的公共健康运动。

乔纳森·福利（Jonathan Foley）在成为加州科学院（California Academy of Sciences）执行主任之前，花了二十多年时间领导专注于解决全球环境问题的大学层面跨学科项目。在加州科学院，他能够激发儿童和成年人对科学的兴趣和兴奋。他发表了130多篇科学文章和许多专栏文章，并获得了许多奖项和荣誉，包括总统青年科学家和青年工程师奖（由比尔·克林顿总统颁发）。

鲍勃·福克斯（Bob Fox）是纽约市绿色建筑运动中最受尊敬的领导者之一，他于2003年创办了CookFox建筑公司，致力于创造美丽、环保、高性能的建筑。该公司最著名的设计是位于布莱恩特公园一号的美国银行大厦，这是第一座获得LEED白金认证的商业摩天大楼。

玛丽亚·卡罗莱娜·藤原（Maria Carolina Fujihara）是一位专门从事可持续城市规划的建筑师。她曾担任巴西绿色建筑委员会的技术协调员五年，致力于推动巴西的LEED认证。玛丽亚也是为巴西住宅市场创建认证工具的技术委员会的负责人。

马克·富尔顿（Mark Fulton）是一位公认的经济学家和市场策略师，他在1991年撰写了一份以环境和可持续性为重点的关于气候变化与市场的报告。他曾担任德意志银行气候变化顾问公司（Deutsche Bank Climate Change Advisors）的研究主管，为投资者撰写气候、清洁能源和可持续发展方面的领导论文。

莉萨·戈蒂埃（Lisa Gautier）是公众环保慈善机构Matter of Trust的总经理和董事会成员。1998年，她与丈夫帕特里斯·戈蒂埃（Patrice Gautier）共同创立了该机构。这个非营利组织专注于生态教育、人为过剩的用处和自然界丰富的可再生资源。

马克·戈尔德（Mark Gold）是加州大学洛杉矶分校环境与可持续发展学院副校长、副教授。在过去的二十五年里，他一直在水污染、供水、综合水资源管理和海岸保护等领域工作。此外，他还广泛参与了洛杉矶和圣塔莫尼卡的可持续城市规划的开发工作，目前正在领导洛杉矶可持续发展大挑战（sustainable LA Grand Challenge），目标是到2050年100%使用可再生能源，100%使用当地水，并增强生态系统和人类健康。

雷切尔·格特（Rachel Gutter）是国际WELL建筑研究所（International WELL Building Institute）的首席产品官，这是一家公益公司，其使命是通过建筑环境改善人类健康和福祉。她曾担任美国绿色建筑委员会知识部门的高级副总裁和绿色学校中心主任，用她充满活力的领导力帮助召集国际公司、全球认可的机构和政府机构，为让每一个学生都能在这一代进入绿色学校的目标而奋斗。

安德烈·海因茨（André Heinz）是亨氏基金会（Heinz Endowments）的董事，1993年，在加入董事会后不久，他监督了一个环境资助项目的创建。此后，他继续在董事会和投资委员会任职，该委员会负责监督15亿美元捐赠基金的管理，他通过风险资本寻求可持续技术投资。

格雷戈里·赫明（Gregory Heming）是新斯科舍省安纳波利斯县的市议员，担任经济发展和气候变化委员会的主席，并在加拿大市政联盟的全国董事会任职。他拥有生态学博士学位，研究方向为宗教史和科学哲学，并发表了大量关于农村经济学、地方生态学和公众参与的演讲、文章和出版物。

奥兰·赫斯特曼（Oran Hesterman）是可持续农业和粮食系统的国家级领导人，也是公平粮食网络的总经理和首席执行官。作为科学家、农民、慈善家、商人、教育家和倡导者，他有超过三十五年的经验，是政策制定者、慈善领袖和倡导者所尊敬的合作伙伴。

帕特里克·霍尔登（Patrick Holden）是可持续粮食信托基金的创始董事，该基金在国际上致力于加速向更可持续的粮食体系过渡。他是英国生物动力协会（UK Biodynamic Association）的赞助人，并在2005年因对有机农业的贡献而被授予英帝国高级勋位（CBE）。

冈纳·哈伯德（Gunnar Hubbard）是Thornton Tomasetti（全球工程设计、调查和分析服务公司）的首席和可持续发展实践负责人。他是美国、亚洲和欧洲公认的绿色建筑领导者。

贾里德·赫夫曼（Jared Huffman）作为众议员在众议院代表加州北湾和北岸，是国会倡导清洁能源、减少温室气体和保护自然环境的主要倡导者之一，任职于交通和基础设施委员会和自然资源委员会。在进入国会之前，他曾在加州议会任职六年，担任水、公园和野生动物委员会主席，撰写了数十项重要法律，并担任自然资源保护委员会的高级律师。

莫莉·扬（Molly Jahn）是威斯康星大学麦迪逊分校农学系、全球健康研究所（Global Health Institute）、可持续发展与全球环境中心（Center for Sustainability and the Global Environment）的教授，也是橡树岭国家实验室（Oak Ridge National Laboratory）的联合教员。她已经发表了一百多篇同行评议的研究文章，她的植物育种项目中有六十项获得了有效的商业许可证，她的蔬菜品种在六大洲进行商业种植并维持当地人的生计。

克里斯·乔登（Chris Jordan）是西雅图的一位摄影艺术家和电影制作人，主要聚焦于消费主义和大众文化。他的作品向我们传递了关于我们个人和集体生活中无意识行为的大胆信息。

丹尼尔·卡门（Daniel Kammen）是加州大学伯克利分校可再生和适当能源实验室（Renewable and Appropriate Energy Laboratory）的创会理事，同时任职能源与资源集约管理学系、古德曼公共政策学院和核工程系教授。2010年，他被美国国务卿希拉里·克林顿任命为美洲第一个能源和气候伙伴关系（Energy and Climate Partnership for the Americas）院士，并在2016~2017年担任美国国务院科学特使。

丹尼·肯尼迪（Danny Kennedy）是一位清洁技术企业家、环境活动家，也是《屋顶革命：太阳能如何从肮脏能源中拯救我们的经济和地球》（*Rooftop Revolution: How Solar Power Can Save Our Economy—and Our Planet—from Dirty Energy*，2012年）的作者。他是Sungevity的联合创始人，美国加州清洁能源基金会的常务董事，以及Powerhouse的联合创始人。

克丽·肯尼迪（Kerry Kennedy）是一位人权活动家和律师、罗伯特·肯尼迪人权组织的主席、《向权力说出真相：正在改变世界的人权捍卫者》（*Speak Truth to*

Power: Human Rights Defenders Who Are Changing Our World）以及《纽约时报》畅销书《现在成为天主教徒》（Being Catholic Now）的作者。她曾担任美国国际特赦组织领导委员会主席十余年，并在布什总统的授意和参议院批准下担任美国和平研究所的董事会成员。

伊丽莎白·科尔伯特（Elizabeth Kolbert）自1999年以来一直是《纽约客》的工作人员，之前曾在《纽约时报》工作。她写作了几本书，其中《第六次灭绝》（The Sixth Extinction）获得了2015年普利策非小说奖。

西里尔·科莫斯（Cyril Kormos）是野生基金会（Wild Foundation）负责政策的副主席，他在该基金会研究和倡导野生动物法律和政策、保护性金融和森林政策等问题。他还负责协调国际原始森林行动（IntAct），一个促进全球原始森林保护的非政府组织联盟。

朱尔斯·科腾霍斯特（Jules Kortenhorst）是落基山研究所的首席执行官，这是一个独立的、无党派的非营利组织，旨在推动资源高效和可恢复的利用。他是全球能源问题和气候变化领域公认的领导者，拥有商业、政府、企业家和非营利组织领袖的背景。

拉里·克拉夫特（Larry Kraft）是iMatter的执行董事和首席导师，该组织鼓励充满激情的年轻人采取气候行动，并让当地社区为他们在气候变化方面的行动或无所作为负责。

克劳斯·拉克纳（Klaus Lackner）是亚利桑那州立大学负碳排放中心的主任，该中心推进碳管理技术，可以直接从户外作业环境的环境空气中捕获二氧化碳。自1995年以来，他在碳捕获和储存领域以及其他科学领域做出了许多贡献。

奥斯普雷·奥里勒·莱克（Osprey Orielle Lake）是国际妇女地球和气候行动网络（Women's Earth and Climate Action Network International）的创始人和执行董事。她在国内和国际上与基层、土著领导人、政策制定者及科学家合作，动员妇女争取气候正义、可恢复社区、系统性变化和向清洁能源未来的公正过渡。

约翰·拉尼尔（John Lanier）是雷·C.安德森基金会（Ray C. Anderson Foundation）的执行董事，这是一个位于乔治亚州的私人家族基金会，旨在纪念拉尼尔的祖父、已故的雷·C.安德森的遗产。安德森是全球公认的工业家和环保主义的先驱，如今，拉尼尔继承了安德森的遗志，通过基金会开展项目，努力为当代人及其后代创造更光明、更可持续的世界。

亚历克斯·劳（Alex Lau）是加拿大温哥华的清洁技术企业家、天使投资人和国际可再生能源项目投资者。他在温哥华市的最绿色城市行动小组（Greenest City Action Team）和可再生城市行动小组（Renewable City Action Team）任职。

琳恩·戴维斯·利尔（Lyn Davis Lear）是一位活动家和慈善家，也是L&L媒体公司的总裁。该公司旨在通过各种形式的媒介来激励、教育和激活人们对全球环境问题的关注。她是洛杉矶郡艺术博物馆（LACMA）和圣丹斯学院的董事会成员，制作和支持了几部电影和几间实验室，并成立了利尔家庭基金会，致力于支持公民权利和自由、艺术与环境。

科林·勒迪克（Colin le Duc）与大卫·布拉德（David Blood）和阿尔·戈尔（Al Gore）一样，是世代投资管理公司的共同创始人和合伙人，共同管理该公司的成长型股权气候解决方案基金。他曾在苏黎世的可持续资产管理公司、伦敦的Arthur D. Little公司和巴黎的道达尔公司任职，目前在世界各地的世代投资组合公司的董事会任职。

杰里米·莱格特（Jeremy Leggett）是一位企业家、作家和倡导者。他是最受尊敬的国际太阳能公司之一Solarcentury的创始董事、用Solarcentury每年利润的5%成立的慈善机构SolarAid的创始人和主席，以及金融部门的智囊团、警告资本市场的碳资产搁浅风险（俗称碳泡沫）的Carbon Tracker的主席。

安妮·伦纳德（Annie Leonard）是绿色和平组织美国分部的执行董事，她在调查和解释我们的物品对环境和社会的影响方面有超过二十年的经验，包括这些东西从哪里来、如何到达我们这里，以及被我们丢弃之后去了哪里。她的电影和书都叫《东西的故事》（The Story of Stuff），后来发展成了"东西的故事项目（Story of Stuff Project）"，致力于让世界各地的人们为一个更可持续、更公正的未来而奋斗。

刘佩琪（Peggy Liu）自2007年以来一直是加速中国绿化的顶级环保组织之一JUCCCE的主席。她召集国际领导人通过生态城市规划、清洁能源、智能电网、食品教育和中国的可持续发展市场来创造系统性变化。

巴里·洛佩斯（Barry Lopez）是一位散文家、作家和短篇小说家，曾在世界偏远地区和人口密集地区广泛旅行。他曾写作获国家图书奖的《北极之梦》（Arctic Dreams）、入围国家图书奖的《狼和人》（Of Wolves and Men）以及其他八部小说作品。

比阿特丽斯·卢拉斯基（Beatriz Luraschi）是威尔士亲王国际可持续发展部（Prince of Wales' International

Sustainability Unit）的高级项目官员。自2013年以来，她一直致力于热带森林和气候变化问题，包括REDD+、消除商品供应链中的森林砍伐以及气候政策—科学界面。在加入国际可持续发展部之前，她对一系列可持续性问题进行了研究，并完成了对中美洲不同管理系统下咖啡农场的生态系统服务进行量化的实地工作。

布伦丹·麦基（Brendan Mackey）是位于澳大利亚黄金海岸的格里菲斯大学气候变化应对项目主任，其专长包括陆地碳动力学，气候变化、生物多样性和土地利用之间的相互作用，以及科学在环境政策和法律中的作用。他目前的研究重点是太平洋沿岸地区的适应性，适应力和复原力规划的信息和知识管理，以及原始森林的评定与估价。

乔安娜·梅茜（Joanna Macy）是一位活动家、作家、佛教和系统理论的学者，也是"重新连接工作"的根源导师。她是12本书的作者，包括《重返生活：重新连接工作的最新指南》（Coming Back to Life: The Updated Guide to the Work That Reconnects）。

乔尔·马科尔（Joel Makower）是GreenBiz集团的主席和执行编辑，同时也是一位获奖记者。他是十几本书的作者或共同作者，包括《绿色经济战略》（Strategies for the Green Economy）和《新大战略：恢复美国在21世纪的繁荣、安全和可持续性》（The New Grand Strategy: Restoring America's Prosperity, Security, and Sustainability in the 21st Century）。

迈克尔·曼（Michael Mann）是宾夕法尼亚州立大学大气科学的杰出教授。他是美国地球物理联盟、美国气象学会和美国科学促进会的研究员，撰写了两百多篇文章，出版了三本书，包括《可怕的预言》（Dire Predictions）、《曲棍球棒与气候战争》（The Hockey Stick and the Climate Wars）和《疯人院效应》（The Madhouse Effect）。

费尔南多·马蒂雷纳（Fernando Martirena）是古巴拉维斯中央大学（Central University "Marta Abreu" of Las Villas）建筑和材料研究与开发中心（Center for Research and Development of Structures and Materials，CIDEM）主任。

马克·S. 麦卡弗里（Mark S. McCaffrey）是匈牙利布达佩斯的国家公共服务大学（National University of Public Service，NUPS）资深研究员、地球儿童教育协会（Earth Child Institute）高级顾问、《联合国气候变化框架公约》的教育、通信与非政府组织外展服务社区（Education, Communication and Outreach NGO's community）的创始人，以及出版于2014年的《智慧气候与智慧能源》（Climate Smart & Energy Wise）的作者。他曾担任国家科学教育中心（National Center for Science Education）的气候项目和政策主任，并共同创立了气候知识和能源意识网络（Climate Literacy and Energy Awareness Network，CLEAN）。

戴维·麦康维尔（David McConville）是巴克明斯特·富勒研究所（Buck minister Fuller Institute，BFI）的委员会主席，也是世界观网络（Worldviews Network）的创意总监，该网络由艺术家、科学家和教育工作者共同合作，结合讲故事和科学可视化，促进社会生态再生的对话。

克雷格·麦考（Craig McCaw）是电信业的先驱——麦考无线电讯（McCaw Cellular）和麦维公司（Clearwire Corporation）的创始人，现任风险投资公司Eagle River Investments LLC的董事长兼首席执行官。他是克雷格（Craig）和苏珊·麦考（Susan McCaw）基金会的主席，该基金会支持教育普及和进步、国际经济发展和环境保护。他曾担任自然保护协会（Nature Conservancy）的董事会主席，并创立了格莱珉科技中心（Grameen Technology Center）。

安德鲁·麦克纳（Andrew McKenna）是悉尼麦考瑞大学大历史研究所（Big History Institute）的执行主任，此研究院是一个致力于在大历史领域取得卓越成就的创新中心，或者试图以统一和跨学科的方式理解宇宙、地球、生命和人类的历史。

比尔·麦吉本（Bill McKibben）是一位作家、环保主义者和活动家，也是一个基层国际气候运动网站的联合创始人和高级顾问。他撰写过15本书，包括于1989年出版的《自然的末日》（The End of Nature），通常被认为是第一本为普通读者所写的关于气候变化的书。

贾森·麦克伦南（Jason F. McLennan）被认为是当今绿色建筑运动中最具影响力的人之一，在他自己的设计事务所麦克伦南设计公司（McLennan Design）担任首席执行官，也是国际未来生活研究所的创始人兼主席，该非政府组织致力于将我们的世界转变为一个社会公正、文化丰富、生态恢复的世界。他是世界上最先进也最严格的绿色建筑计划——生态建筑挑战赛的发起者和创始人，著名的巴克明斯特·富勒挑战赛的获胜者和新闻纪录卓越奖（ENR Award of Excellence）的获得者。

埃琳·米赞（Erin Meezan）是英特飞的可持续发

展副总裁，为公司的良知发声，确保公司战略和目标与二十年前所建立的积极的可持续发展愿景同步。她经常为高级管理团队、大学和不断增加的绿色消费者就可持续事业发表演说。

戴维·R. 蒙哥马利（David R. Montgomery）是西雅图华盛顿大学的地貌学教授。他是麦克阿瑟学者（MacArthur Fellow），著有《土地：文明的侵蚀》（Dirt: The Erosion of Civilizations）、《种下革命：让土壤恢复生机》（Growing a Revolution: Bringing Our Soil Back to Life），并与安妮·贝克尔合著《看不见的大自然：生命和健康的微生物根源》（The Hidden Half of Nature: The Microbial Roots of Life and Health）。

皮特·迈尔斯（Pete Myers）是一位作家，也是环境医学组织的首席执行官和首席科学家，该组织致力于消除良好科学和伟大政策之间的差距。他积极参与内分泌干扰对人类健康影响的初步研究，担任科学通信网络（Science Communication Network）委员会主席，并担任约翰逊三世（H.John Heinz III）科学、经济和环境中心委员会主席。

马克·帕克·迈克尔比（Mark "Puck" Mykleby）是凯斯西储大学策略创新实验室（Strategic Innovation Lab）的联合创始主任，该实验室致力于为美国开发、测试和执行新的大型策略，为繁荣、安全和可持续性的新时代提供动力。在此之前，迈克尔比曾在海军陆战队担任战斗机飞行员与参谋长联席会议（Joint Chiefs of Staff）主席特别战略助理。

卡伦·奥布赖恩（Karen O'Brien）是挪威奥斯陆大学社会学和人文地理系教授，她从事研究与适应气候变化和向可持续性转变的相关议题，是数份政府间气候变化专门委员会报告的主要作者。

萝宾·麦科德·奥布赖恩（Robyn McCord O'Brien）十年来一直引导消费者、企业和政治领导人的食品觉醒。她带领着一家非营利组织和咨询公司，还是畅销书作家、公共演讲家和策略家。

马丁·奥马利（Martin O'Malley）是马里兰州第61任州长，并在2016年竞选美国总统。他一直直言不讳地指出应对气候变化和环境问题采取行动的必要性。

戴维·奥尔（David Orr）是保罗·席尔斯荣誉教授（Paul Sears Distinguished Professor）以及欧柏林学院的校长顾问。他撰写了八本书和两百多篇文章、评论、书籍章节及其他专业出版物。他拥有美国绿色建筑委员会和自然的第二面貌（Second Nature）所颁发的八个荣誉学位与领导奖。

比利·帕里什（Billy Parish）是Mosaic公司的联合创始人和首席执行官，该公司是家庭能源市场消费者贷款解决方案的供应商。他曾创立能源行动联盟（Energy Action Coalition），并将其发展成为世界上最大的青年清洁能源组织。

迈克尔·波伦（Michael Pollan）是一位畅销书作家、记者、活动家，加州大学伯克利分校的新闻学教授。他专注于食物、饮食和食品系统的问题，著有《杂食者的两难》（The Omnivore's Dilemma）等八本书。

乔纳森·波里特（Jonathon Porritt）是一位可持续发展议题的作家、广播员和评论员。他与人共同创办了未来论坛（Forum for the Future），这是一个关注可持续发展的非营利组织，在全球范围内与企业、政府和其他团体合作，为创造更美好的未来共同努力。

乔伊利特·波特洛克（Joylette Portlock）在过去十年中一直从事环境教育和宣传工作。她是非营利组织社区乌托邦（Communitopia）的现任主席，此组织利用新媒体和专题式活动来辨识、研究及推广个人、社区与国家所能实施的气候解决方案，努力为公众提供可以使用的科学资讯。

马尔科姆·波茨（Malcolm Potts）是一位毕业于剑桥大学的产科医生和生殖科学家，在世界各地致力于为妇女提供生育计划的选择。1992年，他被任命为加州大学伯克利分校Bixby中心的第一位人口和生育计划教授，目前的工作重点是萨赫勒地区的人口增长和气候变化。

克里斯·派克（Chris Pyke）是全球房地产可持续标准网站（GRESB.com）的首席运营官，为全球房地产投资者提供可操作的环境、社会和管理资讯。他也是美国绿色建筑委员会的研究副总裁。他曾代表美国参加政府间气候变化专门委员会第三工作小组（IPCC Working Group 3），处理与住宅和商业建筑有关的温室气体减排问题，并曾担任美国环保署切萨皮克湾计划科学和技术咨询委员会（Chesapeake Bay Program Scientific and Technical Advisory Committee）主席。

莎娜·拉帕波特（Shana Rappaport）作为社区组织者和跨行业召集人，为推进可持续性解决方案积极工作数十年。她是VERGE及GreenBiz集团的合作总监，目前正专注于加速清洁经济的发展，扩大全球重要系列活动的规模。

安德鲁·雷夫金（Andrew Revkin）近三十年来一直在撰写气候变化相关文章，其中21篇是担任《纽约时报》记者和该报的Dot Earth专栏作者时所写的。他现在为ProPublica撰稿，专注于长篇的气候和能源报道。

乔纳森·罗斯（Jonathan Rose）创立了跨学科房地产开发、规划和投资公司Jonathan Rose Companies，该公司已成功完成超过25亿美元的工作。他与他的妻子戴安娜还共同创立了加里森研究所（Garrison Institute）。

詹姆斯·萨尔兹曼（James Salzman）是唐纳德·布伦（Donald Bren）环境法特聘教授，在加州大学圣巴巴拉分校和加州大学洛杉矶分校法学院任联合教授。他已经出版了八本环境法相关书籍，在国家饮用水咨询委员会（National Drinking Water Advisory Council）和贸易与环境政策咨询委员会（Trade and Environment Policy Advisory Committee）任职，经常作为媒体评论员出现，并一直致力于课堂教学。

萨梅尔·索尔蒂（Samer Salty）是Zouk Capital的创始人和首席执行官，在私募股权、投资银行和技术领域拥有三十年的经验。他设计并实施了Zouk独特的双轨战略，包括技术增长资本和可再生能源基础设施。

阿斯特丽德·肖尔茨（Astrid Scholz）是Sphaera的首席总裁，总理"一切"事物。Sphaera是一个基于云端的解决方案共享平台，旨在连接全球创新问题解决者与最佳解决方案，加快社会变革的步伐。她是Ecotrust（一个混合型非营利组织，管理着超过1亿美元的资产）的上一任主席。

本·夏皮罗（Ben Shapiro）是PureTech Health的联合创始人和非执行董事，其Vedanta项目正在开发一类创新疗法，以调节人类微生物组和宿主免疫系统之间相互作用的途径。他过去担任默克集团（Merck）的研究执行副总裁，其领导的研究项目在美国食品和药物管理局（FDA）注册了大约25种药物和疫苗。

迈克尔·舒曼（Michael Shuman）是一位经济学家、律师、企业家和作家，也是泰利斯公司（Telesis Corporation）的地方经济总监。他是加拿大温哥华西蒙弗雷泽大学社区经济发展和纽约巴德学院可持续商业的兼职讲师，于2015年出版了《地方经济解决方案》（*The Local Economy Solution*）。

马丁·西格特（Martin Siegert）是伦敦帝国理工学院格兰瑟姆气候变化研究中心的联合主任，之前曾担任布里斯托尔大学布里斯托尔冰川学研究中心（Bristol Glaciology Center）的主任，以及爱丁堡大学地质科学学院的院长。作为地球物理学专家，他在2013年被授予Martha T. Muse南极科学与政策卓越奖，并且是爱丁堡皇家科学院的成员。

玛丽·索莱基（Mary Solecki）是环境企业家（Environmental Entrepreneurs，E2）在美国西部各州的倡导者，E2是一个非营利性倡导组织，其企业成员支持同时具有经济和环境效益的政策。

格斯·斯佩思（Gus Speth）是佛蒙特州法学院（Vermont Law School）新经济法律中心（New Economy Law Center）的联合创始人，也是次世代系统专案（Next System Project）的联合主席。他曾担任耶鲁大学森林与环境研究学院院长、自然资源保护委员会联合创始人、世界资源研究所创始人兼主席，亦曾担任联合国开发计划署的行政长官和联合国发展集团的主席，并撰写了六本书。

汤姆·斯泰尔（Tom Steyer）是一位商业领袖和慈善家。他认为我们有道德责任回馈社会，帮助确保每个家庭都能分享经济机会所带来的利益。

贡希尔德·A. 斯托达伦（Gunhild A. Stordalen）是EAT基金会（EAT Foundation）的创始人和主席。她与丈夫皮特一起创立了斯托达伦基金会（Stordalen Foundation），并担任该基金会主席。

特里·塔米嫩（Terry Tamminen）目前担任莱昂纳多·迪卡普里奥基金会（Leonardo DiCaprio Foundation）的首席执行官。曾在加州州长阿诺德·施瓦辛格在任时，被任命为加州环境保护局局长，后来担任内阁秘书和州长的首席政策顾问。作为一名出色的作家，他撰写了包括《一加仑生活：石油上瘾的真实成本》（*Lives Per Gallon: The True Cost of Our Oil Addiction*）和《破解碳密码：新经济中可持续利润的关键》（*Cracking the Carbon Code: The Key to Sustainable Profits in the New Economy*）在内的数本书。

凯特·泰勒（Kat Taylor）和她的丈夫汤姆·斯泰尔（Tom Steyer）创立了汤姆凯特（TomKat）基金会，以支持那些能够实现全球气候稳定、健康和公正的粮食系统，以及使世界普遍繁荣的组织。她是汤姆凯特牧场教育基金会（TomKat Ranch Educational Foundation）的创始董事，该基金会致力于激励可持续的粮食系统。她也是共益州立银行（Beneficial State Bank，BSB）的联合创始人兼联合首席执行官。

克莱顿·托马斯-马勒（Clayton Thomas-Muller）是马蒂亚斯科伦布克里族（Mathias Colomb Cree Nation）的成员，也是温尼伯（Winnipeg）的原住民权利行动主义者，他在加拿大和美国的数百个原住民社区开展活动，组织反对化石燃料工业和资助它们的银行的侵占。他是350.org的原住民极端能源倡导者，也是土地捍卫者（Defenders of the Land）和不再懒惰（Idle No

More）的发起者。

伊万·支（Ivan Tse）是一位社会企业家和慈善家，致力于在社会企业、慈善事业和奢侈品领域塑造新文化。他担任TSE基金会的主席和总裁，这是一个慈善组织，旨在促进人类团结、传播全球知识和建立跨国世界的基础设施。

玛丽·伊芙琳·塔克（Mary Evelyn Tucker）任教于耶鲁大学，与她的丈夫约翰·格里姆（John Grim）一起指导宗教与生态学论坛（Forum on Religion and Ecology），并且共同撰写了《生态与宗教》（Ecology and Religion）。他们是艾美奖获奖影片《宇宙之旅》（Journey of the Universe）的联合制片人，并开设了四门基于该影片的开放式在线课程。

保罗·瓦尔瓦（Paul Valva）是旧金山湾区的第三代房地产经纪人，专门从事商业和工业地产。他热衷于可持续发展和环境，曾担任北加州气候真相计划（Northern California for the Climate Reality Project）经理四年，向公众宣传气候变化的危险性和解决方案。

布赖恩·冯赫岑（Brian Von Herzen）是气候基金会（Climate Foundation）的执行董事，该基金会在确保全球粮食和能源安全的同时，解决陆地和海洋中的千兆级碳平衡。气候基金会的海洋生态文化技术有可能在全球范围内提供可持续的食物、饲料、纤维、肥料和生物燃料，同时促进大气中的碳输出。

格雷格·沃森（Greg Watson）是舒马赫中心（Schumacher Center）的政策和系统设计总监。他在可持续农业、可再生能源、新货币体系、公平的土地使用权契约、通过民主程序进行邻里规划以及支持人类规模发展的政府政策等方面进行发声。

特德·怀特（Ted White）是Fahr的管理合伙人，Fahr是汤姆·斯泰尔（Tom Steyer）所成立的商业、政治和慈善事业机构。Fahr及其附属机构的主要目标之一是加速向清洁能源的未来过渡。

约翰·威克（John Wick）是一位牧场主、风险慈善家，以及马林碳计划（Marin Carbon Project）的联合创始人，该计划通过科学的方法确定了可以通过生产健康食品和安全纤维来增加土壤碳的耐久性。他和他的妻子佩吉·拉斯曼（Peggy Rathmann）经营着加州马林县的尼卡西奥原生草场（Nicasio Native Grass Ranch）。

丹·威登（Dan Wieden）是一位美国广告公司主管、Wieden+Kennedy公司的联合创始人，并创造了耐克公司的广告标语"Just Do It"。他也是Caldera的创始人，Caldera是位于俄勒冈州西斯特（Sisters）的一个非营利性艺术教育组织以及边缘青少年收容所。

摩根·威廉斯（Morgan Williams）是一位生态学家和可持续发展科学家，1997~2007年曾担任新西兰议会环境专员。他目前担任世界自然基金会新西兰分会和Cawthron基金会的董事会主席，该基金会支持新西兰最大的私人研究机构。

艾莉森·沃尔夫（Allison Wolff）是活力星球（Vibrant Planet）的首席执行官，该公司为专注于社会和环境创新的公司和非营利组织提供策略、故事和活动设计。她曾与陈-祖克伯基金会（Chan Zuckerberg Initiative）合作发展其共同目标和活动策略；与Facebook和eBay合作公益及可持续发展故事、营销和公众参与策略；与Google合作建立Google Green；与全球捐赠网（GlobalGiving）合作品牌识别度策略；并在Netflix担任营销总监。

格雷厄姆·温（Graham Wynne）是英国皇家鸟类保护协会（Royal Society for the Protection of Birds, RSPB）的前首席执行官和保育主任，目前是欧洲环境政策研究所委员会成员——威尔士亲王国际可持续发展部门的高级顾问，也是绿色联盟（Green Alliance）的理事。他曾是未来农业和粮食政策委员会（Policy Commission on the Future of Farming and Food）以及可持续发展委员会（Sustainable Development Commission）的成员。

致谢

我们全体员工衷心感谢每个相信和支持本项目的人。然而,鉴于数量太大,我们仅在这里写下大量的名字,并向每个人一一表达了具体的感谢。本书一直围绕着世界上更宏大的"我们"。你们所有人都代表了人性中洋溢的善良和仁慈。地球和她所有生灵都在呼唤人类采取行动,你们已经在工作和生活中做出榜样。我们谨代表所有生灵,发自内心地说向你们说声谢谢。

Alec Webb · Alex Lau · Amanda Ravenhill · Andrew McElwaine · Andre Heinz · Barry Lopez · Betsy Taylor · Bob Fox · Byron Katie · Colin Le Duc · Cyril Kormos · Daniel Kammen · Daniel Katz · Daniel Lashof · David Addison · David Bronner · David Gensler · Edward Davey · Erin Eisenberg · Erin Meezan · Gregory Heming · Guayaki · Harriet Langford · Ivan Tse · Jaime Lanier · James Boyle · Janine Benyus · Jasmine Hawken · Jay Gould · Jena King · Johanna Wolf · John Lanier · John Roulac · John Wells · John Wick · John Zimmer · Jon Foley · Jonathan Rose · Jules Kortenhorst · Justin Rosenstein · Kat Taylor · Lisa and Patrice Gautier · Lyn Lear · Lynelle Cameron · Malcolm Handley · Malcolm Potts · Marianna Leuschel · Martin O'Malley · Mary Anne Lanier · Matt James · Norman Lear · Organic Valley Cooperative · Paul Valva · Pedro Diniz · Peggy Liu · Peter Boyer · Peter Byck · Peter Calthorpe · Phil Langford · Ray and Carla Kaliski · Rick Kot · Ron Seeley · Russ Munsell · Shana Rappaport · Stephen Mitchell · Suki Munsell · Ted White · Terry Boyer · Tom Doyle · Tom Steyer · Virgin Challenge · Will Parish

Adam Klauber · Andersen Corporation · Ben Holland · Ben Rappaport · Carbon Neutral Company · Chantel Lanier · Chris McClurg · Chris Nelder · Colin Murphy · Cyril Yee · Dan Wetzel · David Weiskopf · Deep Kolhatkar · Diego Nunez · Ellen Franconi · Frances Sawyer · Galen Hon · Gerry Anderson · George Polk · Jai Kumar Gaurav · Jamil Farbes · Jason Meyer · Joel Makower · Johanna Wolf · Jonathan Walker · Joseph Goodman · Kate Hawley · Kendal Ernst · Leia Guccione · Lynn Daniels · Maggie Thomas · Mahmoud Abdelhamid · Malcolm Handley · Mark Dyson · Mike Bryan · Mike Henchen · Mike Roeth · Mohammad Ahmadi Achachlouei · Organic Valley Cooperative · Nicola Peill-Molter · Nuna Teal · Robert Hutchison · Sean Toroghi · Thomas Koch Blank · Udai Rohatgi · Vivian Hutchinson · William Huffman

Adam DeVito · Alicia Eerenstein · Alicia Montesa · Alisha Graves · Allyn McAuley · Anastasia Nicole · Andy Plumlee · Angela Mitcham · Annika Nordlund-Swenson · Aparna Mahesh · Aseya Kakar · Aubrey McCormick · Babak Safa · Basil Twist · Ben Haggard · Betty Cheng · Bill and Lynne Twist · Bruce Hamilton · Caitlin Culp · Calla Rose Ostrander · Caroline Binkley · Carol Holst · Charles Knowlton · Cheryl Dorsey · Cina Loarie · Claire Fitzgerald · Clinton Cleveland · Connie Horng · Daniel Kurzrock · Daniela Warman · Danielle Salah · Darin Bernstein · David Lingren · David McConnville · David Allaway · Deborah Lindsay · Diana Chavez · Donny Homer · Dwight Collins · Eka Japaridize · Ella Lu · Emily Reisman · Eric Botcher · Farris Gaylon · Gabriel Krenza · Hannah Greinetz · Helaine Stanley · Henry Cundill · Jacob Bethem · Jacquelyn Horton · Jamie Dwyer · Jaret Johnson · Jeff and Elena Jungsten · Jeremy Stover · Jodi Smits Anderson · Joe Cain · Jose Abad · Joshua Morales · Joyce Joseph · Juliana Birnbaum Traffas · Katharine Vining · Katie Levine · Kenna Lee · Kristin Wegner · Kyle Weise · Leah Feor · Lina Prada-Baez · Madeleine Koski · Matthew Emery · Matthew John · Meg Jordan · Megan Morrice · Michael Elliot · Michael Neward · Michael Sexton · Michelle Farley · Molly Portillo · Nancy Hazard · Nick Hiebert · Nicole Koedyker · Olga Budu · Olivia Martin · Pablo Gabatto · Ray Min · Robert Trescott · Ron Hightower · Rupert Hayward · Ryan Cabinte · Ryan Miller · Sam Irvine · Sara Glaser · Serj Oganesyan · Sonja Ashmoore · Srdana Pokrajac · Sterling Hardaway · Susan McMullan · The North Face · Thomas Podge · Tim Shaw · Tyler Jackson · Veena Patel · Vincent Ferro · Whitney Pollack · Yelena Danziger · Zach Carson · Zach Gold

图片版权

ALAMY STOCK PHOTO：p.x（Craig Lovell / Eagle Visions Photography）；p.13（Bill Brooks）；p.27（Paul Glendell）；pp.32-33（dpa picture alliance）；p.36（Frank Bach）；p.42（EnVogue_Photo）；p.51（Bo Jansson）；p.60（Design Pics Inc.）；p.62（GardenPhotos.com）；p.63（redsnapper）；p.66（imageBROKER）；p.67（AfriPics.com）；p.101（Alan Curtis）；p.104（Washington Imaging）；p.133（Ariadne Van Zandbergen）；pp.128-129（Alex van Hulsenbeek）；p.134（incamerastock）；p.165（GoSeeFoto）；p.181（Jozef Klopacka）；p.204（Martin Grace）；p.206（Premium Stock Photography GmbH）；p.207（YAY Media AS）

GETTY IMAGES：p.xiv（Juan Naharro Gimenez）；pp.2-3（Mike Harrington）；pp.8-9（Steve Proehl）；pp.12-13（Josh Humbert）；pp.16-17（Arterra）；pp.20-21（Sean Gallup）；p.28（Matthias Graben）；pp.34, 35（Hannah Peters）；p.38（Imagno）；p.40（Gideon Mendel）；pp.52-53（TIM SLOAN）；p.56（Andre Maslennikov）；pp.58-59（Inga Spence）；p.68（Christian Science Monitor）；pp.69, 156（Bloomberg）；p.74（Barcroft）；pp.78-79（Said Khatib）；p.82（Richard Stonehouse）；p.89（Keren Su）；p.90（Diane Cook and Len Jenshel）；p.92（MPI）；p.94（Dieter Nagl）；p.99（Koen van Weel）；p.100（Jim West）；p.102（Emmanuel Dunand）；pp.106, 121（Monty Rakusen）；p.110（MCT）；p.115（Mike Lanzetta）；p.120（Philippe Marion）；p.123（2c image）；p.131（R A Kearton）；p.136（Lonely Planet）；p.137（cosmonaut）；pp.138-139（Tomohiro Ohsumi）；p.143（3alexd）；p.144（Mahatta Multimedia Pvt. Ltd.）；pp.148-149（Car Culture, Inc.）；p.154（Rick Madonik）；p.158（Eric Lafforgue）；p.164（Olivier Morin）；p.168（Hulton Archive）；p.169（BSIP）；p.176（W K Fletcher）；p.182（Brian Hagiwara）；p.184（Justin Tallis）；p.186（Serge Mouraret）；pp.194-195（CAPMAN Vincent）；pp.202-203（Sayid Budhi）；p.198（Axel Gebauer/Nature Picture Library）；pp.210-211（Mitch Diamond）

NATIONAL GEOGRAPHIC CREATIVE：p.6（Cyril Ruoso/Minden Pictures）；p.7（Robert B. Goodman）；pp.18-19（Robert Madden）；pp.30-31, 54, 64, 71, 119（Jim Richardson）；p.41（Macduff Everton）；p.65（Blow, Charles M.）；p.76（Alex Treadway）；pp.86-87（Michael S. Lewis）；p.93（Tyrone Turner）；pp.108-109（Paul Nicklen）；pp.112-113（Design Pics Inc）；p.114（Michael Nichols）；p.117（Luis Marden）；p.122（John Dawson）；pp.172-173（Dean Conger）；pp.178, 180（Brian J. Skerry）；p.183（Deanne Fitzmaurice）；p.199（Frans Lanting）；p.212（Grant Dixon/ Hedgehog House/ Minden Pictures）

SHUTTERSTOCK：pp.xviii-1（Pakhnyushchy）；p.37（oriontrail）；p.48（SantiPhotoSS）；p.75（MikeBiTa）；p.83（designbydx）；p.98（Constantine Pankin）；p.107（Lindsay Snow）；p.135（Dudarev Mikhail）；p.157（Joule Sorubou）；pp.162-163（Jamie Bennett）；p.171（s_oleg）；p.174（Makarova Viktoria）

STOCKSY：pp.10, 80-81（Hugh Sitton）；pp.146-147（VEGTERFOTO）；p.160（Paul Edmondson）；p.215（Christian Zielecki）

其他：pp.vii, 166（Chris Jordan）；p.viii（John ér/Offset）；p.x（Dr. Jonathan Foley）；pp.4, 111（Stuart Franklin / Magnum Images）；p.xiii（© Gary Braasch）；p.5（Andrewglaser at English Wikipedia）；p.11（Let It Shine: The 6,000-Year Story of Solar Energy）；pp.14-15（Reuben Wu © 2016）；p.23（V-Air Wind Technologies）；p.43（Global Feedback Ltd.）；p.44（Manpreet Romana for the Global Alliance for Clean Cookstoves）；pp.46-47（Pedro Paulo F. S. Diniz）；p.61（United Soybean Board）；pp.72-73（Paul Brown / Browns Ranch）；pp.84-85（Courtesy ZFG LLP; © Tim Griffiths）；pp.97（Copyright View Inc.）；pp.124, 126-127（© Neil Ever Osborne）；p.132（Offset）；pp.140-141（NCEAS / T. Hengl）；p.150（© 2016 Aurora Flight Sciences Corporation. All rights reserved）；p.152（© MAN SE）；p.161（Interface Inc.）；p.170（Nebia, Inc.）；p.175（courtesy Colin Seis）；p.187（© Oscilla Power; image courtesy of Anne Theisen）；pp.188-189（Prakash Patel, courtesy SmithGroupJJR）；p.191（Global Thermostate Operations LLC）；p.192（© 2015 Tri Alpha Energy, Inc. All Rights Reserved）；p.193（Paul Hawken）；pp.196-197（Delft Hyperloop）；p.201（The Land Institute）；p.208（Big Wood © Michael Charters. eVolo Magazine）